Julius Hülsse

Die Technik der Baumwollenspinnerei

ihr Fortschreiten in den letzten fünfundzwanzig Jahren

Julius Hülsse

Die Technik der Baumwollenspinnerei
ihr Fortschreiten in den letzten fünfundzwanzig Jahren

ISBN/EAN: 9783742869982

Hergestellt in Europa, USA, Kanada, Australien, Japan

Cover: Foto ©berggeist007 / pixelio.de

Manufactured and distributed by brebook publishing software
(www.brebook.com)

Julius Hülsse

Die Technik der Baumwollenspinnerei

Die Technik

der

Baumwollenspinnerei.

ihr Fortschreiten

in den letzten fünfundzwanzig Jahren

und

ihr gegenwärtiger Zustand

von

Dr. J. A. Hülsse,

Direktor der königl. Sächsischen polytechnischen Schule zu Dresden.

Mit 25 Kupfertafeln.

(Separatabdruck der Artikel Baumwolle und Baumwollenspinnerei aus den
Supplementen zu Prechtl's technologischer Encyklopädie.)

Zweiter unveränderter Abdruck.

———

Stuttgart.

Verlag der J. G. Cotta'schen Buchhandlung.

1863.

Vorwort.

Die an mich von dem Herausgeber der Supplemente zu Prechtl's technologischer Encyclopädie ergangene Aufforderung, die Artikel Baumwolle und Baumwollenspinnerei für diese Supplemente zu bearbeiten, hat mich veranlaßt, die in der Spinnereimechanik in den letzten 25 Jahren eingeführten Verbesserungen in ihren Hauptmomenten zu schildern und, so weit dieß auf so beschränktem Raume möglich war, eine geschichtliche Uebersicht der fortschreitenden Vervollkommnung der für einzelne Operationen bestimmten Maschinen zu geben. Die Arbeit wurde in der Mitte des Jahres 1855 beendet, und es erstrecken sich die Mittheilungen daher auch nur bis zu diesem Zeitpunkte.

Der Wunsch, die so zu Stande gekommene Arbeit bei meinen Vorträgen an der polytechnischen Schule als Hilfsmittel benutzen zu können, und sie meinen früheren Schülern und den der Spinnerei Beflissenen, die nicht im Stande sind, sich die ganze technologische Encyclopädie anzuschaffen, zugängig zu machen, fand bei der Verlagshandlung dadurch Berücksichtigung, daß sich dieselbe bereit erklärte, den vorliegenden Separatabdruck, für welchen daher auch der gewählte Titel als angemessen erscheinen wird, zu veranstalten.

Ich habe in diesem Separatabdrucke keinerlei wesentliche Aenderungen angebracht und auch die Bezugnahme auf die Artikel

Baumwolle und Baumwollenspinnerei von Karmarsch im ersten Bande der technologischen Encyclopädie überall stehen lassen, da vorausgesetzt werden kann, daß diese in fast allen technologischen Schriften benutzten Artikel den Mehrsten, die sich für Baumwollenspinnerei interessiren, bekannt sind. Es erklärt sich aus der Entstehung dieses Separatabdruckes übrigens auch der Umstand, daß die Kupfertafeln nicht die Nummern 1—24, sondern 3—27, welche sie in dem ersten Supplementbande erhalten haben, hier führen.

Sollte es mir gelungen sein, die Einzelheiten in dieser Arbeit so zu behandeln, daß die für die Spinnerei sich Ausbildenden eine klarere Einsicht in die den Mechanismen zu Grunde liegenden Principien und in die zur Erzeugung eines tabellosen Productes vorausgesetzten Bedingungen gewinnen, und daß dadurch das Interesse für fortschreitende Vervollkommnung des noch Mangelhaften geweckt wird, so würde ich in solchen Erfolgen die größte Genugthuung erblicken.

Dresden, im November 1856.

Der Verfasser.

Inhaltsverzeichniß.

VI

Seite

13. Tattam und Cheetham's Einrichtung 39
14. Schlagmaschine von Goetze und Comp. 39
15. C. G. Haubold's Einrichtung 44
Allgemeine Bemerkungen über Schlagmaschinen 44
C. Die Epurateurs; allgemeine Bemerkungen 47
16. Der parfait Epurateur von Rißler 47
17. Der petit Epurateur von C. Lüthy 50
II. Das Kratzen oder Krempeln 51
A. Verschiedene Einrichtungen der Krempeln 51
1. Die Einlaßvorrichtungen 51
2. Die Vorwalze; Harbacre's dirt extractor 51
3. Die Krempel von C. Lüthy und G. A. Rißler 52
4. Pooley's Trommelbeschläge 52
5. Krempeldeckel, Arbeiter und Wender, Higgins traversirende Arbeiter 53
6. Waterhouse's Arbeiter und Wender 54
7. Pooley's und Paulkner's Krempel 54
8. E. Leigh's Krempel 56
9. Die Krempel von Heinzelmann=Schachermayer und Schraber 57
10. Die Krempel von Hibbert, Platt und Söhne 57
11. Die englische Krempel für mittlere und grobe Nummern . 62
12. Die Krempel mit Volant 62
13. Zweifache Krempeln 63
14. Matteaven's Krempel 63
15. Bodmer's Trommelputzapparat 63
16. Leigh's Trommelputzwalze 64
17. Aufsatzwalze zum Trommelputzen 64
18. Der mechanische Deckelputzer von Dannerh und von G. Well= mann 65
19. Die Krempel von Hugh Bolton 65
20. Ableitung der Bänder im Allgemeinen 66
21. Die Bandpresse von J. Sidebottom 66
22. Mechanische Eindrücker 67
23. Oszillirende Töpfe 67
24. James Hill's Zuleitung des Bandes 67
25. Füllung der Töpfe von unten 68
26. Einlegung des Bandes in cycloidischen Lagen 68
27. Die Bodmer'sche Kanalmaschine 69
28. Zusammenhang zwischen Krempel und Kanalmaschine . . 71
29. Eisenbahnkrempel von Matteaven 71
30. Lappingmaschinen 72
31. Die Lappingmaschine von Hibbert, Platt und Söhne . . 72
32. Die amerikanischen Lappingmaschinen 72
33. Deckelschleifmaschine von Goetze und Comp. 72

Baumwolle.

Ueber die Entwickelungsgeschichte der Baumwollfaser haben die Untersuchungen von Siegfried Reissek (Denkschriften der K. Akademie der Wissenschaften in Wien, mathematisch-naturwissenschaftliche Klasse, Bd. IV.) ein Licht verbreitet, durch welches nicht nur die zeitherigen Ansichten über die Natur der Baumwollfaser mehrseitig ergänzt und verbessert, sondern auch neue Gesichtspunkte über manche Erscheinungen bei der Verarbeitung derselben eröffnet werden. Es mag daher aus diesen Untersuchungen Folgendes mitgetheilt werden (vergl. Taf. 3). [1]

Fig. 1 stellt ein Samenkorn von Gossypium herbaceum in natürlicher Größe vor, von welchem an der vorderen Seite der haarige Ueberzug von der lederartigen Oberfläche abgetrennt ist, während derselbe übrigens noch sichtbar blieb. In der Blüthezeit bemerkt man an den Samenknospen, welche gewöhnlich in zwei Längenreihen aus der Mittelsäule hervorgehen, äußerlich noch keine Spur von Hervorragungen; die Oberfläche wird dann von kleinen flachen oder unbedeutend gewölbten und enganschließenden Zellen der Oberhaut gebildet, unter welchen sich noch mehrere dicht mit einander verwachsene Häute befinden; im Innern dieser Zellen finden sich farblose und äußerst zarte Schleimkörner. Zur Zeit der Befruchtung fangen diese Zellen an sich zu heben und auszusacken, so daß die Samenknospe bei schwächerer Vergrößerung schon fein warzig, wie in Fig. 2 (bei 15facher Vergrößerung), und unter einem stärker wirkenden Mikroskop wie Fig. 3

---

[1] Die zu den Artikeln Baumwolle und Baumwollspinnerei gehörigen Figuren sind auf den Kupfertafeln 3—27 mit fortlaufenden Nummern bezeichnet, um eine einfachere Nachweisung möglich zu machen.

(in 400maliger Vergrößerung) sich ausnimmt. Manche Zellen eilen hierbei andern vor und hemmen dieselben dadurch, ohne daß indessen der allgemeine Entwickelungsgang gestört wird, welcher so schnell verläuft, daß gegen Ende der Blüthezeit aus den Zellen bereits kurze zylindrische Schläuche, wie dieselben Fig. 4 in 400facher Vergrößerung darstellt, geworden sind. In denselben vermehren sich die Schleimkörnchen, welche sich entweder wie bei a zu Klümpchen verdichten, die anfänglich durch Schleimfäden an der Zelle anhängen, oder ohne zur vollständigen Kornbildung überzugehen, nur wie bei b in formloseren Gruppen neben einander lagern; die Zellwand, welche aus reiner Cellulose besteht, ist nicht merklich verdickt, gewöhnlich ist aber an ihrer inneren Wandfläche eine dünne Schleimschicht abgelagert.

Nach beendeter Blüthezeit verlängern sich die schlauchähnlichen Zellen mehr und mehr, so wie sich die Samenknospe vergrößert; sie werden haarähnlich dadurch, daß sie sich nach oben zu verengen. Bis zu der Zeit, wo die Samenkapsel ihre normale Größe erlangt hat, ist der Durchmesser der Schläuche 4—5mal und die Länge 300—700 mal so groß geworden als nach beendeter Blüthezeit; in dieser Entwickelungsperiode zeigt Fig. 5 einen solchen Schlauch in 200maliger Vergrößerung; die Klümpchen (Fig. 4. a) sind aufgelöst, der Inhalt ist schleimig körnig, die Membran ist fester aber unbedeutend dicker; der Schlauch erscheint unter der Form eines Haares. Durch Vergrößerung der Samenknospen und Haare wird der Raum in der Fruchthöhle immer beschränkter, die Haare benachbarter Samenknospen werden gegen einander gedrückt und verfilzen sich in einander.

Hat die Kapsel die volle Größe erreicht, so verschwindet gegen die Zeit der Reife hin der feinkörnige Inhalt der Haare mehr und mehr, dagegen verdickt sich die Zellwand, bis sie etwa ¼ bis ⅓ vom Durchmesser des Haares erlangt hat. Sie ist farblos, homogen und gewöhnlich von gleicher Dicke; zuweilen nimmt die Verdickung der Zellwand den ganzen Querschnitt des Haares ein und unterbricht dadurch den Zusammenhang der inneren Höhlung, dieselbe in mehrere zellenähnliche Abtheilungen theilend. Zur Zeit der Reife verliert sich der flüssige Inhalt der Haare gänzlich, es findet namentlich an den dünnwandigen Stellen ein Collabiren Statt, wodurch die bekannte zusammengedrückte bandartige Gestalt der Baumwollfaser entsteht. Beim Aufspringen der Kapsel, welches die zusammengepreßten Haare unterstützen, lockern und entwirren sich letztere theilweise, drehen sich dabei auch vielfach um ihre Längenachse, und zwar desto mehr je trockener die Luft, je gröber und dünnwandiger die Faser ist, wodurch das schraubengangförmig gewundene Ansehen der Fasern entsteht. Fig. 6 stellt mehrere Fasern von Gossypium herbaceum, Fig. 7 desgleichen von Gossypium barbadense in 200facher Größe dar.

Diese Fasern sind unterhalb durch das Abreißen vom Samen offene, oben geschlossene Schläuche, theils von kegelförmiger und zylindrischer Gestalt, theils zusammengefallen, breitgedrückt und gewunden. Die Wand ist durch die sekundäre Ablagerung in Fig. 6 mehr, in Fig. 7 weniger verdickt, daher die im Durchschnitt stärkere Windung der letzteren Fasern. Bei a füllt die sekundäre Ablagerung einen geringeren, bei b einen größeren Theil der Schlauchöffnung aus; bei c ist diese Ausfüllung fast vollständig erfolgt, so daß höchstens eine Linie als Andeutung der Oeffnung vorhanden bleibt; bei d ist auch diese Linie verschwunden, die Faser wird an diesen Stellen zu einem vollständig erfüllten Zylinder. Bei e sind neben den Resten von Schleimkörnchen noch einzelne Fetttröpfchen vorhanden, welche auf gleiche Weise wie bei vielen andern Pflanzen durch Umänderung des früheren Inhaltes gebildet werden. In Fig. 7 sind namentlich Untertheile der Fasern dargestellt; die Obertheile gleichen ziemlich dem in Fig. 6 dargestellten Faserstücke f. Es kommt bei denselben entweder eine mit Ablagerungsmasse ganz ausgefüllte Spitze oder ein stumpfes Ende vor, in welchem man zuweilen noch deutlich die schlauchförmige Oeffnung sieht.

Die Ablagerung an der Innenwand erscheint im natürlichen Zustande ganz homogen; wird aber die Faser der Einwirkung verdünnter Schwefelsäure ausgesetzt, so ist bei der entstehenden Anschwellung eine sehr deutliche Schichtenbildung in dieser Ablagerung bemerkbar.

Außer dieser regelmäßigen Form kommen bei beiden Faserarten noch Abweichungen in doppelter Beziehung vor, welche wahrscheinlich auch bei den übrigen Baumwollarten sich vorfinden mögen. Es ist nämlich zuweilen die innere Begrenzung der Ablagerungsschicht keine scharfe und regelmäßige, sondern es treten Fädchen aus derselben hervor, welche während des Wachsthums der Faser mit der gegenüberstehenden Zellenwand in Verbindung gestanden haben. Andere Fasern sind auf einer tieferen Entwickelungsstufe stehen geblieben, die Ablagerungsschicht hat sich bei denselben gar nicht oder nur in äußerst

geringem Grade entwickelt, und es ist der körnige Inhalt in größerer
Menge zurückgeblieben.

Es scheint, daß die letzteren Fasern mit denjenigen identisch sind,
welche beim Färben mit gewissen Farbstoffen eine Veränderung nicht
erfahren, und in gefärbten Geweben als weiße Punkte erscheinen; diese
Fasern sind unter dem Namen der todten Baumwolle (coton mort,
dead cotton) bekannt, und Walter Crum und Daniel Koechlin fanden
bei der mikroskopischen Untersuchung, daß dieselben aus flachen Bän=
dern ohne alle Andeutung einer Höhlung bestehen, niemals schrauben=
gangförmig gewunden sind, und öfters Flecken besitzen, welche von dem
vertrockneten körnigen Inhalte herrühren. Die Bildung todter Baum=
wolle kann durch Anwendung größter Sorgfalt bei der Kultur derselben,
namentlich durch entsprechende Bearbeitung des Bodens, Entfernung
des Unkrautes u. s. w. vermindert werden, auch läßt sich durch Ab=
brechen von unreifen Kapseln und gehörige Aufmerksamkeit bei dem
Einsammeln verhindern, daß größere Mengen derselben in die zu ver=
arbeitende Baumwolle kommen; doch bleibt es immer eine Aufgabe
der Baumwollspinnerei, diese unausgebildeten Fasern in den Vor=
bereitungsmaschinen zu entfernen, eine Aufgabe, deren Lösung bis zu
einer ziemlich weiten Grenze durch zweckmäßige Behandlung in den
Vorbereitungsmaschinen möglich ist, was schon daraus hervorgeht, daß
nach den Beobachtungen französischer Druckereibesitzer todte Fasern
vorzüglich dann bemerkbar werden, wenn bei hohen Baumwollpreisen
der Abgang in diesen Maschinen möglichst gering gemacht wird.

Das Egreniren der Baumwolle (cleaning; égrener), d. h.
die Trennung der Fasern von den Samenkörnern, geht bei verschiede=
nen Baumwollsorten mit verschiedenem Grade von Leichtigkeit von
Statten. Von den beiden in Amerika hauptsächlich unterschiedenen
Arten, nämlich der langstapligen mit schwärzlichen Samenkörnern
(black seeded) und der kurzstapligen mit grünlichen Samenkörnern
(green-seeded) trennen sich die Fasern der ersteren zwar leichter von
den Samenkörnern, als die der letzteren; aber es läßt sich dieser Ab=
scheidungsprozeß weit schwieriger durch mechanische Mittel ausführen,
ohne den feineren und werthvolleren Fasern dieser ersten Art Schaden
zuzufügen. Die Nothwendigkeit, diese Trennung durch die Walzen=
egrenirmaschine (roller-gin) mit Anwendung nicht sehr fördernder Hand=
arbeit vornehmen zu müssen und die dadurch entstehende Vertheuerung

der Produktionskoften ist Veranlassung gewesen, daß man an mehreren Punkten der für die Kultur langstapliger (Sea-Island) Baumwolle geeigneten Küstenländer Nordamerikas auf die Erzeugung solcher Wolle verzichtet und sich zu anderen einträglicheren Kulturen gewendet hat. Ebenso erschwert dieser Umstand die Entwickelung der Baumwollkultur in Oftindien. Andrerseits ist der überaus große Aufschwung, welchen die Produktion kurzstapliger Baumwolle in Amerika namentlich im Laufe dieses Jahrhunderts genommen hat, wesentlich durch die allgemeine Einführung der sehr fördernden im Jahre 1794 von Whitney erfundenen Sägenegrenirmaschine (saw-gin) bedingt worden.

Für beide Arten von Vorrichtungen sind in Amerika und England bis jetzt über 70 verschiedene Einrichtungen und Verbesserungen patentirt worden.

Die wesentlichen an der Walzenegrenirmaschine angebrachten Verbesserungen bestehen in der Einrichtung der Walzen. Theils ist man nämlich zu der ursprünglich indischen Einrichtung zurückgegangen, die beiden Walzen statt mit Kannelirungen, welche der Achse parallel laufen, mit schraubengangförmigen Erhöhungen in der Art zu versehen, daß die Erhöhungen der einen Walze in die Vertiefungen der anderen eingreifen; theils hat man nur die obere Walze mit schraubengangförmigen Erhöhungen versehen, die untere aus Korkscheiben zusammengesetzt; theils die obere mit Leder überzogen, die untere von Eisen gemacht; theils die obere von Papier, die untere aus gebranntem Thon oder Stein hergestellt, theils endlich — und dies scheint die wichtigste Abänderung zu sein — beide Walzen zwar geriffelt oder kannelirt, aber die Vertiefungen flacher und nicht auf die ganze Länge der Walzen ausgeführt, sondern an jedem Walzenende durch ein zylindrisches Stück in der Art begrenzt, daß die beiden gegeneinandergedrückten Walzen mit diesen Stellen einander berühren und verhindert werden, zu tief in einander einzugreifen und die Samenkörner zerquetschen zu können. — Fig. 8 macht diese von Theodor Ely im Jahre 1845 getroffene Einrichtung deutlich; es ist hier a ein Theil des geriffelten Mittelstücks der Walzen, b sind die zylindrischen Enden, welche auf der andern Seite ebenso ausgeführt sind, wie auf der hier abgebildeten; c die Zylinderzapfen.

Ein anderes Mittel, um das Eintreten der Samenkörner zwischen die Walzen zu verhindern, besteht in dem von Henry Conklin angegebenen

Detektor. Es ist dies nach Fig. 9 ein vor den beiden Walzen a und b angebrachter Eisenstab e, welcher die Oeffnung in der Art verschließt, daß für die Fasern eine Behinderung zwischen die Walzen zu treten nicht entsteht, während der viel weniger spitze Zutrittswinkel, der so gebildet wird, und der Umstand, daß der Stab still steht, den Samenkörnern ein viel geringeres Bestreben ertheilt, zwischen die Walzen einzutreten. Bei c und d sind ein paar Platten gegen die Walzen gelegt, um das Wickeln derselben zu verhindern. Zu dem letzteren Zwecke wendet man auch sägenartig ausgeschnittene Stahl=platten an, welche parallel zur Achse der Walzen hin und herbewegt werden.

Statt des Detektors hat man ferner noch vor den Walzen liegende Kämme in Anwendung gebracht, welche hin und herbewegt werden, und nur die Fasern nach den Walzen gelangen lassen, die Samen=körner dagegen zurückhalten; endlich auch zwei sägeblattartig aus=geschnittene und mit ihren Zähnen gegen einander gekehrte Stahl=schienen, welche durch ihre ziemlich schnelle vibrirende Bewegung, nach der Länge der Achsen gerichtet, daselbe bewirken sollen.

Bei der Einrichtung von Burn wird die zu egrenirende Baum=wolle auf einem mit Krempelbeschläge belegten Tuche dem Walzen=paare zugeführt; auf der entgegengesetzten Seite der Walzen ist ein mit Bürsten besetzter rotirender Schläger vorhanden, welcher die Wolle von dem Walzenpaare entfernt und ein Wickeln verhindert.

Endlich ist bei der Maschine von Mac Carthy das Prinzip der Walzenegrenirmaschine in einer Art modifizirt, welche namentlich für die langfaserige Baumwolle sehr vortheilhaft zu sein scheint. Die höl=zerne Walze a Fig. 86 u. 87 (Taf. 9) von 30—36 Zoll Länge und 4 Zoll Durchmesser ist mit hart gegerbter Büffelhaut umlegt, und zwar ist dieselbe in schraubengangförmig liegenden Streifen befestigt. In etwa ¼ Zoll Abstand von derselben befindet sich eine Schiene b aus Eisen oder Stahl von gleicher Länge mit der Walze und un=gefähr ¼ Zoll stark, parallel zu ihr in etwa ⅛ Zoll Abstand eine zweite c, c'. Die untere Kante von b und die obere von c sind sanft abgerundet, und c erhält eine schnell auf und niedersteigende Bewegung innerhalb der beiden extremen Stellungen, welche in Fig. 86 bei c und in Fig. 87 bei c' gezeichnet sind; dagegen dreht sich a langsam um; bei d endlich wird die Baumwolle zugeführt. Die

Büffelhaut zieht nun durch ihre Reibung die Baumwollfasern in dem Maße durch die Oeffnung zwischen b und c, als durch die Bewegung von c die Samenkörner oberhalb abgestoßen sind. Durch 2—3 Schläge ist gewöhnlich die Trennung von Faser und Samenkorn erfolgt. Auf mechanischem Wege in Gang gesetzt, kann diese Einrichtung täglich bis zu 400 Pfund Baumwolle liefern.

Die Sägenegrenirmaschine hatte nach der ursprünglichen Einrichtung als hauptsächlich wirkenden Theil eine mit Drahthäkchen besetzte Walze, ähnlich wie dieselben beim Droussettwolf in der Bearbeitung der Wolle vorkommen; später wurde auch Eisendraht von dreiseitigem Querschnitte, durch feilenartiges Aufhauen mit Zähnen versehen und in schraubengangförmigen Windungen um einen Zylinder gelegt, angewendet; dann Scheiben mit Sägezähnen nach Art der kreisförmigen Sägeblätter. Um die Vervollkommnung dieser außerordentlich wichtigen Maschine hat besonders Eleazer Carver sich Verdienste erworben, da er mit dem Bau derselben seit 1807 beschäftigt gewesen ist. Eine neuere Einrichtung von Carver's saw-gin macht Fig. 10 im Durchschnitt deutlich. a ist der aus Sägeblättern in der Art zusammengesetzte Zylinder, wie dies Bd. I. S. 475 beschrieben ist; b die Bürstwalze, cc der Rost aus einzelnen Eisenstäben bestehend, welche unterhalb an der Platte d, die zur Abführung des Samens bestimmt ist, befestigt sind, und mit dieser Platte durch die in das Querstück f tretenden Schrauben e in die geeignete Lage gegen die Zähne der Sägeblätter gestellt werden können. Damit diese Verstellung vorgenommen werden kann, sind die Roststäbe oberhalb ebenfalls mit einer Platte verbunden, welche durch Charnierbänder g an dem oberen Querstück h befestigt ist. Der Rumpf zur Aufnahme der zu egrenirenden Baumwolle wird zu beiden Seiten durch die Gestellwände, vorn durch die verstellbare Wandfläche i, unterhalb durch den Rost und nach hinten durch die gekrümmte Platte l begrenzt; i kann vor und zurück, höher und tiefer gestellt, und durch die Schraubenbolzen n an den Seitenwandflächen befestigt werden; es hat dies namentlich zum Zwecke, den an i unterhalb angebrachten Kamm k so gegen die Sägeblattwalze zu stellen, daß der Samen durch den zwischen k und c bleibenden Schlitz mit der erforderlichen Geschwindigkeit abziehen kann. Die gekrümmte Platte l ist bei o drehbar und kann durch die Schraube bei m in einer mehr oder weniger niederwärtsgeneigten Lage festgestellt werden, um dadurch den zu bearbeitenden Stoff mehr oder weniger gegen die Sägeblätter gepreßt zu erhalten.

Soll eine schnellere und intensivere Einwirkung auf die zu egre= nirende Baumwolle erfolgen, so wird d gesenkt, ein weiteres Heraus= treten der Zähne über den Rost dadurch bewirkt und gleichzeitig l nach vorn zu bewegt; die entgegengesetzte Stellung findet bei beabsich= tigtem langsameren Gange und geringerem Angriffe auf die Fasern Statt. Fällt der Samen nicht schnell genug aus der Maschine, so wird i höher und weiter nach vorn zu festgestellt; fällt der Samen zu schnell und noch nicht genügend gereinigt aus der Maschine, so findet die entgegengesetzte Verstellung von i Statt.

Auf der Rückseite der Walze befindet sich zwischen den Säge= blättern ein zweiter oder Reinigungsrost in vertikaler Lage angebracht. Derselbe ist an der Platte p, welche unter dem Querstück h in Fugen der Seitenwände auf und nieder geschoben werden kann, angebracht und besteht aus einzelnen in Fig. 11 größer dargestellten Schienen q, welche nur durch eine Schraube r mit p verbunden sind, und daher zwischen den Sägeblättern eine etwa erforderliche geringe Seitenbewe= gung annehmen können. Diese Schienen dienen theils dazu, den Luft= zug in seiner Einwirkung auf die an den Zähnen hängenden Fasern zu schwächen, theils und zwar mittelst der nach b zugekehrten Um= biegungen dazu, die Einwirkung der Bürste auf die Säge mehr stoß= weis eintreten und dadurch die Absonderung der mit der Baumwolle durchgehenden festen Theile (motes), welche namentlich auch in den durch die Zähne von den Samenkörnern abgetrennten Stücken be= stehen, vollständiger stattfinden zu lassen. Zwischen dem unteren Ende von q und einer mit Weißblech beschlagenen Platte s ist ein Spalt vorhanden, durch welchen in der Richtung des Pfeiles 1 die gröbsten Schmutztheile austreten sollen; an der Stelle, wo der Pfeil 2 steht, soll der feinere Schmutz aus den Baumwollfasern niederfallen, die Baumwollfasern selbst aber sollen an der ebenfalls mit Weißblech beschlagenen Fläche t in der Richtung des Pfeiles 3 aufsteigen, unter welcher durch u der Raum für Aufsammlung der Unreinigkeiten ab= geschlossen wird. Um nun diese verschiedenen Wirkungen entsprechend zu erreichen, kann s höher oder tiefer, und t in verschiedenem Neigungs= winkel und gegen s näher oder entfernter gestellt werden, bis der sich herstellende Luftstrom, der zugleich von den Verhältnissen des Raumes,

in dem die Maschine steht, abhängig ist, das Zustandekommen dieser
verschiedenen Einwirkungen gestattet.

Auch kann die Bürstwalze zur Hervorbringung des erforderlichen
Luftstroms dadurch benutzt werden, daß an den Endflächen derselben
in radialer Lage breite Schienen angebracht werden, welche durch eine
in der Gestellwand angebrachte Oeffnung Luft einziehen und nach Art
der Ventilatoren an ihrem äußeren Ende forttreiben. Noch vollstän=
diger erfolgt dies durch die in Fig. 12 gezeichnete Konstruktion der
Bürstenwalze, bei welcher die Bürsten c durch Spalte von einander
getrennt, übrigens aber durch die Arme b mit der Welle a verbunden
sind. Der durch die Schlitze austretende Luftstrom kann durch eine ge=
eignete Umhüllung der Bürstwalze so gerichtet werden, daß er auf die
an der Sägeblattwalze abgebürstete Baumwolle entsprechend einwirkt.

Was den Gang der Maschine anlangt, so macht die Sägeblatt=
walze, deren Scheiben etwa 10—12 Zoll Durchmesser haben, 150
bis 200 Umdrehungen in der Minute; die erforderliche Bewegkraft
beträgt bei 60 bis 80 Sägeblattscheiben ungefähr 2 Pferdekräfte; auf
jede Scheibe werden pro Stunde etwa 3—4 Pfund rohe Baumwolle
gerechnet, und aus diesen werden 20—30 Prozent reine Baumwoll=
fasern, das Uebrige an abgesonderten Samenkörnern gewonnen. Soll
die Maschine einen erwünschten Gang annehmen, so ist es nöthig
vollkommen trockene Baumwolle auf derselben zu verarbeiten.

Unter den sonst noch an den Sägenegrenirmaschinen angebrachten
Abänderungen mag hier nur noch angeführt werden, daß man auch
durch verschieden angebrachte Bürsten die an denselben vorüberbewegten
Fasern von den anhängenden Theilen der Samenkörner zu befreien
suchte, sowie daß man, wie dies Fig. 13 zeigt, den feststehenden Rost
durch einen rotirenden ersetzte; es ist nämlich hier a eine Walze mit
Vertiefungen, in welchen die Sägeblätter der Walze c laufen; durch
die Drehung von a erhalten die Samenkörner ein größeres Bestreben
sich von den Sägezähnen zurück zu bewegen; b schließt sich an c an
und bildet das Abfallbrett für den Samen; in dem Raume zwischen
b und d wird die Baumwolle von den Sägeblättern ergriffen und
bei e durch eine Bürste abgestrichen.

Bei einer neuen Egrenirmaschine, welche Whitworth in seinem
Berichte über die Ausstellung in New=York beschreibt, ist der Säge=
zylinder durch einen Krempelzylinder von 8—9" Durchmesser ersetzt, der

mit einem Beschläge von mehr hakenförmigen Zähnen als gewöhnlich versehen und gegen eine Walze aus Gußeisen gestellt ist, die spiralförmige Kannelirungen von $1/_{10}''$ Breite in $3/_{10}''$ Abstand hat. Der Krempelzylinder macht 200 Umdrehungen in der Minute, der kannelirte Zylinder 400 in entgegengesetzter Richtung, und eine Zylinderbürste von 28'' Durchmesser, welche die Baumwolle von dem Krempelzylinder entfernt, 800 Umdrehungen. Das Wesentliche bei dieser Einrichtung ist außer der Wirkung des Krempelzylinders die durch den kannelirten Zylinder dem Samenkorn mitgetheilte Lageveränderung gegen ersteren. Bei 60'' Breite der Maschine sollen täglich 1500 Pfund Baumwolle bearbeitet werden.

Aus den abfallenden Samenkörnern hat man in neuerer Zeit in Amerika ein Oel gepreßt, das dem Olivenöl ähneln, schwer trocknen, hell brennen und sich besonders zum Einölen von Maschinentheilen eignen soll; sonst werden dieselben auch als Viehfutter verwendet.

In manchen Gegenden unterliegt die Baumwolle, nachdem sie von den Samenkörnern gereinigt ist, noch einer Reinigung durch Schlagen, um sie von Staub und Schmutz zu befreien und ihr ein mehr seidenartiges Ansehen zu geben; es werden dabei aber oft einzelne Parthien derselben so mit einander verschlungen, daß die nachmaligen Operationen in der Spinnerei hierin ein wesentliches Hinderniß finden.

Bei den geringsten Baumwollsorten sind etwa 900 Pfund roher Wolle erforderlich, um einen Ballen von 300 bis 350 Pfund zu bilden; bei den besten Baumwollen gehören wohl bis zu 2000 Pfund roher Wolle zu einem Ballen von dem angegebenen Gewichte.

Die Baumwollfasern, wie sie in den Handel kommen, sind gewöhnlich im Zustande natürlicher Reife geerntet; zuweilen kommt es aber in den regnerischen Tagen des Spätherbstes vor, daß sich an den Baumwollpflanzen noch unaufgesprungene Samenkapseln befinden, welche eine künftige Reife nicht versprechen; diese werden dann abgepflückt und in einem mäßig geheizten Ofen künstlich getrocknet, wo sie zwar ebenfalls zum Aufspringen kommen, aber eine Baumwolle geben, welche bei weitem weniger gut ist, als die mit natürlicher Reife.

Die aus Nordamerika neuerdings unter dem Namen Sturmwolle nach Europa übergeführte Baumwollsorte, welche höchst unrein und flockig ist, scheint durch eine Nachlese aus den Kapseln entstanden

zu sein, welche durch den Sturm schon ihres besseren Inhaltes be=
raubt sind, oder vielleicht aus den Resten zu bestehen, welche man
für gewöhnlich in den Kapseln dem Winde zum Raube zurückläßt.

Unter den Eigenschaften der Baumwollfasern sind namentlich
folgende beachtenswerth:

1) Die Farbe, theils von der Färbung des äußeren Schlauches
theils von der der Ausfüllungsmasse abhängig, ist mit Ausnahme
der stark braungelb gefärbten Nanking=Baumwolle, Gossypium reli-
giosum, entweder ganz weiß oder in das gelbliche, röthliche und
bläuliche mehr oder weniger übergehend; die Schlauchwand ist ge=
wöhnlich weiß, die Reste der Ausfüllungsmasse bewirken den farbigen
Ton. Ganz weiße Färbung wird gewöhnlich als Merkmal geringerer
Qualität betrachtet. Die Baumwolle von Smyrna, Zypern, Salo=
nichi und von fast allen Theilen der Levante zeigt die weiße Farbe,
ebenso ein Theil der nordamerikanischen, namentlich New=Orleans,
Tennessee, Alabama und Upland=Georgia. Gelbe Färbung, wenn
sie nicht zufällig durch Feuchtigkeit oder durch ungünstige Witterung
während der Kulturzeit hervorgebracht wurde, ist ein Zeichen von
Feinheit und Festigkeit. Die südamerikanischen und westindischen
Baumwollen sind gelblich weiß, die ostindischen etwas dunkler. Die
Georgia=Sea=Island=Baumwolle hat, obgleich ursprünglich keine
gelbe Sorte, einen schwachen, aber unverkennbaren gelblichen Farben=
ton, welcher sie von den kurzfaserigen weißen amerikanischen Sorten
unterscheidet.

2) Der Glanz wird durch die festere Beschaffenheit der äußeren
Schlauchmembran hervorgebracht und rührt nicht von einem beson=
deren firnißartigen Ueberzuge derselben her; er wird gewöhnlich als
seidenartig bezeichnet und ist besonders bei den amerikanischen Baum=
wollsorten vorhanden.

3) Die Länge, welche für die vollständig ausgebildeten Fasern
gewöhnlich innerhalb der Grenzen von 7 bis 17 pariser Linien liegt,
ist im Allgemeinen bei den strauch= und baumartigen Baumwoll=
pflanzen größer, als bei den krautartigen. Sie ist eine bei der Be=
arbeitung so wichtige Eigenschaft, daß man nach ihr die Baumwollen
für den Verkehr in zwei große Abtheilungen getheilt hat: langstape=
lige, langfaserige (cotons à longues soies, long staple) und kurz=
staplige, kurzfaserige (cotons à courtes soies, short staple). In

beiden Abtheilungen wird der Werth der Baumwollsorten nicht nur nach der absoluten Länge der Fasern und den übrigen Eigenschaften, sondern ganz besonders auch nach der Gleichförmigkeit der Faserlänge bestimmt. Zu den langstapeligen oder langfaserigen Baumwollsorten mit etwa 9 bis 17 Linien Faserlänge werden die folgenden gerechnet; es sind dabei zugleich die Faserlängen, so weit über dieselben Versuche vorliegen, in pariser Linien beigesetzt worden:

Lange Georgia	11—13 Linien.		Fernambuco	14—17 Linien.	
Bourbon	9—12	„	Bahia	12—15	„
Jumel, Mako	15—17	„	Camouchi	10—13	„
Portoriko	9—11	„	Para	9—12	„
Cayenne, lange	12—15	„	Maragnan	10—13	„
Hayti			Martinique	12—15	„
Minas	9—11	„	Trinidad		
Guadeloupe	12—15	„	Cumana, Oronoko	10—12	„
Cuba			Carthagena	9—12	„

Zu der kurzfaserigen Abtheilung mit etwa 7—11 Linien Faserlänge werden gerechnet:

Louisiana	8—11 Linien.		Virginia		
Cayenne (kurze)			Souboujatz	8—10 Linien.	
Alabama			Kirkajatz	7— 9	„
Mobile			Kinich	7— 9	„
Tennessee			Surate, Madras		
kurze Georgia	8—11	„	Alexandria		
Senegal	8—10	„	Bengalische.		

4) Die **Feinheit**, d. h. die Größe des Querschnittsdurchmessers, ist nach dem oben Mitgetheilten schon an verschiedenen Stellen der Faser verschieden, da sich die Faser von dem Wurzelende nach der Spitze zu und zwar oft im Verhältnisse von 4 zu 1 verjüngt; es werden daher die angestellten Beobachtungen über die Dicke der Fasern nur dann vergleichbare Resultate geben, wenn sie an ziemlich gleicher Stelle, der Faserlänge nach, vorgenommen werden. Im Allgemeinen sind die Fasern der amerikanischen und ostindischen Baumwollsorten, besonders die von Gossypium barbadense, etwas dicker als die übrigen. Die Dicke der ausgebildeten Fasern beträgt nach den Untersuchungen von Heilmann zwischen $\frac{1}{160}$ und $\frac{1}{80}$ einer pariser Linie, und zwar sind von folgenden Sorten die nebenbemerkten Faserzahlen

erforderlich, um den Raum eines Zolles beim Nebeneinanderlegen auszufüllen:

160 von Langer Georgia,
150 „ St. Domingo, Portoriko, Mako, Bourbon,
135 „ Louisiana,
125 „ Quaraqua,
120 „ Castellamare, Cayenne, Carthagena, kurzer Georgia, Bengal, bester Surate, Fernambuco,
100 „ Mazedonischer,
80 „ Attah, Salonichi, Pera, Abenos, ordinärer Surate.

Noel theilt nach der Feinheit des Stapels die Baumwolle in drei Gruppen und rechnet

zur ersten: Lange Georgia, Bourbon, Motril und Bahia,

zur zweiten: Maragnan, Fernambuco, Cayenne, Demerary und St. Domingo,

zur dritten: kurze Georgia, Souboujatz, Mazedonische, Castellamare, Louisiana, Pouille, Carthagena, Carolina, Carraccas, Kirkajatz, Salonichi und Smyrna.

5) Die Weichheit und Biegsamkeit hängt vorzüglich von der Dicke der sekundären Ablagerungsschicht ab; je dicker diese ist, desto steifer und spröder ist die Baumwollfaser. Die Fasern von Gossypium barbadense sind daher auch weicher und seidenartiger als die von G. herbaceum. Eine vollständige Gleichförmigkeit bezüglich dieser Eigenschaft bei einer und derselben Baumwollsorte wird schwer angetroffen; es kommen neben weichen Fasern auch solche mit dickerer Wandfläche vor, und umgekehrt.

6) Die Drehung oder schraubengangförmige Windung der Fasern ist um so bedeutender, je dünner die Wandfläche und größer die lichte innere Weite der Faser ist; daher stärker bei Gossypium barbadense als bei herbaceum. Diese Drehung ist zum Theil auf die ganze Faserlänge nach gleicher Richtung vorhanden, zum Theil oberhalb entgegengesetzt als unterhalb, was durch die Lage der Faser während des Austrocknens bedingt zu sein scheint.

7) Die Festigkeit der Faser ist von der Dicke der Wandfläche abhängig und daher bei Gossypium herbaceum größer als bei barbadense; erstere Art eignet sich daher mehr zu stärkeren und dauerhaften, letztere zu feineren Produkten. Heilmann hat durch Zer-

reißungsversuche mit dem Regnier'schen Dynamometer gefunden, daß durchschnittlich zerreißt eine Faser von

Louisiana   bei $2\frac{1}{2}$ Gramm

langer Georgia   „ $3\frac{2}{3}$ „

Jumel   „ $4\frac{1}{3}$ „

kurzer Georgia   „ $4\frac{1}{2}$ „

8) Die Elastizität der Faser ist bei den stärker gedrehten Baumwollenfasern präsumtiv größer als bei den weniger gedrehten, und wird bei dem Auseinanderziehen eines Büschels von Baumwollenfasern aus dem Aufquellen nach aufhörendem Auseinanderziehen erschlossen.

Die Gesammtheit der bisher erwähnten Eigenschaften macht es möglich die verschiedenen Baumwollfasern zu mehr oder weniger feinen Garnen zu verarbeiten. Jullien unterscheidet in dieser Beziehung folgende 8 Klassen, von denen die erste zu den feinsten, die letzte nur zu den gröbsten Garnen verarbeitet werden kann:

1. Lange Georgia (auch zur Vereinigung mit Seide geeignet).
2. Bourbon, Jumel, Portoriko,
3. Fernambuco und ähnliche,
4. Louisiana, Cayenne und ähnliche,
5. Carolina, kurze Georgia und ähnliche,
6. Virginia und ähnliche,
7. Surate und ähnliche,
8. Alexandria, Bengal und ähnliche.

9) Das spezifische Gewicht der Baumwollfaser beträgt 1.47 bis 1.50.

10) Das Verhalten der Baumwolle gegen die in der Atmosphäre enthaltenen Wasserdämpfe ist von Chevreul untersucht worden; nach demselben vermehrt sich die Gewichtseinheit einer im luftleeren Raume vollkommen getrockneten Baumwolle, wenn sie ungesponnen ist, bis auf 1.3092 und in Form von Gespinnst auf 1.2593 in einer mit Wasserdämpfen gesättigten Luft von 18° C.

11) Der chemischen Zusammensetzung nach besteht die Baumwollfaser aus

42.11 Kohlenstoff,

5.06 Wasserstoff und

52.83 Sauerstoff.

12) Durch die chemische Beschaffenheit der Baumwolle und ihr

Verhalten gegen Gase wird die unter geeigneten Umständen eintretende Selbstentzündung derselben bedingt. Die Baumwollfaser erleidet im warmen und trockenen Zustande an der Luft keine Veränderung, im feuchten Zustande absorbirt sie langsam Sauerstoff und zerfällt in Kohlensäure und Wasser, ein Vorgang der mit dem Namen der Verwesung bezeichnet wird und zwar mit einer Wärmeentwicklung verbunden ist, welche jedoch zu einer Wärmeanhäufung wegen der Langsamkeit des Prozesses und der großen Vertheilung des Stoffes nicht Veranlassung gibt. Sind stickstoffhaltige Bestandtheile zugleich vorhanden, z. B. Samenkörner, so können letztere wohl unter Voraussetzung entsprechender Feuchtigkeit und Wärme in Gährung übergehen und dabei eine Temperaturerhöhung erfahren, welche das Selbstentzünden solcher verunreinigter Baumwolle unter geeigneten Umständen wenigstens für nicht unmöglich ansehen läßt. Ist die Baumwolle mit Oel getränkt, und namentlich locker aufgehäuft, so oxydirt sich das letztere durch Aufnahme von Sauerstoff aus der Luft unter bedeutender Erhöhung des Temperaturgrades und es kann leicht, da die Erhöhung der Temperatur den Oxydationsprozeß wesentlich fördert, erstere bis zur Entflammung steigen. Eine solche Tränkung mit Oel findet nun eben bei der Baumwolle theils als ein nothwendiger Fabrikationsprozeß in der Rothgarnfärberei Statt, theils tritt dieselbe in den Baumwollspinnereien dadurch ein, daß man die harten Abgänge, welche zur Wiederverarbeitung nicht gut angewendet werden können, als Putzmaterial zum Reinigen der Maschinen benutzt; es ist daher auch die größte Vorsicht erforderlich, in beiden Fällen eine zu hohe Steigerung der Temperatur dadurch zu verhindern, daß man die getränkte Baumwolle nicht in großen Massen aufgehäuft liegen läßt.

Die Gesammtheit der für eine bestimmte Verwendung erforderlichen Eigenschaften erkennt man theils durch das unmittelbare Ansehen, theils durch das Anfühlen, theils durch das Auseinanderziehen der Fasern. Man nimmt zu dem Zwecke ein Büschelchen Baumwollfasern, hält dasselbe mit den Fingern der einen Hand an dem einen Ende und ergreift das andere Ende mit den Fingern der andern Hand, um so die längsten Fasern auszuziehen; man legt die ausgezogenen wieder oben auf und wiederholt das Ausziehen mehrfach, durch welches man theils auf die größte Faserlänge und die Gleichförmigkeit, theils auf die Sanftheit und die Elastizität einen Schluß machen kann.

Außer den hier angegebenen Eigenschaften hat die größere oder geringere Gleichförmigkeit in der Faserbeschaffenheit und der größere oder geringere Grad von Reinheit einen wesentlichen Einfluß auf Ermittelung des Werthes einer zu beurtheilenden Baumwollmenge. Man unterscheidet deshalb theils eine geringere theils eine größere Anzahl von Qualitäten. Eine der häufiger vorkommenden Abstufungen dieser Art ist folgende:

fine. good. good-fair. fair. middle. ordinary

und das ungefähre Preisverhältniß dieser verschiedenen Sorten nach einem längeren Durchschnitt, wenn der Preis von good-fair zur Einheit genommen wird:

1,10. 1,04. 1. 0,96. 0,91. 0,88.

Eine der am weitesten durchgeführten Qualitätsskalen ist die folgende: fine, good-fair, fully fair, fair, middling fair, good middling, middling, good ordinary, ordinary, inferior.

Wird der durchschnittliche Preis der verschiedenen Baumwollsorten, welchen dieselben innerhalb einer langen Reihe von Jahren behauptet haben, zum Anhalten für Beurtheilung des mittleren Werthes genommen, so ordnen sie sich, von der werthvollsten anfangend in folgender Reihe nach dem Handelswerthe: Beste Sea Island, egyptische, Bourbon, Pernambuco, Cayenne, Bahia, Maranham, Surinam, Demerara, Berbice, Bahama, Grenada, Curacao, Barbadoes, westindische überhaupt; Giron und beste spanische; New-Orleans, Upland, Tennessee, Alabama, Smyrna, Cyprus, Salonichi, Jamaika, St. Kitts, geringere westindische; Carthagena, Caraccas, geringere spanische; Madras, Bengal, Surate.

Nach einem zehnjährigen Durchschnitte aus den Jahren 1844 bis 1853 betrugen die Mittelpreise auf dem Hauptbaumwollmarkt zu Liverpool, wie sie am Schlusse eines jeden Jahres notirt wurden, durchschnittlich in Pence pro Pfd.

für Georgia	Mobile und New-Orleans	Pernambuco und Bahia	Maranham	Aegyptische	Surate	Bengal.
5,17	5,86	6,64	6,49	7,81	3,86	3,59

dagegen die niedrigsten Preise, welche in diesen 10 Jahren am 31. Dezember stattfanden:

$3\frac{1}{4}$	$3\frac{1}{4}$	$4\frac{5}{8}$	$4\frac{1}{4}$	$4\frac{1}{2}$	$2\frac{1}{8}$	2

und die höchsten Preise:

$8\frac{1}{4}$	9	$9\frac{1}{4}$	$9\frac{1}{4}$	$11\frac{1}{2}$	$6\frac{3}{8}$	6

Die Baumwollproduktion, und der Theil derselben, wel=
cher nicht zum inländischen Verbrauche verwendet wird, sondern in
den Welthandel kommt, läßt sich gegenwärtig in folgender Art ab=
schätzen:

Länder	jährliches Produktions=quantum in Millionen Pfund	davon kommen in den Welthandel
Vereinigte Staaten von Nordamerika	1350	1093,2
China	250	40
Ostindien	200	150
Egypten und Nordafrika	40	25
Pernambuco, Aracati, Ceara . .	30	25
Bahia und Umgebung	14	11
Maranham	12	9
Westindien	3,1	3
Demerara, Berbice ꝛc.	0,7	0,5
zusammen	1899,8	1356,7

so daß die nordamerikanischen vereinigten Staaten allein etwa 72 Proz.
aller Baumwolle und 80 Proz. des gesammten in den Welthandel
übergehenden Betrags produziren. Der Aufschwung, den die nord=
amerikanische Baumwollkultur seit dem Jahre 1784 genommen hat,
wo 1200 Pfd. ausgeführt wurden, wird aus den Angaben ersichtlich,
daß der Erntebetrag, der 1823 etwa 509,000 Ballen (zu circa
400 Pfd.) abgeschätzt wurde, sich gegenwärtig versechsfacht hat; daß
die Ausfuhr betrug

1800	17,8	Millionen	Pfund
1810	93,3	„	„
1820	120,0	„	„
1830	298,5	„	„
1840	743,9	„	„
jetzt über	1000	„	„

und daß von 1821 bis 1851 für 1451 Millionen Dollars Baumwolle
ausgeführt wurden, wobei der geringste Durchschnittspreis pro Pfund
im Jahre 1845 stattfand und 5,92 Cents betrug, der größte Durch=
schnittspreis 1825, wo er 20,9 Cents pro Pfund ausmachte. Eine
Preisdifferenz von $1/3$ Penny pro Pfund (d. h. $3 1/3$ Pfennig preuß.)
gilt aber ungefähr 1 Million Thaler Unterschied im Kaufpreise der

gesammten von Nordamerika ausgeführten Baumwolle. Daß der
Durchschnittspreis von 1791—1800 betrug 33 Cents

1801—1810	„	22	„
1811—1820	„	20,5	„
1821—1835	„	12,75	„
1835—1850	„	9,9	„

rührt größtentheils von dem Umstande her, daß die Menge der
ausgeführten feinsten und theuersten Sea=Island=Baumwolle im
Laufe dieses Jahrhunderts sich ungefähr gleich blieb, nämlich circa
8 bis 11 Mill. Pfund jährlich, und daher die Produktionsvermehrung
nur durch die geringerwerthigen Sorten herbeigeführt worden ist.

Zur Kultur der Sea=Island=Baumwolle (auch long staple,
black seed, lowland, Mains in Amerika genannt) eignet sich Boden
und Klima von Südkarolina, Georgia und Florida vorzugsweise;
es wird aber auch ein wesentlicher Einfluß auf das Gedeihen derselben der großen Intelligenz und dem aufmerksamen Betriebe der
dort befindlichen Pflanzer zugeschrieben; dieselben sind unermüdlich
in neuen Versuchen zur Veredlung der Pflanzen. Der Preis steigt
bis zu 1 Dollar pro Pfund bei einzelnen Qualitäten. Sie wird gewöhnlich in runden Säcken zu 350 Pfund Gewicht verpackt. Man
rechnet 75—150 Pfund gereinigte Baumwolle als Ernte von einem
Acker guten Landes, und 1 oder 1½ bis höchstens 2 Säcke auf einen
guten ausschließlich mit der Kultur beschäftigten Plantagenarbeiter.

Für die Kultur der ordinären Baumwolle (short staple, green
seed, upland, petit gulf oder Mexican in Amerika genannt) ist
die gesammte Baumwollzone Nordamerikas vom atlantischen Ozean
bis zum Rio del Norte geeignet; diese begreift die Staaten Südkarolina, Georgia, Alabama, Mississippi, Louisiana, die Theile von
Nordkarolina, Tennessee und Arkansas, welche unter dem 25. Grade
der nördlichen Breite, von Florida, welche über dem 27. Grade
und von Texas, welche zwischen dem Golf von Mexiko und dem
34. Grade der nördlichen Breite liegen. Es ist dies ein Flächenraum von über 450,000 englischen Quadratmeilen, der jedoch zu ⅔
wegen seiner Bodenbeschaffenheit für die Baumwollkultur nicht geeignet ist. Aber auch schon das übrige Drittheil würde hinreichen,
die gegenwärtige Produktion auf den sechsfachen Betrag zu steigern.
Unter den genannten Staaten stehen Alabama, Georgia, Mississippi

und Südkarolina oben an, indem sie etwa ³/₄ der gegenwärtigen Gesammtproduktion liefern. Von der ordinären oder Upland=Baumwolle werden 150 bis 250 Pfund in gereinigtem Zustande pro Acker und 3 bis 7 Ballen von 450 bis 500 Pfund pro Arbeiter gerechnet; ja es können sogar bei dem besten Boden von den besten Arbeitern 8 bis 10 Ballen gewonnen werden.

Im Jahre 1852 schätzte man den zur Baumwollkultur verwendeten Flächenraum in den vereinigten Staaten auf 6¹/₃ Millionen Acker und die Arbeiterzahl auf 787,000, darunter 120,000 freie Weiße, die Uebrigen Sklaven. Das hierbei beschäftigte Kapital wurde zu 600 Millionen Dollars angenommen; die beschäftigte Arbeitskraft verbrauchte jährlich an Nahrung, Kleidung, Werkzeugen u. s. w. etwa 25 Millionen Dollars. Außer dem Transporte auf den Eisenbahnen nimmt der Wassertransport von den Erzeugungsorten nach den Hafenplätzen eine Dampfflotte von 120,000 Tonnen mit 7000 Menschen, und der Küstentransport 1,100,000 Tonnen mit 55,000 Seeleuten in Anspruch. Die auf ⁵/₈ Cent per Pfund zu veranschlagende Fracht bis zum Hafen gibt 12 Millionen Dollars Frachtlohn. 800,000 Tonnen der amerikanischen Schifffahrt und 40,000 Seeleute, außerdem 140,000 Tonnen fremder Fahrzeuge werden beim Verschiffen der Baumwolle nach Europa beschäftigt. Aus dem Mitgetheilten wird hervorgehen, in welch' naher Beziehung die Baumwollkultur zur Sklavenfrage und zu dem Aufschwunge der Schifffahrt steht.

Die nächst größte Bedeutung nach der nordamerikanischen Baumwolle hat für den Weltmarkt die ostindische. Die in Indien einheimischen Baumwollsorten haben sämmtlich von Natur kurze Fasern und entbehren des seidenartigen Glanzes, der die nordamerikanischen so werthvoll macht; ihr Werth wird durch die weit geringere Sorgfalt beim Einsammeln und weiteren Vorbereiten noch wesentlich vermindert. Von Seiten der englisch=ostindischen Kompagnie sind daher seit länger als 30 Jahren die intensivsten Bestrebungen zur Verbesserung der Baumwollkultur ausgeübt worden; man hat Versuchswirthschaften angelegt, hat amerikanische Sorten eingeführt, die Behandlung überhaupt und namentlich das Egreniren verbessert und hat dadurch Erfolge erzielt, welche bei Gelegenheit der Londoner Industrieausstellung zu dem Urtheile führten, daß Indien im Stande sein werde, Englands Fabriken namentlich dann, wenn die Kom=

munikationsmittel in dem Produktionslande entsprechend verbessert
worden sind, mindestens mit kurzfaseriger Baumwolle zu versorgen,
ein Urtheil, welchem von Amerika aus zur Zeit noch widersprochen
wird unter Hinweisung auf den stets geringeren Betrag der Trans=
portkosten von Amerika aus.

Mit Uebergehung mannichfacher Versuche, die Baumwollkultur
in andern Ländern einzuführen, welche zur Zeit nicht den erwünschten
Erfolg gehabt haben, ist nur noch der Bestrebungen Frankreichs
Erwähnung zu thun, diesen Kulturzweig in Algier heimisch zu
machen, Bestrebungen, welche zur Zeit schon mit recht anerkennens=
werthen Erfolgen gekrönt worden sind.

Das Baumwolljahr wird in den statistischen Uebersichten ge=
wöhnlich mit dem 1. September begonnen und mit dem 31. August
des nächsten Kalenderjahres geschlossen, da die Verschiffungen nach
den Exporthäfen mit Anbeginn der Ernte im Spätsommer ihren
Anfang nehmen und bis gegen Ende August des nächsten Jahres
dauern. Die Ernte der einzelnen Jahre weicht je nach den Witterungs=
verhältnissen nicht unbedeutend ab, und theils durch die zu erwar=
tende Größe derselben, theils durch die noch vorhandenen Vorräthe
und die Größe des muthmaßlichen Bedarfs, der von dem Stande
der Verarbeitung abhängt, bestimmen sich die Preise, welche nach
den bereits oben gemachten Angaben ziemlich veränderlich sind.

An der Verarbeitung der Baumwolle in den Spinnereien
nehmen, mit Ausschluß der in den Erzeugungsländern durch Hand=
arbeit verarbeiteten Baumwollmengen, die Länder, welche mechanische
Baumwollspinnereien besitzen, ungefähr in dem Verhältnisse Antheil,
wie dies die nachfolgende Uebersicht ausweist. In dieselbe sind nur
die wahrscheinlichsten Zahlenwerthe eingetragen worden, und wenn
dieselbe noch lückenhaft erscheint, so liegt der Grund in der Schwierig=
keit in derartigen Verhältnissen genaue Nachweisungen überhaupt zu
erhalten. Es sind zugleich in diese Uebersicht einige Angaben mit
aufgenommen worden, welche für Beurtheilung des Standes der
Spinnerei in den einzelnen Ländern nicht ohne Interesse sind.

Land	Jahr der Angabe	Zahl der Spindeln	Spinnereien	Durchschnittsgröße einer Spinnerei in Spindeln	Beschäftigte Arbeiter	Auf 1000 Spindeln kommen Arbeiter	Jährliches Produktionsquantum an Garn. Millionen Pfd.	Dazu erforderliche rohe Wolle. Millionen Pfd.	Auf eine Spindel kommen jährlich Garn Pfd.	Wolle Pfd.
England . . .	1850	21000000	1932	10900	95200	9,7	519	575	25	27,5
Frankreich . .	1852	23000000						751,1		29,8
	1846	4300000	578	{ 12500[1] 6500[2] }	60000	14		128		
Oesterreich . .	1853							137		
	1847	1442000	206	7000	30000	21	47	55,46	33,1	39
Zollverein . .	1850	1453843					40,72			
	1846	900000		2700[3]	18000	20	27,44	30,18	30,5	33,5
	1853	1100000								
Darunter das Königreich Sachsen .	1848	541868	136	3984	8371	15,4	24,5[4]	29,5	45,2	54,4
Belgien . . .	1852	612000	82	7400	11600	19		25,5		41,6
Schweiz . . .	1851	1101000	190	5800			18	21,32	16,3	19,4
	1853							23,54		
Rußland . .	1850	700000					40	47,8	57,1	68,3
	1853							69,95		
Spanien . .	1851	798000			11900	15		30,5		38,4
	1853							39		
Schweden . .	1849							5,86		
Nordamerika .	1853	6000000						200 / 301,6		33,3

1 In Elsaß.   2 Im übrigen Frankreich.   3 Ohne Württemberg.   4 Nach der wöchentlichen Produktion unter Voraussetzung gleichmäßiger Produktion während des ganzen Jahres berechnet.

Es ergibt sich hieraus zunächst, daß England ungefähr 60 Proz. aller zur Verarbeitung der Baumwolle dienenden Spindeln besitzt, und daß die vereinigten Staaten dann mit etwa $1/4$ des Betrages, den England aufzuweisen hat, folgen; die Ausbreitung der Spinnerei in Amerika ist aber in einem überaus großartigen Fortschritte begriffen und konsumirt einen stets größer werdenden Antheil des daselbst erzeugten Rohstoffes.

Um wenigstens in den allgemeinsten Zügen eine Vorstellung von der Wichtigkeit der ersten Verarbeitung der Baumwolle durch die Spinnerei zu geben, mag der Werth einer Spinnerei pro Spindel zu 10 Thlr., das Betriebskapital zu 3 Thlr., die Zahl der beschäftigten Arbeiter zu 16 für 1000 Spindeln angenommen werden; dann beläuft sich das ganze in der Baumwollspinnerei arbeitende Kapital auf 520 Millionen Thaler, wovon 400 Millionen als festes und 120 Millionen als Betriebskapital zu rechnen sind, 640,000 Arbeiter werden direkt beschäftigt und der erzeugte Faden würde bei Voraussetzung einer mittleren Nummer etwa 70,000 mal so lang sein, als der Umfang der Erde.

Baumwollspinnerei.

Da sowohl die Baumwolle einer und derselben Sorte in ver= schiedenen Ballen, ja oft in einem und demselben Ballen nicht ganz gleichförmig ist, als auch oft das Bedürfniß vorliegt, verschiedene Baumwollsorten mit einander zu vereinigen; so ist zum Theil vor, zum Theil bei den Operationen der Vorbereitung ein Mischen und Gattiren der Baumwolle (mélanger, mixing) vorzunehmen. Bei dem Mischen der Baumwolle aus verschiedenen Ballen gleicher Sorte liegt die Absicht vor, ein vollkommen gleichförmiges Produkt zu erhalten; bei dem Gattiren verschiedener Baumwollsorten beabsichtigt man einer besseren und theureren Sorte so viel von einer geringeren und wohlfeileren Sorte zuzusetzen, als zur Erzielung des herzustel= lenden Garnes in guter Beschaffenheit eben noch thunlich ist. Nament= lich das Gattiren ist oft mit großer Vorsicht und zwar in verschiedenen Stadien der Vorbereitungsarbeiten vorzunehmen. Ist z. B. die eine Sorte weniger rein als die andere, so muß bereits der Reinigungs= prozeß ausgeführt sein, da sonst die bessere Sorte bei diesem Prozesse unnöthige und ihre Festigkeit beeinträchtigende Einwirkungen erfahren würde. Sind die durchschnittlichen Faserlängen der beiden zu ver= einigenden Sorten von einander verschieden, was indessen möglichst zu vermeiden ist; so ist eine verschiedene Stellung der Vorbereitungs= maschinen für eine entsprechende Herstellung der Arbeit bei jeder dieser Sorten erforderlich, und es ist daher erst bei einem weiter vorgerückten Stadium der Vorbereitung die Vereinigung mit Vortheil ausführbar.

Es hängt hiernach ganz von den angedeuteten Bedingungen ab, ob das Gattiren sogleich im Wolf, oder in der Schlagmaschine, oder wohl auch erst nach dem Krempeln vorgenommen werden kann; jede dieser Vorrichtungen bietet durch ihre Zuführungstheile bequeme

Gelegenheit, das Gattiren auszuführen. Es gilt dies namentlich auch bei dem später zu erwähnenden Vereinigen verschieden gefärbter Baumwollen zur Erzeugung melirter Garne. Am besten lassen sich mit einander gattiren

für starke Kettengarne: Orleans, Pernambuco, egyptische, Berbice und Demerara;

für feine Kettengarne: egyptische, Georgia, Sea Island;

für starke Schußgarne: Bengal, Madras, Surate;

für feine Schußgarne: Demerara, Berbice, Orleans, Upland, Sea Island.

Zu dem Mischen der Baumwolle aus verschiedenen, etwa 10 bis 12 Ballen einer und derselben Sorte sind am besten zwei Räume vorhanden, welche abwechselnd gefüllt und wieder entleert werden, und in denen die Baumwolle durch künstliche Heizung einer Temperatur von etwa 30° C. während des Zeitraums einiger Tage ausgesetzt bleibt, um in den Zustand der Abtrocknung zu kommen, welcher für das beste Gelingen der nachfolgenden Operationen, namentlich für das Trennen des Staubes von der Faser, der geeignetste ist. Dieses Trocknen ist namentlich dann erforderlich, wenn die Baumwolle kurze Zeit nach dem Wassertransporte, auf welchem sie in der stets mit Wasserdampf gesättigten Atmosphäre Gelegenheit hat, ihrer hygroskopischen Eigenschaft entsprechend, viel Wassertheile anzuziehen, verarbeitet wird. Man öffnet nun den ersten Ballen, breitet den Inhalt desselben über den ganzen zur Mischung disponiblen Raum in gleich hoher Schicht aus, verfährt hierauf in gleicher Art mit dem zweiten Ballen, dessen Inhalt über den des ersten gelegt wird und so fort, bis man die zu mischenden 10 bis 12 Ballen gleichmäßig über einander ausgebreitet hat. Nach genügender Austrocknung wird nun mit einem langzinkigen Rechen von dieser Masse von oben nach unten jedesmal eine Quantität abgestochen, wie sie innerhalb einer bestimmten Zeit für die erste Reinigungsmaschine erforderlich ist, und auf derselben verarbeitet.

Die zur Bearbeitung der Baumwolle dienenden Maschinen sind im Laufe der letzten 25 Jahre sehr wesentlich verbessert und vervollständigt worden; es sollen im Nachfolgenden die wichtigsten der in die praktische Anwendung übergegangenen Einrichtungen im Anschluß an die im ersten Artikel angegebene Eintheilung hier beschrieben werden.

I. Die Reinigung und Auflockerung der Baumwolle.

A. Die unter dem Namen Wolf oder Teufel begriffenen Maschinen haben theils unter Beibehaltung des bereits früher beschriebenen Prinzips einzelne wichtige Verbesserungen erfahren, theils hat man bei Herstellung derselben auch abweichende Prinzipien befolgt; die wichtigsten dieser Vervollkommnungen beziehen sich auf die Hervorbringung einer stetigen Zu= und Abführung der Baumwolle, auf die Entfernung des nach den früheren Einrichtungen in die umgebende Lokalität unabweislich einbringenden Staubes, auf die möglichste Vereinfachung des zur Wirksamkeit kommenden Mechanismus und eine Einrichtung desselben in der Art, daß die aufzulockernde Baumwolle die möglich geringste Beschädigung erfährt. Es sind hier folgende Konstruktionen zu erwähnen:

1) Der konische Wolf (conical self-acting Willow, panier conique) von Lillie, welcher sich besonders für mittlere und geringere Baumwollsorten eignet, und 2000 bis 5000 Pfund Baumwolle täglich reinigen kann, ist in Fig. 14 (Taf. 3) in der Ansicht von oben mit durchschnittenem und abgehobenem Gehäuse, und in Fig. 15 in der Endansicht im 36sten Theile der natürlichen Größe dargestellt. Die konische Trommel A besteht aus einem Mantel von Eisenblech, welcher durch 3 gußeiserne Armringe mit der Welle a verbunden ist und an 4 um 90 Grad von einander abstehenden Stellen eiserne Schienen angenietet erhält, in welche eiserne Stifte oder Zapfen b eingeschraubt sind, die so in vier Reihen auf dem Kegelmantel angeordnet erscheinen. Mit diesen Stiften korrespondirend, d. h. zwischen denselben liegend, sind am Gestell bei d der Welle a horizontal gegenüberliegend zwei Reihen anderer Stifte c ebenfalls angeschraubt. Oberhalb wird die Trommel von einem konischen Mantel B umschlossen, während unterhalb im Innern des Gestelles ein mit vierseitig länglichen Oeffnungen siebförmig durchlöchertes Blech angebracht ist, welches dazu bestimmt ist, den abgesonderten Staub durchfallen zu lassen. In dem oberen Mantel befindet sich an dem Ende mit geringerem Durchmesser in horizontaler Lage eine längliche Oeffnung, an welche der schief ansteigende Rahmen D anstößt; letzterer trägt den Zuführrost E. Dieser Zuführrost, ähnlich wie ein Zuführtuch wirkend, besteht aus parallel liegenden Eisenstäben von $3/4$ Zoll Breite, mit $1/2$ Zoll Zwischenraum

an den Enden durch Lederriemen verbunden, welche über Scheiben gelegt sind, die sich an zwei parallel liegenden unterhalb D eingelagerten Wellen befinden. Die der Trommel zunächst liegende Welle erhält durch das Zahnrad v die drehende Bewegung, durch welche die Zuführung der auf E ausgebreiteten Baumwolle in das Innere des konischen Wolfes hervorgebracht wird; die entferntere Welle liegt in einem Lager, welches durch die Stellschrauben e,e vor und zurückbewegt werden kann, um die für den Zuführrost erforderliche Spannung zu bewirken.

Am weiteren Ende der Trommel schließt sich an dieselbe die Kammer F, welche durch die Endwand, die Seitenwände und einen zylindrischen Deckel abgeschlossen wird, und in welche die Baumwolle, nachdem sie in schraubengangförmigen Wegen von dem kleineren Durchmesser der Trommel nach dem größeren zu in Folge der sich bei der Kreisbewegung entwickelnden Zentrifugalkraft vorgerückt ist, eintritt. Unterhalb befindet sich in dieser Kammer ein endloser Abführ= rost, ähnlich wie der oben beschriebene Zuführrost hergestellt, über welchem sich in einem Abstande von ungefähr einem Zoll die Siebtrom= mel H befindet. Die Welle der letzteren liegt parallel zu den Wellen, über welche der Abführrost G ausgespannt ist, und dreht sich so, daß ihr Umfang unterhalb in demselben Sinne, wie dieser Abführrost vorwärts rückt. Diese Siebtrommel ist theilweise in ein Gehäuse eingeschlossen, kommunizirt aber bei ff mit dem offenen Raume der Kammer F; über derselben ist der Ventilator I angebracht, dessen Gehäuse zu beiden Seiten in der Nähe der Achse Oeffnungen hat; die eine Oeffnung kommunizirt durch einen bei hh punktirt angegebenen Kanal mit der auf derselben Seite liegenden Oeffnung des Gehäuses der Siebtrommel, und es wird dadurch möglich, daß der Ventilator aus dem Innern der Siebtrommel die Luft herauszieht, und dadurch bewirkt, daß sich die Baumwolle in F nach ff zu bewegt, zwischen Siebtrommel und Abführ= rost legt und so abgeleitet werden kann, während der Staub in die Siebtrommel selbst eintritt und durch g von dem Ventilator weggeblasen wird. Die andere Oeffnung des Ventilators und die gleich gelegene des Siebtrommelgehäuses sind offen und dienen dazu, den Staub aus dem umgebenden Raume abzuleiten, sind aber jedenfalls zur Regulirung des Luftzuges mit stellbaren Schiebern zu versehen.

Die Bewegung wird in folgender Art auf die einzelnen Theile übertragen: An der Welle a der Trommel A befinden sich an dem

schmäleren Ende Fest= und Losscheibe K, an dem andern Ende die
beiden Riemenscheiben i und k. Von i geht die Bewegung auf den
Ventilator durch Vermittlung der Riemenscheibe l; von k auf den
endlosen Abführrost durch Vermittlung der Riemenscheibe m. An
gleicher Welle mit m befindet sich die Riemenscheibe n und das Zahn=
rad p; erstere ist durch einen Riemen mit o verbunden und theilt
dadurch der Siebtrommel die drehende Bewegung mit; letzteres greift
in das Zahnrad q, an dessen Welle sich die Riemenscheibe r befindet.
Letztere ist durch einen Riemen mit s verbunden, die Welle von s
aber, um die Bewegung parallel zur Kegelseite weiter fortzuführen,
mittelst des Universalgelenkes w mit der Welle t, welche durch das
Zahnrad u auf das bereits oben erwähnte Zahnrad v einwirkt, und
dadurch den Zuführapparat in Thätigkeit setzt.

Die Wirkungsweise der Maschine bedarf nun keiner weitläufigen
Auseinandersetzung; die bei E aufgebreitete Baumwolle wird durch
die Oeffnung am schmäleren Ende der Einwirkung der Stifte an der
konischen Trommel dargeboten, hereingezogen, in schraubengang=
förmigen Zügen herumgeführt, dabei von den gröberen anhängenden
Theilen befreit, welche durch den Siebboden fallen, am weiteren
Ende nach F ausgeworfen, hier von dem feineren Staube durch den
entwickelten Luftstrom befreit, und endlich bei x durch den Abführ=
rost ausgegeben.

Die Welle a macht 400—600 Umdrehungen in der Minute; die
erforderliche Bewegkraft ist zu etwa 3 Pferdekraft abzuschätzen.

2) Der Whipper von Mason (whipper, patent-willey).
Diese durch James Montgomery bekannt gewordene, ursprünglich in
Amerika erfundene und verbreitete, später auch auf dem Kontinente
vielfach in Anwendung gekommene und verbesserte Auflockerungs=
maschine hat eine überaus einfache Konstruktion und zeigt im Ver=
gleich zu dem kleinen Raume, den sie einnimmt, und der verhältniß=
mäßig geringen Betriebskraft eine bedeutende Leistungsfähigkeit.
Fig. 22 (Taf. 4) stellt diesen Whipper im Längendurchschnitt,
Fig. 23 in der oberen Ansicht und Fig. 24 im vertikalen Quer=
schnitt im 16ten Theile der natürlichen Größe mit einer von den
Chemnitzer Maschinenbauanstalten an demselben angebrachten Ver=
besserung dar. Nach seiner ursprünglich von Mason angegebenen
Einrichtung, welche übrigens das ganze Hauptprinzip der Einwirkung

enthält, bestand derselbe aus den beiden parallel liegenden eisernen Wellen a und b, welche in die auf einem starken Holzgestell aufgeschraubten Zapfenlager c,c und d,d eingelagert waren und durch die Riemenscheiben e und f von dem gangbaren Zeuge aus durch zwei Riemen ihre Umdrehung in der Art erhalten, daß a etwa 1600 und b etwa 1800 Umdrehungen in der Minute macht. An der Welle a befinden sich 10 Schläger aus Eisen oder Stahl g in der Art befestigt, daß je zwei einander diametral gegenüber liegen, und die Spitzen sämmtlicher 10 Schläger in der Ansicht Fig. 22 an den Eckpunkten eines regulären Zehnecks sich befinden. Diese Schläger oder Stäbe sind rund, verjüngen sich nach der Spitze zu und sind an ihrer Oberfläche geglättet, um das Anhaften der Baumwolle zu verhindern. Die Welle b ist mit 12 ähnlichen Stäben h versehen, welche in den Zwischenräumen der Stäbe g stehen und so angeordnet sind, daß die Spitzen derselben in Fig. 22 an den Eckpunkten eines regelmäßigen Sechsecks erscheinen. Die Welle a ist oberhalb und hinten mit dem Gehäuse i k umgeben, durch welches 6 Stäbe n so eingeschraubt sind, daß sie zwischen die Stäbe g dieser Welle hineinfallen; die Welle b ist oberhalb durch den Deckel m n und unterhalb durch den Gehäusboden l so umhüllt, daß zwischen l und n eine weite Abzugsöffnung bleibt. Bei l sind nach oben gerichtet ebenfalls 6 Stäbe in einer gleichen Ebene liegend eingeschraubt, welche in die Zwischenräume der Stäbe h an der Welle b fallen. Unter den beiden Wellen befindet sich bei pp ein aus Eisenstäben gebildeter Rost, der die aus der Baumwolle abgesonderte gröbere Unreinigkeit in den unterhalb im Gestell vorhandenen Raum abzuführen bestimmt ist. In der bis jetzt beschriebenen Art wurde die Maschine ursprünglich in Amerika ausgeführt.

Die Baumwolle wurde bei m durch die in Fig. 22 ersichtliche Oeffnung aufgegeben, gelangte in das Innere, wurde von den Stäben g ergriffen, an den feststehenden Stäben n vorübergeführt und dabei geschlagen, durch die Stäbe h an g ebenfalls geschlagen und abgestreift, hierauf an den Stäben o wiederholt geschlagen und zwischen l und o herausgetrieben. Hierbei kam natürlich der ganze leichtere Staub und die durch p nicht hindurch getriebene Unreinigkeit zugleich mit der Baumwolle in den umgebenden Raum, und es mußte daher der Whipper in einem offenen Raume, womöglich neben dem Spinnereigebäube, um das Innere besselben vor diesem Staube zu bewahren, aufgestellt werden. Die Leistungsfähigkeit ist ungefähr mit einer Betriebskraft von circa einer Pferbekraft 2500 bis 3000 Pfund täglich.

Die in ber Zeichnung noch angegebene Verbesserung besteht in ber Herstellung einer Staubableitung burch einen angebrachten Ventilator, woburch bie Bewegkraft ziemlich auf bas Doppelte erhöht wirb, und in ber Anwendung eines eisernen Gestelles statt bes ursprünglich hölzernen. Es ist nämlich oberhalb bie Decke von n bis q verlängert unb schließt sich hier an bie zhlindrische Umhüllung q r ber Siebtrommel s; unterhalb schließt sich ein aus hölzernen ober eisernen Stäben, wie bies vorher beschrieben wurbe, konstruirter Abführrost t t an l an. Das Innere ber Siebtrommel kommunizirt auf beiben Seiten mit ben Luftsaugkanälen u u, welche nach einem hier nicht mitgezeichneten Ventilator führen. Die Baumwolle wirb nun offenbar burch ben Luftstrom nach bem Winkelraume v gezogen unb tritt zwischen r unb t aus. Die Bewegung bes zuletzt beschriebenen Abführungsmechanismus erfolgt von ben Riemenscheiben w aus, auf welche bie erforderliche Umbrehungsgeschwindigkeit von bem gangbaren Zeuge aus übertragen wirb. An ber Welle von w befinden sich bie Walze x, burch welche ber Abführrost t t seine Bewegung erhält, zugleich aber auch auf ber anberen Seite bas Getrieb y, welches in bas Rab z greift; mit letzterem an gleicher Welle sitzt bas Getriebe a_1, welches burch ben Transporteur b_1 bas Rab c_1 unb baburch bie Siebtrommel in Umbrehung versetzt.

Die Maschine entwickelt noch eine entsprechenbe Wirkung, wenn bie Welle a etwa 1200 unb bie Welle b etwa 1300 Umbrehungen in ber Minute macht, eine Geschwindigkeit, mit welcher bieselben gewöhnlich umgetrieben werben.

3) Als eine theilweise Kombination ber in ben beiben vorher beschriebenen Maschinen ausgeführten Prinzipien erscheint ber von ber Société Phénix in Gent auf ber Londoner Industrieausstellung 1851 aufgestellte Batteur hélicoïde, bei welchem an einer horizontalen Welle Schläger schraubengangförmig unb in einer von ber einen nach ber andern Seite zunehmenden Länge so angebracht waren, baß sie in einem kegelförmigen Mantel sich zwischen andern im Innern besselben angebrachten Gegenschlägern bewegten. Die Baumwolle wurbe wie bei bem konischen Wolfe zugeführt unb ebenfalls unter

Benutzung der Zentrifugalkraft von dem schmäleren nach dem brei=
teren Ende fortgeleitet.

4) Hardacre's verbesserter Wolf (opener). Derselbe unter=
scheidet sich von allen zeitherigen Konstruktionen wesentlich dadurch,
daß sich die mit Schlägern versehene Welle um eine vertikale Achse
dreht. Fig. 16 (Taf. 3) ist ein Durchschnitt in vertikaler Ebene,
Fig. 17 ein Theil der obern Ansicht und Fig. 18 ein Horizontal=
durchschnitt nach der Linie A B in Fig. 16. In dem zylindrischen
Mantel a steht das gitterförmige Gehäuse b, welches von dreiseitigen
neben einander stehenden Eisenstäben gebildet wird; dasselbe hat bei
c einen ebenfalls aus solchen Stäben bestehenden Boden, unter wel=
chem sich der volle Boden w befindet. In der Mitte des Zylinder=
raumes steht die Welle f, welche eine Anzahl nach verschiedenen Rich=
tungen zu stehender Arme g,g^1 trägt. Von diesen ist der oberste g
mit Stiften h versehen, welche sich zwischen den von dem Deckel u
herabgehenden Stiften e bewegen. Die übrigen Arme g^1 gehen durch
die an 4 vertikalen Stäben angebrachten Stifte d hindurch. Die
Welle f erhält ihre drehende Bewegung durch die Riemenscheibe p,
und theilt mittelst der Schnecke i dem Schneckenrade j eine drehende
Bewegung mit, welche durch die Welle k und die Zahnräder l und
m auf die Einlaßwalzen n übertragen wird; letztere stehen über einer
radial gerichteten Oeffnung im Deckel u und führen die durch das
Aufbreittuch q heraufgeleitete Baumwolle in das Innere des Zy=
linders, wo dieselbe zunächst zwischen h und e, dann zwischen g^1
und d bearbeitet wird, während der schwere Schmutz durch den rost=
förmigen Boden c fällt, der leichtere durch die Oeffnungen zwischen
den Gitterstäben am Zylinderumfange herausgetrieben wird. Die
Baumwolle tritt unten durch den Kanal r aus. Die Drehung der
Schlägerwelle erzeugt einen Luftstrom, welcher das Austreten des
Staubes durch die Gitteröffnungen nach dem Raume y begünstigt;
aus y strömt die Luft in den unteren Raum x, wo sich die schwereren
Theile zu Boden setzen und von Zeit zu Zeit herausgenommen werden
können. Um den Luftabzug zu begünstigen, ist unterhalb an der
Welle f noch ein Ventilator s angebracht, der in dem Gehäuse z sich
befindet und die Luft aus x anzieht und bei t ausstößt.

Nach der in Fig. 19 dargestellten Einrichtung des Hardacre'schen
vertikalen Wolfes, welche aus einem Zirkular desselben entnommen

ift, ergibt sich, daß statt des vorher erwähnten unterhalb angebrachten Ventilators und der bloßen Ausstoßung der Baumwolle eine verbesserte Einrichtung in neuerer Zeit angebracht ist. Die bearbeitete Baumwolle steigt nämlich an dem Abführtuche a b auf, wozu sie durch die Siebtrommel c veranlaßt wird; bei d ist noch eine Walze angebracht, um das Abschließen gegen eintretende Luft zu vervollständigen; die Luft aus dem untern Raume e wird mittelst der Oeffnung f und aus der Siebtrommel mittelst der Oeffnung g durch den nach einem Ventilator führenden Saugkanal abgezogen. Die Bewegung für Zuleitung und Ableitung der Baumwolle erfolgt bei dieser Einrichtung unabhängig von der Schlägerwelle durch die besonders angebrachte Riemenscheibe i.

Die Schlägerwelle macht 700 bis 1000 Umdrehungen in der Minute und soll in der Stunde circa 700 Pfund Baumwolle mit einem Aufwande von 1 1/4 bis 1 1/2 Pferdekraft öffnen.

5) Mason's und Collier's Wolf bietet eine doppelte Eigenthümlichkeit dar; theils wird, um die Trennung der Baumwolle von dem anhängenden Samen zu bewirken, ein Zylinder mit Sägeblättern angewendet, theils wird die aufgelockerte Baumwolle in die Form eines Wickels gebracht, um der nächstfolgenden Maschine bequemer vorgelegt werden zu können. Die erste Einrichtung ist in Fig. 20 dargestellt; hier ist a die Walze, welche das Zuführtuch d vorwärts bewegt, b eine konkave Platte, durch welche ein an dem Sägenzylinder c näher liegender Widerstand für die Baumwolle bewirkt wird, e die obere Zuleitungswalze. Zylinder mit zahnähnlich ausgearbeiten Stahlschienen besetzt, sind bereits 1830 von Guth und von Köchlin und Zimmermann im Elsaß vorgeschlagen, aber nicht in ausgedehntere Anwendung gebracht worden. Die zweite Einrichtung ist in Fig. 21 dargestellt; die in dem Wolf aufgelockerte Baumwolle wird von dem Zylinderpaare a b, von denen der untere geriffelt ist, aufgenommen, dem endlosen Tuche über den Walzen c und d zugeführt, und durch die Siebtrommel e und nachfolgende Walze g in eine lockere Watte verwandelt. Diese geht auf ein zweites endloses Tuch, das über die Walzen h,h ausgespannt ist, und wird hier in einen Wickel verwandelt, bei welchem jede Baumwollschicht zwischen einem Wickeltuche liegt. Es ist zu dem Ende oberhalb der Zylinder n und unterhalb der Zylinder m angebracht, um welche

ein langes Wickeltuch gewunden ist, welches zugleich nach der Rich=
tung der punktirten Linien über das endlose Tuch h theilweis hin=
wegggeht. Wickelt sich nun n auf und m gleichzeitig ab, so gelangt
die von g c zugeführte Baumwolle über h zwischen die Lagen des
Wickeltuches von n und kann so in Form eines Wickels der nächsten
Maschine vorgelegt werden.

6) Christie's Wolf beruht auf dem Prinzipe, welches dem in
Bd. I, Taf. 12, Fig. 2 abgebildeten Velow (Willow) zu Grunde
liegt und namentlich für langstapelige Baumwolle vortheilhaft an=
wendbar ist, macht aber diese Vorrichtung dadurch zu einer selbst=
wirkenden, daß zur Seite Zuführwalzen angebracht sind, welche nicht
ununterbrochen fort, sondern nur absatzweise wirken, also eine Quan=
tität Baumwolle einführen und dann still stehen, um diese Baum=
wolle im Innern bearbeiten zu lassen. Die Abführung der Baum=
wolle erfolgt ebenfalls intermittirend, nämlich durch die von der
Maschine in bestimmten Zeiten bewirkte Oeffnung der Abzugsthüre.

7) Noch sind hier die von Bodmer herrührenden Einlaßvor=
richtungen für den Wolf und die Schlagmaschine zu erwähnen.
Fig. 25 (Taf. 4) ist für einen Wolf bestimmt und besteht in
einem konkav hergestellten Stabe a, an welchen sich die Schiene b
anlegt, welche über ihre ganze Länge vorstehende Zähne c angegossen
enthält. Ueber a liegt die mit Stiften e versehene Walze f, die Stifte
derselben greifen in die Zwischenräume zwischen den Zähnen c und
bewirken ein längeres Zurückhalten der zugeführten Baumwolle, wäh=
rend dieselbe von den Schlägern d an der Trommel g bearbeitet wird.

In Fig. 26 ist die häufiger angewendete Einlaßvorrichtung von
Bodmer abgebildet, welche aus einer konkaven Schiene a mit einer
Kante c besteht, an welche sich die mit starkem Krempelbeschläge ver=
sehene Walze b anlegt, und durch dieses Beschläge ein kräftigeres
Zurückhalten für die Baumwolle hervorruft. g ist hier der Schläger
einer Schlagmaschine, welcher in Fig. 27 durch eine Trommel h er=
setzt wird, in welche gezahnte Stahlschienen d eingelassen sind, so
daß durch die Oeffnungen in dieser Verzahnung die Möglichkeit eines
Luftzuges entsteht, wodurch ein Anhaften der Baumwolle verhindert
werden soll.

B. Bei den Flack= und Wattenmaschinen oder der ersten
und zweiten Schlagmaschine (blowing machine oder scutcher

und spreader, batteur éplucheur und étaleur) sind in älteren Spinnereien zwar noch vielfach die Formen in Anwendung, welche Bd. I, p. 500 ff. beschrieben sind; in neuerer Zeit hat man an denselben aber mannichfache Verbesserungen angebracht, welche sich zunächst darauf beziehen, daß man den wesentlichen Unterschied zwischen beiden aufhebt und eine Maschine konstruirt, die theils zum Auf= legen, theils zur Bearbeitung von bereits gebildeten Wickeln benutzt werden kann, und daher auch stets wieder Wickel bildet, bei welcher Einrichtung eine solche Maschine mit größerer Bequemlichkeit als früher zum zweimaligen Durchlassen der Baumwolle benutzt werden kann. Nächstdem sind aber auch an den Einlaßapparaten, der Staub= abführungseinrichtung und der Wickelbildung wesentliche Verbesserungen angebracht und das ganze Maschinengestell mit Verwendung größerer Massen ausgeführt worden, um die nachtheiligen Erzitterungen, welche mit der Bestimmung dieser Maschine eng verbunden sind, unschädlicher zu machen; und endlich hat man die früher bei der ersten Schlagmaschine ausgeführte Einrichtung, alle Bewegungen, sowohl die der Schläger als auch die langsameren der Zu= und Ab= führung von einer Welle im Maschinengestelle aus zu erzeugen, gänzlich verlassen, und bringt dagegen von dem gangbaren Zeuge aus durch zwei verschiedene Riemen die Bewegung auf die Maschine in der Art, daß der erste die schnellen, der andere die langsamen Bewegungen erzeugt. Ist durch eine der unter A erwähnten Ma= schinen die Baumwolle entsprechend aufgelockert und gereinigt worden, so kann man auch gleich bei der nun zu verwendenden Schlagma= schine das Aufbreiten nach dem Gewichte auf eine gewisse Länge des Zuführtuches vornehmen, ohne befürchten zu müssen, zu große Un= regelmäßigkeiten durch diesen ersten Schritt der Feinheitsbestimmung des Gespinnstes, wenn er unmittelbar nach dem Wolf oder Whipper vorgenommen wird, zu erhalten. Der Vortheil, die lose Form der zusammengehäuften Baumwolle sobald als möglich durch die Wickel= bildung zu ersetzen und dadurch namentlich Arbeitslohn zu sparen, liegt zu sehr auf der Hand, als daß er nicht da, wo es irgend mög= lich ist, angestrebt werden sollte.

Im Nachfolgenden sollen zuvörderst die hauptsächlichsten in neuerer Zeit an den Schlagmaschinen ausgeführten Verschiedenheiten beschrieben und dann allgemeine Bemerkungen über dieselben angeknüpft werden.

8) Von einer der besten französischen Schlagmaschinen von La=
goguée in Maromme ist in Fig. 28 ein theilweiser Längenburchschnitt
und in Fig. 29 ein theilweiser Querburchschnitt durch die Achse eines
Schlägers gelegt, im 15ten Theile der natürlichen Größe abgebildet.
Die Maschine ist mit zwei hinter einander folgenden Schlägern ver=
sehen, von denen hier nur der zweite im Durchschnitt Fig. 28 dar=
gestellt ist. Vor dem ersten befindet sich ein Zuführrost, der wie bei
den später zu beschreibenden Maschinen eingerichtet ist; von diesem
geht die Baumwolle nach einem Paar geriffelter Zylinder von 80 Mil=
limeter Durchmesser, und dann nach einem zweiten Paare solcher
Zylinder von 50 Millim. Durchmesser, durch welche sie dem Schläger
bargeboten wird; nach dem Verhältniß der Umbrehungen wird zwi=
schen beiden die Baumwolle von 1 auf 1.1625 gestreckt; die Länge,
welche in einer Minute dem Schläger bargeboten wird, beträgt 2
bis 2.15 Meter, so daß wenn der letztere 1100 bis 1200 Umbre=
hungen macht und bei jeder Umbrehung 2 Schläge ausübt, etwa
25 bis 27 Schläge auf einen Zoll eingeführte Baumwolllänge aus=
geübt werden. Der Druck auf beide Walzenpaare wird von einem
Gewichte hervorgebracht, dessen Aufhängestange oben mit einem Quer=
stücke verbunden ist, das auf die Lagerbeckel beider Walzenpaare drückt.

Dem zweiten Schläger b wird durch die geriffelten Walzen a a
von etwa 60 Millimeter Durchmesser die Baumwolle mit ungefähr
gleicher Geschwindigkeit wie dem ersten zugeführt. Sie wird nun zu=
nächst über den aus 10 Eisenstäben bestehenden Rost c, dessen Stäbe
durch Schrauben eingestellt werden können, zur Abführung der grö=
beren Unreinigkeit zwischen denselben, und dann über ein siebförmig
gelochtes und zylindrisch gebogenes Eisenblech d zur Abführung der
feineren Staubtheile geleitet. An das Sieb d schließt sich die schief
liegende polirte Zinkplatte e, welche das früher gewöhnlich ange=
wendete Abführtuch vertritt; an demselben steigt die Baumwolle theils
in Folge der Zentrifugalkraft, theils unter Einwirkung der durch g von
einem Ventilator ausgehenden Luftansaugung, welche durch den Sieb=
zylinder f hindurchwirkt, in die Höhe und wird durch die Bewegung
des Siebzylinders vorwärts geführt und den beiden Preßwalzenpaaren
h h und i i bargeboten, welche dieselbe zu einer Watte vereinigen und
nach den Wickelwalzen k k führen, auf denen sich der Wattenwickel l
in Folge der von der Peripherie aus bewirkten Drehung bildet.

In der Art und Weise, wie der Druck des Wattenwickels gegen die Walzen k k ausgeübt wird, liegt eine charakteristische Eigenthümlichkeit der beschriebenen Maschine; es ist nämlich nicht wie sonst gewöhnlich der Druck eines Gewichtes hierzu angewendet worden, sondern der Reibungswiderstand eines Bandbremses, wie dieß auch bei der Goetze'schen Schlagmaschine der Fall ist und dort ausführlicher beschrieben werden soll. Ebenso ist an einer der Wellen k ein Zählapparat angebracht, welcher auf einem Zifferblatte angibt, wann sich auf den Wickel eine gewisse Wattenlänge aufgelegt hat, wodurch man in den Stand gesetzt wird, Wickel von gleichem Gewichte unter Voraussetzung gleichförmiger Auflage zu erzeugen.

Ferner ist in Fig. 29 die Art der Auflagerung des Flügels angegeben. Die Flügelwelle m ist an 3 Stellen mit Armen o versehen, welche die beiden gegenüber liegenden Schlagstäbe n tragen; sie ist auf jeder Seite in ein gußeisernes Lager gelegt, welches 3 1/2 mal so lang ist, als der Durchmesser des eingelagerten Zapfens beträgt; für entsprechende Zuführung von Oel ist dadurch gesorgt, daß auf dem Lagerdeckel sich ein Oelgefäß q befindet, und der von letzterem nach dem Zapfen führende Oelkanal durch ein konisch zugespitztes Stäbchen s mehr oder weniger verschlossen werden kann. Diese Stellung wird mit einer Schraube bewirkt, welche mit einem Zeiger versehen ist und dadurch genau regulirt werden kann. Der Oelbehälter wird zum Schutz gegen Staub mit einem Deckel r verschlossen.

Die Leistung der Maschine wird zu 1000 Kilogramm Baumwolle täglich angegeben.

9) B. E. Saladin in Mulhouse hat aus dem großen Bereich seiner Erfahrungen den Vorschlag abstrahirt, die Schlagmaschinen mit einer größeren Anzahl hinter einander folgender Schläger oder Flügel zu versehen, etwa mit 4, welche 12—1300 Umdrehungen in der Minute machen sollen, und für welche beträgt bei dem 1ten 2ten 3ten 4ten der Durchmesser der geriffelten

Zuführwalzen	120	100	80	60 Millimeter
die Zahl der Kannelirungen in jeder	24	23	22	21 "
die Umfangsgeschwindigkeit pro Minute	5 1/2	—	—	11 Meter,

wobei der Abstand zwischen dem Punkte, wo eine Faser durch die geriffelten Zylinder noch gehalten wird, und dem Punkte, an welchem der Flügel den Schlag ausübt, etwa sein würde: 30 26 22 18 Millimeter.

Darüber, ober dieser Vorschlag Eingang gefunden hat, ist etwas Weiteres nicht bekannt geworden.

10) Die Haupteinrichtung der englischen Schlagmaschine ist in Fig. 30 in einem theilweisen Durchschnitt im 15ten Theile der natürlichen Größe aufgezeichnet. Es werden hier ebenfalls zwei Flügel hinter einander angewendet; für den ersten sind das Zuführtuch und die beiden Paare geriffelter Einlaßwalzen der in Nr. 8 beschriebenen französischen Maschine ähnlich eingerichtet; der Flügel ist dreiarmig, d. h. er hat drei Schlagschienen, die Abführung von dem ersten Flügel ist mit der am zweiten angebrachten identisch; es kommt daher die Baumwolle durch den Zuführrost oder das Lattentuch a und die Einlaßwalzenpaare b und c, welche durch die mit Gewichten beschwerten Hebel d und e in gewöhnlicher Art gegen einander gepreßt werden, in das Bereich des breiflüglichen Schlägers f; unter demselben liegt der ziemlich über einen Viertelzylinderumfang ausgedehnte aus Eisenstäben bestehende Rost g, hinter diesem folgt der liegende Rost h, der unterhalb mit einem durch den Hebel k und den außerhalb der Maschine liegenden Stellhebel l zu öffnenden Boden i versehen ist, um so beim Stillstande der Maschine die Unreinigkeiten entfernen zu können. Die Siebtrommel m wirkt wie gewöhnlich; unter derselben liegt das Lattengitter n, welches bei o entsprechend gespannt werden kann; zur Seite derselben liegt die rotirende Reinigungswalze p, welche die Siebtrommel da, wo der Umfang derselben in das umschließende Gehäuse hineintritt, von der etwa noch anhängenden Baumwolle reinigt. Die gelockerte Baumwolle geht nun nach den vier übereinander liegenden Komprimir= oder Kalanderwalzen q, r, s und t, von denen sie r am halben äußeren und s am halben inneren Umfange bedeckt, um dann in den wie gewöhnlich eingerichteten Wickelapparat v, w und x einzutreten. In diesen Kalanderwalzen liegt das wesentlich Charakteristische der vorliegenden Einrichtung; es wird durch dieselben eine haltbarere Watte gebildet und durch die Zusammenpressung derselben bewirkt, daß etwa 40 Proz. mehr Baumwolle als gewöhnlich auf einen Wickel gebracht werden kann. Die Lager dieser Walzen sind in eine vertikale Führung eingelegt und gegen das der oberen Walze wird mittelst der Zugstange u ein starker Druck ausgeübt. Die Walzen selbst stehen durch Zahnräder so in Verbindung, daß die Umdrehungsgeschwindigkeiten von q, r, s und t, wenn sich an denselben Räder

mit 23, 22, 21 und 20 Zähnen in unmittelbarem Eingriffe befinden, sich umgekehrt wie diese Zähnezahlen verhalten und daher die Watte theils eine Streckung, theils durch die verschiedene Peripheriegeschwindigkeit je zweier aufeinander folgender Walzen eine Glättung erfährt.

An der Walze v befindet sich eine Schnecke, welche ein Zählwerk in Thätigkeit setzt, durch welches jedesmal zu der Zeit, wo der Wickel bis zu der erforderlichen Größe gefüllt ist, eine Ausrückung in Gang kommt, welche die Bewegung der Komprimirwalzen und der von den Komprimirwalzen aus bewegten Baumwollzuführung plötzlich hemmt, während der Wickelapparat sich noch weiter fortbewegt; es wird hierdurch die Watte durchrissen, und es kann dann eine neue leere Wickelwalze nach Aushebung der gefüllten eingelegt, und die Bewegung der Komprimirwalzen und Baumwollzuführung eingerückt werden.

Die Flügel machen 1300 Umgänge in der Minute; ein Zoll eingeführte Baumwolle erhält bei dem ersten Flügel etwa 24 und bei dem zweiten Schläger, wo die Zuführung ungefähr $1\frac{1}{2}$ mal so schnell statt findet, als bei dem ersten, 16 Schläge. Das Verhältniß der Dicke des Wickels zur Dicke der Aufbreitung ist zwischen 1:2.8 und 1:3.2. Eine vollständige Abbildung der Maschine ist enthalten in der deutschen Gewerbezeitung, 1853, S. 34.

11) Die Schlagmaschine von Fairbairn und Hetherington bietet in dreierlei Beziehung Eigenthümlichkeiten dar, welche in Fig. 31 skizzirt sind. Die erste besteht darin, daß die leicht sich verstopfenden Lattentücher oder endlosen Roste zur Fortführung der von dem Schläger weggeworfenen Wolle nach der Siebtrommel vermieden sind und statt derselben die Siebtrommel so angeordnet ist, daß die aufgelockerte Baumwolle nicht wie gewöhnlich unter derselben, sondern über derselben fortgeführt wird. Der schwere Staub kann dabei durch die Siebtrommel auf der unteren Seite derselben hindurchfallen. a ist der breiarmige Schläger, b die abweichend von der gewöhnlichen Methode eingerichtete Decke des Kanals, in welchem die Baumwolle nach der Siebtrommel c aufsteigt, welche hier einen größeren Theil ihres Umfangs als gewöhnlich zur Ansaugung der Baumwolle darbietet, und daher auch einen kräftigeren Luftstrom voraussetzt. Bei k ist wie gewöhnlich ein Rost für das Abziehen der Unreinigkeit vorhanden. Bei d wird die Baumwolle von der Siebtrommel abgenommen und den Preßwalzen ee dargeboten. — In dem auf diese folgenden Wickelapparate liegt die zweite

Eigenthümlichkeit der vorliegenden Einrichtung. Um nämlich die un= gleichförmige Ausdehnung der Watte, welche bei dem gewöhnlichen Wickelapparate dadurch hervorgebracht werden soll, daß der Wickel auf den beiden unteren Wickelwalzen liegt, zu vermeiden, und eine festere und gleichförmigere Watte zu erhalten, sind die beiden Wickelwalzen f und h vertikal über einander und durch die zwischenliegende kleinere Walze g getrennt angebracht; alle drei Walzen werden gegeneinander gepreßt, die Watte erhält daher zwischen g und h noch einen entspre= chenden Druck und geht von hier aus nach dem Wickel i; dieser ist in horizontaler Richtung verschiebbar, die Zapfen seiner Walze gleiten in einem am Gestell angebrachten horizontalen Schlitze, stützen sich auf der von der Maschine abgewendeten Seite gegen Friktionsrollen; letz= tere sind in einem horizontal verschiebbaren Rahmen angebracht, welcher durch Schnüre oder Ketten, die über Rollen geführt sind, mittelst Gewichten nach den Walzen f, g und h zugezogen wird, und dabei den Druck zur Wickelbildung hervorbringt. — Die dritte Eigenthüm= lichkeit besteht in dem im Innern der Siebtrommel angebrachten Schilde l aus Blech, welches der Stelle der Siebtrommel gegenüber= steht, wo sich die Baumwolle von derselben entfernen soll, wo also auch ein von außen nach innen gehender Luftstrom nicht vorhanden sein darf. Um dieses Blechschild immer an dieser Stelle zu erhalten, ist es an den Hebelarmen m, m angebracht, und auf die Welle o, mit denselben lose aufgelegt, während es durch das Gegengewicht n äqui= librirt wird.

12) Bei der in Fig. 32 skizzirten Schlagmaschine von John Platt ist die Siebtrommel durch ein endloses Sieb ersetzt. a ist der drei= flüglige Schläger, c der Stabrost, d eine Platte zwischen demselben und dem endlosen aus Drahtgaze bestehenden Siebtuch ee; über dem= selben liegt das ebenfalls aus Drahtgaze bestehende endlose Siebtuch ff. Diese Siebtücher schließen sich mit ihren Rändern dicht an das Gestell an, und es bleibt zwischen beiden der sich an den Kanal b schließende Raum, in welchen die Baumwolle durch einen Luftstrom eingezogen wird, welcher durch die Oeffnungen h und i nach den zu einem Ven= tilator führenden Kanälen l und m geht. Unterhalb e liegt bei k der Staubbehälter. Die Preßwalzen g und die hinter denselben liegen= den Wickelwalzen bieten etwas Eigenthümliches nicht dar. — Bei Masons Schlagmaschine ist das doppelte endlose Siebtuch durch eine

oberhalb und eine unterhalb angebrachte Siebtrommel erſetzt, vor der unteren Siebtrommel befindet ſich eine ſchiefe Fläche wie in Fig. 30 eingerichtet; unter jeder dieſer ſchiefen Flächen liegt im Geſtell der Maſchine ein Ventilator und der Staubabzug findet nach unten Statt.

13) Die Eigenthümlichkeiten der Schlagmaſchine von Tatham und Cheetham machen die Figuren 33—35 deutlich. Fig. 33 zeigt, daß außer den gewöhnlich vorhandenen Einlaß = oder Speiſewalzen aa noch ein zweites Paar bei b ſo angebracht iſt, daß die durch die erſten gegangene und von dem Flügel d getroffene Baumwolle, nach= dem ſie bei c nach den Walzen b gegangen iſt, nochmals dem Flügel zur Ausübung eines zweiten Schlages dargeboten wird.

Nach Fig. 34 und 35 geht die zwiſchen der Siebtrommel e und dem Lattentuche f abgeleitete Baumwolle nach der Walze g, welche einen größeren Durchmeſſer hat, und über welcher die 4 Preßwalzen h, i, k und l von kleinerem Durchmeſſer liegen; der Druck, welchen dieſelben gegen g ausüben, iſt von h bis k ſteigend, die Watte wird daher zu immer größerer Konſiſtenz gebracht; zwiſchen der letzten Walze l und m geht die Watte nach dem wie gewöhnlich eingerichteten Wickel= apparate n. Die Art, wie der Druck auf die kleineren Preßwalzen hervorgebracht wird, iſt aus Fig. 35 erſichtlich; der Gewichthebel o iſt nämlich mit einem Bande oder einer Kette verſehen, welche über die an den Achſen der Walzen angebrachten Rollen und jedesmal zwiſchen zwei ſolchen Walzen um eine an dem Geſtell befeſtigte Leit= walze geführt iſt.

14) Die Schlagmaſchine von Goetze u. Comp. in Chemnitz nach Theodor Wiede's Konſtruktion. Dieſe durch die Erfahrung als zweck= mäßig bewährte Maſchine iſt in Fig. 38 (Taf. 5) in der Längen= anſicht, in Fig. 39 in einem Längendurchſchnitt und in Fig. 40 in der Anſicht von oben ausführlicher im 16ten Theile der natürlichen Größe dargeſtellt, ſo daß an ihr mehrere der vorher nur beiläufig erwähn= ten Mechanismen und Einrichtungen deutlicher und im Zuſammen= wirken erkannt werden können.

A iſt das Aufbreit= oder Lattentuch, welches über die Walzen B und C gelegt iſt, von erſterer ſeine fortſchreitende Bewegung und durch letztere ſeine Anſpannung erhält; der Mechanismus zum An= ſpannen iſt bei D (Fig. 38) ſichtbar. Für die Aufbreitung eines be= ſtimmten Gewichtes der Baumwolle ſind einzelne Stäbe des Latten=

tuches in bestimmten Entfernungen von einander mit schwarzen Linien versehen. Soll die Maschine zum zweiten Durchlassen der Baumwolle, wie dies theils zur besseren Reinigung, theils zum Mischen bewirkt werden kann, benutzt werden, so werden auf das Tuch die Wickel E aufgelegt, welche dann durch die unter dem Tuche befindlichen Walzen FFF getragen werden, und deren Zapfen sich an die in diesem Falle vertikal aufgerichteten Stäbe G, G, G anlegen. Diese Stäbe werden für den Fall daß Wolle aufgebreitet wird, niedergeschlagen und unter= scheiden sich hierdurch vortheilhaft von den für gewöhnlich zu dem angegebenen Zwecke angebrachten gabelförmigen und feststehenden Führungen. Hinter dem Lattentuche liegen die zweizölligen geriffelten Zylinder H, von denen der obere in der aus Fig. 38 ersichtlichen Art durch das Gewicht J gegen den unteren gepreßt wird; an diese schließt sich der in Fig. 41 in größerem Maßstabe dargestellte Einlaßapparat, bestehend aus einer mit Krempelbeschläge umlegten Walze K, welche in der muldenförmigen Pfanne L läuft.

Der dreiarmige Flügel M, dessen Achse in 8 Zoll langen Lagern läuft, ist in der Art hergestellt, daß mit der Welle drei Scheiben ver= bunden sind, an welche die Schlagschienen durch Schraubenbolzen mit versenkten Köpfen befestigt werden; um die Muttern über die Enden der Schraubenbolzen schrauben zu können, haben die erwähnten Schei= ben drei ovale Oeffnungen, welche nach vollendeter Befestigung, um ein Aufschrauben in Folge der Erzitterung zu verhindern, mit Zink ausgegossen werden (vergl. Fig. 41). Der Rost N besteht aus oben schief abgeschnittenen schmiedeisernen Stäben, zwischen welchen die groben Unreinigkeiten in die erste Staubkammer O geworfen werden; hinter demselben folgt ein aus stufenförmig angeordneten Platten be= stehender Rost P, durch welchen feinerer Staub in die zweite Staub= kammer Q hindurchgeht. Am Ende des über P liegenden Kanales befindet sich die zu beiden Seiten dicht an die Gestellwand anschlie= ßende Siebtrommel R über der Staubkammer S; T ist der Luft= saugungskanal, der nach dem Ventilator führt und entweder nach oben oder nach unten zu geleitet sein kann. Die Siebtrommel bewegt sich in entgegengesetzter Richtung als gewöhnlich und führt die Baum= wolle über sich weg, was den Vortheil hat, daß der in die Trommel eintretende schwerere Staub unterhalb durch dieselbe fallen und sich in S ansammeln kann; es wird dies dadurch begünstigt, daß sich in

S eine nicht bewegte Luftmasse befindet. An die Siebtrommel schließt sich einerseits der Stufenrost P, andererseits die Reinigungswalze U an, so daß sich die saugende Wirkung derselben nur auf der oberen Hälfte zeigt. Zwischen den geriffelten Walzen U und V wird nun die Baumwolle weiter fortgeführt. Bei W ist eine verglaste Oeffnung angebracht, durch welche man den Gang der Baumwolle im Kanale nach der Siebtrommel zu beobachten und demgemäß die Luftzuführungen Y, Y nach den Staubkammern reguliren kann. Die Oeffnung X führt wie gewöhnlich nach dem Innern der Siebtrommel.

Die hier zwischen den Theilen H und V beschriebene Bearbeitung der Baumwolle wiederholt sich nun genau in derselben Art noch einmal. Die von dem zweiten geriffelten Walzenpaare UV abgeführte Wolle gelangt zwischen die Druckwalzen Z, Z von 4 Zoll Durchmesser, und die hier zusammengepreßte Watte über die Walze a nach dem Wickel c, welcher wie gewöhnlich auf den beiden Walzen a und b liegt und mit seinen Zapfen in der vertikalen Leitung aufsteigt, aber durch einen Bandbrems in folgender Art niederwärts gedrückt wird. Zu beiden Seiten der Maschine, wenn ein Wickel hergestellt wird, und auch gleichzeitig in der Mitte, wenn zwei Wickel nebeneinander liegend gefertigt werden sollen, gehen Zugstangen d nieder, welche oberhalb mit Haken die Axe der Wickel umgreifen, unten aber mit Zähnen versehen sind. Jede solche Zahnstange d greift, wie dies Fig. 42 in größerem Maßstabe deutlich macht, in ein Zahnrad f und wird durch eine Führungswalze e in diesem Eingriffe erhalten. An der gemeinschaftlichen Welle der Zahnräder f befindet sich die Bremsscheibe g befestigt, um welche das Bremsband h gelegt ist, das einerseits an der Drehachse l, andererseits an dem Bolzen m des Gewichthebels i k befestigt ist. Ein Aufsteigen der Zugstangen d kann daher erst dann Statt finden, wenn der am Umfange von g durch den Gewichthebel k in dem Bande h hervorgerufene Reibungswiderstand überwunden ist. Letzterer kann bei beabsichtigter verschiedener Dichtigkeit des Wattenwickels durch Einrichtung eines verstellbaren Gewichtes k verändert werden. Diese Einrichtung hat vor dem gewöhnlichen Druckgewichte den Vortheil, daß eine gleichmäßigere Dichtigkeit in dem Wickel entsteht, während beim Druckgewichte durch Erzitterung leicht Ungleichförmigkeit hervorgebracht wird, und daß die Abnahme des Wickels leichter von Statten geht; durch einen Druck auf den

Fußtritt i wird nämlich das Bremsband gelöst, der Wickel kann herausgenommen und die Senkung der Druckstangen nach Einlegung der neuen Wickelwalze leicht vorgenommen werden, wozu die Kurbel p und die beiden Zahnräder q und r dienen. In Fig. 38 ist oberhalb das Lager für die leere in Fig. 40 als aufliegend gezeichnete Wickelwalze zu sehen. Endlich ist bei n die Zugstange und bei o der Druckhebel für den auf die Walzen Z, Z hervorzubringenden Druck von circa 50 Ztr. in Fig. 38 ersichtlich.

Die Bewegung der einzelnen Mechanismen anlangend, so werden die Flügel durch einen auf die Riemenscheibe s gelegten Riemen und durch einen t und u verbindenden Riemen unabhängig von dem übrigen Mechanismus in Gang gesetzt. Letzterer erhält seine Umdrehung von einem Riebenscheibenkonus v aus, welcher an der Haupttriebwelle w sich befindet. Von dieser aus wird mittelst des Getriebes x von 16 Zähnen und des Rades y von 112 Zähnen die Welle z in Bewegung gesetzt. Letztere trägt einerseits das Getriebe a' von 16 Zähnen, welches in das Rad b' von 112 Zähnen eingreift und dadurch die Walze a in Umdrehung versetzt; andererseits durch eine Klauenkuppelung mit z verbunden das Rad c' von 26 Zähnen, durch welches die gesammte Zuführung der Baumwolle bewegt wird. Die Bewegung von a auf b wird wie gewöhnlich durch die mit dem Transporteur e' verbundenen Räder d' und f' bewirkt. Von c' mit 26 Zähnen wird, wenn dasselbe mit z verbunden ist, zunächst das an der unteren Preßwalze Z befindliche Zahnrad g' von 112 Zähnen bewegt. Von hier aus wird einerseits durch die bei h' in Fig. 40 gezeichneten Räder theils U und V, theils die obere Preßwalze Z, andererseits durch die bei i' gezeichneten Räder die Siebtrommel, und durch das konische Rad k' von 48 Zähnen und das Getriebe l' von 24 Zähnen die längs der Maschine hingeführte Welle m' in Bewegung gesetzt. Von dieser Welle aus wird bei o' die Bewegung von R, U, V und von den geriffelten Walzen H und der Zuführwalze für den zweiten Flügel, sowie bei p' die Bewegung von B, H und K in einer der gewöhnlichen Bewegungsmethode analogen Art hervorgebracht, wobei sowohl bei o' als bei p' die konischen Getriebe 24 und die konischen Räder 48 Zähne haben.

Es ist hieraus klar, daß die Wickelbewegung bei a b so lange Statt findet, als die Haupttriebwelle w Bewegung erhält; daß aber

die Bewegung der ganzen die Baumwolle zuführenden Theile, b. h.
von B, von H, K, R, U, V für den ersten und zweiten Flügel und
von Z, Z nur so lange Statt findet, als das Getriebe c' mit der
Welle z gekuppelt ist. Dieser Zustand findet nun nur so lange Statt,
bis der Wickel die erforderliche Größe erlangt hat; ist dieser Zeitpunkt
eingetreten, so wird c' durch einen selbstthätigen Mechanismus aus=
gerückt.

Dieser Mechanismus ist in größerem Maßstabe in Fig. 36 und 37
(Taf. 4) dargestellt. Hier ist ersichtlich, daß c' (das Rad mit 26 Zäh=
nen) einerseits ein paar Klauen trägt, mit denen es in Oeffnungen
der am Ende der Welle z angeschraubten Scheibe q' eintreten kann
und dann mit z verbunden ist, andererseits mit einer Hülse r' ver=
sehen ist, welche am äußeren Umfange Schraubengänge hat, und da=
her gegen das darunter liegende Schraubenrad s' von 24 Zähnen als
Schnecke wirkt. Das Schneckenrad ist auf den Bolzen t', welcher in
dem Lager u' liegt, aufgeschoben; am andern Ende trägt dieser Bolzen
die Büchse v'. Durch die Büchse hindurch geht die Welle w', welche
auf der einen Seite mit dem Sperrrade y' versehen ist. In der Mitte
der Büchse befindet sich ein Kniepolster z' am Ende eines Stabes,
welcher durch eine im Innern angebrachte Spiralfeder stets nach außen
geschoben wird und innerlich mit einem Ringe versehen ist, in welchen
sich eine der drei an w' angebrachten Nuthen 2, 3 oder 4 einlegen
kann, wodurch entweder x' weiter herausgeschoben wird, oder x' und
y' gleichweit vorstehen, oder y' weiter herausgeschoben ist als x'.
Dreht man nun die Büchse v' mit der Hand nach rechts zu, so wird
durch s' und die Schnecke r' das Rad c' in die Scheibe q' eingerückt
und dadurch mit der Welle z gekuppelt, was zur Folge hat, daß nun
durch r' und s' die Büchse v' eine langsame Umdrehung erfährt. Ist
in diesem Zustande x' oder y' durch Einlegung des Ringes in die
Nuth 2 oder 3 weiter herausgeschoben, so kommt bei jeder Umdrehung
eines dieser Sperrräder mit dem am Gestelle (Fig. 40) angebrachten
Haken 5 in Berührung und wird jedesmal um einen Zahn vorwärts
geschoben; dieß geht so lange bis nach etwa 12 Umdrehungen von
v' der an w' angebrachte Arm 6 an die innere Wand der Büchse v'
anstößt: die Büchse wird dadurch zurückgehalten, das Rad s' muß
still stehen und die Schnecke schraubt sich auf demselben als Mutter=
gang zurück, was zur Folge hat, daß die Kuppelung von c' ausgerückt

wird, und folglich die ganze Zuführung der Baumwolle aufhört. Sobald dies eingetreten ist, bleiben natürlich auch die Walzen Z, Z stehen, die Wickelbewegung dauert aber fort; es reißt daher die Watte zwischen Z und c entzwei. Ist eine leere Wickelwalze eingelegt, so wird die Einrückung so bewirkt, daß man mit dem Knie gegen z' drückt, w' in die entgegengesetzte Stellung bringt und wie vorher erwähnt wurde, v' etwas nach rechts rückt, wodurch c' mit z wieder gekuppelt wird. Die hier gezeichnete Stellung, in welcher der Ring in der mittleren Nuth 3 liegt, läßt die Vorrichtung vollkommen passiv, da weder x' noch y' mit dem Haken 5 in Berührung kommen.

Die Wattenverdünnung bei der beschriebenen Maschine beträgt das Zwei- bis Dreifache, der erste Flügel macht 1400 bis 1500, der zweite 1600 bis 1700 Umdrehungen in der Minute, die wöchentliche Lieferung bei 42 Zoll Breite beträgt 6000 Pfund, die Größe der Bewegkraft circa 4 Pferdekräfte.

15) Die Schlagmaschine von C. G. Haubold in Chemnitz hat die Eigenthümlichkeit, daß die vier übereinander liegenden Preßzylinder, die ähnlich wie bei der englischen angebracht sind, mit Dampf geheizt werden, was zur Folge haben soll, daß bei der nachfolgenden Krempelei die Schalen sich weit leichter von den Fasern ablösen.

Ueber die Schlagmaschinen im Allgemeinen ist nun noch Folgendes anzuführen.

Der Flügel oder Schläger muß nicht nur bezüglich seiner Festigkeit mit größter Sorgfalt hergestellt werden, sondern es ist namentlich auch darauf zu sehen, daß derselbe vollkommen äquilibrirt wird, d. h. daß die Umdrehungsachse zugleich eine Achse der Schwere für denselben ist, weil sonst, wenn in dieser Beziehung eine Abweichung Statt findet, in den ungleich vertheilten Massen nach verschiedenen Seiten zu verschieden große Zentrifugalkräfte entstehen, welche sich nicht vollkommen aufheben und daher einen stetigen Druck abwechselnd auf alle Punkte des Lagers ausüben und dadurch das Lager schneller abnutzen. Man pflegt daher auch den fertigen Flügel auf Friktionswellen zu legen, denselben zu drehen und zu beobachten, ob er in allen möglichen verschiedenen Lagen zur Ruhe kommen kann; ist dieß nicht der Fall, so muß durch nachträgliches Abarbeiten einzelner Theile das völlige Aequilibriren bewirkt werden. — Die Bewegung des Flügels muß wo möglich in solcher Art erfolgen, daß bei

Abnutzung des Lagers die Achse desselben durch den Bewegungsriemen nicht nach den Einlaßzylindern zugezogen wird, weil sonst die Gefahr der Berührung zwischen Flügel und Zylinder entsteht. Aus gleichem Grunde und um die Abnutzung des Lagers zu verhindern, muß darauf gesehen werden, daß die Lager sich nicht erhitzen, und daß dem Staube der Zugang zu den Lagern verwehrt wird.

Die Entfernung zwischen den Zylindern und dem Flügel muß verstellbar sein, theils um sie der Natur der Wolle entsprechend einrichten zu können, z. B. daß bei Louisiana ein Zwischenraum von 2—2$\frac{1}{4}$ Linien beim ersten und von 2$\frac{1}{2}$ Linien beim zweiten Flügel bleibt, bei Mako 2$\frac{1}{2}$ für den ersten und 3 Linien für den zweiten Flügel; theils damit die erforderliche Lagerveränderung bei etwaiger Abnutzung des Lagers vorgenommen werden kann. Man hobelt zu diesem Zwecke wohl die Oberkanten des eisernen Gestelles in der ganzen Länge eben ab, und richtet die unterhalb ebenfalls abge= hobelten Lager so ein, daß sie sich an jeder Stelle leicht befestigen lassen. Das Wickeln der Zylinder ist sorgfältig zu vermeiden, theils weil dann der gleichmäßige Druck und die gleichmäßige Zurückhaltung der Baumwolle auf ihrer ganzen Länge nicht mehr Statt findet, theils weil unter der wiederholten heftigen Einwirkung des Schlägers eine selbst bis zur Entzündung gehende Erhitzung Statt finden kann.

Die größte Anzahl der Schläge, welche eine Baumwollenfaser von einem Schläger erhalten kann, hängt von ihrer Länge, dem Abstande zwischen Flügel und Zylinder, dem Durchmesser der Zylinder und von der Peripheriegeschwindigkeit derselben so wie des Schlägers ab. Eine Faser kann erst getroffen werden, wenn ihr äußerstes Ende von dem Zurückhaltpunkte zwischen den Zylindern aus bis zu dem Kreise vorgerückt ist, welchen die äußerste Kante der Schläger= schiene beschreibt, und wird dann so viel Schläge erhalten, als er= folgen bis das hintere Ende der Faser über den Zurückhaltungs= punkt zwischen den Zylindern hinausgegangen ist. Zu viele Schläge schaden der Festigkeit der Faser, können selbst eine Verkürzung längerer Fasern bewirken; zu wenig Schläge geben eine nur unge= nügende Reinigung. Durch Verminderung der Zylinderdurchmesser, langsameren Gang der Zylinder und kleineren Zwischenraum zwischen denselben und dem Flügel, schnelleren Gang des letzteren oder An= wendung des Bodmer'schen Einlaßapparates statt der Zylinder werden die Anzahl Schläge auf eine Faser erhöht, im Gegentheile vermindert. Es ist nun bei der Einrichtung der Schlagmaschinen je nach der verschiedenen Beschaffenheit der Wollen theils nach der einen, theils nach der andern Richtung verfahren worden. Theils hat man die Durchmesser der Einlaßzylinder vermindert, und um dies namentlich bei breiten Maschinen zu können, vor denselben noch ein paar geriffelte Walzen von größerem Durchmesser angebracht, um die Wolle zuerst zu einer Watte zusammenzupressen und die Wirksamkeit der eigentlichen Einlaßzylinder dadurch zu unterstützen; theils hat man, wie z. B. Saladin, Zylinder von größerem Durchmesser verwendet, oder den Zylindern eine größere Umfangsgeschwindigkeit mitgetheilt, wie dies bei Aufbreitmaschinen die Grenze gestattet, welche dadurch geboten ist, daß noch genügende Zeit zum Aufbreiten der Wolle vorhanden sein muß.

Die absolute Umdrehungszahl der Schläger kann natürlich bei den dreiflügligen unter gleichen Umständen eine geringere sein, als bei den zweiflügligen; sie schwankt innerhalb der Grenzen von 500 in der Minute, welche bei der Maschine von Hibbert, Platt and Sons in Oldham vorkommt, und 1900, bis zu welcher Geschwindigkeit man in Amerika gegangen ist, hält sich aber gewöhnlich zwischen 1100 und 1400 Umdrehungen in der Minute. Ihr Durchmesser beträgt 13—18 Zoll.

Ein möglichst dichter Verschluß der Staubkammern ist nicht nur für die Wirksamkeit der Maschine, sondern auch für die Reinhaltung der Umgebung nothwendig; deshalb werden Blechfüllungen am Gestelle den Holzfüllungen vorgezogen.

Die gute Wirksamkeit hängt ferner von steter Reinhaltung der Lattentücher ab, auf welche daher besonders die Aufmerksamkeit der Bedienung gerichtet sein muß.

Als Bewegkraft kann man für jeden Schläger $\frac{1}{2}$ Pferdekraft und für den Ventilator 2 Pferdekräfte rechnen; eine verhältnißmäßig größere Kraft ist bei den Schlagmaschinen erforderlich, welche ohne Anwendung eines unteren Lattentuches die Baumwolle auf eine größere Distanz mittelst des durch den Ventilator erzeugten Luftstromes nach der Siebwalze ziehen.

Die von der Maschine gelieferten Wickel dürfen, wenn sie sich gut abwickeln sollen, nicht zu lange liegen, weil sonst die einzelnen

Wolllagen, die unter Einwirkung der Elastizität der Baumwollfasern etwas auftreten, in einander übergehen; sie sind übrigens gehörig vor Verletzung zu schützen und werden daher entweder in besonders angebrachte Gestelle mit ihren Zapfen eingelegt und mit diesen durch eine Aufzugmaschine oder sonst mechanisch bis zu den Krempeln transportirt, oder wenn sie mit der Hand fortgeschafft werden müssen, in ein Tuch eingeschlagen.

C. Die Epurateurs.

Unter diesem Namen sind in neuerer Zeit von G. A. Risler in Cernay Maschinen konstruirt worden, welche zwischen den Schlagmaschinen und Krempeln inne stehend, die Wirkungsweise beider mit einander vereinigen und die Anwendung derselben ganz oder theilweise ersetzen. Die für den Epurateur bestimmte Baumwolle setzt nur eine Vorarbeit auf einem mit Aufbreittuch und Wickelapparat versehenen Wolfe oder den einmaligen Durchgang durch eine Schlagmaschine voraus, um in Wickeln, welche bereits die zur Nummerbildung erforderliche gleichförmige Watte enthalten, auf den Epurateur aufgelegt werden zu können. Hier erfolgt die Reinigung und Auflockerung in einer die Festigkeit der Fasern weit weniger beeinträchtigenden Art und mit einem gegen die gewöhnliche Bearbeitung wesentlich verminderten Abgange an guten Baumwollfasern. Die gebildete Watte aber kann bei Erzeugung grober Garnnummern sogleich auf die Strecke gebracht werden, so daß der Epurateur außer der Schlagmaschine die ganze Krempelei ersetzt; bei feinern Nummern aber ist nur noch das Feinkrempeln erforderlich und der Epurateur ersetzt daher mindestens noch die Reißkrempeln. In diesem Falle gelangt die Watte in viel reinerem Zustande auf die Feinkrempel als von der Reißkrempel, und der Gang der Feinkrempel ist weit vollkommener. Die Vorrichtung ist bereits in mehreren Spinnereien eingeführt und hat bei der Londoner Industrieausstellung im Jahre 1851 die große Preismedaille erhalten; sie soll daher im Nachfolgenden in den beiden Hauptformen, welche zur Zeit bekannt geworden sind, beschrieben werden.

16) Der Epurateur von Risler, zum Unterschied von dem folgenden parfait Epurateur genannt, ist in Figur 43 (Taf. 6) im 20sten Theile der natürlichen Größe im vertikalen Längendurchschnitte abgebildet. A ist die große mit Krempelbeschläge aus starkem Eisen-

draht besetzte Trommel von 1.2 Meter Durchmesser und 0.95 Meter
Länge; sie macht 250 bis 270 Umdrehungen in der Minute. Zwischen
dem Krempelbeschläge befinden sich Drahtbürsten e e; die Drahtzähne
derselben, den Putzwalzen für Krempeln mit Igeln ähnlich, sind in
Leder gesetzt, die Lederstreifen aber auf Holzleisten e' aufgenagelt,
die mit den Stellschrauben f an den Armen g entsprechend gestellt
und heraus und herein geschoben werden können. B B' B'' sind drei
Filets; die beiden ersten um gereinigtere Vließe unmittelbar von der
Haupttrommel zu entnehmen, das dritte um ein von der Haupt=
trommel entnommenes und nachmals erst noch gereinigtes Vließ auf=
zunehmen; C C' C'' C''' sind geriffelte Einlaßwalzen, D D' D'' D'''
die Abwickelwalzen für die auf ihnen ruhenden dem Epurateur auf=
gegebenen Wattenwickel, E eine kleine Hülfstrommel, welche den
äußeren Theil der auf der großen Trommel befindlichen Baumwolle,
aus den durch die Zentrifugalkraft nach außen getriebenen Fasern
bestehend, abnimmt. Das Vließ von E und die von der großen
Trommel weggeschleuderten Fasern werden durch das Lattentuch F,
und zwar letztere, nachdem sie zwischen den Leitwalzen h h durch=
gegangen sind, nach den Riffelzylindern G geführt, um durch die
kleinere Trommel H nochmals bearbeitet zu werden; letztere ist der
großen Trommel A analog eingerichtet und besteht aus zwei Draht=
beschlägeplatten und zwei Drahtbürsten i i.

Durch die Hacker J J' J'' J''' werden die Vließe von den Filets
abgekämmt; sie gehen dann durch die oben offenen Blechtrichter s s' s''
in Form von Bändern nach den Abzugswalzenpaaren I I' I'' in der
Art, daß bei I' bereits zwei und bei I'' drei Bänder vereinigt sind,
und werden von I'' nach der Wickelmaschine K geführt, welche ebenso
eingerichtet ist, wie die später zu beschreibenden Vorrichtungen zu
gleichem Zwecke bei Krempeln mit Kanalvorrichtung und bei Kanal=
strecken.

a a sind Roststäbe von dreiseitigem Querschnitte, durch deren
Zwischenräume die Unreinigkeiten von den Drahtbürsten herausge=
worfen werden, unter denselben liegen die Blechtröge b, in denen
sich das Ausgeworfene sammelt; c c ist der Mantel aus Blech oder
Holz, welcher die Trommeln umschließt, um das Entweichen von
Staub und Fasern zu verhindern. Durch die dreiseitigen Querhölzer
d werden die Filets von einander getrennt. k sind Blechtafeln,

welche den Einlaßwalzen bie Watten zuführen. Die Trichter s sind drehbar eingerichtet und mit den sich an den Unterwalzen anlegenden Putzdeckeln l versehen.

Von der Welle L aus werden durch Riemen= und Rädervor= gelege die Einlaßwalzen, die Filets und die Wickelmaschine bewegt; diese Welle selbst erhält von der Haupttrommelwelle aus durch einen Riemen ihre Bewegung, welcher bei L auf eine feste ober bewegliche Riemenscheibe gelegt werden kann. Die Trommel H steht durch ein Riemenvorgelege mit der Haupttrommel in Verbindung und macht etwa dreimal so viel Umdrehungen als dieselbe. Sämmtliche Hacker sind mit einander verbunden und werden durch ein an der Haupt= trommelwelle befindliches Exzentrikum in Gang gesetzt.

Das Charakteristische besteht hiernach bei dem Epurateur in der Anwendung von Drahtbürsten, welche trotz ihrer geringen Wider= standsfähigkeit im Vergleich mit gewöhnlichem Krempelbeschläge doch unter Benutzung der Zentrifugalkraft die Unreinigkeiten herausschlagen und die Baumwolle dabei mehr schonen; in der Beseitigung der Krempeldeckel; ferner in der mehrfachen Wattenzuführung, um die Haupttrommel an mehreren Stellen ihres Umfanges zur Hervor= bringung einer Wirkung zu benutzen; und endlich in der mehrfachen Abführung der bearbeiteten Baumwolle, so daß dieselbe sogleich da= durch nach der Qualität gesondert wird. Die beiden oberen Vließe nämlich (bei J und J') sind am gleichförmigsten und besten; das untere bei J'' besteht aus kurzen Fasern und wird für den Fall, daß man feine Garnnummern spinnen will, für sich aufgewickelt.

Die mechanischen Verhältnisse des Epurateurs werden durch folgende Uebersicht dargestellt, in welcher für die Beurtheilung der Umdrehungszahlen die für die große Trommel A = 1000 angenom= men ist, und für die Beurtheilung der Umfangsgeschwindigkeiten die der großen Trommel ebenfalls = 1000 gesetzt wurde.

Benennung der arbeitenden Theile.	Durchmesser in Millim.	Verhältnißmäßige Umdrehungs= zahl.	Umfangs= geschwindigkeit.
Wickelwalzen D .... D'''	180	0,4	0,06
Einlaßwalzen C .... C'''	42	1,8	0,063
große Trommel A	1200	1000	1000
Lattentuch F	—	—	0,270
Riffelzylinder G	46	7,1	0,272

4

Benennung der arbeitenden Theile.	Durchmesser in Millim.	Verhältnißmäßige Umbrehungs- zahl.	Umfangs- geschwindigkeit.
kleinere Trommel H	320	2881	768
Hülfstrommel E	210	1,4	0,245
Filet B	325	7,1	1,92
„ B'	330	7,1	1,95
„ B''	320	6,1	1,20
Abzugswalzen I	85	33,0	2,34
„ I'	85	34,0	2,41
„ I''	85	34,2	2,42
Wickelwalzen W	260	12,0	2,6

Der Epurateur verarbeitet von kurzer amerikanischer Baumwolle stündlich 15 bis 20 Pfund und liefert ein Bließ vollkommen geöffneter und gereinigter Baumwolle, wie es durch fünf Reißkrempeln von 0.9 Meter Breite in derselben Zeit hätte geliefert werden können. Der Abfall soll beim Verarbeiten frischer Baumwolle 4½ bis 5 Proz., beim Verarbeiten von Abgängen 8—9 Proz. geringer als bei den gewöhnlichen Maschinen sein. Das Putzen der Trommel ist täglich ein bis zweimal erforderlich. Die Betriebskraft wird auf ⅔ Pferdekraft angegeben.

Ganz vorzüglich übrigens eignet sich der Epurateur zur Wattenfabrikation, da er eine genügend starke Watte von beliebiger Länge direkt zu geben im Stande ist, während bei dem gewöhnlichen Verfahren die Watte durch Uebereinanderlegen von Krempelbließen auf einer Wattentrommel weit langsamer und nur in einer Länge erzeugt werden kann, welche dem Umfange der Wattentrommel gleich ist.

17) Der Epurateur von E. Lüthy in Innspruck (petit Epurateur) wie er in Fig. 44 ebenfalls im 20sten Theile der natürlichen Größe in einem vertikalen Längendurchschnitt versinnlicht ist, soll mit Vermeidung der Unzuträglichkeiten des parfait Epurateur, nämlich seiner für viele Lokalitäten zu großen Dimensionen, seines großen Gewichtes und seiner etwas schwierigen, einen sehr intelligenten Arbeiter voraussetzenden Einstellung, die wesentlichen Vortheile desselben noch gewähren. Die große Trommel a hat einen etwa um ⅙ kleineren Durchmesser, sie macht aber 300—350 Umdrehungen in der Minute. Bei b sind drei Wickelzuführungen, bei c drei Einlaßwalzenpaare, bei f die Roste und Staubmulden, bei d die drei Filets

und bei e die drei Hacker angegeben. Die Trommel ist mit 16
Kratzenblättern, von denen jedes drei leere Zwischenräume hat, be=
zogen; zwischen denselben liegen die acht wie vorher eingerichteten
Drahtbürsten. Die Zylinder liefern in einer Minute etwa 0,216
Meter Watte ein; auf jeden Zoll derselben erfolgen hinter den vor=
handenen Zwischenräumen etwa 2000 Angriffe durch die Kratzenzähne
und die Drahtbürsten. In zwölf Arbeitsstunden sollen 200 bis 220
Pfund Baumwolle in einem solchen Zustand geliefert werden, daß
für das Spinnen von Nummern 6—24 sogleich die Verarbeitung
auf der Strecke eintreten kann.

II. Das Kratzen oder Krempeln.

Die in neuerer Zeit ausgeführten Verbesserungen beziehen sich,
unter wesentlicher Beibehaltung der in dem früheren Artikel bereits
beschriebenen Einrichtung, auf Vervollkommnung einzelner Theile,
zweckmäßige Einführung, Erleichterung des Deckel= und Trommel=
putzens und möglichst zweckmäßige Abführung des in ein Band ver=
wandelten Vließes; in letzterer Beziehung namentlich zu Erreichung
des Zweckes, die Menge des in einen Topf zu leitenden Bandes
möglichst groß zu machen, oder sogar die Abführung von mehreren
Krempeln in der Art zu vereinigen, daß aus den von ihnen gelieferten
Bändern mit Vermeidung der Lappingmaschine sogleich direkt ein
Band gefertigt wird.

A. Verschiedene Einrichtungen bei den Krempeln.

1) Die Einlaßvorrichtung besteht entweder in Riffelwalzen
oder in der unter I. Nr. 7 beschriebenen und in Fig. 27 abgebildeten
Bodmer'schen Einrichtung; es wird dadurch die Entfernung zwischen
dem Festhaltungspunkte für die Baumwollfaser und dem Punkte,
wo die Krempelzähne angreifen, von etwa 1¼ Zoll bei den Riffel=
walzen auf ¼ bis ½ Zoll verkürzt, zugleich aber der Uebelstand
ungleicher Zurückhaltung, der bei breiten Krempeln von dem Zylinder=
einlaß nicht gut entfernt werden kann, vollständig gehoben.

2) Zwischen der Einlaßvorrichtung und der Haupttrommel, dem
Tambour, wird oft und namentlich bei den Reißkrempeln eine Vor=
walze oder Zuführer, Vorreißer (licker-in) angebracht, welche
eine Umfangsgeschwindigkeit hat, die etwa ⅓ bis ½ von der der
Haupttrommel ist, und wesentlich dazu beiträgt das Beschläge der

Haupttrommel zu schonen, auch einen schnelleren Gang derselben, als sonst rathsam wäre, zuläßt. Der Durchmesser dieser Vorwalze beträgt etwa $^1/_5$ bis $^1/_4$ von dem der Haupttrommel. Zuweilen wird dieselbe so beschlagen, wie dies Fig. 54 andeutet. Hier bedeuten nämlich die auf der Vorwalze c gezeichneten kleinen Vierecke Stellen, in welchen das Krempelbeschläge fehlt. Es bilden sich hierdurch stärker wirkende Angriffslinien und die leeren Räume nehmen den abgestreiften Schmutz auf und lassen denselben unterhalb fallen, was ebenfalls Schonung des Krempelbeschläges zur Folge hat.

S. Hardacre benutzt den durch die schnelle Umdrehungsbewegung der Haupttrommel entstehenden Luftstrom dazu, um von der an der Vorwalze befindlichen Baumwolle den Staub abzublasen, indem vertikal unter derselben nach Fig. 46 eine Wand c' im Krempel= gestell so angebracht wird, daß zwischen derselben und der Vorwalze ein nicht sehr breiter Spalt bleibt, durch den sich dieser Luftstrom hindurch drängt. Diese Einrichtung wird von dem Genannten mit dem Namen dirt extractor bezeichnet.

3) Die Krempel von C. Lüthy und G. A. Risler, welche dem petit épurateur nachgebildet ist, und die als Feinkrempel theils nach einer gewöhnlichen Reißkrempel, theils nach dem Epurateur für mit= telfeine Garnnummern angewendet werden soll, ist eine Doppel= krempel in so fern, als bei derselben ein doppelter bis vierfacher Watteneinlaß Statt findet und zwei bis vier Filets über einander= stehend angebracht sind, um eben so viele Vließe abzunehmen; übri= gens ist dieselbe nur mit Krempeldeckeln als Gegenkratzen versehen. Die Zuführung erfolgt von den Speisewalzen aus zunächst an Vor= walzen, welche 500 bis 600 Umdrehungen machen, und von diesen an die Haupttrommel mit 300 bis 320 Umdrehungen. Die Krempel soll das $1^1/_2$fache der Bewegkraft einer gewöhnlichen Krempel erfor= dern und per Stunde 7 bis 9 Pfund gekrempelte Baumwolle liefern.

4) Das Beschläge der Haupttrommel wird, statt wie gewöhnlich in Streifen, welche parallel zur Hauptachse liegen, nach W. Pooley in der Art aufgezogen, wie dies Fig. 45 deutlich macht; die rund um den Zylinder gelegten Bänder, die nicht spiralförmig wie bei dem Filet neben einander liegen, sondern in Ebenen an einander grenzen, welche die Hauptachse rechtwinkelig schneiden, bestehen aus abwechselnd mit Drahtzähnen besetzten Theilen, b, zwischen denen

leere Zwischenräume a liegen. Die neben einander liegenden Theile
b verschiedener Bänder sind nun gegen einander ein wenig versetzt,
so daß sie in stufenförmigen Schraubengängen liegen und daher nicht
gleichzeitig über die ganze Trommelbreite auf die zu bearbeitende
Baumwolle einwirken.

5) Bezüglich der Anbringung der mit dem Krempelbeschläge
zusammenwirkenden Gegenkratzen sind verschiedene Anordnungen theils
vorgeschlagen, theils in Anwendung gekommen. Für das Krempeln
von Abgang und für gröbere Garne wendet man Krempeln an,
welche statt der Krempeldeckel Walzen mit Krempelbeschläge darbieten,
sogenannte Igel (urchins, squirrels; hérissons). Diese Walzen
stellen ein mit geringer Geschwindigkeit zurückweichendes Krempelbeschläge, von welchem die Baumwolle stetig abgenommen und der
Haupttrommel wieder zugeführt wird, dar. Fig. 46 ist der Längendurchschnitt einer solchen Krempel im 18ten Theile der natürlichen
Größe. Der von der Schlagmaschine kommende Wickel wird bei a
aufgelegt; b sind die Einlaßwalzen, c die Vorwalze, d die Haupttrommel, e, g, h, m, o, q und s die Arbeitswalzen (strippers,
travailleurs), welche mit der Haupttrommel zusammen den eigentlichen Prozeß des Krempelns bewirken; f, i, n, p und r die Wender
(clearers, dépouilleurs), welche die an den Arbeitern haftende Baumwolle abstreifen und der Haupttrommel wieder darbieten. Es wird
dies dadurch möglich, daß bei der Richtung des Krempelbeschläges,
wie dieselbe in der Zeichnung dargestellt ist, und der Umdrehungsbewegung, welche die angezeichneten Pfeile deutlich machen, die
Arbeiter nur eine geringe Peripheriegeschwindigkeit erhalten, die
Wender dagegen eine Peripheriegeschwindigkeit, welche zwischen der
der Arbeiter und der Haupttrommel innen liegt. Die Arbeiter erhalten gewöhnlich durch Kettenräder und eine endlose Kette von dem
Filet aus, die Wender dagegen durch Riemenscheiben und einen
endlosen Riemen von der Haupttrommelwelle aus ihre drehende Bewegung. t ist das Filet, w der von dem Krummzapfen v aus bewegte Hacker, W das Hauptgestell, xx der die Igel umschließende
Deckel. — Bei der Krempel von Higgins ist die Einrichtung getroffen, daß die Arbeiter parallel zu ihrer Achse ein wenig hin und
her geschoben werden, um eine möglichst gleichförmige Vertheilung
der Baumwolle über die Breite der Krempel zu erzielen.

6) Um die Wirkung zwischen Arbeiter und Wender zu verstärken und die Baumwolle zu nöthigen, in weniger großen Massen von dem ersteren auf den letzteren überzugehen, ist zwischen beiden an der Arbeitsstelle nach der Einrichtung von Th. Waterhouse ein Stab angebracht: Fig. 46 zeigt diese Einrichtung bei y und z.

7) Bei der Krempel von Ch. Pooley kommt eine Anwendung der Arbeiter und Wender in großer Anzahl (etwa 34) unterhalb der Haupttrommel liegend vor, um mit denselben die Baumwolle vorher zu bearbeiten, bevor sie zwischen die Haupttrommel und Deckel kommt. Bei diesen kleinen Arbeitern und Wendern wird der entstehende Abfall immer wieder aufgekrempelt und daher der Abgang wesentlich vermindert, zugleich natürlich die Wirkung der Krempel dadurch wesentlich erhöht, daß an dem gesammten Umfange der Trommel gearbeitet wird, während dies gewöhnlich nur mit dem halben Krempelumfange Statt findet.

Fig. 47 gibt einen Längendurchschnitt durch die Haupttheile der Pooley'schen Krempel. a ist die Haupttrommel, welche sich hier in entgegengesetzter Richtung als gewöhnlich umdreht, b das Filet, cc die oberhalb wie gewöhnlich angebrachten Krempeldeckel. Die Einführung der von dem Wattenwickel x abgewundenen Watte erfolgt hier durch die Speisewalzen f g auf derselben Seite, auf welcher das Filet b liegt, und zwar in folgender Art. An der Welle des Filets b befindet sich ein Kamm s, welcher auf den um u drehbaren Hebel t wirkt und denselben bei jeder Umdrehung des Filets zu einer schwingenden Bewegung veranlaßt. Der Arm t' dieses Hebels ist mit der Zugstange v verbunden; letztere veranlaßt einen mit einem Sperrkegel versehenen Hebel um die Axe von d zu schwingen, und zwar in einem Winkel, welcher von der Länge des Hebelarmes t' abhängt, an dessen Ende v mit t verbunden ist. Der Sperrkegel wirkt auf ein an d befindliches Sperrrad und dreht mittelst desselben d und die beiden Walzen e e, welche den Wickel x tragen, durch Vermittlung der Zahnräder w. Hierdurch wird absatzweise, d. h. bei jeder Umdrehung des Filets eine durch die Verstellung bei t' zu bestimmende Länge der zu bearbeitenden Watte, abgewickelt; diese steigt an der schiefen Fläche y in die Höhe und wird durch die Speisewalzen f g der Haupttrommel a dargeboten. Die Bewegung der Speisewalzen f g wird aber ebenfalls von dem Filet aus hervorgebracht, indem das an der Achse desselben angebrachte Getriebe l in das Rad m eingreift, welches ein an f befindliches Zahnrad f' in Umdrehung setzt; f und g sind dann wie gewöhnlich durch Zahnräder mit einander verbunden.

h und i sind eine Anzahl in einem konzentrischen Bogen gegen die Haupttrommel angebrachter Arbeiter und Wender. Dieselben sind so angeordnet, daß anfänglich zu einem Arbeiter ein Wender gehört, später sind zwei Arbeiter mit einem Wender verbunden und endlich folgt nach drei Arbeitern erst ein Wender. Die Arbeiter und Wender erhalten eine langsame Bewegung und zwar erstere durch die endlose Kette k, letztere durch die endlose Kette k'; es befinden sich zu dem Ende an denselben Kettenräder, und die beiden neben einander lie= genden Ketten k und k' erhalten ihre Bewegung durch die an der Welle des vorher erwähnten Rades m befindlichen Kettenräder n. Die Arbeiter und Wender sind über ihre ganze Länge mit Kratzen= beschläge belegt und sind an dem Bogen o, der in Fig. 47 punktirt ist, in der Art befestigt, wie dies Fig. 48 zeigt; an dem Bogen o sind nämlich die Lagerhalter o' durch Schraubenbolzen befestigt, wo= durch eine entsprechende Einstellung jedes einzelnen Lagers möglich wird, außerdem kann der Bogen o im Ganzen gegen die Haupt= trommel entsprechend am Krempelgestelle eingestellt werden.

Die Baumwolle wird nicht direkt von der Haupttrommel a auf das Filet b übertragen, sondern durch Vermittlung der eine mittlere Geschwindigkeit habenden Zwischenwalze p, wodurch eine vollständigere Abnahme der Baumwolle erfolgen soll. Es befindet sich zur Bewe= gung von p an der Welle der Haupttrommel die Riemenscheibe r, von welcher ein Riemen nach a' geht; mit a' an gleicher Welle ist das Zahnrad b' befindlich, welches in ein an der Welle von p sitzendes Zahnrad eingreift. Die von p auf b übertragene Baum= wolle liegt auf dem obern Theile des Filets b und wird durch einen von unten nach oben wirkenden Hacker q abgekämmt, um dann durch den Trichter c' nach den Abführwalzen d' zu gelangen. Um ein Abtreiben der Baumwolle von der schnell gehenden Walze p zu ver= meiden, ist dieselbe oberhalb mit einem Deckel bedeckt.

Mit der vorher erwähnten Krempel hat die Einrichtung von Samuel Paulkner in so fern Aehnlichkeit, als hier die Haupttrommel ebenfalls auf einem großen Theil ihres Umfanges mit kleinen Walzen umgeben ist; es liegen aber im Winkelraume zwischen einer solchen kleinen Walze und der Trommel Stäbe, und die kleinen Walzen werden durch eine rotirende Bürste gereinigt. Außerdem liegt die Zuführung mit dem Filet auf gleicher Seite und unter dem Filet befindet sich eine Vorwalze in ähnlicher Art wie die Haupttrommel eingerichtet. Die ziemlich zusammengesetzte und außerdem mit mehreren Eigenthümlichkeiten versehene Krempel ist abgebildet und beschrieben im London Journal of Arts etc. 1846. Vol. XXVII. p. 328.

8) Bei der Krempel von E. Leigh, welche in Fig. 59 (Taf. 8) im 16ten Theile der natürlichen Größe abgebildet ist, liegt die Absicht vor, den Vortheil der mit flachen Krempeldeckeln versehenen Krempeln, nämlich ein reineres und gleichmäßigeres Vließ, als das der Igelkrempeln ist, zu erhalten, und dabei den mit den Deckeln verbundenen Nachtheil des öfteren Putzens mit der Hand zu vermeiden; es sind daher eine Anzahl von Krempeldeckeln durch an den Enden angebrachte endlose Ketten zu einer endlosen Gegenkrempelfläche vereinigt, welche allmälig vorwärts rückt, über der Trommel durch eine stellbare Leitung in entsprechendem Abstande erhalten wird, und bei der Umkehr zum oberhalb erfolgenden Rückgange mittelst eines Hackers ausgeputzt wird.

Bei a liegt der Wattenwickel, durch b werden die Einlaßwalzen bewegt, c ist eine Vorwalze, d die Seitenplatte des Gestelles, hinter welcher sich die Haupttrommel befindet; ee sind die zu einer endlosen Krempelfläche verbundenen beweglichen Deckel, welche über die Walzen f, g und h geführt sind und durch f und h mittelst der an denselben befindlichen Kettenräder die fortschreitende Bewegung erhalten, während g nur zur Führung der rückkehrenden Krempelfläche dient. ii ist ein in Fig. 60 besonders dargestellter biegsamer Führungsbogen, welcher durch die Schraubenbolzen k an dem festen Rande ll des Krempelgestelles erforderlich gestellt werden kann. Auf diesen Bogen legen sich die vorstehenden Enden der Krempeldeckel auf, während die untere Fläche der Krempeldeckel, wie Fig. 61 bei m zeigt, so drehbar ist, daß sie unter dem erforderlichen Winkel gegen eine Tangentialebene zum Umfange der Haupttrommel eingestellt werden kann. Bei n ist ein Hacker angebracht; bei o, p und q liegen Igel, welche zum Zweck des Putzens der Krempeltrommel entfernt werden können; r ist das Filet, bei s kann eine Schleifwalze aufgelegt werden.

Wird das vorliegende Prinzip für doppelte Krempelei angewendet, so fallen die Igel weg; das Gestell, in welchem die Walzen f, g, h und der Führungsbogen ii liegen, wird dann bei f drehbar gemacht, und mit einem Gegengewichte so äquilibrirt, daß es sich leicht auf= heben und niederlegen läßt; der Weg der Krempeldeckel am Führungs= bogen erstreckt sich dann bis unmittelbar an das Filet. Zugleich ist zwischen f und c eine Ausputzwalze angebracht, deren Peripherie= geschwindigkeit größer als die der Trommel, und welche mit einem schraubengangförmig angebrachten Beschlägstreifen versehen ist, so daß sie die Haupttrommel zu reinigen im Stande ist. Die Geschwindig= keit, mit welcher sich die Deckel vorwärts bewegen, kann nach Bedarf abgeändert werden.

Nach einer andern Einrichtung der Leigh'schen Krempel liegt die endlose Krempelfläche ee unterhalb der Trommel, die letztere arbeitet nach unten; oberhalb derselben sind entweder Arbeiter und Wender, oder auch Krempeldeckel angebracht.

9) Die Krempel von Heinzelmann=Schachermayer und Schrader unterscheidet sich durch unterhalb der Trommeln ange= brachte Gitter, und bezweckt, das Wegtreiben einzelner Baumwollen= fasern, des Fluges, von den Trommeln zu verhindern, während alle übrigen Unreinigkeiten durch das Gitter hindurchgehen. Bei der Reißkrempel wird unter der Haupttrommel und dem Filet, bei der Feinkrempel nur unter der Haupttrommel ein Gitter von Drahtgeflecht, in einer nach der Beschaffenheit der Baumwolle sich richtenden Weite, genau konzentrisch in $\frac{1}{4}$ Zoll Abstand so angebracht, daß diese Gitter genau an die Einlaßwalzen und an einander oder an den Hacker anschließen. Der Abgang wird hierdurch wesentlich vermindert, übrigens sind aber die Gitter stets rein zu erhalten, was mit einigen Schwierig= keiten verbunden zu sein scheint.

10) Die Krempel von Hibbert, Platt und Söhne in Old= ham, wie dieselbe theils als Reißkrempel, theils als Feinkrempel ge= genwärtig eingerichtet wird, ist in Fig. 52 (Taf. 7) von der einen, in Fig. 53 von der andern Seite, in Fig. 54 von oben nach Abhe= bung des über den Igeln liegenden Deckels angesehen, im 18ten Theile der natürlichen Größe dargestellt. A ist die Walze zur Drehung des aufgelegten Watten= oder Bandwickels von 6 Zoll (englisch) Durch= messer, B die geriffelten Speisewalzen von $2\frac{1}{4}''$ Durchmesser, C die Vorwalze von 10'' Durchmesser in der unter Nr. 2 oben näher

beschriebenen Einrichtung, D die Haupttrommel von 42″ Durchmesser und 37″ Länge mit etwa 35″ Beschlagbreite, E die Arbeiter von 6⁷/₆″ Durchmesser und F die Wender von 5 Zoll Durchmesser. Die äußerst solide und eigenthümliche Art der genauen Einstellung der Achsen für die Arbeiter ist in Fig. 55 und 56 in größerem Maßstabe dargestellt. Diese Arbeiter müssen nämlich so gestellt werden, daß ihre Achse genau parallel zur Achse der Haupttrommel und zu der des Wenders steht, und daß der Abstand zwischen den Umfängen dieser 3 Walzen trotz der durch das Schleifen sich etwas verändernden Durchmesser stets gleichmäßig regulirt werden kann. Hiernach muß den Arbeiterachsen eine Bewegung radial und tangential zur Haupttrommel gegeben werden können. Zu dem Ende ist am Krempelgestell bei jedem Arbeiterlager eine ringförmige Verstärkung G, Fig. 53, angegossen, die an der Außenseite abgehobelt ist und in der Mitte einen Zapfen eingegossen oder eingeschraubt enthält. Auf diesen Zapfen wird der untere Theil H des Lagergestelles mit einer kreisförmigen Oeffnung geschoben, und kann sich daher um diesen Zapfen drehen; an dem untern Theil H verschiebt sich der obere, das eigentliche Lager enthaltende Theil I radial; die richtige Stellung des Lagergestelles in tangentialer Richtung wird durch die Stellschrauben K,K bewirkt, welche sich gegen einen an dem Krempelgestelle angegossenen Vorsprung auf beiden Seiten anlegen; die richtige Stellung in radialer Richtung gibt die Schraube L, welche sich unterhalb gegen H stemmt, und in eine in I angebrachte Mutter eingeschraubt ist. Um diese Verschiebung in radialer Richtung zu gestatten, hat I einen entsprechend langen Schlitz, durch welchen der am Krempelgestell angebrachte Zapfen hindurchragt; die feste Stellung des Lagers nach erfolgter Einstellung wird durch die auf den vorher erwähnten Zapfen aufgeschraubte Mutter M hervorgebracht. Die Lager für die Wenderachsen unterscheiden sich von den vorhergehenden nur dadurch, daß eine Verstellung in tangentialer Richtung nicht erforderlich ist, und daher die Stellschrauben K,K in Wegfall kommen. N sind 8 Deckel, von denen jeder auf beiden Seiten durch 2 Stellschrauben, die durch den Krempelbügel hindurch gehen, seine Auflagerung unter dem entsprechenden Neigungswinkel erhält; O das Filet mit 19¹/₂ Zoll Durchmesser, über welchem bei P ein der vorher beschriebenen Einrichtung ganz ähnliches Lagergestell für die Schleifwalze angebracht ist; Q der Deckel über dem Filet, R der Deckel über den Arbeitern und Wendern; S der Hacker, welcher durch die Führungs=schienen T und eine der Wenderachsenstellung ganz ähnliche Einrichtung (vgl. Fig. 53) genau parallel zur Filetachse gestellt werden kann. U ist der Trichter, V das erste Abführwalzenpaar von 1¼ Zoll Durchmesser, W das zweite Walzenpaar von 1½ Zoll Durchmesser; die Pressung bei diesen Walzenpaaren wird wie gewöhnlich durch Gewicht hervorgebracht, doch wenden Hibbert und Platt zum Ersatz der Druckgewichte bei Spinnereieinrichtungen auch Kautschukfedern an.

Von hier geht das Band durch die Oeffnung X in der Deckplatte des über der Kanne stehenden Einlaßapparates nach den beiden Einlaß=walzen Y von 2¼ Zoll Durchmesser, ferner nach der rotirenden ex=zentrischen Leitung Z und dann in die Kanne a; da diese ebenfalls eine rotirende Bewegung hat, so legt sich das Band in zykloidenförmi=gen neben und über einander liegenden Lagen ein, wie Fig. 57 zeigt.

Was die Bewegung der einzelnen Theile anbelangt, so soll dieselbe im Folgenden mit möglichster Ersparung von Buchstaben, um die Zeichnung nicht undeutlich zu machen, so angegeben werden, daß nur die vorzugsweise zu bezeichnenden Räder besonders benannt, übrigens aber die zwischenliegenden durch Anführung der Zähnezahlen eingeführt werden; Transporteure werden dabei, da durch sie die Geschwindigkeit nicht verändert wird, in Form eines Bruches auf=treten, bei welchem der Zähler gleich dem Nenner ist.

Das Filet wird bewegt durch die Radverbindung von b bis d (Fig. 52), in welcher das Getriebe c zum Wechseln eingerichtet ist und zwischen 18 und 30 Zähne haben kann. Für 100 Umdrehungen der Hauptwelle, welche hier stets vorausgesetzt werden sollen, be=tragen daher die Umdrehungen des Filets:

$$100 \cdot \frac{24}{108} \cdot \frac{108}{104} \cdot \frac{18 \text{ bis } 30}{144} = 2{,}884 \text{ bis } 4{,}808.$$

Die Speisewalzen erhalten ihre Bewegung vom Filet aus durch die Winkelradvorgelege e, g und die Welle f, wobei das Getriebe h (Fig. 54) von 16 bis 24 Zähne hat; für 100 Umdrehungen der Hauptwelle beträgt ihre Umdrehungszahl:

$$\left\{ \begin{matrix} 2{,}888 \\ \text{bis} \\ 4{,}804 \end{matrix} \right\} \cdot \frac{30}{40} \cdot \frac{16 \text{ bis } 24}{120} = 0{,}2884 \text{ bis } 0{,}7212.$$

Die Walze für den Wattenwickel erhält ihre Bewegung von den Einlaßzylindern (vgl. Fig. 53) und macht daher Umbrehungen:

$$\left.\begin{array}{c} 0,2884 \\ \text{bis} \\ 0,7212 \end{array}\right\} \cdot \frac{16}{31} \cdot \frac{31}{31} \cdot \frac{31}{48} = 0,0961 \text{ bis } 0,2404.$$

Die Vorwalze erhält durch das Riemenscheibenvorgelege i k von der Hauptwelle ihre Bewegung und macht daher Umbrehungen:

$$100 \cdot \frac{12^2/_3}{7} = 180,94.$$

Die Arbeiter werden von dem Filet aus durch die Kettenrad= vorgelege l m bewegt; die Walze n ist dabei eine Leitwalze für die Kette: die Umbrehungen derselben betragen:

$$\left.\begin{array}{c} 2,844 \\ \text{bis} \\ 4,808 \end{array}\right\} \cdot \frac{26}{26} = 2,884 \text{ bis } 4,808.$$

Die Wender erhalten ihre Bewegung durch das Riemenscheiben= vorgelege o p von der Hauptwelle 'aus; ihre Umbrehungen betragen:

$$100 \cdot \frac{16}{7} = 228,57.$$

Der Hacker erhält seine Bewegung ebenfalls von der Hauptwelle aus durch ein Riemenscheibenvorgelege q r und macht daher Spiele:

$$100 \cdot \frac{16}{6} = 266,67.$$

Die Abzugwalzen erhalten ihre Bewegung von dem Filet aus; und zwar das erste Paar durch Vermittlung der Räder bei s, das zweite durch die Getriebe bei t. Die Umbrehungen betragen für das erste Abzugwalzenpaar:

$$\left.\begin{array}{c} 2,884 \\ \text{bis} \\ 4,808 \end{array}\right\} \cdot \frac{144}{112} \cdot \frac{112}{16} \cdot \frac{36}{27} = 34,608 \text{ bis } 57,696;$$

für das zweite Abzugwalzenpaar:

$$\left.\begin{array}{c} 2,884 \\ \text{bis} \\ 4,808 \end{array}\right\} \cdot \frac{144}{112} \cdot \frac{112}{16} \cdot \frac{32}{18} = 46,144 \text{ bis } 76,928.$$

Die weiteren Bewegungen zur Einführung des Bandes in die Kanne oder den Topf a werden durch die stehende Welle v hervor= gebracht, welche mit der liegenden Welle u durch ein konisches Vor= gelege von gleicher Zähnezahl verbunden ist, daher mit ihr gleichviel Umbrehungen macht, und zwar von dem Filet aus bewegt:

$$\left.\begin{array}{c}2{,}884\\ \text{bis}\\ 4{,}808\end{array}\right\} \cdot \frac{144}{112} \cdot \frac{112}{16} \cdot \frac{32}{25} = 33{,}224 \text{ bis } 55{,}388.$$

Die Topfwalzen Y sind mit der stehenden Welle v durch ein Winkelradvorgelege mit gleicher Zähnezahl verbunden, sie machen daher eben so viele Umbrehungen wie diese.

Die rotirende Zuleitung Z wird von der stehenden Welle v aus durch ein Radvorgelege bewegt, und macht daher Umbrehungen:

$$\left.\begin{array}{c}33{,}224\\ \text{bis}\\ 55{,}388\end{array}\right\} \cdot \frac{38}{106} = 11{,}910 \text{ bis } 19{,}856.$$

Die Kanne oder der Topf a enblich erhält durch das in Fig. 58 angedeutete Räderwerk seine Umbrehung von der Welle v aus, und dreht sich bei 100 Umbrehungen der Hauptwelle

$$\left.\begin{array}{c}33{,}224\\ \text{bis}\\ 55{,}388\end{array}\right\} \cdot \frac{16}{78} \cdot \frac{16}{45} \cdot \frac{17}{19} \cdot \frac{19}{82} = 0{,}471 \text{ bis } 0{,}785 \text{ Mal.}$$

Hiernach legen sich $\frac{11{,}910}{0{,}471} = 25{,}28$ zykloidenförmige Band-lagen bei einer Umbrehung des Topfes neben einander.

Folgende Uebersicht zeigt die Hauptverhältnisse der Krempel zu-sammengestellt:

	Durch-messer. Zoll.	Verhältniß-mäßige Um-drehungen.	Weg eines Punktes am Umfange.	Streckungs-verhältniß.
Abwickelwalze A . . .	6″	0,0961 0,2404	1,811″ 4,529″	} 1 : 1,12
Speisezylinder B . . .	2¼″	0,2884 0,7212	2,038″ 5,096″	
Vorwalze C	10″	180,94	5682″	
Haupttrommel D . . .	42″	100	13188″	zwischen B u. D 1 : 2588 bis 1 : 6471
Arbeiter E	6⅞″	2,884 4,808	61,94″ 103,79″	
Wender F	5″	228,57	3588,5″	
Filet O	19½″	2,884 4,808	176,59″ 294,39″	zwischen B u. O 1 : 57,8 bis 1 : 86,6

	Durch= messer, Zoll.	Berhältniß= mäßige Um= drehungen.	Weg eines Punktes am Umfange.	Streckungs= verhältniß.
Hacfer S. (Exzentrizität) .	1¼″	266,67	— —	
Erstes Abführwalzenpaar V.	1¼″	{34,608 / 57,696	135,84″ / 226,46″}	} 1 : 1,60
Zweites „ „ W.	1½″	{46,144 / 76,928	217,38″ / 362,33″}	} 1 : 1,02
Topfwalzenpaar Y . .	2⅛″	{33,224 / 55,388	221,75″ / 369,57″}	
Rotirende Ableitung Z .	—	{11,910 / 19,856	—	
Topf a	—	{0,471 / 0,785	—	

$$\text{Gesammtverzug zwischen A und Y:} \begin{cases} 1 : 122,4 \\ \text{bis} \\ 1 : \ \ 81,6 \end{cases}$$

21) Die gewöhnliche englische Krempel für mittlere und grobe Nummern hat eine Vorwalze, unmittelbar über derselben einen Ar= beiter in der Art angebracht, daß die Vorwalze zugleich den Wender für denselben abgibt, hierauf einen zweiten Arbeiter mit besonderem Wender und 12 bis 14 Deckel bis zum Filet; zur Ableitung dient gewöhnlich ein Streckkopf (drawing box), welcher im Verhältnisse von 1 : 1½ oder 1 : 2 verzieht und aus zwei Zylinderpaaren besteht, bei denen der untere Zylinder geriffelt, der obere belebert ist. Oft ist auch nur das erste Zylinderpaar nach Art der Streckzylinder, das zweite dagegen als Kalanderwalzenpaar vorgerichtet, d. h. nur glatt von Eisen abgedreht, und dient dann dazu, dem Bande die erforder= liche Konsistenz zu geben.

12) Von dieser Einrichtung weichen die Krempeln mit Volant darin ab, daß nach Fig. 74 (Taf. 8) vor der Haupttrommel A sich eine Vorwalze B befindet, an diese schließen sich 12 bis 13 Deckel C, hierauf folgt der Volant (fancy roller) D, welcher eine größere Peripheriegeschwindigkeit als die Haupttrommel erhält, ein Krempel= beschläge aus längeren, feineren und ziemlich gerabstehenden Draht= zähnen hat und mit denselben die auf der Haupttrommel befindliche Wolle leicht auflocert. Die Trommel wird hiedurch reiner gehalten und braucht viel seltener geputzt zu werden. Nach dem Volant folgt

ein Arbeiter F und Wender E, und endlich das Filet G. Der Wen=
der kann so gestellt werden, daß er gleichzeitig die etwa an dem Vo=
lant hängen gebliebene Wolle entfernt. Diese Einrichtung wird für
einfache Krempelei als die zweckmäßigste empfohlen, weil sich die Un=
reinigkeiten, da sie unmittelbar an den ersten Krempelbedeln sich
ansetzen, leicht durch öfteres Putzen entfernen lassen.

13) Die allgemeine Einrichtung der in der Gegend von Oldham
in England gebräuchlichen zweifachen Krempeln, welche sehr in=
tensiv wirken, ist in Fig. 75 skizzirt. a sind die mit Krempelbeschläge
versehenen Einlaßwalzen, b eine Vorwalze, e die erste Haupttrommel,
welche wie die zweite k 48 Zoll breit ist und bei 42 Zoll Durchmesser
160 bis 180 Umläufe in der Minute macht. Um die erste Haupt=
trommel sind 5 Paar Arbeiter und Wender c d gruppirt; das Mittel=
filet f hat 28 Zoll Durchmesser und dreht sich 16 bis 18 Mal in der
Minute um; von ihm geht die Baumwolle durch die Uebertragwalze g
an die zweite Haupttrommel k, gegen welche 4 Paar Arbeiter und
Wender h, i gestellt sind, und von der das zweite Filet l von 22 Zoll
Durchmesser mit 13 bis 15 Umdrehungen in der Minute die Baum=
wolle abnimmt. Eine solche Krempel bearbeitet in 1 Stunde 13 bis
14 Pfund Baumwolle.

14) Bei der Krempel von Matteavan wird, während an den
gewöhnlichen Krempeln etwa nur $1/3$ bis $1/2$ des Trommelumfangs
wirksam ist, diese Wirksamkeit bis auf etwa $2/3$ des Umfangs der
Haupttrommel dadurch ausgedehnt, daß die Zuführwalzen beträchtlich
unter dem Mittel der Trommel liegen; sowohl vor als hinter den
Krempeldecken kommen zwei Paar Arbeiter und Wender vor.

15) Der Bodmer'sche Trommelputzapparat, welcher in
England Anwendung gefunden hat, ist in Fig. 62 und 63 (Taf. 8)
abgebildet. Fig. 62 zeigt die Verbindung desselben mit der Krempel,
Fig. 63 ist ein Durchschnitt durch den Haupttheil. Die Ausputz=
walze e, welche mit Kratzenbeschläge überzogen ist, hat eine drehende
Bewegung in entgegengesetztem Sinne zu der Haupttrommel und um
8 bis 10 Proz. größere Peripheriegeschwindigkeit, zugleich aber eine
geradlinig wiederkehrende Bewegung parallel zu ihrer Achse. Sie ist
im Innern hohl, durch zwei Scheiben l mit der Achse a verbunden,
an den Enden über die an dem Krempelgestelle angeschraubten Zy=
linder l' geschoben, an welchen sie sich parallel zur Achse verschieben

kann, und mit Krempelband bezogen, welches durch die Kupferringe f gehalten wird. Die Achse a erhält die drehende Bewegung durch die kleine Riemenschiebe m und ist bei n mit vorstehenden Ringen versehen, zwischen welche das Ende des oszillirenden Hebels p eingreift und dadurch die geradlinig wiederkehrende Bewegung hervorbringt. Die Verbindung der Vorrichtung mit den beweglichen Theilen der Krempel ist in folgender Art vermittelt: An der zur Seite der Krempel liegenden Welle t, welche mit dem Filet in Verbindung steht, befindet sich die Schnecke u, die in das Schraubenrad v greift; die Büchse s dieses Rades hat eine schief stehende Nuth r, in welcher sich das eine Ende des um q drehbaren Hebels p befindet, dessen anderes Ende zwischen n n liegt. A ist die Haupttrommel, B das Filet; die Putzwalze e liegt unter dem Filet, und die von ihr ausgekämmte Wolle soll durch d wieder an die Haupttrommel übertragen werden. Drei solcher Putzwalzen sollen genügen, um die Haupttrommel so zu reinigen, daß sie stetig ein reines und fehlerfreies Vließ gibt.

16) Die Trommelputzwalze von Leigh mit einem schraubengangförmig angebrachten Beschläge ist bereits unter Nr. 8 beschrieben worden.

17) Eine Vorrichtung zur Erleichterung des von Zeit zu Zeit erfolgenden Trommelputzens, durch welche dasselbe wesentlich beschleunigt und der dadurch entstehende Aufenthalt vermindert wird, ist in Fig. 64—67 abgebildet. Hier ist a die Haupttrommel, b die zur Seite derselben befindlichen Krempelbogen, c ein Paar an denselben angeschraubte Lager, in welche die Welle d der Ausputzwalze e eingelegt werden kann; letztere ist mit Ausputzblättern beschlagen. Um die Ausputzwalze e leicht handhaben zu können, ist sie nach Fig. 64 und 65 aus Holz in der Art hergestellt, daß die 6 Umfangssegmente auf doppelt verleimte Holzscheiben f mit hölzernen Nägeln g befestigt sind. In die Holzscheiben sind eiserne Flanschen h eingelassen, um die Walze auf der Welle d mittelst eiserner Keile befestigen zu können. Auf die Welle d sind ferner die beiden Hebel k lose aufgeschoben, die durch die Schiene n mit einander verbunden sind, und an denen der Ausputzkamm l mittelst der Charniere m beweglich angebracht ist.

Soll nun die Krempel ausgeputzt werden, so wird sie angehalten und nach Entfernung von 3 bis 4 Deckeln die Putzwalze e auf die Lager c gelegt; hierbei trifft die an d befindliche Riemenscheibe o an

den auf der Loßscheibe liegenden Riemen p an und erleidet von dem=
selben einen Druck, welcher genügend ist, die Putzwalze umzudrehen;
während dies erfolgt, dreht der Arbeiter langsam mit der Hand die
Haupttrommel einmal um, wobei die gesammte unreine Wolle an die
Putzwalze e übergeht, von welcher während dieser Operation der Aus=
putzkamm l zurückgeschlagen war. Die Putzwalze wird nun aus=
gehoben, in ein entsprechendes Lagergestell eingelegt, der Putzkamm l
auf die Walze geschlagen und nun die Walze entgegengesetzt mit der
Scheibe o umgedreht, wodurch die Putzwalze wieder gereinigt und
zu neuer Verwendung geschickt gemacht wird.

18) Unter den mechanischen Deckelputzapparaten (self
acting strippers; débourreur mécanique) ist außer der bereits unter
Nr. 8 bei der Leigh'schen Krempel beschriebenen Einrichtung hier die
zwar sehr komplizirte, aber überaus sinnreich ausgeführte und auch
in praktische Anwendung gekommene Einrichtung von Dannery zu
erwähnen, welche in dem Werke: Publication industrielle des machines, outils et appareils etc. von Armengaud aîné, T. V. p. 372
ausführlich beschrieben und abgebildet ist. Die Vorrichtung verrichtet
die Operationen genau so, wie sie von einem mit dem Deckelputzen
beauftragten Arbeiter verrichtet werden; es werden nämlich in der
Aufeinanderfolge die Krempeldeckel mittelst an den Enden befindlicher
Ansätze ergriffen, radial ein Stück herausgeschoben, während sie in
dieser Lage sich befinden durch ein untergeschobenes Ausputzbeschläge
ausgekämmt, und hierauf wieder an ihre Stelle gesetzt. Die hierbei
befolgte Ordnung ist dieselbe wie bei dem Reinigen mit der Hand;
es werden zuerst die mit ungerader und dann die mit gerader Stellen=
zahl genommen, und wenn die ganze Bewegungsperiode beendet ist,
beginnt sie in gleicher Art von neuem. — Ein angeblich einfacher
Apparat zu dem angegebenen Zwecke von G. Wellman soll in Lowell
sich in Anwendung befinden und nicht nur seinem Zweck vollkommen
entsprechen, sondern auch die Dauer des Beschläges erhöhen. Ueber
seine spezielle Einrichtung ist etwas Genaueres noch nicht bekannt
geworden.

19) Bei der Krempel von Hugh Bolton ist hinter dem letzten
Deckel ein 4 bis 5" breites stählernes Blatt so angebracht, daß die
vordere scharfe Kante desselben den Trommelzähnen so nahe als mög=
lich steht; die andere Seite desselben ist muldenförmig aufgebogen

und es liegt in dieser Vertiefung eine Putzwalze. Durch die Oeffnung zwischen Deckel und Kante werden nun Samen, Schalen, Abgänge u. s. w. hinausgetrieben und durch die Putzwalze wieder abgeführt.

20) Was die Ableitung der Baumwollbänder anbelangt, so ist vorzugsweise in England das Bestreben dahin gerichtet gewesen, die Töpfe oder Kannen so herzustellen, daß sich eine möglichst große Länge von Band, ohne daß sich dasselbe verwirrt oder in seiner Länge sowohl beim Einführen als Wiederherausnehmen verändert, in einen solchen Topf unterbringen läßt, um die Arbeit beim Wechseln der Töpfe möglichst zu vermindern; in Frankreich dagegen ist vorzugsweise die Verbindung einer größeren Anzahl von Krempeln zu einem gemeinschaftlich wirkenden Ganzen, zu einem Kanalsysteme angestrebt worden. Es sollen im Nachfolgenden die Hauptmechanismen für diese beiden Richtungen Erwähnung finden.

21) Die Bandpresse von J. Sidebottom ist in Fig. 49—51 (Taf. 6) abgebildet; Fig. 49 ist ein Durchschnitt, Fig. 50 eine Endansicht, Fig. 51 eine obere Ansicht der an den Abführwalzen einer Krempel angebrachten Einrichtung. a ist das Querstück eines Krempelgestelles, auf welchem die Abführungswalzen aufgesetzt sind; b das Vließ, welches sich durch den Trichter c mit rechtwinkelig länglich vierseitigem Querschnitte nach den beiden Zylinderpaaren d und e in Form eines Bandes begibt, das letztere Walzenpaar e ist zum Pressen des Bandes bestimmt. Hinter e tritt das Band g in eine Büchse f, in welcher sich die Klappe h, um ein Charnier beweglich, so angebracht befindet, daß das Baumwollband, bevor es austreten kann, zuvor die Klappe h heben muß. Um den Raum für das Band seiner Größe nach erforderlich justiren zu können, ist die Bodenplatte g desselben der Höhe nach verstellbar. Die Büchse f ist an dem vertikal beweglichen Schlitten o befestigt, welcher sich in den Ständern r r auf und nieder bewegen kann; an demselben sind bei ii Friktionsräder angebracht, gegen welche sich die Enden der Oberwalze e anlegen, wenn diese zu hoch gehoben wird, und dabei die Spannung der Feder m überwinden, durch welche o niedergedrückt wird; die Oberwalze e selbst aber ist mit den Gewichten pp belastet. n sind die Räder, durch welche die Abzugswalzen ihre Umdrehung erhalten.

Es ist aus der Einrichtung ersichtlich, daß das von den Walzen e zusammengepreßte Band sich, bevor es unter h austreten kann, erst in Falten zusammenschieben muß, und dabei eine größere Konsistenz erhält, als dieß für gewöhnlich der Fall ist.

22) Um das Eindrücken in die Töpfe mit der Hand zu beseitigen, werden mechanische Eindrücker (plunger) angewendet; die Haupteinrichtung derselben macht Fig. 68 (Taf. 8) deutlich. Das Zahnrad d wird von einem an der Krempel befindlichen Rade aus in Umdrehung versetzt; es ist mit einem exzentrisch stehenden Zapfen e versehen; von diesem aus ist ein Band f über die an dem Gestell h angebrachte Leitwalze g nach dem hohlen Metallzylinder i geführt, welcher in Folge der Drehung des Rades d nun offenbar in der Kanne k aufsteigt und niedersinkt und dabei das einlaufende Band eindrückt. Eine etwas komplizirte Ausführung dieses Prinzipes ist von Samuel Kirk angegeben (vergl. Polyt. Zentralblatt 1844. Bd. III. S. 97).

23) Statt der gewöhnlich angewendeten runden Töpfe werden auch Töpfe mit vierseitigem Querschnitt gebraucht, welchen man zuweilen eine oszillirende oder hin- und hergehende Bewegung gibt, oder in welche man, wie z. B. bei der in Fig. 71 skizzirten Einrichtung von Lakin und Rhodes das Band in regelmäßig übereinander liegenden Schichten einleitet. aa sind hier die Abführungswalzen der Krempel, b ist eine trompetenförmig gestaltete Bandleitung, welche bei c durch die Stange d und die Krummzapfenscheibe e eine oszillirende Bewegung erhält.

24) Die Art, wie James Hill das Band in runde Töpfe leitet, ist in Fig. 69 und 70 dargestellt. Fig. 70 stellt den Topf dar, über welchem die Walzen b c liegen, welche den vollen Halbmesser des Topfes zur Länge haben. Durch die Walzen wird das Band in der Art zugeführt, daß der Eintrittspunkt desselben sich abwechselnd von b nach c und von c nach b verschiebt, was durch ein in wiederkehrender Bewegung befindliches Mundstück erfolgt, durch welches das Band hindurchgeht. Der Topf selbst erhält dieser Bandzuleitung entsprechend eine drehende Bewegung von periodisch veränderlicher Geschwindigkeit, so daß er sich langsamer dreht, wann das Band bei b eintritt, als wenn dasselbe bei c zugeführt wird. Zu dem Ende ist die Welle d (Fig. 69), welche mittelst eines Kammes das vorher erwähnte Mundstück hin- und herbewegt, und selbst seine drehende Bewegung von dem Räderwerke der Krempel aus erhält, mit dem Krummzapfenarme e versehen, an dessen Ende der Zapfen f sich befindet. Dieser gleitet in

einem Schlitze des Zahnrades g g, welches um eine Achse exzentrisch gegen d drehbar aufgestellt ist und die Drehung des Topfes bewirkt. Je nachdem nun f näher oder entfernter vom Mittelpunkte h des Rades g eingreift, wird auch die gerade hervorgebrachte Umdrehungs= geschwindigkeit an g und an dem Topfe eine größere oder eine geringere sein.

25) Eigenthümlich ist die Füllung der Töpfe von unten, wie sie in mehreren schottischen Spinnereien eingerichtet ist. Der Topf steht mit dem Boden nach oben auf einer Eisenplatte, welche in der Mitte eine Oeffnung hat; durch diese wird das Krempelband von zwei darunter liegenden Preßwalzen eingepreßt und drückt gegen einen fal= schen im Topfe befindlichen Boden, welcher dadurch gehoben wird. Die Preßwalzen erhalten das Band von einem Trichter aus, in welchen es eintritt, nachdem es die oberhalb liegenden Abzugswalzen verlassen hat. Ist der Topf gefüllt, so wird durch den sich hebenden Boden eine Ausrückvorrichtung in Thätigkeit gesetzt, und eine Klingel macht den Arbeiter auf die Nothwendigkeit, den Topf auszuwechseln, aufmerksam.

26) Die Einführung des Bandes in zykloidischen Lagen wird ent= weder so bewirkt, wie dies unter Nr. 10 bei Beschreibung der Hibbert= Platt'schen Krempel ausführlich angegeben wurde, oder durch die in Fig. 72 und 73 dargestellte Einrichtung von Holland Butterworth. Hier sind a die Abführzylinder der Krempel, b das Krempelband, c der Topf, welcher zwischen den beiden Stäben d d steht. Das Band tritt zunächst durch die Oeffnung w im Mittelpunkte der Platte e zwischen die beiden Walzen q und p, von denen q mit v und p mit u durch einen endlosen Lederstreifen verbunden ist, und wird zwischen v und u durch eine in der unteren Platte f befindliche Oeffnung wieder ausgegeben. Die beiden Platten e und f sind zu einer Art Büchse so verbunden, daß sich dieselbe um einen zwischen beiden liegenden Ring drehen kann, welcher durch die beiden Lappen g g auf den Stäben d d befestigt ist. Dieser Ring enthält die Zahnkrone k, für den Eingriff eines kleinen konischen Getriebes o bestimmt. Mit der oberen Platte e fest verbunden ist aber das Zahnrad l, welches durch das Zahnrad h Umdrehung erhält und diese auf die ganze Büchse e f überträgt. h wird von dem unteren Zylinder a aus durch ein konisches Radvorgelege in Umdrehung versetzt. Die Welle m des konischen Getriebes o ist in einem Lager an der Platte e befindlich und setzt

burch eine Radverbindung q in Umdrehung; von hier aus wird mittelst der Zahnräder r und s die Walze p bewegt. Es ist nun ersichtlich, daß während die Büchse ef durch l gedreht wird, o durch die fest= stehende Zahnkrone ebenfalls eine drehende Bewegung erhält und dadurch die fortführende Bewegung der beiden enblosen Lederbänder hervorruft. Zugleich beschreibt aber die untere Oeffnung in f eine kreisförmige Bewegung, die sich dem austretenden Bande mittheilt und bewirkt, daß sich dasselbe entweder in zylindrischen Lagen in den Topf legt, wenn derselbe konzentrisch zu e und f steht, oder in zykloidenför= migen Lagen, wenn er exzentrisch steht und gleichzeitige Drehung erhält.

27) Durch die von Bodmer 1826 angegebene Kanalmaschine (machine à réunir) wird beabsichtigt, die Bänder von einer größeren Anzahl, etwa 6 bis 12 Krempeln, ohne dieselben erst in Töpfe zu leiten, in einen Wickel zu vereinigen. Zu dem Ende werden 7 bis 13 Krempeln (eine mehr als Bänder vereinigt werden sollen, um immer eine Krempel schleifen zu können) parallel neben einander und so aufgestellt, daß sämmtliche Abzugwalzen derselben in einer geraden Linie liegen. Unter diesen Abzugwalzen befindet sich nun auf dem Fußboden der zur Fortleitung der sämmtlichen Bänder dienende Kanal von 5 bis 7″ Breite mit einem Tuch ohne Ende versehen und in einer Breite, daß sich die einzelnen Bänder gut neben einander legen können; am Ende des Kanals ist aber eine Wickelmaschine zur Bildung des Wickels aus diesen Bändern aufgestellt.

Fig. 78 (Taf. 9) stellt eine solche Kanal= oder Kanalwickel= maschine in der vorderen Ansicht, Fig. 79 in der oberen Ansicht und Fig. 80 in der Endansicht von dem Kanale aus gesehen, im zwölften Theile der natürlichen Größe dar.

a ist der Kanal, in dessen Breite von b bis c (Fig. 80) liegend die Krempelbänder auf dem enblosen Kanaltuche d vorwärts geführt werden. Bei e ist ein Auge angebracht, in welches das von der unmittelbar darüber befindlichen Krempel herstammende Band eingelegt wird; durch die Leitrolle f wird das eingelegte Band neben die andern gelegt. Das Auge e ist stellbar, so daß jedes Band nach dem entsprechenden Punkte der Breite des Kanales herabgeleitet wird. Das Kanaltuch d geht unter der Leitwalze h weg, steigt nach der Tuchwalze g auf, geht bei d′ und unter der Leitwalze h′ zurück, und wird am Ende des Kanales in der erforderlichen Spannung

erhalten. Die Bänder verlassen bei g das Kanaltuch, treten zwischen
die beiden Preß= oder Kalanderwalzen i i, von benen die obere durch
das Gewicht k in gewöhnlicher Art gegen die untere gebrückt wird,
und gehen von hier über die Wickelwalze l nach der Wickelspule n,
welche wie gewöhnlich zwischen ben beiden Wickelwalzen l und m
ruht. Um ein bequemes Auswechseln der Wickel möglich zu machen
ist die Spule n auf welcher der Bandwickel gebildet werden soll, in
ein umzuschlagendes Gestell eingelegt. Auf den Stangen o nämlich,
welche durch den Hebel p q gehoben werden können, wenn man mit
dem Fuße q niederbrückt, ist oben bei r eine Achse aufgelegt, an
welcher sich die Seitenbacken s s befestigt finden; sowohl die oberhalb,
als die unterhalb liegenden Seitenbacken haben bei t Oeffnungen,
durch welche, nachdem die Spule zwischen dieselben eingelegt ist, ein
Bolzen eingeschoben werden kann. Ist dies nun erfolgt, und es wird
die eingeschobene Spule n allmälig zu einem Wickel gebildet und
steigt dabei aufwärts, so wird, wenn dieser Wickel die erforderliche
Stärke erlangt hat, durch q die Achse r r gehoben, der untere Wickel
dabei so hoch gebracht, daß man s s um 180 Grad drehen kann,
wenn dies erfolgt ist das obere Gestell niedergelassen, hierauf ober=
halb der Bolzen t ausgezogen, der volle Wickel weggenommen und eine
leere Spule eingelegt, um den Apparat in die Einrichtung zu bringen,
wie es die nächstfolgende Auswechselung erfordert.

Die Bewegung der einzelnen Theile der Kanalmaschine erfolgt
von der unteren Druckzylinderwelle i aus. An dieser ist einerseits
eine Los= und Triebscheibe u, sowie ein Getriebe v zur Bewegung
des oberen Preßzylinders, andrerseits ein Getriebe w vorhanden,
um mittelst eines Transporteurs und des Rades x die Tuchwalze und
das Kanaltuch, und mittelst eines Transporteurs die Räder y und z
und dadurch l und m in Bewegung zu setzen. Zwischen den Abzug=
walzen der Krempel und dem Kanaltuche ebensowohl, als zwischen g
und i, so wie zwischen i und l wird nur ein geringer Verzug angewendet.

Die Gleichförmigkeit des Wickels hängt von der Gleichförmig=
keit der Lieferung und dem ungestörten Gange aller verbundenen
Krempeln ab; um zufällige Unterbrechungen im Gange einer Krempel
unschädlich machen zu können, hat man einzelne Töpfe mit ent=
sprechenden Krempelbändern vorräthig, aus benen man da ein Band
als Ersatz zuführt, wo das Band einer Krempel wegfällt. Offenbar

eignet sich aber die ganze Einrichtung des Kanalsystemes wegen der Nothwendigkeit, eine größere Anzahl von Krempeln in ganz über= einstimmendem Gange zu erhalten, und wegen der aufhältlicheren Stellung aller bei Veränderungen in der Beschaffenheit des Pruduktes, vorzugsweise für größere und länger andauernde Lieferungen von Garn einer bestimmten Beschaffenheit, nicht aber für einen Betrieb, bei welchem verschiedene Garnsorten häufig mit einander wechseln.

28) Als eine Verbesserung in der Verbindung der Kanalmaschine und der Krempeln ist es zu betrachten, wenn von der Kanalmaschine aus die Filets, Einlaß= und Abzugwalzen, sowie alle vom Filet aus bewegten Theile bei allen verbundenen Krempeln zum Stillstand gebracht werden, sobald die Kanalmaschine ausgerückt wird; es setzen dann nur die Haupttrommel und Hacker ihre Bewegung fort. Um dieß zu erreichen, liegt neben dem Kanal eine von der Kanalmaschine aus getriebene Welle, von welcher aus die Filetbewegung für jede Krempel einzeln abgeleitet wird; es können dann auch, statt des endlosen Tuches, bei jedem Bandeinlaß im Kanale von dieser Welle aus umgedrehte Walzen angebracht werden. Bei einem solchen ge= meinschaftlichen Stillstande aller Krempelfilets nebst Zubehör wird zwar eine etwas dickere Stelle am Filet entstehen, es fallen aber diese dickeren Stellen im Kanalwickel nicht zusammen, sondern ver= theilen sich auf eine dem Kanale ziemlich gleiche Länge.

29) Bei der Kanal= oder Eisenbahnkrempel von Matteavan in New=York fallen die Vließe direkt, ohne vorher in Bänder ver= wandelt zu sein, auf das Kanaltuch und werden durch dasselbe, nachdem sie unter Leitwalzen hindurch gegangen sind, nach einer Strecke gebracht, hier zusammen gestreckt und in ein Band verwan= delt, welches in einen Topf läuft. Es werden auf diese Art zwei bis sechzehn Krempeln mit einander vereinigt; die Streckvorrichtung steht entweder am Ende oder in der Mitte der Krempelreihe. Um hier beim Unterbrechen der Thätigkeit einer Krempel ein immer gleiches Band zu erhalten, ist an dem Streckwerke die Einrichtung getroffen, daß die das Streckungsverhältniß bestimmenden Räder schnell ausgewechselt werden können. Fällt z. B. von acht Krempeln ein Vließ weg, so wird ein Getriebe eingerückt, welches nur $7/8$ so viel Streckung hervorbringt als vorher; die Stärke des abgehenden Bandes ist dann die gleiche, wie vorher.

30) Durch die Lappingmaschinen werden nun nicht nur die von den Topfkrempeln erhaltenen Bänder der Reißkrempel zu einem Bandwickel, der als Vorlage für die Feinkrempel dienen soll, vereinigt, sondern sie dienen auch bei den Kanalkrempeln zur Vereinigung mehrerer Bandwickel zu einem genügend starken Wickel zu gleichem Zwecke.

31) Die Lappingmaschinen von Hibbert, Platt und Söhne tragen das charakteristische Kennzeichen an sich, daß bei denselben eben solche Kalanderwalzen wie bei der Schlagmaschine (A. I. Nr. 10) angewendet werden, um eine größere Haltbarkeit des Wickels und ein größeres Gewicht bei gleichem Umfange zu erzielen.

32) In Amerika konstruirt man Lappingmaschinen verbesserter Einrichtung, bei denen Unregelmäßigkeiten, die durch Reißen eines Bandes entstehen, dadurch vermieden werden, daß jedes Band durch eine an einem Hebel befindliche Führung geht. Diese Hebel werden durch die Spannung der Bänder, ähnlich wie dieß bei den Strecken mit Selbstauslösung später beschrieben werden wird, in einer gehobenen Lage gehalten, fallen aber, wenn ihr Band reißt, sogleich zurück und setzen dabei einen Mechanismus in Thätigkeit, durch welchen die Vorrichtung sogleich zum Stillstand kommt.

33) Es mag hier noch eine verbesserte Deckelschleifmaschine aus der Maschinenfabrik von Goetze u. Comp. in Chemnitz Erwähnung finden, die zum gleichzeitigen Schleifen dreier Deckel bestimmt ist, und bei welcher wir uns übrigens auf die Beschreibung dieser Maschinen im Hauptwerke Bd. 8, Art. Krempeln, S. 551 und die Abbildungen auf Taf. 176 beziehen. Die Maschine stellt Fig. 81 in der Endansicht, Fig. 82 in der vorderen Ansicht im 16ten Theile der natürlichen Größe dar; Fig. 83, 84, 85 sind Details zur Verdeutlichung der Befestigung der Krempeldeckel im 8ten Theile der natürlichen Größe.

An der Hauptwelle befinden sich einerseits die beiden Riemenscheiben A, andrerseits das Getriebe A', in der Mitte die wie gewöhnlich eingerichtete Schleiftrommel A''. Das Getriebe A' greift in das Rad B, das an gleicher Welle mit letzterem befindliche Getriebe C in das Rad D, und es kann daher die Geschwindigkeit von D leicht durch bei B und C einzulegende Wechselstücke verändert werden. An der Welle von D befindet sich der Krummzapfen D', der mittelst der Kurbelstange Q den mit einem Gegengewichte versehenen

Hebel R in schwingende Bewegung versetzt. Letzterer befindet sich nebst den beiden Zahnrädern E und E' fest auf der Welle S; die Räder E und E' greifen in die auf die Hauptwelle drehbar auf= geschobenen Zahnräder F und F' und setzen durch diese die Zahn= stangen G, von denen auf jeder Seite zwei vertikal stehen, eine horizontal liegt, in hin= und hergehende Bewegung. Die Zahn= stangen befinden sich in fester Verbindung mit den zu ihnen parallelen Stäben H H H, welche in den an den Gestellwänden angeschraubten Führungen T sich bewegen. Mit G und H sind endlich die Kästen J verbunden, in welche die Enden der Krempelbeckel eingespannt werden sollen, und es stehen je zwei einander gegenüberstehende Einspannungs= gestelle durch einen Stab U mit einander in Verbindung.

Um nun die Deckel ganz genau gegen die Schleiftrommel stellen zu können, lassen sich die Kästen J, in welchen die Preßschrauben K zur Befestigung der Krempelbeckel dienen, wie Fig. 83—85 zeigen, durch die Schrauben L radial gegen die Schleiftrommel verstellen. Zur sicheren Führung ist ein schwalbenschwanzförmiges Führungsstück M, und zur Feststellung sind die Schrauben N vorhanden. Um aber den Deckeln die erforderliche Lage geben zu können, sind die Kästen mit den Zapfen O versehen, welche durch die Preßschrauben P fest= gestellt werden können.

B. Ueber Krempeln im Allgemeinen.

Was die Konstruktion der einzelnen Theile anbelangt, so werden in neuerer Zeit statt der früher häufiger angewendeten Holzgestelle fast ausschließlich gußeiserne angewendet; die hölzernen Trommeln, welche nach etwa zehnjährigem Gebrauche wieder von Neuem abgedreht werden müssen, sind größtentheils durch Gyps= trommeln, auf denen am Umfange hölzerne Schienen zur Befestigung der Krempelblätter eingelegt sind, und durch gußeiserne Trommeln, bei welchen an den für das Aufnageln der Beschläge erforderlichen Stellen Löcher eingebohrt und mit Holz ausgefüttert werden, ersetzt worden; ja man hat sogar auch Trommeln aus Eisenblech mit guß= eisernen Armkränzen verbunden hergestellt, und namentlich für das Filet Zinkguß angewendet; außerdem sind auch Trommeln aus Papp= ringen in ähnlicher Art wie die Kalanderwalzen, nur als Hohlzylinder, hergestellt, in Vorschlag gebracht worden. Nächst der vollkommen zylindrischen Gestalt für die Haupttrommel und übrigen Walzen ist namentlich auch auf das Aequilibriren derselben die größte Sorgfalt zu verwenden. Die Deckel werden, damit sie ihre Gestalt nicht verändern, entweder aus zwei verschiedenen Holzschichten, etwa Linden- und Erlenholz, zusammengeleimt oder auch hohl aus Gußeisen gefertigt; im ersteren Falle sind sie gewöhnlich an beiden Enden mit eisernen Schuhen versehen, mit denen sie sich auf die zu ihrer gehörigen Stellung dienenden Stifte auflegen, und in denen sich die oberhalb längliche Oeffnung zur Aufnahme des Zapfens befindet, so daß es bei dieser Einrichtung möglich wird, den Deckel einseitig schief aufzuheben, um so das Putzen breiter Krempeldeckel mit größerer Bequemlichkeit bewirken zu können.

Um den sich unterhalb der Krempeln ansammelnden Abgang zu vermindern versieht man die Trommeln unterhalb mit einer konzentrischen Umhüllung in einem Abstande von ¹/₂ bis 1 Zoll. Diese Umhüllung (screen) wird mit dem Krempelgestell fest verbunden und am vortheilhaftesten aus Zinkblech hergestellt. Dieses Blech liegt unter der Vorwalze und Haupttrommel, und ist in dem Winkelraum zwischen Haupttrommel und Filet umgebogen und mit einem etwa 5 Zoll niedergehenden Rande versehen; unter der Vorwalze ist dasselbe auf die ganze Breite und etwa 4 Zoll Länge, und unter der Haupttrommel ebenfalls anf die ganze Breite und etwa 8 Zoll Länge, mit Löchern versehen, welche etwa ¹/₂ Zoll Durchmesser haben und ohngefähr ¹/₂ Zoll von einander entfernt sind, um die grobe Unreinigkeit durchfallen zu lassen. Bei Anwendung dieser Einrichtung wird der Abgang unter der Krempel etwa auf ¹/₃ bis ¹/₄ des sonst Statt findenden reduzirt.

Eine tüchtige Leistung der Krempeln hängt namentlich von der sorgfältig hergestellten r i c h t i g e n L a g e a l l e r e i n z e l n e n T h e i l e gegen einander ab. Zur Horizontalstellung der Trommeln dient ein Richtscheit mit Wasserwage, die Stellung der Trommeln gegeneinander wird theils nach dem Augenmaße, theils nach dem Gehör mit Beachtung des Geräusches, welches sich beim Drehen der einzelnen Theile zeigt, hervorgebracht, theils durch Zwischenlegung eines Blattes Papier zwischen die sich berührenden Trommelumfänge. Man sucht einen vollkommenen Parallelismus in den Trommelachsen dadurch zu erzielen und die Umfänge bis fast zur Berührung einander zu nähern. Die Deckel werden so gegen die Haupttrommel gestellt, daß die dem

Filet zugekehrte Kante des Beschläges den Trommelumfang faſt be=
rührt, die den Speiſezylindern zugekehrte Kante dagegen etwas abſteht;
dieſer Abſtand iſt bei den erſten Deckeln etwas größer als bei den ſpä=
teren; man erreicht auf dieſe Art daß die gröberen Flocken ſich früher
an dem Deckelbeſchläge abſetzen können als die feineren und daß von
dieſem Beſchläge ein gleichförmigerer Nutzen gezogen werden kann.

Das Beſchläge iſt nicht nur nach Maßgabe der verſchiedenen
Garnnummern, für welche die Vorbereitung eingerichtet iſt, in der
Art verſchieden, daß für feinere Nummern auch feineres Beſchläge
mit enger ſtehenden Drahtzähnen gewählt wird, ſondern auch bei den
Feinkrempeln feiner als bei den Vorkrempeln und bei jeder Krempel
gewöhnlich an den Theilen feiner, welche entfernter von dem Einlaß
liegen, an den Theilen dagegen gröber, welche dem Einlaß näher
liegen. Aus den deßhalb von Montgomery gemachten Angaben ſind
folgende Verhältniſſe über die Anzahl der einzelnen Drahtzähne,
welche auf der Fläche eines Quadratzolles liegen, und über die Zahl
der Zähne, welche im Beſchläge auf einen Zoll Breite neben einander
ſtehen, zu entnehmen.

	Für Garne von Nr. 10—36	36—100	100—200
beträgt bei den **Vorkrempeln**:			
für die Trommel die Zähnezahl pro □″	160	180	225
für einen Zoll Breite:	8	9	10
für den 1. 2. und 3. Deckel pro □″	93	121	160
für einen Zoll Breite:	7	7	8
für den 4.—8. Deckel pro □″	121	160	228
für einen Zoll Breite:	7	8	9
für den 9.—11. Deckel pro □″	149	210	267
für einen Zoll Breite:	8	9	10
für das Filet pro □″	225	225	250
für einen Zoll Länge:	11¼	11¼	12¼
bei den **Feinkrempeln**:			
für die Trommel die Zähnezahl pro □″	180	225	300
für einen Zoll Breite:	9	10	12
für den 1.—3. Deckel pro □″	128	160	210
für einen Zoll Breite:	8	8	9
für den 4.—8. Deckel pro □″	149	210	267
für einen Zoll Breite:	8	9	10

für den 9.—11. Deckel pro □″	160	267	360
für einen Zoll Breite:	8	10	12
für das Filet pro □″	225	250	275
für einen Zoll Länge:	$11\frac{1}{4}$	$12\frac{1}{4}$	$13\frac{3}{4}$

Das Beschläge der Vorwalze ist etwa 4 Nummern gröber als das der Haupttrommel.

Die Dauer des Beschläges ist bei Herstellung feiner Garne auf 3—4 Jahre, bei gröberen Nummern auf 5—7 Jahre anzunehmen; die ersteren werden dann häufig noch auf Krempeln für gröbere Garne verwendet. Ganz abgenutzte Beschläge können, wenn sie sorgfältig behandelt wurden und das Leder noch seine gute Beschaffenheit er=halten hat, umgesetzt, d. h. mit neuen Drahtzähnen versehen werden, was natürlich nur durch Handarbeit möglich ist. Wenn man die Deckel mit Beschläge von ziemlich gleicher Feinheit bezieht, pflegt man die dem Filet näher liegenden Deckel, welche weniger schnell abgenutzt werden, nach einiger Zeit in eine weiter nach dem Einlaß zu liegende Stelle zu versetzen. — Um das Rosten der Drahtzähne zu verhindern ist von Boucher vorgeschlagen worden, den zu den=selben dienenden Eisendraht zu verkupfern.

Wenn die Krempel andauernd ein gleich lauteres und gleich=förmiges Vließ geben soll, so müssen abgesehen von Fehlern, welche in der Stellung der einzelnen Theile vorkommen können, die Be=schläge stets scharf und stets rein erhalten werden; das Erste geschieht durch das Schleifen, das Andere durch das Putzen.

Das Schleifen (facing up, grinding; aiguisage) muß so ausgeführt werden, daß alle Zähne gleichmäßig scharf werden, ohne daß die Metalltheile beim Schleifen sich umlegen, einen Bart oder ein Häkchen bilden. Die zweckmäßige Ausführung dieser Operation erkennt man daran, daß das Beschläge an allen einzelnen Stellen einen gleichmäßigen schwärzlichen Schein zeigt, (noch vorhandene weiße Stellen zeigen die noch nicht vollständige Beendigung des Prozesses an den betreffenden Stellen) und daß sich die erforderliche Schärfe durch das Gefühl beim Auflegen der Hände zu erkennen gibt.

Beim Schleifen der Deckel bedient man sich fast ausschließlich der in Bd. 8 S. 551 und vorher unter Nr. 33 beschriebenen Maschinen; zum Schleifen der Trommeln dient theils die auf das Krempelgestell aufgelegte Schleiftrommel (emery roller, grinder; tambour à émeri), theils Schleifbretter (strakes, strikles, emery-boards), theils das Schleiftuch (canvas-emery, saddle-grinder). Die Schleiftrommeln von 7—8" Durchmesser werden am besten aus Eisen angefertigt, genau zylindrisch abgedreht und mit einer Lage Bindfaden, welche dicht über dieselbe gewunden wird, versehen; der Umfang wird nun mit ganz heißem Leim bestrichen, welchem fein gestoßene Kreide zugesetzt wurde, und nun der vorher möglichst gleichförmig sortirte Schmirgel ganz gleichmäßig aufgesiebt. Die Trommel wird hierbei langsam gedreht und bewegt sich dabei an einer fest angepreßten eisernen Walze vorüber, welche den Schmirgel eindrückt und die vollkommene Zylindergestalt der Schleifwalze sichert. Die Schleifwalzen und die Schleifbretter, welche etwa 3 Zoll breit sind, haben eine Länge, welche 3—4 Zoll größer ist als die der zu schleifenden Trommeln, und werden während des Schleifens parallel zur Trommelachse langsam hin- und herbewegt, um die Bildung eines Bartes an den Zähnen zu verhindern. Die Schleiftücher, welche namentlich zum Feinschleifen (finishing) der Haupttrommel in manchen Gegenden (z. B. in Amerika) angewendet werden, sind etwa 12" breit und 17—18" lang und in einen eisernen durch Schrauben expansibel gemachten Rahmen so eingespannt, daß sie mit einem geringen Druck auf den Trommelumfang gelegt, denselben bogenförmig umspannen.

In England werden frisch beschlagene Krempeltrommeln gewöhnlich zuerst mit einem Schleifbrette so geschliffen, daß die Zähne mit dem geöffneten Knie sich gegen dasselbe bewegen (facing up the teeth), was auch in dem Falle geschieht, wenn die Zähne im Laufe der Zeit sich als zu sehr niedergedrückt zeigen sollten. Hierauf kommt die Anwendung der Schleiftrommel, gegen welche sich die Zähne in entgegengesetzter Richtung, d. h. nach der erhabenen Seite des Kniees, bewegen, und die entweder zwischen Haupttrommel und Vorwalze oder Haupttrommel und Filet gelegt wird; dann folgt eine Reinigung durch eine mit Kreide bestäubte Bürste und endlich das Feinschleifen oder Schärfen mit dem Schleifbrette. Letzteres wird täglich ein Mal bei der Reißkrempel und zwei Mal bei der Feinkrempel wiederholt, die Anwendung der Schleifwalze findet aber jährlich nur etwa ein Mal Statt. In vielen andern Spinnereien wird Schleifen und Schärfen mit einander vereinigt und durch die Schleiftrommel ausgeübt; es findet dann für die Haupttrommel und das Filet beim Erzeugen von

Garn Nr. 15 bis 30 alle 14 Tage, bei feineren Garnnummern wohl 1 bis 2 Mal wöchentlich Statt; die Deckel sind ziemlich eben so häufig zu schleifen. Für 35 schmale oder 25 breite Krempeln ist ein Trommelschleifer erforderlich; ein Deckelschleifer vermag täglich 150 Deckel zu schleifen.

Das Putzen (cleaning, stripping; débourrage) muß bei der Haupttrommel täglich 4—6 Mal für Garne Nr. 20—40, und 3—4 Mal bei Garnen Nr. 60—80 vorgenommen werden; bei Filet und Vorwalze ist dies etwa halb so oft nöthig. Es ist zweckmäßig das Trommelputzen durch einen besondern Arbeiter bewirken zu lassen, der etwa 20 Krempeln zu besorgen im Stande ist, und das Putzen der Deckel einem andern Arbeiter zu übertragen, welcher ununterbrochen die Deckel von etwa 10—18 Krempeln in regelmäßiger Folge putzt und zwar so, daß, da namentlich der erste Deckel nach dem Einlaß sich am schnellsten vollsetzt, an jeder Krempel die Deckel in folgender Ordnung vorgenommen werden:

bei dem ersten Umgang der 1. 2. 3.
„ „ zweiten „ „ 1. 4. 5.
„ „ dritten „ „ 1. 6. 7. u. s. w.

Um die regelmäßige Wiederholung des Putzens, welche für Erzielung eines guten Produktes durchaus erforderlich ist, zu sichern, ist eine Kontrole einzuführen, welche entweder in einem an den Krempeln angebrachten Zählapparate besteht, oder darin, daß die Ausputzer, so oft sie sämmtliche ihnen übergebene Krempeln durchgeputzt haben, sich eine Marke geben lassen; aus der Zahl der von einem Jeden des Abends abgelieferten Marken ergibt sich, ob die vorgeschriebene Zahl inne gehalten wurde; die Bezahlung der Putzer erfolgt theils hiernach, theils nach dem Gewichte der ausgeputzten Wolle, welche von einem jeden besonders abgeliefert wird. Gegen diese Einrichtung steht die amerikanische Putzordnung wesentlich zurück, wo das Trommel- und Deckelputzen von einem in Tagelohn stehenden Arbeiter an mehreren Krempeln zusammen so ausgeführt wird, daß er zuerst den 1. 3. 5. 7. 9. 11, dann den 2. 4. 6. 8. 10. Deckel und von Zeit zu Zeit die Trommeln putzt.

Bei dem Ausputzen ist besondere Fürsorge dahin zu treffen, daß die Zähne des Beschläges geschont und namentlich ein Biegen derselben in eine schräge Lage durch schiefen Abzug verhindert wird. Bei

breiten Krempeln werden daher die Deckel halb von der einen, halb
von der andern Seite ausgeputzt; und es ist schon wegen des Putzens
nicht möglich, die gewöhnlichen Dimensionen der breiten Krempeln
zu überschreiten, während bei Einführung selbstputzender Krempeln
die Breite wohl noch vermehrt und dadurch die Kosten pro Quadrat-
zoll ausübender Krempelfläche vermindert werden könnten.

Die schmalen Krempeln von 18 Zoll Breite (einfache Krempeln) werden für höhere Garnnummern, außerdem gewöhnlich breite
Krempeln bis zu 40 Zoll Breite (Doppelkrempeln) angewendet. Die
Speisezylinder haben bei ersteren $1\frac{1}{4}$, bei letzteren $1\frac{1}{2}$ Zoll Durchmesser. Der Durchmesser der Haupttrommel ist 36—42″ (auch bis 48″),
der der Vorwalze etwa $\frac{1}{4}$ von dem der Haupttrommel, der Durchmesser des Filets 16—20 Zoll, die mittlere Breite der Deckel 4 Zoll.
Die Bewegungsübertragung erfolgte früher zwischen den einzelnen
Theilen durch Schnur- und Riementrieb, in neuerer Zeit zwischen
den Speisezylindern und dem Filet durch Räderwerk, zwischen Haupttrommel und Häcker, und zwischen ersterer und den Wendern durch
Riementrieb, zwischen Filet und Arbeitern durch Ketten und Kettenräder und zwischen Haupttrommel und Filet, sofern beide nicht unabhängig von einander durch das gangbare Zeug in Umdrehung
gesetzt werden, ebenfalls durch Räderwerk. Die hierbei angewendeten
Räder sind breitere mit feinerer Theilung. Sämmtliche Uebertragungs-
theile müssen außerhalb der Seitenwände der Krempel angebracht sein
(bei älteren Konstruktionen findet man wohl auch einzelne Bewegungsübertragungen innerhalb derselben) und die erforderlichen Schutzdeckel
haben, um den Arbeiter dagegen sicher zu stellen, daß ein Theil
seiner Kleidung durch das Räderwerk ergriffen werden könnte. Die
Uebertragung der Bewegung auf die Haupttrommel erfolgt vortheilhaft durch einen von unten auf laufenden Riemen, der daher von
einer unterhalb des Fußbodens liegenden Riemenscheibe abläuft; es
wird hierdurch theils die Zugänglichkeit zur Krempel am wenigsten
beeinträchtigt, theils die Möglichkeit verhindert, daß dem Beschläge
bei etwaiger Unregelmäßigkeit im Lager der Haupttrommel Nachtheil
zugefügt wird.

Die Umdrehungszahl der Haupttrommel liegt innerhalb der
Grenze von 60 bis 200 pro Minute und beträgt gewöhnlich 90 bis
110. Eine größere Umdrehungsgeschwindigkeit erlaubt allerdings ein

größeres Produktionsquantum mit der Krempel zu erzielen, vermehrt aber auch wesentlich den Abgang; sie wird namentlich durch das Vor= handensein vieler Knoten erforderlich. Jullien empfiehlt für nicht zu unreine Wollen 80—90 bei der Vorkrempel und 60—80 bei der Fein= krempel; in den amerikanischen Fabriken ist bei 36 Zoll Trommel= durchmesser eine Umdrehungszahl von 100—110, in England bei 42 Zoll Durchmesser 130—160 nach Montgomery gewöhnlich.

Die Geschwindigkeit der Einlaß= oder Speisewalzen, verbunden mit der Stärke oder Nummer der vorgelegten Watte, bestimmt die Menge der in bestimmter Zeit zu bearbeitenden Baumwolle; bei schmalen Krempeln werden in der Minute etwa $6\frac{1}{2}$—$7\frac{1}{2}$ Zoll zu= geführt, bei breiten Krempeln 3—4 Zoll bei doppelter Krempelei, 2—3 Zoll bei einfacher. Abweichungen hiervon finden vielfach nach Beschaffenheit der Wolle und je nach den verschiedenen Ansichten der Fabrikanten Statt; so pflegt in Amerika die Auflage nach Mont= gomery ziemlich in doppelter Länge als in England zugeführt, da= gegen aber auch eine weit geringere Reinheit des Garnes erzielt zu werden.

Die Vorwalze erhält eine Peripheriegeschwindigkeit, welche $\frac{1}{2}$ bis $\frac{2}{3}$ von der der Haupttrommel beträgt.

Die Peripheriegeschwindigkeit der Arbeiter ist etwa 130—200 Mal, und die der Wender $2\frac{1}{2}$ bis 4 Mal kleiner als die der Haupttrommel.

Die Peripheriegeschwindigkeit des Filets bewegt sich innerhalb der Grenzen von $\frac{1}{35}$—$\frac{1}{90}$ der Peripheriegeschwindigkeit der Trommel und von dem 30 bis 120fachen der Peripheriegeschwindigkeit der Ein= laß= oder Speisewalzen. In Amerika wird die langsamere Bewegung des Filets vorgezogen, daher ein stärkeres Krempelvließ gebildet, in England die schnellere, welche ein schwächeres Vließ gibt.

Die Bewegung des Hackers ist so einzurichten, daß der Weg, den er bei einem Niedergange beschreibt (etwa $1\frac{1}{4}$ bis 3 Zoll) dem Wege gleich ist, den ein Punkt in der Peripherie des Filets während eines vollen Hackerspieles durchläuft.

Der Gesammtverzug einer Krempel beträgt 30—150; der erstern Grenze stehen die schmalen, der letzteren die breiten Krempeln nahe.

Die Leistung einer Krempel beträgt pro Tag zu 10 reinen Arbeitsstunden (abzüglich der Zeit für Trommelputzen und Schleifen) gerechnet von 1 Pfund bis $3\frac{1}{3}$ Pfund pro Zoll der Breite des

Krempelbeschläges; der ersten Angabe nähern sich die Krempeln für die feineren Garnnummern, der letzten die nur mit Arbeitern und Wendern versehenen Abgangskrempeln und die Oldham'schen Krempeln. Bei doppelter Krempelei kann man 1³/₄ Pfund pro Zoll für mittelfeine Nummern annehmen.

Die zum Betriebe einer Krempel erforderliche Bewegkraft beträgt: 0,13 Pferdekraft bei schmalen Krempeln,

0,20—0,22 „ „ breiten „

0,3 „ „ Abgangskrempeln.

Krempeln ohne Deckel mit Arbeitern und Wendern lassen sich nur für gröbere Garnnummern anwenden; daher müssen mindestens mehrere Deckel bei solchen Krempeln vorhanden seyn, welche unreinere Wollen entsprechend bearbeiten oder zum Spinnen feinerer Garne vorbereiten sollen. Dagegen wird bei unreineren Wollen die Mühe des Putzens wesentlich durch Anwendung von einem oder zwei Paar Oberwalzen vermindert.

Während für gröbere Nummern nur ein einmaliges Krempeln genügt (einfache Krempelei), wird bei höheren Nummern ein doppeltes und bei den höchsten Nummern sogar ein dreifaches Krempeln erforderlich. Bei nur einfacher Krempelei kann man nur eine schwächere Auflage machen und hat häufigeres Putzen und Schleifen nöthig, als bei doppelter; bei letzterer erhält man neben der größeren Reinheit auch ein weit ausgeglicheneres Band, durch die zwischen der Vor- und Feinkrempel eintretende Duplirung. Die Vereinigung der Bänder für die Feinkrempel erfolgt vortheilhaft durch Anwendung eines Kanales mit Wickelmaschine (machine à réunir, vrgl. Nr. 27), durch welche man die Bänder von 6—8 breiten oder 10—12 schmalen Krempeln zu einem Wickel vereinigt, und die man auch zuweilen noch mit einem Streckkopfe versieht; die so erhaltenen Wickel werden dann zu 2, 4, 6 oder 8 nochmals auf einer Duplirmaschine zu einem Wickel vereinigt, welcher die für die Feinkrempel erforderliche Stärke besitzt.

Anhangsweise ist bei dem Prozesse des Krempelns C. das Kämmen zu erwähnen, welches gegenwärtig theils beim Spinnen der höheren Garnnummern zu dem Zwecke in Anwendung gekommen ist, um durch dasselbe die langen Baumwollfasern von den kurzen zu trennen und erstere allein zur Erzeugung der feinsten Garne zu benutzen, während

letztere für gröbere Garnnummern benutzt werden; theils bei der
Sea Island-Baumwolle zu dem Zwecke, um die ausgekämmten langen
Fasern mit Seide vereinigt zu verspinnen. Zur Ausführung dieses
Prozesses für den ersten Zweck hat die Schwierigkeit Veranlassung
gegeben, mit welcher sich Baumwolle von verschiedener Faserlänge in
den nachfolgenden Maschinen behandeln läßt, und es haben hier die
bei der Kammgarnfabrikation befolgten Manipulationen zum An=
halten gedient. Die für Baumwolle angewendeten Kämmmaschinen
sind in dem letzten Jahrzehent mannichfach neben den für Kamm=
garn dienenden ausgebildet worden, und es sind jetzt bereits mehrere
von einander abweichende Systeme auch in den für Erzeugung der
feinsten Garne arbeitenden Baumwollspinnereien in Anwendung ge=
kommen; doch werden diese Maschinen größtentheils noch als Ge=
heimniß behandelt und genießen Patentschutz. Da eine Veröffent=
lichung derselben in der Literatur noch nicht erfolgt ist, müssen wir
uns im Nachfolgenden mit der Mittheilung der zuerst von Heilmann
angegebenen Fundamentalmechanismen begnügen, welche die Grund=
lage des Heilmann'schen oder Schlumberger'schen Kämmsystems (da
die Ausführung in der Maschinenfabrik von Nicolas Schlumberger
u. Comp. in Guebwiller erfolgte) bilden, und zwar nach den von
Armengaud darüber veröffentlichten Nachrichten, können jedoch nicht
unerwähnt lassen, daß in England auch die Maschinen des Warbur=
ton und Lister'schen Kämmsystemes auf die Bearbeitung der Baum=
wolle eingerichtet worden sind.

Fig. 76 (Taf. 8) stellt den Hauptmechanismus eines Demeloir
im Durchschnitt dar, einer Maschine, auf welche eine Watte aufge=
geben wird, und die eine Watte oder Bänder macht, wie sie zur
Bearbeitung auf der eigentlichen Kämmmaschine geeignet sind. a ist
die eine Wand des Gestelles, auf welchem sich die Stützpunkte für
die beweglichen Theile befinden; b ein Lager mit eingelegten Muscheln
für die Krummzapfenwelle c, welche von dem Motor direkt bewegt
wird und auf der andern Gestellwand in einem gleichen Lager ruht.
Die Umdrehung findet um die Achse d Statt, während e den Mittel=
punkt des Krummzapfens darstellt; f eine aus zwei Theilen bestehende
Scheibe, welche sich frei um e dreht; g ein Kupferrohr, welches an
dem einen Ende mit der Scheibe f, an dem andern Ende mit einer
gleichen Scheibe auf der andern Seite durch Schrauben verbunden

und äußerlich mit dem Krempelbeschläge h versehen ist. Auf ·der Scheibe f befindet sich ferner ein Zahnrad befestigt, welches durch die Schnecke m Drehung erhält; letztere ist bei l in das Gestell k eingelagert, welches sich lose auf der Scheibe f dreht und nach unten zu verlängert ist, wo es in einer an der Seitenwand befindlichen Führung geht, die ihm erlaubt auf und niederzusteigen und die schwingenden Bewegungen zu machen, welche durch die von c bewegte Scheibe f hervorgebracht werden. An der Welle von m befindet sich das Schraubenrad n, in welches eine an o befindliche Schnecke eingreift. o ist zugleich mit einer Gabel p versehen, in welche ein an der Gestellwand befestigter Stift so eingreift, daß er auf p eine drehende Bewegung überträgt, während k, durch c veranlaßt, seine schwingende Bewegung vollbringt. q ist die Walze eines Zuführtuches, welches den zu bearbeitenden Faserstoff herzuführt, r ein mit Leder überzogenes Querstück, das durch die Feder s gegen den zwischen ihm und dem Krempelbeschläge eingeführten Faserstoff drückt. Die zweite Walze ruht in dem mit t verbundenen Lager und dreht sich in demselben mit der Achse v. Die Walze ist am Umfang facettirt und auf den Facetten sind die mit Kammzähnen x versehenen Stäbe aufgeschraubt; zwischen denselben befinden sich in schiefer Richtung verschiebbar die Stäbe y, welche mit an ihren Enden angebrachten Zapfen in einer exzentrisch liegenden Spur z der beiden Gestellwände laufen, und durch die in der Scheibe w angebrachten Schlitze geführt werden, so daß sie, da der Mittelpunkt der Spur z bei u liegt, an der nach g gekehrten Seite der Achse am nächsten, an der entgegengesetzten Seite von derselben am entferntesten stehen, und bei ihrem Vortreten zwischen den Kammzähnen den an denselben haftenden Faserstoff nach außen drängen.

Wenn nun die Achse c eine schnelle Umdrehungsbewegung erhält, so erhält die Krempelwalze h eine drehende Bewegung nicht nur um e, sondern auch um d, so daß der auf h befindliche Faserstoff auf die Kammwalze x eingeschlagen wird. Da gleichzeitig durch gewöhnliche Zahnradverbindung von c eine Bewegung auf x und auf die Tuchwalze q und zwar mit verschiedener Geschwindigkeit übertragen wird, so entsteht zwischen den beiden Walzen ein entsprechender Verzug. Wenn die Geschwindigkeit von h $\frac{1}{14}$ der von x beträgt und $\frac{1}{50}$ von der Geschwindigkeit der Kurbelachse c, so ist sie für Bearbeitung langfaseriger Baumwollsorten geeignet. Das Produkt derselben kann entweder auf eine Trommel aufgewickelt oder durch einen Trichter geführt und in ein Band verwandelt werden.

Das Produkt der vorhergehenden Maschine wird nun der eigentlichen Kämmmaschine (peigneuse) in Form einer Watte oder nebeneinander liegender Bänder übergeben, damit die wirkliche Trennung der langen und kurzen Fasern Statt finde. Fig. 77 zeigt die wirkenden Theile dieser Maschine im Durchschnitte.

A ist der Hauptgestelltheil, an welchem ein oder mehrere Paare von Kämmmaschinen nebeneinander auf einem gußeisernen Untergestelle sich befinden, ähnlich wie dieß bei den Streckwerken der Fall ist; B der Träger für die Zuführungsvorrichtung, an A durch die Schraube B' befestigt und durch Schlitz und Zapfen regulirbar. a ist ein intermittirend bewegter kannelirter Zuführzylinder, dessen Lager a^1 durch Vermittlung der Schraube a^2 in die erforderliche Höhe gestellt werden kann; b die Zuführung der zu bearbeitenden Watte, um die Achse b^1 drehbar, welche letztere durch das mit der Schraube b^3 stellbare Lager b^2 in die erforderliche Höhe gebracht werden kann. b wird durch das Gewicht c auf der einen Seite niedergezogen, so daß sich das andere Ende von b, welches bei d mit Leder und Tuch garnirt ist, gegen a anlegt und dadurch bewirkt, daß der zwischen a und b befindliche Faserstoff während der Drehung von a vorwärts bewegt wird, und dadurch in das Bereich der wirkenden Theile der Kämmmaschine eintritt. C ist das Gestell für den zur Ableitung des reingekämmten Stoffes dienenden Mechanismus; zur Befestigung von C an A dient die Schraube c^1, und zur gehörigen Stellung von C gegen die Kammwalze die Schraube c^2. z ein um den Zapfen x (oder auch um die Achse der Walze e) drehbarer Hebel, in welchen der kannelirte Zylinder e und der Lederzylinder f eingelagert sind. Der letztere wird gegen den ersteren durch die Zugstange g gepreßt, welche mit dem Winkelhebel g^1 verbunden ist, dessen Drehzapfen sich an z befindet, und der durch die Feder g^2 den erforderlichen Druck auf f überträgt. Der Hebel z selbst aber kann eine geringe Drehung um seine Achse x so annehmen, daß entweder e oder f mit der Kammwalze in innige Berührung kommt, je nachdem derselbe von der Welle h^1 aus mittelst des Hebelarms h^2 und der Kette h^3 nach rechts, oder nach dem Aufhören dieser Bewegung mittelst der Feder

h nach links bewegt wird. D trägt die Einrichtung für die Abfüh=
rung der ausgekämmten kürzeren Fasern, und ist durch die Schraube
D' an A befestigt; zum Ableiten dient der geriffelte Zylinder i und
die mit Leder überzogene Walze K, welche letztere gegen i gepreßt
wird, was hier nicht dargestellt ist; die Walze K läßt sich gegen die
Kammwalze so anstellen, daß sie die Spitzen der Kammzähne fast
berührt. E ist der durch die Schraube E' befestigte Lagerdeckel für
das im Hauptgestelle A angebrachte Lager der Kammwalze.

An dem Umfange der Kammwalze F ist ein Theil, etwa die
Hälfte, mit den Kammzähnen m besetzt, zwischen denen sich ebenso
wie vorher die Stäbe n von innen nach außen und umgekehrt be=
wegen; die Abtheilung o des Umfanges trägt keine Zähne, sondern
ist mit einer Kannelirung, und die Abtheilung p ist mit Tuch und
Leder versehen, welche etwa durch eingelegte Stäbe p' festgehalten
werden. Die Dimension der Kammwalze selbst, sowie die Verhält=
nisse der einzelnen Theile derselben sind von der Natur und nament=
lich der Faserlänge des zu bearbeitenden Faserstoffes abhängig.

Die Maschine verrichtet nun bei einer vollen Umdrehung der
Kammwalze folgende Operationen:

1) es wird von dem zu bearbeitenden Faserstoffe ein Theil
zwischen a und d vorgeschoben und in den Bereich der arbeitenden
Theile gebracht;

2) dieser vorgeschobene Bart wird ausgekämmt;

3) der ausgekämmte Bart wird vorwärts gezogen mit dem be=
reits ausgekämmten Stoffe vereinigt;

4) der hintere Theil der ausgezogenen Faserschicht aber wieder=
holt in den Bereich der Wirkungssphäre der Kammzähne gebracht und

5) wenn er ausgekämmt ist, zugleich mit dem Vordertheile des
zunächst ausgezogenen Bartes abgeführt, endlich werden

6) die ausgekämmten kurzen Fasern, der Kämmling, entweder
einfach aus der Kammwalze ausgestoßen und durch eine Bürste ab=
genommen, oder ebenfalls zu einem zusammenhängenden Ganzen,
zu einer Watte vereinigt, je nachdem die Beschaffenheit dieses Kämm=
lings das Eine oder Andere als räthlicher erscheinen läßt.

Was die Art und Weise betrifft, wie diese einzelnen Operationen
vor sich gehen, so wird dieselbe aus folgenden Bemerkungen sich
übersehen lassen. Die Kammwalze F wird durch den Bewegungs=

mechanismus nach der Richtung des eingezeichneten Pfeiles in regel= mäßige Umdrehung versetzt. Wenn die Abtheilung p ihres Umfanges, welche einen etwas größeren Halbmesser hat als o, an a vorübergeht, bewirkt sie eine Drehung von a und demgemäß die Hereinbewegung eines zu kämmenden Wollbartes von einer Breite, welche durch die Breite von p bedingt wird. Die hierauf an dem Wollbarte vorüber= geführten Kammzähne kämmen denselben aus, und es befinden sich die Stäbe n hierbei dem Mittelpunkte am nächsten. Ist dieses Aus= kämmen beendet, so kommt o dem Lederzylinder f gegenüber zu stehen, und da gleichzeitig durch eine Bewegung von h^2 nach links die Feder h den Hebel z um x so drehen kann, daß f gegen die Kammwalze angepreßt wird, so wird der rein gekämmte Bart zwischen f und o vorwärts bewegt, aus dem noch nicht gekämmten Faserstoffe ausge= zogen, mit der reingekämmten vorderen Seite zwischen e und f vor= wärts bewegt, und mit dem zwischen e und f auf der linken Seite der Kammwalze herunterhängenden Barte dabei vereinigt. Das Aus= ziehen wird dadurch erklärlich, daß die Abtheilung o einen größeren Theil der Peripherie einnimmt als die Abtheilung p, durch welche die Bewegung auf a übertragen wurde. Kommt nun bei weiter fort= gesetzter Bewegung die Abtheilung p gegen den kannelirten Zylinder e zu stehen, so wird durch eine Bewegung von h^2 nach rechts der Hebel z um x so gedreht, daß e gegen p gedrückt wird; es hat dies zur Folge, daß sich nun die beiden Walzen e und f wieder ein Stück in entgegengesetzter Richtung gegen vorher drehen, dabei die hintere Seite der zuletzt ausgezogenen Faserlage wieder nach F zu zurück= treten lassen und hierdurch bewirken, daß wenn nunmehr die Zähne m sich an e vorüber bewegen, diese hintere Seite ebenfalls ausge= kämmt wird. In diesem Zustande kann sie nun mit der vorderen Seite der nächstfolgenden Faserlage gleichzeitig, wie dies vorher er= wähnt wurde, zwischen e und f abgeführt werden. Das so durch das beschriebene Verfahren gebildete Band der langen Fasern besteht hiernach aus schuppenartig übereinanderliegenden Schichten von Faser= lagen, deren vordere Seite gekämmt wurde, während die hintere zwi= schen a und d, und deren hintere Seite gekämmt wurde, während die vordere zwischen e und f festgehalten war. Statt der hier be= schriebenen Zuführung und Abführung hat nun Heilmann noch eine größere Anzahl anderer Einrichtungen angegeben, welche hier über=

gangen werden können, da es im Wesentlichen nur darauf ankommt, das Prinzip der Wirkungsweise der Vorrichtung zu verdeutlichen.

Während sich die Kammzähne von e nach K zu bewegen, werden die Stäbe n von innen nach außen geschoben, der Kämmling daher auch von der Kammwalze entfernt und auf K übertragen; wird den beiden mit einander verbundenen Walzen i und K eine ähnliche inter= mittirende Bewegung ertheilt, wie sie e und f erhalten, so ist es eben= falls möglich, aus diesem Kämmling ein endloses Band zu bilden; sonst fällt derselbe wegen der intermittirend erfolgenden Ausstoßung aus der Hauptwalze auch in nicht mit einander verbundenen Theilen ab.

III. Das Strecken.

In dem Hauptwerke ist Bd. I. S. 534 ausschließlich die ältere Strecke (drawing frame, banc d'étirage) mit drei Streckzylinder= paaren beschrieben; es sollen daher zunächst unter A die neueren Verbesserungen kurz zusammengestellt werden.

1) Die Strecke mit vier Zylinderpaaren hat entweder die Einrichtung, daß die Zylinderpaare unmittelbar hinter einander folgen, oder wie dies zweckmäßiger befunden wurde, zu zwei und zwei der Faserlänge nach so zusammengestellt werden, daß zwischen den Doppel= paaren sich ein Raum von 6—8 Zoll befindet. Zwischen den beiden Doppelpaaren bleibt dann die Baumwolle fast ohne alle Streckung, um wie man sich in der technischen Sprache ausdrückt, sich zu erholen oder auszuruhen; es wird nämlich die Elastizität der Faser ohne das Vorhandensein dieses Zwischenraumes wesentlich stärker angegriffen.

Die gewöhnliche Verbindung der Streckzylinder im vorliegenden Falle ist die in Fig. 98 (Taf. 11) dargestellte. Hier geht von der durch einen Riemen in Bewegung gesetzten Hauptwelle a aus durch das Zahnrad b die Bewegung mittelst des Rades c auf den hier durch die Lederwalze verdeckten Vorderzylinder (front roller), oder vierten Zylinder d, auf der entgegengesetzten Seite durch die Räder e f und g auf den ebenfalls verdeckten dritten Zylinder h; hierbei befindet sich e an d und g an h, beide Zahnräder e und g greifen aber in das um einen Bolzen bewegliche Transporteurrad f von doppelter Breite (Doppelrad). Der hintere Theil wird dadurch bewegt, daß c in i eingreift, und das mit i an gleicher Welle befindliche Rad k in l, welches letztere Rad an dem zweiten hier ebenfalls verdeckten untern

Streckzylinder m sich befindet; von m geht die Bewegung auf den ersten oder Hinterzylinder q (back-roller) durch die Getriebe n und p und das Doppelrad o auf dieselbe Art über, wie dies vorher bei dem vorderen Doppelpaare beschrieben wurde. Außerdem greift b noch in r ein und setzt dabei die Abzugwalze s in Umdrehung. t bezeichnen die vier vorgesetzten Töpfe (daher vierfache Duplirung), u den Trichter und v den Topf zur Aufnahme des gestreckten Bandes. Die dargestellte Einrichtung bildet einen aus zwei Gängen bestehenden Streckkopf.

Strecken der beschriebenen Art werden namentlich für kürzere Wollen empfohlen, und arbeiten zum Theil mit sehr bedeutender Geschwindigkeit. Als äußerste Grenze derselben dürfen etwa 800 Umdrehungen des Vorderzylinders angenommen werden. Der Durchmesser der Riffelzylinder ist gewöhnlich gleich groß etwa $1\frac{1}{8}-1\frac{1}{4}$ Zoll, die Abzugwalze hat 3—4 Zoll Durchmesser. Der Verzug beträgt zwischen I. und II. sowie zwischen III. und IV. $1:2$, bis $1:2,5$, zwischen II. und III. $1:1$ oder $1:1,02$ (die gewöhnliche Regel, jedem nachfolgenden Mechanismus eine etwas größere Peripheriegeschwindigkeit zu geben, als dem ihm zu liefernden unmittelbar vorhergehenden, fordert zwar eher das letztere Verhältniß als das erstere, das Bestreben der Baumwolle aber sich nach starker Ausdehnung wieder etwas zusammenzuziehen, läßt auch das erste Verhältniß, nämlich die gleiche Umfangsgeschwindigkeit noch als gerechtfertigt erscheinen); zwischen IV. und der Abzugwalze ist entweder ein sehr geringer Verzug ähnlich wie zwischen II. und III. vorhanden, oder auch ein etwas größerer.

Bezeichnet man mit den an den verschiedenen Rädern angesetzten Buchstaben die Zähnezahlen dieser Räder und mit q, m, h, d und s die Durchmesser der zugehörenden Riffelzylinder und der Abzugwalze; so sind die gleichzeitig von den aufeinanderfolgenden Zylindern an der Peripherie zurückgelegten Wege

$$\text{bei I.}\quad \frac{b}{i}\cdot\frac{k}{l}\cdot\frac{n}{p}\cdot q\cdot\pi$$

$$\text{II.}\quad \frac{b}{i}\cdot\frac{k}{l}\, m\cdot\pi$$

$$\text{III.}\quad \frac{b}{c}\cdot\frac{e}{g}\, h\cdot\pi$$

$$\text{IV.} \quad \frac{b}{c} \cdot d \cdot \pi$$

der Abzugwalze: $\dfrac{b}{r} \cdot s \cdot \pi$

Man findet ferner die in einer bestimmten Zeit zurückgelegten absoluten Wege, oder die durchgeführten Banblängen, wenn die vorhergehenden Größen mit der Umdrehungszahl der Hauptwelle a multiplizirt werden: so wie endlich das Streckungsverhältniß

zwischen I. und II. wie $1 : \dfrac{p \cdot m}{q \cdot n}$

II. und III. wie $1 : \dfrac{e \cdot i \cdot l \cdot h}{c \cdot g \cdot k \cdot m}$

III. und IV. wie $1 : \dfrac{g \cdot d}{e \cdot h}$

W und s wie $1 : \dfrac{c \cdot s}{r \cdot d}$

dagegen das gesammte Streckungsverhältniß der ganzen Strecke:

$$1 : \frac{i \cdot l \cdot p \cdot s}{r \cdot k \cdot n \cdot q}$$

Bei vorzunehmenden Veränderungen im Streckungsverhältniß wird durch Auswechselung der in die Doppelräder eingreifenden Getriebe der erforderliche Verzug hervorgebracht, weshalb auch der Bolzen, um welchen sich die Doppelräder drehen, eine veränderliche Befestigung am Gestell erhält.

2) Die gewöhnliche Bewegungsübertragung bei der Strecke mit fünf Zylinderpaaren zeigt Fig. 99. Hier werden gewöhnlich die drei hinteren Streckzylinderpaare, durch welche der größere Betrag des Verzuges erfolgt, von den beiden vorderen aus demselben Grunde wie vorher etwas abgerückt; bei den ersteren bildet das mittlere Paar eine Art Zwischenleitung; durch dasselbe wird der Verzug begonnen und zwischen ihm und dem dritten in verstärktem Grade fortgesetzt.

Die Hauptwelle a setzt mit dem Zahnrade b das Getriebe c und hierdurch direkt den fünften oder Vorderzylinder e in Bewegung; an der Welle desselben befindet sich einerseits das Getriebe d, welches mittelst des Transporteurs w und des Rades x die Abzugwalze y bewegt, andrerseits das Getriebe f, welches durch das Doppelrad g und das Getriebe h die Bewegung auf den vierten Zylinder i überträgt.

An der Hauptwelle a befindet sich ferner das Getriebe k, welches in l eingreift und dadurch den dritten Zylinder n bewegt; an der Welle dieses ist das Getriebe m angebracht, welches durch o, p und q den hintern oder ersten Zylinder r dreht, von welchem aus mittelst s, t und u der zweite Zylinder v seine Bewegung erhält.

Der Verzug zwischen I und II beträgt am vortheilhaftesten 1 : 1,6 bis 1 : 1,8; der zwischen II und III 1 : 2,1 bis 1 : 2,3; der zwischen III und IV etwa bis 1 : 1,03; ferner zwischen IV und V ähnlich wie zwischen II und III und endlich zwischen V und der Abzugwalze etwa 1 : 1,01 bis 1 : 1,2. Veränderungen im Gesammtverzuge werden gewöhnlich durch Auswechselung von o und p hervorgebracht, wodurch sich das Streckungsverhältniß zwischen II und III und die Länge der zu bestimmter Zeit zuzuführenden Bänder, nicht aber die Länge der in bestimmer Zeit abgeführten Bänder ändert, da vorausgesetzt werden muß, daß letztere stets so groß angenommen wird, als die Beschaffenheit der zu verarbeitenden Baumwolle gestattet. Die Riffelwalzen haben entweder alle gleichen Durchmesser, oder es werden die I, II und IV etwas schwächer, etwa 1⅛ Zoll, dagegen die III und V etwas stärker, etwa 1⅓ Zoll, genommen; die Abzugwalze erhält 3—4 Zoll Durchmesser.

Wird die Bedeutung der Buchstaben ähnlich wie bei Nr. 1 angewendet, so ergibt sich der von den einzelnen Zylindern gleichzeitig an ihrer Peripherie zurückgelegte Weg:

bei dem Zylinder I : $\dfrac{k}{l} \cdot \dfrac{m}{o} \cdot \dfrac{p}{q} \cdot r \cdot \pi$

II : $\dfrac{k}{l} \cdot \dfrac{m}{o} \cdot \dfrac{p}{q} \cdot \dfrac{s}{u} \cdot v \cdot \pi$

III : $\dfrac{k}{l} \cdot n \cdot \pi$

IV : $\dfrac{b}{c} \cdot \dfrac{f}{h} \cdot i \cdot \pi$

V : $\dfrac{b}{c} \cdot e \cdot \pi$

bei der Abzugwalze y : $\dfrac{b}{e} \cdot \dfrac{d}{x} \cdot y \cdot \pi$

Folglich wird der Weg, oder die in einer bestimmten Zeit durchgeführte Bandlänge erhalten, wenn man die vorher ermittelten Längen mit der Umdrehungsanzahl für a in der vorausgesetzten Zeit multiplizirt.

Die Streckungsverhältnisse ergeben sich aber zwischen den auf=
einanderfolgenden Zylindern in folgender Art:

zwischen I und II wie $1 : \dfrac{s \cdot v}{u \cdot r}$

II „ III „ $1 : \dfrac{o \cdot p \cdot u \cdot n}{m \cdot q \cdot s \cdot v}$

III „ IV „ $1 : \dfrac{b \cdot f \cdot l \cdot i}{c \cdot h \cdot k \cdot n}$

IV „ V „ $1 : \dfrac{h \cdot e}{f \cdot i}$

V „ y „ $1 : \dfrac{d \cdot y}{x \cdot e}$

endlich zwischen I „ y „ $1 : \dfrac{b \cdot d \cdot l \cdot o \cdot q \cdot y}{c \cdot x \cdot k \cdot m \cdot p \cdot r}$

Die wirkliche Rechnung vereinfacht sich wesentlich, wenn sämmt=
liche Zylinder gleiche Durchmesser haben.

3) Bei der sechszylindrigen Strecke sind je drei und drei
Zylinderpaare in ähnlicher Art verbunden, wie dies vorher mit den
drei Hinterzylinderpaaren der Fall war; zwischen dem Vorderkopf und
Hinterkopf der Strecke ist ein Zwischenraum von 6—8 Zoll vorhanden.
Uebrigens gelten die vorher gemachten Bemerkungen über Größe des
Verzugs in diesem Falle ebenfalls.

4) Eine Verbesserung erfuhren die Strecken dadurch, daß man
mehrere Köpfe mit einander vereinigte, namentlich mehrere Köpfe,
von denen ein jeder wieder zwei Gänge haben kann, dadurch mit
einander in Verbindung brachte, daß man die Bänder derselben mit
einander entweder nur durch einen Trichter vereinigte, oder diese
vereinigten Bänder noch einer besonderen Streckung in einem weiter
angebrachten Streckkopfe unterwarf. Diese Verbesserungen führten
endlich zu der in vielfache Anwendung gekommenen Kanalstrecke.

5) Die Kanalstrecke unterscheidet sich von den früheren Ein=
richtungen dadurch, daß auf derselben die Wickel von der Kanal=
maschine der Krempeln aufgelegt, und die durch das Strecken ent=
stehenden Bänder von den auf einem Zylinderbaume neben einander
aufgestellten Streckköpfen wieder durch einen ähnlich wie bei den
Krempeln angebrachten Kanal nebst Wickelmaschine zu einem Wickel
vereinigt werden, um in dieser Form einer zweiten Kanalstrecke
überliefert zu werden u. s. w.

Eine solche Kanalstrecke ist in Fig. 91 (Taf. 10) in der vordern Ansicht, Fig. 92 in der obern Ansicht, Fig. 95 in der Endansicht, durchgehends in $1/12$ der natürlichen Größe, dargestellt; Fig. 93 ist ein Durchschnitt durch den Zylinderbaum in der Mitte der Zylinder, Fig. 94 ein ebensolcher Durchschnitt am Ende der Zylinder. Die Strecke ist hier nur als aus vier Köpfen bestehend angegeben, in der That aber ist sie mit acht Köpfen versehen, hat daher ungefähr die doppelte Länge verglichen mit der Zeichnung.

Der Zylinderbaum A ruht auf den Endwänden B des Gestelles, welche durch den Längenriegel C verbunden sind; auf dem Zylinderbaume stehen die Zylinderlager oder Stanzen D. Diese Stanzen haben im Hinterkopfe drei, im Vorderkopfe zwei verstellbare Lager, um die Entfernung der Zylinder der Faserlänge entsprechend reguliren zu können. Man sieht in Fig. 94 unter E, F und G diese Lager; E ruht auf einer vorstehenden Verlängerung von D, und F auf E, die horizontale Platte von E und F ist mit einer länglichen Oeffnung versehen und die Feststellung erfolgt durch den Schraubenbolzen H. Auf ähnliche Art ist G auf D befestigt. J dient zum Auflegen der Krempelwickel, K zum Auflegen der Reservewickel; L ist die Zuführplatte, auf welcher bei jedem Streckkopfe (Fig. 92) zwei polirte Stifte in dem Abstande angebracht sind, innerhalb dessen den Streckzylindern der Bandwickel zugeführt werden soll; M sind die Arme, auf denen die Abzugwalzenachsen liegen, N die Trichter, O die obere Fläche des Kanales, P die Kanalwickelmaschine ähnlich der früher bei den Krempeln beschriebenen, Q der Tritt zum Aufheben des Gestelles für die Wickelwalzen beim Einlegen neuer Wickelspulen.

Von der Hauptwelle a aus, an welcher sich außerhalb des Gestelles die Riemenscheiben befinden, geht die Bewegung durch die Zahnräder b, c und d auf die Welle des fünften Zylinders über; von hier am andern Ende der Strecke durch zwei Getriebe und das Doppelrad e auf den vierten Zylinder, ferner durch f, g und h auf die Abzugwalzen R, und durch die Zahnräder i, k, l und m auf den dritten Zylinder. Letzterer bewegt am andern Ende des Gestelles durch Vermittelung zweier Getriebe und des Doppelrades n den zweiten Zylinder, außerdem aber durch o, p, q und r auch den ersten Zylinder. Von der Hauptwelle a aus geht ferner durch das konische Räderpaar s und t die Bewegung auf die Kanalwalze S, durch ein gleich bezeichnetes konisches Räderpaar auf die untere Druckwalze T, und von der letzteren aus durch die Räder u, v, w und x auf die beiden Wickelwalzen U U, zwischen denen sich die Wickelspule V befindet. Zur Veränderung des Gesammtverzuges dient das Rad q, dessen Kanonenlager zu dem Zwecke in der aus Fig. 95 ersichtlichen Art verstellbar befestigt ist; bei q können nämlich Räder von 27 bis 36 Zähnen aufgesteckt werden. Die Räder c, e, g, n, v und x sind nur Transporteurräder.

Die Umdrehungsanzahlen der Haupttheile ergeben sich aus folgender Ueberficht, in welcher für die Räder b bis w mit Wegfall der Transporteurräder die Zähnezahlen eingesetzt worden sind, unter der Voraussetzung, daß a eine Umdrehung macht; es betragen nämlich dann die Umdrehungen des Zylinders

$$\text{I}: \frac{60}{42} \cdot \frac{44}{76} \cdot \frac{48}{52} \cdot \frac{22}{52} \cdot \frac{27 \text{ bis } 36}{50}$$

$$\text{II}: \frac{60}{42} \cdot \frac{44}{76} \cdot \frac{48}{52} \cdot \frac{22}{38}$$

$$\text{III}: \frac{60}{42} \cdot \frac{44}{76} \cdot \frac{48}{52}$$

$$\text{IV}: \frac{60}{42} \cdot \frac{22}{38}$$

$$\text{V}: \frac{60}{42}$$

$$\text{R}: \frac{60}{42} \cdot \frac{22}{50}$$

$$\text{T}: \frac{50}{81}$$

$$\text{U}: \frac{50}{81} \cdot \frac{29}{94}.$$

Nimmt man aber 100 Umdrehungen der Hauptwelle an, so gestalten sich die Hauptverhältnisse nach folgender Ueberficht

Name des Zylinders.	Durchmesser desselben.	Verhältnißmäßige Umdrehungszahl.	Verhältnißmäßige Peripherie- geschwindigkeit.	Größe des Verzugs.
I.	1″	{17,44 (23,26	54,73″} 73,06″}	
				1,90 bis 2,54
II.	1″	44,20	138,86″	
				1,87

Name des Zylinders.	Durchmesser desselben.	Verhältnißmäßige Umdrehungszahl.	Verhältnißmäßige Peripherie= geschwindigkeit.	Größe des Verzugs.
III.	$\frac{13}{12}$"	76,34	259,82"	
IV.	1"	82,71	259,84"	1
				1,87
V.	$\frac{13}{12}$"	142,86	486,21"	
				1,02
R.	2½"	62,86	493,73"	
				1,17
T.	3"	61,73	581,78"	
				1,08
U.	10½"	19,04	628,81"	

Daher der Gesammtverzug bei einer achtfachen Duplirung von 8;61 bis 11,49

W ist die über die ganze Länge der Strecke gehende Ausrück= stange, durch welche von jedem Punkte der Maschine aus der Riemen von der Triebscheibe auf die Losscheibe oder umgekehrt gelegt werden kann.

Die oberhalb und unterhalb der Zylinder liegenden Putzdeckel sind in Fig. 93 ersichtlich. Die oberen Putzdeckel X X liegen lose auf den Ober= oder Lederzylindern; von den unteren wird der Deckel Y am Vorderkopfe durch ein besonderes Gegengewicht, der am Hinterkopfe Z durch einen mit L verbundenen Arm angedrückt, L ist zu dem Zwecke in Charnieren beweglich.

Die Art, wie die Oberzylinder gegen die Unterzylinder gepreßt werden, ist aus Fig. 91, 92 und 94 ersichtlich. Auf jeder Seite eines Streckkopfes liegt auf dem Zapfen des ersten und zweiten Oberzylinders ein Sattel, der mit dem Stabe a_1 verbunden ist, auf dem Zapfen des dritten Oberzylinders ein Druckhaken, an welchem sich der Stab b_1 befindet; a_1 und b_1 sind unterhalb gegen ein kleines Querstück d_1 ge= schraubt. Ueber die beiden einander gegenüberstehenden Querstücke d_1 ist ein nach unten zu gebogener Stab e_1 mit seinen beiden Enden gelegt. Auf den Zapfen des vierten und fünften Zylinders liegt der mit dem Stabe c_1 verbundene Sattel, und die an beiden Enden der Zylinder herabgeführten Stäbe c_1 sind durch f_1 mit einander verbun= den. f_1 liegt in gleicher Höhe mit dem mittleren niedergebogenen Theile von e_1 und auf beide legen sich die Arme g_1 des Hebels h_1 i_1 auf, welcher sich bei h_1 an die untere Rippe des Zylinderbaums stemmt und bei i_1 mit dem Gewichte k_1 belastet ist. Es hat keine Schwierig= keit hier die Stellung der einzelnen Theile gegen einander anzugeben, welche zu Erzielung einer bestimmten Druckvertheilung erforderlich ist. Eine andere Art, die Putzdeckel und Gewichte an den Zylin= dern anzubringen, ist in den Durchschnitten Fig. 89 und 90 an= gegeben. In Fig. 89 (Taf. 9) werden nämlich die unteren Putz= deckel c c durch eine doppelarmige Feder b angedrückt, welche auf der Säule a aufgeschraubt ist, die auf dem Zylinderbaum A befestigt ist. In Fig. 90 bezeichnen d d die polirten Zapfen, welche zur Füh= rung der Bänder nach den Zylindern bestimmt sind; über den Ober= zylindern sind. Sattel und Druckhaken in derselben Art wie früher auf die Zapfen sowohl auf der einen als auf der andern Seite aufgelegt, von denselben gehen die Zugstangen e, f und g herab, und je zwei zu gleichen Zylindern gehörende Zugstangen sind mit den breiten massiven Gewichten h, i und k direkt verbunden.

Eine noch andere Art, den unteren Putzdeckel gegen die Walzen zu drücken, zeigt Fig. 88. Hier ist nämlich der Putzdeckel a an jedem Ende mit einem Drahte b verbunden, und die beiden Drähte b gehen über die Zapfen der Riffelzylinder und werden durch die Ge= wichte c belastet.

6) Die Kanalstrecke mit schiefem Abzug von Danguy enthält eine nicht unwesentliche Verbesserung der gewöhnlichen Art der Band= führung. Damit sich nämlich bei der vorher beschriebenen und dem Kanale der Krempeln direkt nachgebildeten Einrichtung die Bänder neben einander legen, müssen die über dem Kanal angebrachten Ringe zur Leitung der Bänder sich an den erforderlichen Stellen in der Breite des Kanales befinden, so daß nur einer dieser Ringe direkt unter den Abzugwalzen liegen wird. Dies hat bei den Krempeln deshalb weniger Nachtheil, weil der Abstand zwischen Abzugwalze und Kanalfläche ein größerer ist, als bei der Kanalstrecke; bei letzterer aber wird hierdurch bewirkt, daß sich die Bänder drehen und leicht zusammenfallen, daher sich unregelmäßig mit einander vereinigen. Um dies zu beseitigen, ist von Danguy der schiefe Abzug (couloir oblique) eingerichtet worden, den Fig. 96 (Taf. 10) in der vorderen und Fig. 97 in der oberen Ansicht darstellen.

Hier sind die Bandleitungsringe b alle vertikal unter den Ab=
zugwalzen a angebracht, das Band geht von denselben auf die aus
Zinkblech oder Weißblech hergestellte glatte Fläche c, steigt dann
auf der ebenfalls glatten Führung d nach den Preßwalzen e auf=
wärts und gelangt von diesen zu dem hier nicht abgebildeten Wickel=
apparate. Zwischen d und e liegt die trichterförmige Zuleitung f,
durch welche die Breite des Wickels regulirt und scharfe Ränder hervor=
gebracht werden. Die Bänder legen sich entweder neben oder mit den
Rändern zum Theil über einander, und werden demgemäß in einer
entsprechend regulirten schiefen Richtung gegen die Längenachse der
Strecke abgezogen; die Achse der Preßzylinder e steht aber rechtwinkelig
auf dieser Abzugrichtung. Die Bewegungsübertragung erfolgt von der
Welle der Abzugwalzen aus durch das Stirnradvorgelege g und h, so
wie durch das Winkelradvorgelege i und k auf die Preßwalzen e.

7) Die bei dem Abzug der Bänder von der Krempel erwähnte,
und in Fig. 49—51 dargestellte Bandpresse hat auch bei den
Strecken Anwendung gefunden (vgl. Krempeln Nr. 21).

8) Um das Eindrücken der Bänder in die Töpfe unnöthig zu
machen, kommen auch bei den Strecken die bereits bei den Krempeln
beschriebenen Einrichtungen in Anwendung, nämlich: die mechani=
schen Eindrücker (plungers; plongeurs) aus hohlgegossenen eisernen
zylindrischen auf= und absteigenden Blöcken bestehend (vgl. Fig. 68);
die oszillirenden vierseitigen Kannen, in welche sich die
gleichmäßig abgeleiteten parallel neben einander liegenden Bänder
mehrerer Streckköpfe in Falten über einander einlegen; oder der
oszillirende Einlaß mit feststehender Kanne zu gleichem Zwecke
(vgl. Fig. 71) und die Füllung der Töpfe von unten,
welche ebenfalls schon bei den Krempeln Erwähnung fand.

9) Bei der Strecke von Kershaw (London Journal 1847,
Bd. 30, p. 73) erfolgt die Bandabführung auf eine eigenthümliche
Weise. Es liegen nämlich zwischen den Streckzylindern und den Ab=
zugwalzen Röhrchen, wie die bei der später zu beschreibenden Röhren=
maschine verwendeten, welche dazu dienen, einen falschen Draht her=
vorzubringen und dadurch dem Bande eine größere Festigkeit zu geben.
Zwei neben einander liegende Bänder werden dann über die Abzug=
walzen zurück nach einem Trichter geleitet und laufen von da ge=
meinschaftlich durch ein mittleres Abzugwalzenpaar nach einem Topfe,

über welchem sich ein mechanischer Eindrücker befindet. Zwischen den
Streckzylindern und Röhrchen liegt außerdem unterhalb eine Walze,
welche sich langsam dreht und dazu bestimmt ist die Enden etwa
gerissener Fäden aufzunehmen und aufzuwickeln und dadurch Verlust
zu verhindern.

10) Die Molettenstrecke bezweckt, dem durch fortgesetztes
Strecken entsprechend verfeinerten Bande durch Einpressung in einen
engen Raum genügenden Halt zu geben; statt eines glatten Abzug=
walzenpaares kommt bei derselben daher eine Abzugwalze vor, welche
eine $1/2$ bis $2^1/2$ Linien breite Spur hat, und gegen welche eine
zweite mit einem in die Spur eingreifenden Ring versehene Walze
mit etwa 40 bis 50 Pfund Druck angepreßt wird; das Band wird
dem Einschnitt durch einen Trichter zugeführt, und fällt dann in
einen Topf. Eine solche Molettenstrecke wird häufig als der letzte
Kopf nach Kanalstrecken oder anderen Duplirungseinrichtungen benutzt.

11) Die Spiral=Strecke von Bodmer in Manchester (étirage
à cueilles), welche ein Glied eines konsequent durchgebildeten Spin=
nereimechanismus von eigenthümlicher Einrichtung bildete, und welche
in Verbindung mit den von England aus eingeführten Drehtöpfen
die Grundlage für die später zu beschreibenden Pressionsstrecken
neuerer Einrichtung bildet, suchte die Entfernung der oft auszuwech=
selnden Töpfe auf einem eigenthümlichen Wege zu bewirken. Bei
derselben wurden nämlich die gestreckten Bänder in Schichten über
einander gelegt, welche sich dadurch von der Einlagerung in die Dreh=
töpfe unterscheiden, daß die Nebeneinanderlegung des Bandes genau
in einer Spirallinie Statt fand, die sich durch Zuführung des Bandes
von innen nach außen und von außen nach innen bildete, während
die so entstehende Spule eine-abwechselnd beschleunigte und verzögerte
Umbrehungsgeschwindigkeit erhielt. Die so gewundenen Spulen ent=
standen zwischen zwei Kugelschalen, von denen die untere gegen die
obere angedrückt wurde und dadurch die Dichtigkeit der Spule er=
zeugte; durch die untere Kugelschale aber fand die Bandzuführung
Statt, indem dieselbe einen radialen Schlitz hatte und an diesem
ein schwingender Zuführapparat sich radial hin und her bewegte. Die
Streckzylinder lagen unterhalb in dem Streckengestell, die Spulen
in geneigter Lage über denselben. Die Nothwendigkeit, bei dieser
Einrichtung die Aufwindebewegung der Spule stetig zu ändern und

genau so zu reguliren, daß eine verschiedene Streckung des zuge=
führten Bandes an verschiedenen Stellen der Aufwindung nicht Statt
findet, macht die Spiralstrecke zu einer ziemlich komplizirten Maschine,
welche wenig Eingang gefunden hat. Eine Skizze dieses 1835 in
England konstruirten Streckmechanismus ist in Alcan's Werk: Essai
sur l'industrie des matières textiles pag. 256 zu finden.

12) Die vielfach in Anwendung gekommenen Drehtöpfe bei
den Strecken sichern dem Band eine regelmäßigere Einlagerung und
eine größere Gleichförmigkeit als die mechanischen Eindrücker, ohne
ihm einen merklichen Draht zu geben. Die Art, wie diese Drehtöpfe
mit den Strecken in Verbindung gesetzt werden, ist in Fig. 116—118
im 12ten Theile der natürlichen Größe dargestellt. Fig. 116 ist ein
Querdurchschnitt durch die Kanne und einen Theil der Strecke recht=
winkelig gegen die Längenachse derselben; Fig. 117 eine vordere An=
sicht des einen Endes der Strecke, und Fig. 118 eine obere Ansicht
des den Topf treibenden Mechanismus mit durchschnittenem Topfe.

a ist der Zylinderbaum, b sind die vorderen Streckzylinder. Von
dem Vorderzylinder aus geht durch die Räder c (mit 20 Zähnen), d
und e (mit 45 Zähnen) die Bewegung auf die Abzugwalzen ff, welche
durch die Räder g mit einander verbunden sind. Das Band läuft
durch den schiefen Kanal h, welcher gedreht wird, in den exzentrisch
gegen die Drehachse von h stehenden Topf i. Die Drehung von h
wird dadurch bewirkt, daß d durch den Transporteur k das Zahn=
rad l (von 30 Zähnen) an der Welle m bewegt und bei jedem Kopfe
von dieser Welle durch das Winkelradvorgelege mit gleichen Rädern n
und o eine vertikale Welle in Umdrehung versetzt wird, von welcher
aus durch den Eingriff des Rades p (von 48 Zähnen) in das Rad q
(von 106 Zähnen) der Topfdeckel h seine Bewegung erhält. An der
Welle m befindet sich ferner ein Winkelradvorgelege rs von gleich
großen Rädern, durch welches die Bewegung auf die in allen 3 Figuren
abgeschnitten dargestellte vertikale Welle t übertragen wird. An t
befindet sich unterhalb nach Fig. 118 das Winkelrad u mit 50 Zäh=
nen, welches durch das Winkelrad v mit 22 Zähnen die längs der
Strecke angebrachte Welle x dreht. An letzterer ist bei jedem Kopf
eine Schnecke w angebracht, welche in ein an dem Fußgestell z des
Topfes i sitzendes Zahnrad y von 80 Zähnen eingreift und dadurch
dem Topfe die erforderliche langsame Drehung mittheilt.

Wird nun ein leerer Topf eingesetzt, so legt sich das Band in zykloidische, sehr wenig von der Kreisform abweichende Lagen, wie dies Fig. 119 deutlich macht, in den Topf; das Band steigt dabei nach oben auf, berührt die untere Fläche von h und wird dabei zusammengedrückt, bis nach gehöriger Füllung des Topfes eine Auswechselung desselben mit einem leeren erforderlich wird. Es ist zugleich ersichtlich, daß dem Bande durch die Drehung von h nur ein falscher Draht mitgetheilt wird.

Was die Verhältnisse der gleichzeitig Statt findenden Bewegungen anbelangt, so ergibt sich für 100 Umdrehungen des Vorderzylinders, und bei einem Durchmesser desselben von $1\frac{1}{3}$ Zoll, und von f $= 3\frac{1}{4}$ Zoll, daß Statt findet:

	Umdrehungszahl.	Zurückgelegter Weg an der Peripherie.
für die Vorderwalze	100	418,88"
für die Abzugswalze f : $100 \cdot \frac{20}{45} =$	44,444	453,79"
für den Topfdeckel h : $100 \cdot \frac{20}{30} \cdot \frac{48}{106} =$	30,189	—
für den Topf i : $100 \cdot \frac{20}{30} \cdot \frac{50}{22} \cdot \frac{1}{80} =$	1,894	—

Soll sich daher das Band in regelmäßigen Lagen auflegen, so muß der Kanal im Deckel h unterhalb eine Exzentrizität von 2,376 Zoll haben; die Bandkreise im Topfe haben daher etwa $4\frac{3}{4}$ Zoll Durchmesser und der Durchmesser des Topfes muß etwa 10 Zoll betragen; und es ergibt sich aus den Umdrehungszahlen von h und i, daß sich 15,96 Bandringe bei einer Umdrehung des Topfes nebeneinanderlegen, die nächstfolgende Bandlage aber etwas gegen die vorhergehende abweicht.

13) Die Pressionsstrecken, welche in der neueren Zeit in der Schweiz und in Deutschland in mannichfache Anwendung gekommen sind und wohl auch fälschlich mit dem Namen Pressionsspiralstrecken bezeichnet werden, während sie eigentlich der Lage des Bandes entsprechend Pressionszykloidalstrecken heißen sollten, bilden aus dem Bande Spulen, in welchen die Bänder in ähnlicher Lage, wie bei den vorher erwähnten Drehtöpfen, schichtenweise über einander liegen und zu einer eine große Bandlänge enthaltenden Spule zusammengepreßt werden.

Fig. 120 (Taf. 12) ist ein Querdurchschnitt durch den charakteristischen Theil einer solchen Pressionsstrecke, Fig. 121 die vordere Ansicht mit theilweise durchschnittenen Theilen des an dem einen Ende liegenden Streckkopfes, im 12ten Theile der natürlichen Größe. Fig. 122 macht die Lage der Bandschichten in der Preßspule deutlich. a ist ein Stück des Zylinderbaumes, b die Vorderzylinder, c Moletten um die Bänder zu pressen, d ein Trichter, e die Abzugwalzen; von hier geht das Band nach dem sich drehenden Trichter f, wird in denselben erst durch einen vertikalen, dann durch einen geneigten Kanal geleitet, tritt bei g aus und wird hier in ziemlich kreisförmigen Lagen auf die früher aufgelegten Bandschichten gedrückt, indem sich der Trichter f in dem Bügel h dreht, und die an dem Stab k verschiebbare Platte i nach oben gedrückt wird und dabei die Kompression der Spule proportional zu dem ausgeübten Drucke bewirkt. Die untere Scheibe l des Trichters f ist in eine Platte m mit vorstehendem Rande eingelegt. Die Platte i ruht auf einem in die Bank n drehbar eingesetzten Fuße o. Die Bank oder der Wagen n bewegt sich an dem vertikalen Stabe p, welcher unterhalb bei q um einen Zapfen drehbar ist, und gestattet, die auf r aufgesetzten Stäbe k in eine schiefe Lage zu bringen, um die vollen Spulen von den Stäben k mit ihren Scheiben i abnehmen zu können. Die Ausführung der hierzu dienenden Einrichtung und die Art, wie der Druck der Scheiben i durch die Bank n hervorgebracht wird, ist fast identisch mit der zu gleichem Zwecke getroffenen Einrichtung an der Banc Abegg, bei welcher sie später ausführlicher beschrieben werden wird. Die exzentrische Stellung von k gegen g bewirkt, daß die Bandlagen den Stab k einschließen, wie dies Fig. 122 deutlich macht. Beim Beginn des Aufwindens der Spule befindet sich i in unmittelbarer Berührung mit l, mit jeder neuen Schicht schiebt sich n weiter an k herab, und wenn n die erforderliche Tiefe erlangt hat, werden die röhrenförmigen Spulen, deren jede 8—10 Pfund wiegen kann, abgehoben. Die so gebildeten Spulen werden dann entweder wieder Pressionsstrecken oder einer Vorspinnmaschine vorgelegt und gestatten ein leichtes und regelmäßiges Ablaufen des Bandes.

Die Bewegungsübertragung auf die einzelnen Theile erfolgt in der Art, daß von der Welle der Abzugwalzen aus durch die Winkelräder s und t von gleicher Zähnezahl die Bewegung auf eine kurze vertikale Welle übergeht, welche sie durch das Zahnrad u an das an dem Trichter befindliche Zahnrad v (von 54 Zähnen) überträgt; u hat etwa 27 Zähne, ist aber das Wechselrad, durch welches die Größe des Verzuges zwischen der Abzugwalze und der Bandauflegung zwischen i und l bestimmt wird. An der Welle der Abzugwalzen befindet sich ferner das konische Rad w (von 50 Zähnen), welches durch x (von 34 Zähnen) die Bewegung auf die vertikale Welle y überträgt. Letztere hat eine Spur und treibt daher in jeder Höhe das konische Rad z, welches mit n auf= und niedersteigt und durch das gleich große Winkelrad a' die Welle b' dreht. An letzterer befindet sich bei jeder Spule eine Schnecke c', welche durch das an dem Spulenfuße o angebrachte Schraubenrad d' die betreffende Scheibe i langsam in Drehung setzt.

Die mechanischen Verhältnisse anlangend, so ist für einen Durchmesser der Abzugwalze von $2\frac{1}{2}$ Zoll und des Kreises, den die untere Oeffnung g des Drehtrichters beschreibt, von $5\frac{1}{8}$ Zoll, und für 100 Umbrehungen der Abzugwalze

	die Umbrehungszahl.	die verhältnißmäßige Peripheriegeschwindigkeit.
der Abzugwalze e :	100	785,40 Zoll
des Punktes g im Drehtrichter : $100 \cdot \frac{27}{54} = 50$	50	805,03 „
der unteren Spulenscheibe i : $100 \cdot \frac{50}{34} \cdot \frac{1}{36} = 4,085$		— —

so daß zwischen e und g ein Streckungsverhältniß von 1 : 1,025 Statt findet, und bei einer Umbrehung von i die Umbrehungszahl von g : 12,24 beträgt, was zur Folge hat, daß erst nach ungefähr 4 Umbrehungen von i die Bandlagen wieder ihre frühere Lage einnehmen.

14) Eine etwas veränderte Art der Bewegungsübertragung auf die Drehtrichter bei der Preſſionsſtrecke machen Fig. 123 und 124 deutlich. Hier haben die Buchstaben f, g, l, v und u dieselbe Bedeutung, wie in Fig. 120 und 121. Die Bewegung auf u wird aber von der Welle a aus übertragen, von welcher aus die Bewegung durch die Winkelradvorgelege cb auf u übergeht. Die Trichter selbst bewegen sich in den an d angebrachten Kanonenlagern.

15) Bei der Spulenstrecke von Goetze und Comp. in Chemnitz (Polyt. Zentralbl. 1852. S. 1284) ist ähnlich wie bei den Flyern, vor jedem Streckkopfe eine Flügelspindel angebracht, welche dem Bande

eine geringe Drehung verleiht und dasselbe auf eine Spule von etwa 16 Zoll Höhe in konzentrischen Schichten aufwindet; die Bewegung der Spule erfolgt mit stets gleicher Umfangsgeschwindigkeit durch eine geriffelte hölzerne Walze, welche mit der betreffenden Spindel auf eine eigenthümliche Weise durch ein Gelenk verbunden ist, stets an den Umfang der Spule angebrückt wird und dabei das Band auf den Spulenumfang auflegt. Der Durchmesser der Spule steigt bis zu 8 Zoll, und jede Spule erlangt ein Gewicht von 6 bis 7 Pfd.

16) Bei allen Strecken hängt die Regelmäßigkeit des Produktes wesentlich von dem Umstande ab, daß keines der mit einander vereinigten Bänder zu Ende geht oder reißt, ohne daß sogleich durch erneutes Anlegen die frühere Bandstärke wieder hervorgebracht wird. Bei den älteren Strecken war die Fürsorge für Abwendung dieses Fehlers lediglich den beaufsichtigenden Arbeitern anheim gegeben; in neuerer Zeit hat man S e l b s t a u s l ö s u n g e n (stop-motion) angebracht, welche beim Reißen oder Brechen eines Bandes in einer Strecke die ganze Strecke anhalten und daher das Durchgehen einer ungleich starken Bandlänge verhindern, zugleich aber durch das Anhalten der ganzen zusammengehörenden Streckköpfe bewirken, daß das Lieferungsquantum bei jedem gleich groß wird, was zur Erzielung einer gleichmäßigen Vorlage für den nächsten Kopf erforderlich ist. Die Selbstauslösungen sind eine amerikanische Erfindung. Fig. 100 und 101 (Taf. 11) zeigen die ursprünglich in Amerika bei denselben getroffene Einrichtung. a ist der Zylinderbaum, b eine Stanze, c der Topf, aus welchem das Band d aufsteigt und bevor es nach den Streckzylindern geht, über die obere Oeffnung der Klinke e geführt ist, welche sich bei f um einen Stift drehen kann, und in der in Fig. 100 gezeichneten Stellung durch das Gewicht und die Spannung des Bandes erhalten wird. Bricht das Band, so bewegt sich der obere Theil der Klinke e ein wenig nach dem Topfe zu; dabei drückt das untere umgebogene Ende h derselben gegen einen an der Welle g angebrachten Stift und versetzt dieselbe in eine Drehung, welche zur Folge hat, daß ein zweiter bei i angebrachter Stift den Hebel i ein wenig um seinen Drehpunkt k dreht, so daß das Ende desselben aus dem in dem Ausrückstabe n angebrachten Schlitze tritt. Nun unterliegt dieser Stab der Wirkung der Feder o und legt dabei durch Vermittlung des Gabelhebels p den Riemen von der Fest= auf

die Losscheibe. Die Feder l übt einen geringen Druck auf den Hebel i aus und ist nebst diesem Hebel in einer in dem Zylinderbaume befindlichen Höhlung m angebracht. Es ist ersichtlich, daß sobald die Auslegvorrichtung in erforderlicher Wirksamkeit ist, augenblicklich nach dem Reißen des Bandes der Stillstand der Strecke erfolgen muß. Diese leichte und sichere Wirksamkeit wird aber dadurch etwas zweifelhaft, daß die ganze Thätigkeit der Vorrichtung vom Gewichte der Klinke e ausgeht, das offenbar nicht bedeutend sein kann, wenn die Bandspannung die Klinke in aufrechter Stellung soll erhalten können. Es sind daher die später in England und Deutschland angebrachten Verbesserungen wesentlich zu beachten.

17) Maclardy's verbesserte Ausrückung ist in Fig. 111—113 (Taf. 11) in zwei Ausführungsarten abgebildet. In Fig. 112 ist a ein Stäbchen, welches unterhalb mit einer Gabel auf h drehbar aufsteht, und oberhalb bei b und c eine doppelte Führung für das Baumwollband e, welches aus dem Topfe d aufsteigt, darbietet. Das letztere geht bei b unterhalb eines Bügels hindurch und berührt c von oben, veranlaßt dabei aber a aus der punktirten Stellung in die mit starken Linien ausgezeichnete überzutreten, wenn das Baumwollband die erforderliche Spannung hat. f ist eine Schiene mit Einschnitten, in welchen je ein Stäbchen a für ein solches Baumwollband liegt, und in diesen Einschnitten geleitet und an Seitenschwankungen verhindert wird. Unter der Schiene f liegt eine zweite weniger breite Schiene g, welche ebenfalls Einschnitte, jedoch von geringerer Tiefe hat, und von dem Mechanismus der Strecke eine stete hin- und hergehende Bewegung erhält. Ist das Baumwollband in erforderlicher Spannung, so wird a außerhalb des Bereiches der Schiene g gehalten; reißt dagegen das Band, so sinkt a auf f zurück und fällt dabei zugleich in den betreffenden Einschnitt von g, was zur Folge hat, daß g stehen bleibt, und dadurch mittelst eines den nachfolgend zu beschreibenden Einrichtungen ähnlichen Mechanismus Veranlassung zum Stillstand der Strecke wird. Fig. 111 stellt die Führung des Bandes von oben gesehen dar.

In Fig. 113 ist eine abweichende Art, die Hemmung hervorzubringen, dargestellt. Hier ist a ein wie vorher oberhalb mit der Bandführung bc versehener Hebel, der um den Zapfen d drehbar ist und bei e einen Haken hat. Bei genügend gespanntem Bande wird dieser Hebel in der dargestellten Lage erhalten; ist dagegen das Band gerissen, so bewegt sich e gegen die mit vorstehenden Zähnen g versehene Scheibe f, fällt in einen der Zwischenräume zwischen die Zähne und hemmt dadurch die Drehung der an der Welle h fest= sitzenden Scheibe; durch die Welle h erfolgt dabei ebenfalls der Still= stand, in einer Art, welche dem später unter Nr. 20 zu beschreiben= den Mechanismus ähnlich wirkt.

18) Houldsworth's Ausrückung hat einen Hebel, welcher dem Hebel a in Fig. 113 ähnlich ist, nur daß das Band denselben nur bei c berührt, da der Theil b fehlt; der untere Haken e hemmt in der nach rechts zu gerichteten Stellung nach dem Brechen des Bandes einen Arm, welcher an der Welle h befindlich ist und mit derselben eine schwingende Bewegung macht.

19) Fig. 102—104 stellen eine Ausrückung an einer Kanalstrecke vor, welche dann wirksam wird, wenn die ganze Bandzuführung eines Wickels zu Ende geht oder reißt. a ist einer der Bandwickel, durch den Arm b getragen; das Band c geht zuerst über die Füh= rungslatte d unter der Holzwalze e hinweg nach der Zuführfläche f und von da nach den Streckzylindern k. Durch die Spannung des Bandes wird die Walze e gehoben. Diese Walze liegt in einer Gabel, welche mit dem Hebel g h verbunden ist, welcher bei h in einen Haken ausläuft. Der Träger i bildet den Stützpunkt für den Zapfen des Hebels g h. In der gehobenen Stellung steht h etwas von dem Sperrrade l entfernt; fällt aber e nieder, so legt sich h gegen einen der Zähne des Rades l und hindert dessen fortgesetzte Drehung. Nun ist aber l auf der Welle m befestigt, so wie auch der Kuppelungs= muff n, dagegen ist das Zahnrad o, welches die Bewegung auf m überträgt, nur drehbar aufgeschoben und durch einen Zahnring mit schrägen Zähnen gegen n durch die Feder q angedrückt. Sobald da= her m festgehalten wird, löst sich in Folge der schiefgerichteten Kup= pelungszähne o von n. An o befindet sich aber ein mit einer ein= gedrehten Spur versehener Hals; in diese Spur p greift mit einer Gabel der Hebel p r, und wird bei der Ausrückung so zur Seite bewegt, daß sein entgegengesetztes Ende sich unter s schiebt, und da s unterhalb abgeschrägt ist, s dadurch in die Höhe hebt; s bildet aber eine über t liegende Klinke. Sobald nun s aus t ausgehoben ist, gelangt das Gewicht w in Thätigkeit und dreht den Winkelhebel

w v x um v so, daß das obere Ende x die Ausrückstange y zur Seite schiebt, und dabei den Riemen von der Festscheibe auf die Losscheibe legt. Ist e wieder gehoben und wird y zurückgeschoben, so legt sich die um u drehbare Klinke wieder über t. z stellt den Zylinderbaum vor.

20) Die von Goetze in Chemnitz ausgeführte Ausrückung gestattet bei der Kanalstrecke eine Hemmung, sobald von einer Reihe neben ein= ander liegender Bänder eines bricht. Die Einrichtung ist in Fig. 105 bis 110 dargestellt. Fig. 110 ist eine Ansicht von oben, Fig. 109 ein theilweiser Durchschnitt und Endansicht, Fig. 105—108 stellen Details vor. Die Bänder a sind zunächst über die Walze b geführt und werden hier durch vorspringende Scheiben von einander getrennt, sie gehen von hier über die Walze c nach den Zylindern d. Zwischen b und c liegt über jedem Bande ein kleiner Cylinder e, und es ist der Durchmesser desselben und der Abstand zwischen b und c genau so bestimmt, daß e, wenn zwischen b und c sich ein Band befindet, zwischen denselben nicht durchfallen kann, sondern das Band an b und c andrückt und durch b und c mit umgedreht wird; sobald aber kein Band zwischen b, c und e liegt, fällt e zwischen diesen beiden Walzen durch. Es unterscheidet sich also hiernach im Prinzipe die vor= liegende Ausrückungsvorrichtung von den früher erwähnten dadurch, daß zur Ingangsetzung derselben eine Spannung des Bandes gar nicht in Anspruch genommen wird. Fällt einer von den kleinen Zylindern zwischen b und c durch, so legt er sich auf die unterhalb derselben und jedes Mal in ungefährer Breite eines Kopfes ange= brachte Schale f, welche an der Achse g angebracht ist und für ge= wöhnlich bei regelmäßigem Gange durch das Gegengewicht h in der höheren Stellung erhalten wird. Wird aber f durch einen der Zy= linder e niedergedrückt, so bewegt sich h in die Höhe und hemmt mit einem Sperrkegel die fortgesetzte Drehung der Welle k durch Vermittlung des an ihr festgekeilten Sperrrades i, in welches dieser Sperrkegel eingreift. Auf k ist nun das Zahnrad l drehbar auf= geschoben; es trägt den Klauenmuff m, welcher in die schräg abge= schnittenen Klauen an der Büchse n eingreift, und für gewöhnlich mit n dadurch verbunden ist, daß die Spiralfeder o die Klauen ge= schlossen erhält, bei welcher Stellung denn die Bewegung von l über n und durch die bei p Statt findende Verbindung von n und k auf die Welle k übergeht. Wird aber k, wie dies bei dem Reißen eines

Bandes geschieht, festgehalten, so kann sich auch n nicht drehen, die fortgesetzte Drehung des Zahnrades l bewirkt daher durch die Ab= schrägung der Klauen bei m eine Verschiebung der Büchse n von links nach rechts in der Größe, in welcher dies der Unterschied der Stellung in Fig. 105 und 106 deutlich macht. Nun ist aber äußer= lich auf dieser Büchse eine Spur angebracht, in welche die Gabel q eingreift, welche am Ende eines an dem vertikalen Stabe r ange= brachten Hebels sich befindet; an dem Stabe r ist ferner unterhalb der Hebel s angebracht, der durch t die Riemenleitung u von der Festscheibe auf die Losscheibe stellt, wenn die Welle k angehalten wird. v ist die wie gewöhnlich längs der Strecke hingeführte Aus= rückstange.

21) Eine noch weiter gehende Anforderung an die Regelmäßigkeit der Arbeit einer Strecke kann man dadurch stellen, daß man von ihr verlangt, die Größe des Verzugs nach der zu irgend einer Zeit Statt findenden Bandstärke so zu reguliren, daß ununterbrochen ein Band von vollkommen gleicher Stärke erlangt wird. Eine dies beabsichtigende Selbstregulirung der Strecke ist durch Hayden aus Connecticut angegeben und in Fig. 114 und 115 im 16ten Theile der natürlichen Größe nach Armengaud (Le Génie industriel. V. 134) abgebildet worden. Fig. 114 ist eine vordere Ansicht und Fig. 115 ein Durch= schnitt nach der in Fig. 114 angedeuteten Linie.

a ist ein Trichter, welcher in seinen Dimensionen so abgemessen ist, daß er ein Band von der erforderlichen Stärke ohne weitere Schwierigkeit durchpassiren läßt, durch ein etwas stärkeres Band aber nach den Abzugswalzen m zu gezogen wird, durch ein zu dünnes Band dagegen so wenig nach m zu gezogen wird, daß er im Gegen= theil unter Einwirkung des Gewichtes c sich etwas von m nach m' zu bewegt. Dieser Trichter ist nämlich am Ende des vertikalen Armes b eines oszillirenden Winkelhebels bb' angebracht, dessen horizontaler Arm b' mit dem Gewichte c versehen ist. Das Gewicht c ist so abgeglichen, daß es je nach dem verschiedenen Reibungswiderstande im Trichter denselben sich mehr oder weniger gegen m oder gegen m' hin bewegen läßt. Der vertikale Arm b ist unterhalb mit der hori= zontalen Schubstange d verbunden, durch welche das Getriebe e ent= weder mit g oder mit g' in Eingriff gebracht wird, oder in der mittlern Stellung außer Eingriff mit beiden verbleibt. g und g' stehen selbst mit einander in Eingriff und an g befindet sich die Schraubenspindel f, welche die Gabel oder Riemenführung k entweder nach rechts oder nach links zu bewegt, je nachdem auf g unmittelbar oder durch Vermittlung von g' die drehende Bewegung von e aus übertragen wird. Durch die Stellung der Riemenführung k wird aber die Geschwindigkeit bestimmt, mit welcher von dem Konus h' aus auf den Konus h die drehende Bewegung mittelst des Riemens i übertragen wird. Diese Konen vermitteln nun die Uebertragung der Bewegung von dem Vorderzylinder m' und der Abzugwalze m aus nach dem Hinterzylinder n. Es ist nämlich h durch ein Winkelrad= vorgelege mit der stehenden Welle v verbunden, und von letzterer aus geht durch ein zweites Winkelradvorgelege w die Bewegung auf die Hinterzylinder n über, während auf h' von dem Vorderzylinder und der Abzugswalze aus durch Vermittlung der Räder r und s die Bewegung übergeht, welche auf die Strecke durch die Riemenscheiben x übertragen wird. Außerdem geht von der vertikalen Welle v aus durch das Winkelradvorgelege y die Bewegung auf die Welle e' über, an deren andrem Ende sich das Getriebe e befindet und die in horizontaler Richtung ein wenig durch d verschoben werden kann.

Aus der beschriebenen Verbindung der einzelnen Theile ist nun ersichtlich, daß durch ein zu starkes Band der Trichter a gegen m bewegt, und dabei e mit g in Eingriff gebracht wird, es hat dies zur Folge, daß nunmehr k nach rechts verschoben, daher die Be= wegungsübertragung von h' auf h verlangsamt wird, in Folge hier= von geht eine geringere Umbrehungsgeschwindigkeit auf v und somit auf die Hinterzylinder über; es wird daher auch weniger Band in gleicher Zeit in die Streckzylinder gebracht, folglich, da die Bewegung der Vorderzylinder die gleiche bleibt, das Band in einem stärkeren Verhältniß gestreckt, daher auch dünner als vorher gemacht. Gelangt dieses weniger starke Band zum Trichter a, so kann sich derselbe, wenn die Stärke die normale ist, so weit von m nach m' bewegen, daß e weder mit g noch mit g' im Eingriffe sich befindet, dann findet eine weitere Veränderung des Streckungsverhältnisses nicht Statt. War dagegen das Band bereits zu dünn, so bewegt sich a so weit nach m', daß e mit g' zum Eingriffe kommt, dann treten die entgegengesetzten der vorher beschriebenen Einwirkungen ein, es wird die Umbrehungsgeschwindigkeit der Hinterzylinder etwas größer,

und demnach bei vermindertem Verzuge das Band stärker. Es ergibt sich hieraus, daß die Strecke nicht so regulirt, um alle Stärken-
verschiedenheiten im Bande unmöglich zu machen, sondern nur so
weit, daß vorhandene Unregelmäßigkeiten in der Bandstärke, deren
Vorhandensein zum Eintreten der Regulirung nothwendig erfordert
wird, auf eine geringere Bandlänge beschränkt werden. Uebrigens
ist aus dem Durchschnitte bei z ersichtlich, daß die Strecke mit einer
Selbstausrückung ebenfalls versehen ist.

B. **Allgemeine Bemerkungen über die Strecken.**

Die geriffelten Zylinder werden aus ganz gleichförmigem Eisen,
Holzkohleneisen oder Ramaßeisen, auch wohl aus Stahl hergestellt;
die ersteren pflegt man wohl auch an den Enden zu härten. Die
Bandzuführung erfolgt auf die ganze Länge des geriffelten Theiles
derselben mit Ausschluß von etwa $3/4$ Zoll auf jeder Seite, außerdem befindet sich zwischen der Riffelung und dem Zapfen noch ein
zylindrisch abgedrehter Hals von etwa 2 Zoll Länge, um den Zu-
tritt des Oeles vom Zapfen aus zur Baumwolle zu hindern. Die
Kuppelung der in einer geraden Linie liegenden Zylinder bei mehreren
verbundenen Köpfen erfolgt gewöhnlich durch einen an dem einen
Ende angebrachten vierseitigen Zapfen und eine an dem andern Ende
angebrachte vierseitige Höhlung, in neuerer Zeit wohl auch durch
zylindrischen Zapfen mit abgestoßener Fläche und entsprechender Höhlung, oder durch exzentrisch stehenden runden Zapfen. Der Durchmesser der Zylinder beträgt von $3/4$ bis $1 1/2$ Zoll.

Die Stanzen, früher aus Messing, jetzt aus Eisen hergestellt,
müssen gestatten, die Zylinderachsen der Länge der Baumwollfasern
entsprechend von $7/8$ bis $1 5/8$ Zoll stellen zu können; sie bestehen
deshalb aus mehreren über einander liegenden Theilen, welche die
Zylinderlager enthalten. Alle zusammengehörende Stanzen werden
durch Ausfräsen oder gleichzeitiges Aushobeln vollkommen von gleichen Dimensionen hergestellt.

Die Oberzylinder werden für gewöhnlich mit einem Lederüberzug,
unter dem sich eine Flanell- oder Tuchlage befindet, versehen; man
hat auch einen Kautschuküberzug und einen Ueberzug von einem
tuchähnlichen auf der einen Seite mit einer Kautschukmasse belegten
Stoff vorgeschlagen; auch bestreicht man die Lederzylinder zuweilen
mit einer Gummiauflösung.

Die unteren Putzdeckel bestehen aus Holzstücken, die mit Tuch oder Flanell überzogen sind, die oberen eben so hergestellten bestreicht man wohl mit Talkpulver oder Kreide, um das Anhaften der Baumwollfasern an den Oberzylindern zu verhindern; zu gleichem Zweck hat man auch an den Oberzylindern Pergamentstreifen parallel zur Achse befestigt, welche sich bei der Berührung mit dem Unterzylinder aufwickeln und von Zeit zu Zeit abschlagen und dadurch ein Anhaften der Fasern (Wickeln) verhindern, wie dies namentlich auch bei der Wolle gebräuchlich ist.

Der Druck, mit welchem die Oberwalzen gegen die Unterwalzen gepreßt werden, ist entweder ein unveränderlicher durch direkt wirkende Gewichte, oder ein veränderlicher durch Anwendung von Hebeln, an denen die Druckgewichte in verschiedenen Entfernungen vom Drehpunkte angebracht werden können; außerdem wendet man auch wohl Federdruck an, oder bringt nach J. Platt und T. Palmer Kautschukbänder an; deren Elastizität zur Hervorbringung des geeigneten Druckes benutzt wird. Bei einem zu geringen Drucke, so wie bei nicht vollkommen regelmäßigen Zylindern, entsteht ein flammiges Band, da die Baumwolle nicht gleichmäßig genügend zurückgehalten und am Durchgange durch die Zylinder verhindert wird; zu starker Druck begünstigt das Wickeln der Baumwolle um die Zylinder, bewirkt eine schnellere Abnutzung der Oberzylinder durch Bildung bleibender Eindrücke von den Erhöhungen der geriffelten Zylinder und erschwert den Gang der Strecke wesentlich durch Vermehrung der Zapfenreibung, welche gleichzeitig eine schnellere Abnutzung der Zapfen und Lager zur Folge hat. Bei größerer Gleichheit der durch die Streckzylinder geführten Bänder und bei geringerer Stärke der letzteren kann der Druck geringer sein; dies ist aber bei den Vorderzylindern und bei den letzteren Durchgängen durch die Strecke der Fall. Langfaserige Baumwolle verlangt etwas stärkeren Druck als kurzfaserige. Die Grenzen, innerhalb deren der Druck angewendet wird, betragen von etwa 16 bis 80 Pfund auf einen Zylinder.

Die Töpfe werden, wo sie zur Aufnahme der Bänder dienen, um eine Verwechselung derselben zu vermeiden, oft mit der Zahl bezeichnet, welche die Ordnung des Durchgangs der Baumwolle durch die Strecke bestimmt.

Die Aufsicht auf den Gang der Strecke ist theils auf Zuführung

der zu bearbeitenden Bänder, theils auf Abnahme des fertigen Produktes, theils auf Vermeidung aller störenden Einflüsse beim Gange,
Reißen der Bänder, Wickeln der Zylinder, Verstopfen der Trichter,
nicht gehörige Einlagerung der Bänder, außerdem aber auf Reinhalten der Zylinder und Putzdeckel und Einölen der Lager gerichtet.

Das Verzugsverhältniß bei einem Streckkopfe schwankt je nach
der Anzahl der Zylinder zwischen 4 und 16, als zweckmäßigste Mittelwerthe sind 6—9 zu empfehlen; bei den hinter einander folgenden
Passagen kann der Verzug von der ersten bis zur letzten etwas vergrößert werden, was durch etwas schnelleren Gang der Vorderzylinder
(von der ersten bis zur letzten Passage etwa im Verhältniß von 12 : 15)
erreicht wird. Die vorhandenen Wechselräder dienen dazu, die
Streckung der Beschaffenheit des zu erzeugenden Garnes entsprechend
zu reguliren; es werden deshalb, da auch die Temperatur und Feuchtigkeit auf den Streckprozeß einwirken, von Zeit zu Zeit Proben von
den durch die Strecke gelieferten Bändern genommen, deren Feinheitsnummer bestimmt und demgemäß der Verzug nach Befinden verändert.

Um einen regelmäßigeren Gang zu erzielen, verwendet man bei
den Strecken Zahnräder mit feiner Theilung und von demgemäß
vergrößerter Breite, und hat auch Räder mit schief stehenden Zähnen
in Anwendung gebracht.

Die Lieferungsmenge hängt von der Geschwindigkeit der Vorderzylinder ab. Eine zu große Geschwindigkeit schadet der Regelmäßigkeit des Bandes und bewirkt eine Anhäufung der Baumwolle zwischen
Zylinder und Deckel. In Amerika treibt man die Geschwindigkeit
der Vorderzylinder bis zu 800 Umdrehungen in der Minute bei
vierzylindrigen Strecken, und kann mit denselben dann bis zu 1000
Pfund Band pro Kopf in einem Tage liefern; als Minimum der
Umdrehungsgeschwindigkeit für diese und fünfzylindrige einzelne
Strecken können 300 Umdrehungen in der Minute angenommen
werden, wenn die Köpfe einzeln die Bänder in Töpfe liefern. Bei
zusammenarbeitenden Köpfen und Kanalstrecken schwankt die Umdrehungszahl zwischen 100 und 180 in der Minute. Eine Kanalstrecke liefert täglich pro Kopf etwa 600 Pfund Band, eine Molettenstrecke 60—70 Pfund. Ueberhaupt aber kann man annehmen,
daß bei langen Baumwollen die Umdrehungszahl nicht wohl über
250—300 Umdrehungen und bei kurzen und starken Baumwollen

nicht wohl über 350—380 Umbrehungen getrieben werden kann, ohne die Qualität des Produktes zu beeinträchtigen.

Die Kraft zur Bewegung eines Streckkopfes ist bei mittlerer Zylinderbelastung und mittlerer Geschwindigkeit zu $\frac{1}{25}$ bis $\frac{1}{20}$ Pferdekraft anzunehmen.

Defters wiederholtes Strecken setzt ein gleichzeitiges Dupliren voraus; die Feinheitsnummer des Produktes erhält man, wenn man die Nummer des ursprünglichen Bandes mit den hinter einander angewendeten Verzügen als Faktoren multiplizirt, und durch das Produkt aus den Duplirungszahlen dividirt. Eine aus langen und kräftigen Fasern bestehende Baumwolle ist öfter zu strecken, als eine kurze und weniger kräftige, da bei letzterer sonst die Festigkeit und Elastizität vermindert wird; bei zu geringer Streckung erzielt man ein ungleiches und rauhes Garn, bei welchem die Fäden sich nicht leicht von einander trennen. Kette wird öfter hinter einander gestreckt und duplirt als Schuß, Band für Garn von höherer Feinheit öfter als solches für niedere Nummern. Bei oft wiederholter Streckung wird es fast unmöglich, daß zwei Fasern, deren Spitzen in ziemlich gleicher Lage im Bande sich befinden, neben einander liegen bleiben, bei nicht oft wiederholter Streckung ist dies nicht ausgeschlossen. Bei niederen Nummern erfolgt ein 2—3maliges, bei mittleren (40—60) ein 4—5maliges, bei höheren sogar ein 6—7maliges Strecken.

IV. Das Vorspinnen.

Bei dem Vorspinnen (roving; étirage avec torsion) wird die allmälig fortschreitende Verfeinerung der durch die Strecken gelieferten Bänder unter gleichzeitigem Hinwirken auf eine größere Ausgleichung in der Stärke durch die fortgesetzte Duplirung dadurch begünstigt, daß man den Bändern Draht gibt, dabei die in einem Querschnitte liegenden Fasern mehr nähert, und der so entstehenden Lunte mit ziemlich kreisförmigem Querschnitte trotz immer zunehmender Feinheit die Fähigkeit gibt, sich als ein selbständiges Ganzes zu erhalten. Der Draht ist entweder ein nur vorübergehend erzeugter falscher Draht, welcher nur innerhalb der Vorspinnmaschine zwischen Streck= zylinder und Spule besteht und daher unmittelbar nachdem er her= vorgebracht wurde, sich wieder gegen einen in entgegengesetzter Rich= tung hervorgebrachten Draht aufhebt; oder er ist ein bleibender

Draht, welcher sich auch in der auf die Spule gewundenen und der nächsten Maschine übergebenen Lunte noch vorfindet.

A. Das Vorspinnen mit falschem Drahte.

Die hier zu erwähnenden Maschinen tragen die charakteristische Eigenthümlichkeit an sich, daß sie zwar im Vergleich mit den später zu beschreibenden, die einen bleibenden Draht erzeugen, eine bedeutend höhere Lieferungsfähigkeit besitzen, dagegen ein weniger regelmäßiges Produkt liefern als letztere, und daher vorzugsweise nur für niedere Garnnummern, bis etwa zu Nr. 30, sich vortheilhaft anwenden lassen, oft auch selbst bei diesen, wo sie Eingang gefunden haben, nur für die ersten Gänge des Vorspinnens benutzt werden und einer Maschine der letzteren Art vorarbeiten. Die eigenthümliche Art, wie bei diesen Maschinen die Verdichtung der Lunte durch eine rechtwinkelig gegen die Längenrichtung liegende reibende Bewegung erfolgt, hat eine theilweise Störung des Parallelismus der Baumwollfasern zur Folge, welche sich bei dem fertigen Garn durch eine geringere Glätte des Fadens zu erkennen gibt. Namentlich trifft dieser Vorwurf die nachfolgend unter 1 bis 5 zu beschreibenden Einrichtungen. Durch die neueren Verbesserungen der Maschinen mit bleibendem Drahte, namentlich der Spulmaschinen oder Flyer sowie durch die Banc Abegg wird der Vortheil der ersteren Maschinen noch geringer gemacht und der Kreis ihrer Anwendung noch mehr eingeschränkt.

1) Die **Eclipse-Maschine** (eclipse roving frame, eclipse speeder, condensing strap speeder, belt-speeder). Die Bänder werden auf einem Streckwerke duplirt und gestreckt; letzteres oft durch zwei hinter einander folgende Streckwerke zu drei Zylinderpaaren; zwischen dem Vorderzylinder des Streckwerkes und der Spule, auf welche dieselben aufgewunden werden sollen, befindet sich die charakteristische Einrichtung der vorliegenden Maschine, welche ihrem Prinzipe nach in Fig. 134 (Taf. 13) skizzirt ist. Ueber die beiden Riemenscheiben a und b, deren Achsen vertikal stehen, ist nämlich ein endloser Riemen so gelegt, daß die beiden Läufe desselben c und d durch die Leitscheiben e und f ziemlich nahe an einander gebracht werden. Zwischen beiden hindurch geht nun jedes auf eine unterhalb liegende Spule g h aufzuwindende Band und wird durch die nach entgegengesetzter Richtung eintretende Bewegung der beiden Riemenläufe c

und d so gedreht, daß oberhalb des etwa 2 Zoll breiten Riemens der entgegengesetzte Draht als unterhalb entsteht, folglich auch, nach dem Durchpassiren der so gebildeten Lunte zwischen den Riemen, der vorher gebildete Draht wieder aufgehoben ist. Um die Riemen bei jeder durchgehenden Lunte in der erforderlichen Annäherung an einander zu erhalten, sind zwischen je 2 Luntendurchgängen stellbare Führungen für die Riemen angebracht. Damit aber die Lunten in regelmäßigen Lagen auf die Spulen aufgewickelt werden, ruhen die Spulen g h auf einem breiten mit der erforderlichen Geschwindigkeit vorwärts bewegten Riemen i, durch welchen sie von der Peripherie aus eine immer gleiche Aufwindegeschwindigkeit erhalten, während das Gestell, in welchem die Spulen sowohl als der sie bewegende Riemen ruhen, quer gegen die Bewegungsrichtung von c und d, also in der Richtung der Spulenachsen g h, eine wiederkehrende hin- und hergehende Bewegung erhalten, deren Ausdehnung sich allmälig etwas verkürzt, so daß eine Spulenform ähnlich der abgebildeten entsteht. Der hierzu dienende Mechanismus ist theils dem bei der Wickelbildung in der Kammgarnspinnerei angewendeten, theils dem später bei der Röhrenmaschine ausführlicher zu beschreibenden ähnlich.

Die große Produktionsfähigkeit läßt sich aus dem Umstande entnehmen, daß man die Vorderzylinder der Streckvorrichtung bei $1\frac{1}{4}$ Zoll Durchmesser 700 bis 750 Umdrehungen in der Minute machen lassen kann (man geht sogar noch weiter) und dann eine theoretische Leistung von 15000 Fuß Luntenlänge in der Stunde erhält. Die zur Bewegung erforderliche Kraft ist im Vergleich mit ähnlichen Vorspinnmaschinen eine sehr geringe; ebenso das Raumerforderniß, denn eine Maschine von 10 Gängen nimmt etwa 36 Quadratfuß ein. Eine Abbildung einer Eclipsemaschine befindet sich in dem technischen Wörterbuche der Gewerbkunde von Karmarsch und Heeren, 2. Auflage, Band I, S. 138.

2) Die Eclipse-Maschine von Simpson (London Journal 1835, V. 250) ist mit einem Apparat zum Erzeugen konischer Spulen versehen, bei welchem die Spulen von der Peripherie aus durch einen Riemen bewegt, aber gleichzeitig unter dem Fadenführer nach der Länge ihrer Achse hin- und herbewegt werden; letztere Bewegung nimmt nach und nach an Ausdehnung ab.

3) Der in Amerika gebräuchliche Plate-speeder hat die allgemeine Einrichtung mit der vorher beschriebenen Maschine gemein,

nur wird der falsche Draht in einer andern Art hervorgebracht. Jedes Band geht nämlich auf dem Wege zwischen dem Vorderzylinder und der Spule zwischen zwei Platten hindurch, welche sich in entgegengesetzter Richtung umdrehen und so gestellt sind, daß sie mit einem abgestumpft konischen Theile an ihrer Peripherie von etwa $\frac{1}{2}$ Zoll Breite einander sehr nahe gestellt sind, hier das Band zwischen sich hindurchlassen, zu einer Lunte drehen und gleichzeitig auf die Spule aufdrücken, während die entgegengesetzten Seiten der Platten, welche nach den Streckzylindern zu gerichtet sind, etwa $1\frac{1}{2}$ Zoll aus einander stehen. Die das Band zwischen sich zusammendrehenden Flächen der Platten sind leicht gereifelt und erlauben eine der Stärke der Lunte angemessene Stellung hervorzubringen. Die Ertragsfähigkeit dieses Plate-speeder ist geringer als die der Eclipsemaschine, seine Wirkung soll dagegen gleichförmiger sein.

4) Der Rota-frotteur gibt eine Art falschen Draht durch Würgeln oder Nietscheln, d. h. durch eine schnell hin und hergehende Bewegung zweier Flächen, zwischen denen rechtwinkelig gegen die Richtung dieser Bewegung die Lunte hindurch geführt wird, in derselben Art, wie der gleiche Zweck bei den Vorspinnkrempeln der Streichgarnspinnerei erreicht wird; der Hauptsache nach wird indessen bei dieser Vorrichtung die Verdichtung der Lunte durch das abwechselnde Rollen oder Würgeln der genannten Flächen hervorgebracht. Streckwerk und Aufwindung auf die Spule sind hier eben so beschaffen, wie bei der unter 1 beschriebenen Maschine; das Charakteristische des Rotafrotteurs beruht in dem zwischen Streckwerk und Spule liegenden in Fig. 135 skizzirten Mechanismus. a und b sind zwei Metallzylinder, über welche ein Leder c, dessen Enden mit einander verbunden sind, in Form eines endlosen Tuches (tablier) gespannt ist. Auf der oberen Seite dieses endlosen Leders ruht ein ebenfalls mit Leder überzogener Zylinder d von größerem Durchmesser. Die Zylinder a und d erhalten eine nach entgegengesetzter Richtung gehende Umdrehung mit gleicher Peripheriegeschwindigkeit, und es wird daher in der Richtung von a nach b zu eine zwischen d und c eintretende Lunte hindurchgeführt, ohne durch die bisher beschriebene Bewegung eine Veränderung zu erfahren. Nun ruht aber d mit seiner Achse in einem Rahmen, a und b unterhalb in einem zweiten Rahmen, und beide Rahmen erhalten durch entgegengesetzt gestellte Krumm=

zapfen abwechſelnd wiederkehrende Bewegungen in entgegengeſeßtem Sinne nach einer auf ihre Achſen ſenkrecht ſtehenden Richtung, b. h. während d, nach der Bildebene der Zeichnung bemeſſen, nach vorn zu bewegt wird, erhalten a und b und das Riementuch c eine Bewegung nach hinten und ſo umgekehrt, ſo daß ſämmtliche zwiſchen c und d parallel neben einander hinburch gehende Lunten rechtwinkelig gegen ihre Längenrichtung abwechſelnd nach der einen und andern Seite gerollt, gewürgelt (genietſchelt) werden.

Die Ausbildung dieſer Rotafrotteurs iſt namentlich in der Normandie für das Vorſpinnen von Garnen bis zu Nr. 40 erfolgt. Nach Alcans Angabe (Essai sur l'industrie des matières textiles) wird ſogar auf dieſen Maſchinen eine drei Mal hinter einander folgende Vorbereitung auf einem Rota en gros, rota intermédiaire und rota en fin bewirkt. Von letzterer Maſchine enthält die angeführte Quelle auf Taf. XI. eine Abbildung, nach welcher die Walze a und b etwa 4 Zoll, die Walze d 8 Zoll Stärke und 6 Fuß Länge hat; es werden 40 Bänder zugeführt und die hin und her gehende Bewegung der Walzen erhält eine Ausdehnung von etwa 2½ Zoll.

5) Der Rotafrotteur von Simpſon (London Journal 1835, V. 250) enthält einen Apparat zur Aufwindung koniſcher Spulen, welcher im Prinzip dem bei der Röhrenmaſchine angewendeten gleich iſt, aber zur Erzielung der koniſchen Enden mit einer andern Einrichtung verſehen iſt, ähnlich wie die bei Nr. 2 erwähnte.

6) Die Röhrenmaſchine (tube-frame, tube roving frame, tube speeder, Taunton-speeder, Danforth's-frame, Dyer's-frame; machine à tubes, banc à tubes) hat unter den Maſchinen der vorliegenden Art die weiteſte Verbreitung gefunden. Von Danforth zu Taunton in Maſſachuſſetts erfunden, wurde ſie 1825 von Dyer in England eingeführt und weſentlich verbeſſert. Bei ihr wird der falſche Draht durch ſich drehende Röhrchen, durch welche die Lunte in etwas geſpanntem Zuſtande hinburchgeht, hervorgebracht. Die urſprüngliche Konſtruktion iſt in Maiſeau: histoire descriptive de la filature et du tissage du coton S. 523 beſchrieben und abgebildet. Fig. 136 iſt eine Endanſicht, Fig. 137 eine vordere Anſicht, Fig. 138 die andere Endanſicht, Fig. 139 ein Querdurchſchnitt, Fig. 140 die obere Anſicht einer Röhrenmaſchine neuerer Konſtruktion im 18ten Theile der natürlichen Größe; Fig. 141—153 ſtellen einzelne

Konstruktionsdetails zum Theil in größerem Maßstabe dar. Die Maschine hat eigentlich die doppelte Länge, nämlich 20 Röhrchen und Spulen, ist aber hier der Raumersparniß wegen nur mit halb so viel Röhrchen und Spulen gezeichnet.

Das Streckwerk besteht für jeden Gang aus 2 hinter einander folgenden Köpfen zu drei Zylinderpaaren, welche hier mit den Zahlen I bis VI bezeichnet sind. Die auf dem Zylinderbaum aufgeschraubten Stanzen haben daher die aus dem Querdurchschnitte Fig. 139 ersichtliche Gestalt. Die Zuführung der Bänder aus den Töpfen erfolgt für das erste Streckwerk durch die auf einer Langschiene angebrachten Zuleitungen a, für das zweite Streckwerk durch die Trichter b. Die Schienen, auf denen a und b befestigt sind, erhalten durch einen später zu beschreibenden Mechanismus eine langsame wiederkehrende Bewegung in der Richtung der Streckwalzen, um eine einseitige Abnutzung derselben bei stets gleicher Lage der Bänder gegen die Walzen zu verhindern; in Fig. 140 sind rechts die Oberzylinder als abgehoben gezeichnet, welche links sichtbar sind; die über ersteren angebrachten Putzdeckel, welche in Fig. 137 und 139 gesehen werden, sind in Fig. 140 ebenfalls weggelassen. Die Bewegung der Streckzylinder erfolgt von der Hauptwelle mit der Riemenscheibe c aus durch ein Zahnradvorgelege bei d mit gleicher Zähnezahl, wodurch bewirkt wird, daß der Vorderzylinder VI mit der Hauptwelle gleichviel Umdrehungen (500 in der Minute) macht. Von VI auf V geht die Bewegung durch Vermittlung zweier bei e sichtbaren Vorgelege über, von denen das erste die Zähnezahlen 21 und 42, das zweite 30 und 32 besitzt. Der Streckzylinder IV erhält ebenfalls durch 2 Vorgelege seine drehende Bewegung, das erste ist bei f sichtbar. (Zähnezahlen 23 und 46), das zweite bei g (Zähnezahlen 22 und 40); von ihm aus geht die Bewegung auf III durch Vermittelung eines Transporteurs h über, durch welchen die an den Zylindern angebrachten Zahnräder von 40 und 46 Zähnen verbunden werden. Die Streckzylinder III und II stehen wieder auf der andern Seite der Maschine durch 2 Vorgelege bei i in Verbindung, von denen das eine die Zähnezahlen 21 und 42, das andere die Zähnezahlen 30 und 32 besitzt; endlich geht von dem Streckzylinder III die Bewegung auf den Streckzylinder I ebenfalls durch 2 Vorgelege k (mit 27 und 56) und l (mit 25 und 56 Zähnen) über.

Die Aufwickelung der Lunte geschieht durch die Wickelwalzen VII (voudeurs), welche sämmtlich an einer Welle sich befinden und durch die beiden Winkelradvorgelege m (mit 28 und 60 Zähnen) und n (von 32 und 50 Zähnen) von der Welle des Vorderzylinders VI aus bewegt werden. Zur Berechnung der gesammten vorkommenden Streckverhältnisse ist jetzt nur noch die Angabe erforderlich, daß die Streckzylinder I, II, IV und V einen Durchmesser von $1\frac{1}{8}$ Zoll, die Streckzylinder III und VI einen Durchmesser von $1\frac{1}{4}$ Zoll und die Wickelwalzen VII einen Durchmesser von $4\frac{3}{8}$ Zoll besitzen.

Zwischen dem Vorderzylinder VI und der Spule o liegen die in Fig. 146—148 in halber natürlicher Größe dargestellten Röhrchen, welche der Maschine den Namen gegeben haben; sie haben bei pp, wo sie in dem Träger t (Fig. 139) drehbar eingelagert sind, einen geringeren Durchmesser, bei q, wo sie von dem sie bewegenden Riemen berührt werden, etwa $\frac{7}{8}$ Zoll Durchmesser, bei r auf der einen Stelle eine Oeffnung, durch welche der Steg r hervortritt, um die Lunte, welche über denselben hinweggeführt ist, in eine solche Spannung zu versetzen, daß sie genöthigt ist, an der Umdrehung des Röhrchens Theil zu nehmen; und sind mit ihrem Ende bei s in ein Führungsstück eingelassen, welches die zu wickelnde Spule berührt und dieselbe vor Verletzungen durch das sich drehende Röhrchen bewahrt. Das zwischen r und der Spule freiliegende Luntenstück hat etwa eine Länge von $\frac{3}{8}$ Zoll und nimmt daher auf diese kurze Entfernung die von dem Röhrchen ausgeübte einseitige Drehung innerhalb einer Länge auf, welche kürzer als die Länge der Baumwollfaser ist, wodurch die feste Verbindung der einzelnen Fasern erzielt wird. Der durch die Drehung des Röhrchens hervorgebrachte Draht ist nun offenbar zwischen r und o entgegengesetzt gerichtet als zwischen r und VI, und wird daher zur Folge haben, daß die starke Zusammendrehung zwischen r und o sich über r hinaus nach dem Vorderzylinder verbreitet und dadurch einen gleichen Betrag des daselbst erzeugten aufhebt. Die Drehung wird an den Röhrchen durch einen Riemen erzeugt, der nach Fig. 144 abwechselnd über und unter den Röhrchen hindurchgeht und von der Hauptwelle aus seine Bewegung erhält. An letzterer befindet sich nämlich die Riemenscheibe u, von dieser geht der Riemen über die Leitscheiben v, w und x, von hier zwischen den Röhrchen hindurch, dann über y und z nach u zurück, so daß also die

Umbrehungsgeschwindigkeit der Röhrchen von dem Verhältniß der Durchmesser von q und u abhängt, und durch Auswechselung von u eine Veränderung in der Umbrehungsgeschwindigkeit der Röhrchen hervorgebracht werden kann. u hat einen Durchmesser von etwa 12 bis 20 Zoll. Es bedarf kaum besonderer Erwähnung, daß in Fig. 138 die an der Hauptwelle sitzende Riemenscheibe u, nebst der Haupttrieb= scheibe c als weggenommen gedacht wurde, um die dahinter liegenden Radverbindungen deutlicher zu sehen; die Lage der Riemenscheibe u ist daher auch nur punktirt gezeichnet. Durch z kann die erforder= liche Riemenspannung bewirkt werden; die Verstellung von z macht Fig. 142 im Durchschnitt deutlich.

Die Spulenbildung in der durch Fig. 145 angegebenen Form, b. h. mit konischen Enden, setzt voraus, 1) daß die Lunte durch das Ende des Röhrchens nicht stets auf eine gleiche Stelle der Spule ge= führt werde, sondern daß das Röhrchen längs der Spule sich hin= und herbewege, um ein schraubengangförmiges Aufwinden der Lunte zu gestatten; 2) daß diese Hin= und Herbewegung der Röhrchen an= fänglich innerhalb einer größeren und allmälig in einer immer ge= ringeren Ausdehnung erfolge, um die an den Enden konische Gestalt der Spule zu erhalten; 3) daß die Spule o auf der Wickelwalze VII mit dem erforderlichen Druck aufliege, um von der Peripherie aus mit gleichbleibender Peripheriegeschwindigkeit sich zu drehen; und 4) daß das Röhrchen mit einem stets möglichst gleichen Druck gegen die auf= gewickelte Spule sich anlege, um in Vereinigung mit dem vorher er= wähnten Drucke das dichte Aufwinden, die Festigkeit der Spule, her= vorzubringen. Um dies zu erreichen, sind die gesammten Röhrchen auf einen Schlitten A mit ihren Trägern t gestellt, welcher eine stetig ab= nehmende hin= und hergehende Bewegung parallel zur Länge der Maschine erhält, die Träger selbst aber in einem Gewinde B auf diesem Schlitten drehbar, und der Schlitten erhält eine von dem Durchmesser der Spule abhängige Stellung auf der schiefen Ebene C (vergl. Fig. 139). Außer= dem wird der Druck der Spulen gegen die Wickelwalzen wesentlich durch die in dieselben eingeschobenen eisernen Achsen (Fig. 145) hervorgebracht, deren Enden in den auf beiden Seiten jeder Spule angebrachten ver= tikalen Führungen aufsteigen können. Diese Führungen sind oberhalb (Fig. 138 und 139) mit kleinen Pfannen versehen, um beim Aus= wechseln der vollen Spulen die Wechselstücke auflegen zu können.

Die hin= und hergehende Bewegung des Röhrchenschlittens wird in folgender Art hervorgebracht. An der Welle der Wickelwalzen befindet sich eine Riemenscheibe D (Fig. 136 und 137), welche durch einen Riemen mit der tiefer liegenden E verbunden ist; letztere sitzt an einer Welle mit dem konischen Rade F, und dieses kann ent= weder in das rechts oder das links von ihm stehende konische Rad G (Fig. 139 und 141) eingreifen, je nachdem die Stange N, auf welcher das hinter F angebrachte Lager der Welle befindlich ist, entweder in der in Fig. 139 und 141 gezeichneten Lage steht, oder etwas weiter nach links geschoben ist. In jeder von beiden Stellungen dreht das Winkelrad F durch Vermittlung der an gleicher Welle mit G angebrachten Schnecke das Schraubenrad H und durch dasselbe das mit ihm an gleicher Welle befindliche Getriebe J, und zwar das eine Mal nach rechts, das andre Mal nach links herum, so daß dadurch die mit J im Eingriff stehende Zahnstange mit dem Schieber K entweder nach rechts oder nach links zu verschoben wird. Dieser Schieber K mit seiner Leitung ist in Fig. 143 sichtbar, an seinem linken Ende befindet sich nach Fig. 137 ein Zapfen, mit welchem die Schubstange W verbunden ist, und etwas tiefer ein zweiter in einem Schlitze stellbarer Zapfen L, durch welchen der Hebel M beim Hin= und Hergange von K in eine schwingende Bewegung in ver= tikaler Ebene versetzt wird. Dieser Hebel M dient dazu, den ab= wechselnden Eingriff von F in das rechts oder das links stehende komische Rad hervorzubringen, und zwar in folgender Art:

Der Hebel M hat seinen Drehpunkt in dem an seinem Ende Fig. 137 angegebenen Zapfen, etwas höher ist er mit zwei zur Seite angebrachten Vorsprüngen versehen, durch welche die beiden Stell= schrauben Q und R (Fig. 139 und 137) hindurchgeschraubt sind; über Q liegt die Klinke O und über R die Klinke P; beide Klinken sind aus Fig. 141 und 137 zu ersehen, sie sind an ihrem Ende um Bolzen drehbar, liegen auf dem bereits vorher erwähnten Stabe N auf, durch welchen F verschoben werden kann, und fallen abwechselnd in Schlitze ein, welche in diesem Stabe N angebracht sind. In der in Fig. 141 gezeichneten Stellung ist O in diesen Schlitz eingefallen und hält dadurch F mit dem rechten Zahnrade G im Eingriffe. Setzt aber nun M seine schwingende Bewegung fort, und trifft am Ende derselben die Schraube Q gegen einen an der unteren Seite von O

angebrachten Vorsprung, wodurch O aus dem Schlitze von N heraus=
gehoben wird, so ist P dazu bestimmt, in den jetzt rechts von P
liegenden Einschnitt von N einzufallen, nachdem N nach links bewegt
worden ist, und so F mit dem links stehenden Winkelrade G im Ein=
griff zu erhalten, bis sich nach Beendung der nunmehr entgegen=
gesetzt eintretenden schwingenden Bewegung von M das vorher be=
schriebene Spiel bei P wiederholt. Wesentlich ist daher die Umkehrung
der Bewegung von H abhängig von der zu gehöriger Zeit und jedes
Mal nach entgegengesetzter Richtung als vorher eintretenden Seiten=
verschiebung von N. Hierzu dienen zwei Gewichte S und T, welche
mit Ketten, die über Rollen geführt sind, an N sich befestigt be=
finden; die eine dieser Rollen ist bei U sichtbar, die andere ist ver=
deckt und steht in gleicher Höhe wie U über T am Gestell befestigt.
Von diesen Gewichten wird jedes Mal das, welches vorher den Stab
N in seine neue Lage geschoben hat, während der nächsten Schwin=
gung von M in die Höhe gehoben und dadurch außer Wirksamkeit
gesetzt, so daß nach Aushebung einer der Klinken O und P das
andere Gewicht in Wirksamkeit treten kann. Es erfolgt dies durch
den kleinen Balancier V, durch dessen Arme Drähte hindurchgehen,
welche die Gewichte mit den Ketten verbinden und oberhalb mit Ver=
stärkungen versehen sind, durch welche sie von dem Hebel V abge=
fangen werden können. Dieser Hebel V aber ist nun mit dem schwin=
genden Hebel M durch einen von letzterem ausgehenden horizontalen
Arm verbunden und bewirkt in der in Fig. 139 gezeichneten Stellung,
daß, da T durch V gehoben ist, bei der nächsten Ausrückung von O
das Gewicht S den Stab N nach links zieht bis P in den Schlitz
eingefallen ist, worauf bei der nächsten Schwingung V in die ent=
gegengesetzte Stellung tritt, S aufhebt, und dann am Ende der
Schwingung von M das Gewicht T zur Wirkung kommen läßt,
welches wieder die hier gezeichnete Stellung hervorbringt. Der Zeit=
raum, nach welchem der Wechsel in der Bewegungsübertragung von
F auf G Statt findet, oder die Länge der Verschiebung von K und
W, hängt der vorhergehenden Beschreibung zufolge von dem Auf=
heben der beiden Fallklinken O und P ab, und kann durch Stellen
der Schrauben Q und R regulirt werden.

Aus dem bisher Beschriebenen ist so viel klar, daß auf den
Schieber K und auf die Zugstange W, die mit demselben verbunden

ift, eine vollkommen gleichmäßige hin= und hergehende Bewegung übertragen wird. Wollte man daher den Schlitten A direkt mit W verbinden, so würden die Röhrchen auf den Spulen in einer stets gleichen Ausdehnung hin= und herbewegt und daher fast ganz zylin= drische Spulen gebildet werden, deren Enden nicht genügende Halt= barkeit besitzen würden. Um das Konifchwinden hervorzubringen, ift nun zwischen W und dem Schlitten A noch ein anderer Regu= lirungsapparat eingesetzt.

Die Schubstange W ift nämlich durch das Gelenk X (Fig. 151) mit dem oberen Ende des um den Drehpunkt d' schwingenden Hebels Y verbunden, so daß Y eine schwingende Bewegung von stets gleicher Winkelgröße mitgetheilt erhält. Ueber Y ift ein verschiebbarer Arm Z (Fig. 137, 152, 153) angebracht, mit deffen oberem Theile durch einen Zapfen die Schubstange a' in Verbindung steht, welche an ihrem andern Ende durch einen Zapfen mit dem Schieber b' ver= bunden ift, der wie K in einer Führung geht und einen Zapfen enthält, welcher durch einen Schlitz des am Schlitten befindlichen Armes c' hindurchragt und dadurch dem Schlitten A die hin= und hergehende Bewegung mittheilt. Damit diese Bewegung in allen Höhenstellungen, welche A längs der schiefen Ebene C hat, richtig erfolgen kann, ift der Arm c' mit einem Schlitze versehen; daß aber die auf A übertragene Bewegung eine veränderliche Größe annehme, wird davon abhängen, daß der mit Z verbundene Endpunkt der Schubstange a' eine verschiedene Lage auf dem Hebel Y erhält. Während nämlich dieser Hebel schwingende Bewegungen von immer gleicher Winkelgröße macht, wird die auf a' und daher auf den Schlitten A übertragene Bewegung von der Größe des Hebelarmes abhängig sein, an deffen Ende sich der Befestigungspunkt von a' befindet; es ift zu dem Ende Z auf Y verschiebbar eingerichtet, und zwar in folgender Art. Der Hebel Y, welcher nach einem von der Länge der Stange a' abhängigen Halbmesser gekrümmt ift, läuft unterhalb zu beiden Seiten des Drehpunktes d' in die beiden Arme e' und f' (Fig. 151) aus, an deren Enden sich Zapfen befinden, auf welche die Sperrkegel g' und h' aufgeschoben sind. Diese Sperr= kegel werden durch eine Spiralfeder gegen einander gedrückt, sie haben aber über die Drehpunkte hinausgehende Verlängerungen, welche gegen die an dem Gestell befestigten Schrauben i' und k' anstoßen,

wenn Y der einen oder andern Grenze des Schwingungsbogens sich
nähert, und dadurch ein Zurückgehen oder Ausrücken des einen oder
andern Sperrkegels bewirken. Zwischen diesen Sperrkegeln liegt nun
eine auf Z aufgeschraubte doppelte Zahnstange, welche in Fig. 137
ersichtlich ist. Die Zähne auf der einen Seite sind gegen die auf
der andern Seite so versetzt, daß, wenn der Sperrkegel g' gerade
unter einen Zahn greift, dann h' auf der Mitte eines Zahnes steht,
und umgekehrt. Einer dieser Sperrkegel bildet nun aber den Auf=
haltpunkt für den an Y verschiebbaren Theil Z, welcher durch sein
Gewicht und durch das theilweise Gewicht der Stange a' ein Be=
streben erhält, an Y immer weiter niederzusinken. Steht nun Z in
einer bestimmten Stellung, so wird nach Beendung einer Schwingung
von Y der Sperrkegel, durch welchen die Lage von Z bestimmt wurde,
vermöge der vorher beschriebenen Einwirkung der Schrauben i' oder
k' ausgerückt, Z sinkt um einen halben Zahn bis auf den Wider=
stand des andern Sperrkegels herunter, und die nunmehr von Z auf
a' und auf den Wagen A übertragene Bewegung hat eine etwas
geringere Ausdehnung als vorher. Für verschiedene Luntenstärken
und Spulenformen kann man verschiedene Zahnstangen auf Z be=
festigen, wie sich dies aus den Schrauben ergibt, die man zur Be=
festigung der Zahnstange in Fig. 137 und 152 sieht.

Ist die Spule vollgewickelt, so legt der hier beschriebene Apparat
auch den Riemen von der Triebscheibe auf die Losscheibe. Ist näm=
lich der letzte obere Zahn von Z mit einem Sperrkegel in Berührung,
so wird nach Ausrückung desselben bei Beendung der Schwingung
sich dem vollständigen Niedersinken von Z ein Widerstand nicht weiter
entgegensetzen; hierdurch wird aber der Hebel l' in Fig. 149 auf der
rechten Seite niedergedrückt, auf der linken in die Höhe gehoben; er
hebt dabei die Falle m' aus, durch welche der Hebel n' Fig. 137
in seiner Stellung erhalten wurde, und das Gewicht o' veranlaßt
denselben zu einer schwingenden Bewegung, bei welcher er die Aus=
rückstange p' in dem angedeuteten Sinne bewegt.

Um nun aber zu bewirken, daß die Röhrchen stets in ungefähr
gleichem Neigungswinkel und mit gleicher Kraft gegen die Spule trotz
der Vergrößerung des Durchmessers der letzteren drücken, wird der
Schlitten A nebst seiner Führung allmälig längs der schiefen Ebene
etwas in die Höhe bewegt. Es dient hierzu das Zahnrad q', welches

durch die Schubklinke r' nach einer hin= und hergehenden Be=
wegung von Y um einen oder mehrere Zähne vorwärts geschoben
wird; r' erhält aber seine Bewegung von s' (Fig. 136 und 149)
und auf s' wird sie durch den Hebel t' übertragen, welcher sie selbst
durch einen an f' (Fig. 151) vorstehenden Zapfen u' erhält. An
der Welle von q' befinden sich nun an drei Stellen Zahnräder v'
(Fig. 139), welche in Zahnstangen w' eingreifen, die unterhalb an
der Schlittenführung A angebracht sind.

Sind sämmtliche Spulen vollgewickelt, und ist die Maschine durch
den oben beschriebenen Apparat zum Stillstande gebracht, so werden
die vollen Spulen abgenommen, leere eingelegt, um jede derselben der
abgerissene Faden geschlungen, der Schieber Z am schwingenden Hebel
Y in seine größte Höhe gebracht, so daß einer der Sperrkegel unter
den tiefsten Zahn unten greift, der Hebel n' in seine normale Lage ge=
bracht, so daß er durch die Falle m' gehalten wird, der Schlitten A
durch die Kurbel an q' in die tiefste Lage versetzt und dann eingerückt.

Die anfänglich erwähnte Verschiebung der Zuleitungsstangen a
und b ist aus Fig. 137, 139, 140 und 150 zu ersehen. An der
Schubstange W befindet sich nämlich der Zapfen x', welcher den
vertikalstehenden Hebel y' dadurch in eine schwingende Bewegung setzt,
daß er in einen Schlitz desselben eingreift; y' ist auf ähnliche Art mit
dem horizontal liegenden Hebel z' verbunden, und letzterer bewegt die
mit einander rahmenförmig verbundenen Stäbe a und b hin und her.

Um die Röhrchen von der Berührung mit der Spule zurückzuziehen,
ist an dem Träger t ein Häkchen A' angebracht, welches auf einen an
dem Schlitten befestigten Stift aufgelegt werden kann (vergl. Fig. 139).

Was die mechanischen Verhältnisse der hier beschriebenen Röhren=
maschine betrifft, so gestalten sich dieselben in folgender Art:

Bezeichnung der Zylinder	Durchmesser	Umdrehungen pro Minute	Weg des Bandes pro Minute	Streckungs= verhältniß
I.	9/8"	25,725	90,9"	2,179
II.	9/8"	56,025	198,0	2,370
III.	5/4"	119,52	469,3	1,036
IV.	9/8"	137,5	486,0	1,704
V.	9/8"	234,375	828,3	2,370
VI.	5/4"	500	1963,5	1,045
VII.	4 3/8"	149,333	2052,5	
		gesammte Streckung:		22,58

Von dieser Streckung kommen auf den ersten Kopf 5,163, auf den zweiten Kopf 4,040. Hat die Riemenscheibe u einen Durchmesser von 20 Zoll, so machen die Röhrchen 11428 Umbrehungen in der Minute, und es kommen auf jeden Zoll durchgehender Lunte 5,8 Umbrehungen derselben; beträgt der Durchmesser dagegen nur 12 Zoll, so ergibt sich die Umbrehungszahl der Röhrchen zu 6859 und es kommen auf den Zoll Lunte 3,5 Umbrehungen.

Die theoretische Leistung eines Röhrchens in 12 Stunden würde 123150 Fuß Luntenlänge geben, man kann daher etwa 86000 Fuß als die wirklich erreichbare Leistung einschließlich des Aufenthalts für Aufstecken und Abnehmen, sowie für sonstige Hindernisse annehmen. Diese Länge ist gleich der Länge von 34 Zahlen oder Strähnen, und wenn man annimmt, daß die Lunte die Feinheits=Nr. ⋅ 2.   3.   4. hat, so liefert ein Röhrchen täglich   17 Pfd. 11⅓ Pfd. 8½ Pfd. Vorgespinnst; eine Maschine mit 20 bis 24 Spulen daher das 20 bis 24fache; eine überaus große Leistungsfähigkeit.

Die Maschine bedarf eines Mädchens zur Bedienung. Die Geschwindigkeit der Vorderzylinder wird zu 450 bis 500 angenommen; die Feinheitsnummer 4 der Lunte kann man bei derselben nicht wohl überschreiten.

Bei einer von Scott berechneten Röhrenmaschine beträgt bei 440 Umbrehungen des Vorderzylinders die Länge des in der Minute eingehenden Bandes 42,85 Zoll, die Länge der in einer Minute aufgewickelten Lunte 1679 Zoll; die Gesammtstreckung daher 39,178. Die Streckung auf dem ersten Kopfe beträgt 8,244 und die auf dem zweiten 4,412. Die Röhrchen machen 9051,4 Umbrehungen und es kommen daher auf jeden Zoll der Lunte 5,4 Umbrehungen.

Noch ist bezüglich der Beschaffenheit der Spulen zu bemerken, daß nach der Art der Aufwindung sich in jeder Schicht der aufgewickelten Spule eine gleiche Luntenlänge befindet. Liegen daher in der ersten Schicht die einzelnen Windungen dicht neben einander, so wird dieß in den auf größeren Durchmessern aufgewundenen Schichten nicht mehr der Fall sein. Als erforderliche Bewegkraft ist für 40 Röhrchen eine Pferdekraft anzunehmen.

7) Die Anwendung rotirender Trichter zur Verdichtung der Bänder, auf welche W. Johnson ein Patent erhalten hat, ist hier als aus dem Prinzipe der Röhrchen hervorgegangen, jedoch unvollkommener

in der Wirkung, nur beiläufig zu erwähnen. (Dinglers Journal Bd. 97. S. 17.)

B. Das Vorspinnen mit bleibendem Drahte.

Das Vorspinnen wird entweder unmittelbar mit den von den Strecken gelieferten Bändern oder mit der Lunte von einer der vorher unter A beschriebenen Maschinen vorgenommen und so lange fort=gesetzt, bis ein Produkt erhalten wird, welches unmittelbar der Fein=spinnmaschine übergeben werden kann. Die hier vorzunehmenden Operationen werden in neuerer Zeit mehr auf Maschinen gleicher Art, weniger unter Benutzung der Einrichtung der eigentlichen Fein=spinnmaschinen vorgenommen, es sollen daher auch hier alle die Ver=richtungen zusammengefaßt werden, welche in dem Hauptwerke S. 541 und 562 unter den getrennten Ueberschriften IV das erste Spinnen und V das zweite Spinnen aufgestellt worden sind, soweit sich in denselben ein wesentlicher Fortschritt zeigt. Unter diesen Maschinen sind nun die Spulmaschinen oder Spindelbänke, Flyer, die wichtig=sten; es ist der Vervollkommnung derselben in den letzten Jahrzehnten der größte Scharffinn zugewendet und dadurch ein Stand der Aus=bildung derselben erzielt worden, welchem zum größten Theile die hohe Vollkommenheit der jetzigen Spinnerei zu verdanken ist; theils des=halb, theils wegen des Interesses, welches diese Maschinen auch für das Spinnen aller übrigen Faserstoffe erlangt haben, und wegen der ausgezeichneten Stelle, die sie in der ausübenden Mechanik überhaupt einnehmen, wird diesen Flyern hier, nachdem die übrigen Vorspinn=maschinen kurz erwähnt sind, sowohl was die Geschichte ihrer Aus=bildung, als ihre gegenwärtige Einrichtung betrifft, ein größerer Raum im Nachfolgenden gewidmet werden.

8) Die Kannenmaschine, Laternenbank (can frame, can roving frame; banc à lanternes, lanterne, lanterne tournante). Außer den Bd. I. S. 543—545 geschilderten Unvollkommenheiten dieser Maschine ist die geringe Lieferungsfähigkeit der Maschine noch zu erwähnen. Soll das Vorgespinnst z. B. $3/4$ Draht pro Zoll er=halten und kann man den Kannen in der Minute 150 Umdrehungen geben, ohne den schädlichen Einfluß der Zentrifugalkraft in zu hohem Grade rege zu machen, so darf der Vorderzylinder nur 200 Zoll Band in der Minute ausgeben, also nur 54,6 Umdrehungen machen, eine Geschwindigkeit, welche wesentlich gegen die anderer Vorspinn=

maſchinen zurückſteht, und den Prozeß namentlich in Berückſichtigung der unvollkommenen Beſchaffenheit der Lunte, und der Nothwendig= keit, ſie noch beſonders aufzuſpulen, ſehr theuer macht.

9) Die Skelettkanne (skeleton frame), vermeidet zwar das nochmalige Aufwinden der Kannenlunte durch die Hand inſofern, als die Kannen zur Aufnahme der Lunte nicht mit der Maſchine feſt ver= bunden ſind, ſondern auf ein die drehende Bewegung erhaltendes Geſtell aufgeſetzt, und in gefülltem Zuſtande mit der Lunte abgehoben werden, und daher letztere mehr ſchonen; doch bleibt der Nachtheil geringerer Lieferungsfähigkeit.

10) Als eine weitere Ausbildung des Prinzips der vorhergehenden Maſchine ſind die Drehtöpfe zu betrachten (vergl. Strecken Nr. 12), bei denen die vorher angegebene Unvollkommenheit der geringeren Lieferungsfähigkeit nicht entſteht, ſobald es ſich nicht um Drahtgebung handelt, wie dies bei Verwendung bei Strecken der Fall iſt. Soll aber mit denſelben eine Feinheit des Bandes erzielt werden, welche eine ſtärkere Drahtgebung erfordert, ſo ſtellt ſich auch die erwähnte Schwierigkeit wieder ein.

11) Der Drehtopf von R. Lucas (Polytechn. Zentralbl. 1853, S. 1092) iſt eine Abänderung des vorher erwähnten Prinzips, durch welche daſſelbe der Wirkung der Preſſionsſtrecken ſehr ähnlich wird (vergl. Strecken Nr. 13). Der Einlaß des Bandes erhält hier eine hin= und hergehende Bewegung, unter demſelben dreht ſich der Topf, welcher eine Spindel in der Mitte trägt; auf dieſer Spindel ſchiebt ſich eine mit einer Federklemmung auf dieſelbe geſchobene Scheibe in dem Maße nieder, als dies die übereinander liegenden Bandlagen nöthig machen; die Zuſammendrückung iſt daher von der Größe des Reibungswiderſtandes dieſer Federklemme abhängig, und wird mit wachſendem Gewichte der Spule geringer.

12) Die vollkommenſte auf dem Prinzip der vorher behandelten Vorſpinnmaſchinen beruhende und der Preſſionsſtrecke ähnliche Ma= ſchine iſt die in neuerer Zeit in Anwendung gekommene Banc= Abegg, welche durch Fig. 125 in der vordern Anſicht, durch Fig. 126 im Querdurchſchnitte im 12ten Theile der natürlichen Größe dar= geſtellt wird, während Fig. 127—133 Details zum Theil in größe= rem Maßſtabe enthalten.

Von der mit den Riemenſcheiben verſehenen Hauptwelle A aus

geht die Bewegung durch die Räder a (von 26 Zähnen), b und c (von 26 Zähnen) auf die Welle B und von dieser durch die Räder d (von 20 Zähnen), e und f (von 25 Zähnen) auf die Welle C über, welche mit den Vorderzylindern gekuppelt ist. Von hier wird die Welle E des Hinterzylinders durch die Vorgelege g, h (von 27 und 76 Zähnen) und i, k (von 32 und 50 Zähnen) und von letzterer aus die Welle D des Mittelzylinders durch die mit dem Doppelrade m verbundenen Getriebe l und n (von 35 und 29 Zähnen) bewegt. An E befindet sich an dem einen Ende eine Schnecke, die in ein mit einer kleinen Kurbel versehenes Schneckenrad F eingreift und so den Luntenführern eine hin- und hergehende Bewegung längs der ge= riffelten Zylinder ertheilt. Von C aus geht ferner durch die Räder o (von 40 Zähnen), p und q (von 40 Zähnen) die Bewegung an die Abzugwalzen G über.

Die übrigen zu dem Streckwerk gehörenden Theile, als Ober= zylinder, Putzdeckel, Druckgewichte u. s. w., sind aus der Abbildung leicht zu erkennen, und es bedarf daher nur noch der Erwähnung, daß bei H die Spulen aufgestellt sind, von denen die durch die Ma= schine zu verarbeitenden Lunten ablaufen und durch entsprechende Leitungen nach den Hinterzylindern geführt werden.

Unter der Abzugwalze liegen die Röhren J, welche von der Drahtwelle B aus durch die konoidischen Radvorgelege r von gleicher Zähnezahl (24) in Umdrehung versetzt werden und mit den Platten K fest verbunden sind, letztere daher ebenfalls in Umdrehung setzen. Die Platten K liegen in der Bank L. Die Wickelwelle M erhält von B aus durch die beiden Radvorgelege t, u (von 26 und 55 Zäh= nen) und v, w (von 62 und 26 Zähnen) eine drehende Bewegung, welche durch die konoidischen Radvorgelege s von gleicher Zähnezahl (25) auf die um J drehbaren Kegelstücke N übertragen wird. An N ist ein innerhalb verzahnter Ring x (von 50 Zähnen) angebracht, welcher in ein Getriebe y (von 18 Zähnen) eingreift (Fig. 130); letzteres ist an dem in einem an J und K angebrachten Lager dreh= baren Theile O befindlich. Die durch J eingetretene doppelte Lunte tritt oberhalb O aus J aus, geht durch die Höhlung in O hindurch und nach der Oeffnung P in der Platte Q und durch diese nach außen (vergl. Fig. 130). Die Drehung von J wird nun der Lunte Draht geben, die Drehung von Q, welche Platte einen Theil der Platte K

bilbet, aber bewirken, daß sich die Lunte auf eine unterhalb Q ent=
stehende Spule R in hypozykloidischen Lagen auflegt, ähnlich wie
dies bei den früher beschriebenen Pressionsstrecken der Fall war. Q
und K sind an der unteren Seite polirt, um die gegen dieselben an=
gepreßte Spulenfläche nicht zu verletzen.

Die Spule R bildet sich um die Spindel S auf der oberhalb
mit Filz überzogenen Scheibe T; letztere ruht auf dem Fuße U und
erhält von der Hauptwelle aus in folgender Art die ziemlich mit K
übereinstimmende drehende Bewegung. Das Rad z (von 38 Zähnen)
greift in das Rad a' (von 36 Zähnen) an der Welle V; an letzterer
gleitet, mit einem Zahn in eine Spur eingreifend, das Rad b',
welches mit einem gleich großen an der Welle W gleitenden und
mit derselben ebenfalls durch Zahn und Spur verbundenen c' sich
im Eingriff befindet. An der Welle W befindet sich das Winkelrad
d' (von 23 Zähnen) mit dem gleich großen Winkelrade e' an der
Scheibenwelle X im Eingriff. An letzterer, welche an dem Wagen Y
ebenso wie c' angebracht ist und mit demselben auf= und niedersteigt,
befindet sich bei jeder Spule ein Winkelrad f' (von 29 Zähnen), welches
durch das mit dem Fuße U verbundene Winkelrad g' (von 30 Zäh=
nen) auf letzteren und dadurch auf die Scheibe T die drehende Be=
wegung überträgt.

Z ist die untere Platte, welche die Fußlager für die Spindeln
enthält; jede Spindel ruht in einem Näpfchen i' und ist durch einen
Stift h' mit demselben so verbunden, daß sich letzteres im Lager dreht;
bei k' ist in die an der Spindel angebrachte Nuth eine Schraube
eingeschraubt, welche verhindert, daß beim Aufheben der Spulen nebst
Spindeln sich die Scheibe T von der Spindel trennt; der an T an=
gebrachte Stift l' legt sich dann auf k'. Durch m' wird T mit U
verbunden. Das Rohr n', durch den Stift o' mit dem an U befind=
lichen Rohre verbunden, wird durch eine Spiralfeder p' nach oben
gedrückt. Der Wagen Y, der in Fig. 125 in zwei verschiedenen Höhen=
stellungen gezeichnet ist, gleitet in Führungen in den Seitenwänden
des Gestelles und wird durch die Gegengewichte q' und r' nach oben
bewegt, durch die sich erhöhenden Spulen aber allmälig herabgeschoben,
so daß ihn anfänglich nur das Gewicht q', später aber, wenn die
Spulen ein größeres Gewicht erlangt haben, auch noch das Gewicht
r' in die Höhe drückt. Er wird nach Abnahme der vollen Spulen

und Einsetzung neuer Spindeln mit Spulenscheiben durch die Welle s' mit den Kurbeln t' aufgezogen; bei u' (Fig. 129) ist ein Sperrrad angebracht.

Sind die Spulen vollständig aufgewunden, so trifft ein an dem Wagen angebrachter Bolzen gegen v' (Fig. 125), löst dabei die bei w' angebrachte Falle aus, und das bei w' gezeichnete Gewicht bewegt die Ausrückstange so, daß der Riemen sich von der Festscheibe auf die Losscheibe legt. Der Wagen wird hierauf so tief gesenkt, daß sich die in dem Gestell gleitenden Führungszapfen in die Gabeln x', welche zu beiden Seiten von Z angebracht sind, einlegen; hierauf kann er durch den Hebel y' in die in Fig. 127 gezeichnete Lage gebracht werden, so daß sich nun mit Leichtigkeit die vollen Spulen entfernen und leere Spindeln und Spulenscheiben einlegen lassen. In der vorgeneigten Lage sowohl als in der vertikalen wird der Wagen durch die Klinke z' gehalten. Um aber diese Drehung sicher vornehmen zu können, ist Z an beiden Enden mit Zapfen versehen.

Die Hauptverhältnisse der Banc-Abegg lassen sich für die Annahme von 100 Umdrehungen der Hauptwelle in folgender Art berechnen:

	Durchmesser.	Umdrehungen.	Weg.	Verzug.
Erster Zylinder	1"	18,19	57,15"	
				1,21
Zweiter „	1"	21,95	68,96"	
				4,33
Dritter „	1 3/16 "	80	298,45"	
				1,05
Abzugwalze	1 1/4 "	80	314,16"	

Nun macht aber das Rohr J und daher auch die Platte K 100 Umdrehungen, dagegen N 112,73 Umdrehungen; die Differenz der Umdrehungen von N und K wird aber eine Uebertragung drehender Bewegung von x auf y bewirken, es wird daher O und folglich auch die Platte Q während 100 Umdrehungen der Hauptwelle $12,73 \frac{50}{18}$ = 35,35 Umdrehungen machen; da nun hierbei die Oeffnung P, durch welche die Lunte hindurchgeht, in einem Kreise von 3 Zoll Durchmesser sich bewegt, so wird durch Q eine Luntenlänge von $3 . 35,35 . \pi = 333,2"$ aufgewickelt werden, was gegen die Abzugwalzen eine Streckung von 1,06 und gegen die Hinterwalzen eine Streckung von 5,83 gibt. Daß letztere Streckung durch die bei den

Strecken sonst gewöhnliche Geschwindigkeitsveränderung zwischen den Zylindern größer oder kleiner gemacht werden kann, bedarf keiner weiteren Ausführung.

Die Umbrehung der Spulenscheiben findet sich zu 102,04, und daher der Draht, welcher der Lunte mitgetheilt wurde, pro Zoll zu $\frac{102,04}{333,2} = 0,306$. In der Zeit, in welcher K 100 Umbrehungen macht, hat die Spulenscheibe T 102,04 gemacht, letztere gegen erstere also überhaupt 2,04 Umbrehungen; in derselben Zeit hat aber Q 35,35 Ringe auf die Spule gelegt, es kommen daher auf eine Durchschnittsfläche der Spule $\frac{35,35}{2,04} = 17,33$ einzelne Luntenringe. Uebrigens werden auch erst je in der vierten Schicht die Ringe genau dieselbe Lage wie früher einnehmen.

Um den Draht zu ändern, sind die Getriebe d und f auf den Wellen B und C auszuwechseln, wodurch für eine Umbrehung der Drahtwelle B eine größere oder geringere Luntenlänge durch die Maschine geführt wird; in demselben Verhältniß muß daher auch dann u oder v geändert werden, um auf die Wickelwelle M die erforderliche Umbrehungsgeschwindigkeit zu übertragen.

Die Art der Aufwindung der Lunte in über einander liegenden Schichten von Luntenringen, die durch die ganze Spule vollkommen gleichförmig Statt findet, läßt eine Verschiedenheit im Verzuge und in der Drahtgebung nicht entstehen, und der Umstand, daß die Lunte weniger Reibung zu erfahren hat als bei dem Flyer, während sie gebildet wird, und auch nur geringere Festigkeit bei der späteren Weiterverarbeitung zu haben braucht, da beim Ablaufen nicht wie bei dem Flyer die aufgesteckte Spule gedreht werden muß, sondern nur der Faden von der ruhig stehenden Spule sich abhebt, macht es möglich, hier mit einer geringeren Drahtgebung auszukommen. Es ist daher auch möglich, ein weit größeres Produktionsquantum zu erzielen, da man nicht, wie bei den Flyern, durch die in eine gewisse Grenze eingeschlossene Umbrehung der Flügel behindert ist, die Geschwindigkeit der Vorderzylinder so weit zu steigern, als dies die Beschaffenheit der Baumwolle an dem Streckwerke zuläßt.

Escher, Wyß und Comp. empfehlen die hinter einander folgende Anwendung zweier oder dreier solcher Maschinen, welche

Spulen von 6, 5 und 3 Zoll Durchmesser geben. Die Lieferung ist pro Spindel und Tag bei der Bank Nr.:

1 (die von 2— 8 Spindeln gebaut wird) 67 bis 44 Pf. bei Nr. 0,6 bis 1
2 „ 3—10 „ „ 60 „ 17,8 „ 0,8 „ 2
3 „ 4—20 „ „ 27 „ 5,9 „ 1,6 „ 4
wobei durchgehends Duplirung vorausgesetzt wird.

Abgesehen von dem Umstande, daß die Spulenbildung in einer dem Auge nicht sichtbaren Schicht vor sich geht, was ver= glichen mit den Flyern als ein Nachtheil der vorliegenden Maschine erscheint, ist die Konstruktion der Banc-Abegg einfacher, daher wird die Unterhaltung derselben leichter und billiger; die niedrig stehenden Spulenvorlagen machen die Aufsicht leichter, die Maschine nimmt einen geringeren Raum ein, fordert $\frac{1}{3}$ bis $\frac{1}{4}$ weniger Arbeitskraft für die Beaufsichtigung bei gleichem Produktionsquantum und zu= gleich eine geringere Bewegkraft.

13) Die Spiralspulenbank, von Bodmer 1835 in England konstruirt (banc à broches à cueilles) schließt sich an die Spiral= strecke desselben, welche bei Nr. 11 unter den Strecken erwähnt wurde, an, befolgt dasselbe Prinzip der Spulenbildung wie die Strecken und ist so eingerichtet, daß der Lunte ein beliebiger Draht gegeben werden kann. Eine Skizze der Einrichtung ist in Alcans Werk: Essai sur l'industrie des matières textiles pag. 259 enthalten.

14) Die zeither unter B beschriebenen Vorspinnmaschinen sind als mehr oder weniger weitgehende Ausbildungen des der Laternen= bank zu Grunde liegenden Prinzips zu betrachten. Man hat nun auch das Prinzip der Mule= und Watermaschinen zu gleichem Zwecke benutzt. Die Vorspinnmulemaschine, Grobstuhl, Vorspinn= maschine im engeren Sinne (stretching frame, stretching mule, stretcher, billy; machine à filer en gros, métier en gros, belly), welche früher ausschließlich und zwar in unmittelbarer Folge nach den unter 8 und 9 aufgeführten Maschinen angewendet wurde, jetzt aber, außer beim Spinnen höherer Feinheitsnummern, ziemlich außer Gebrauch gekommen ist, wurde bereits im Hauptwerke, Bd. I. S. 562 beschrieben; es ist von derselben hier nur anzuführen, daß die Streckung in dem dreizylindrigen Streckkopfe etwa das 4 bis 5fache beträgt, wobei zuweilen eine Duplirung von 2 Fäden Statt findet, daß zwischen Vorderzylinder und Mulespindel entweder, was indeß als

weniger zweckmäßig erscheint, gar kein Verzug statt findet, oder 1
bis 1½ Zoll auf 54 Zoll gesammten Wagenauszuges, was daher
ein Verhältniß von 1 : 1,029 oder 1 : 1,038 ergibt, und daß daher
gegen die Feinspinnmule eine Vereinfachung durch den Wegfall der
Einrichtung für Nachzug und Nachdraht entsteht. Die Vorspinnmulen
haben 90 bis 180, gewöhnlich 120 Spindeln, die Vorderzylinder
haben eine Geschwindigkeit, vermöge welcher sie 60—90 Umdrehungen
in der Minute bei ununterbrochenem Gange machen würden, und
zu einem vollständigen Auszuge nebst Rückgang des Wagens sind
16 bis 20 Sekunden erforderlich.

15) Die Vorspinnwatermaschine (mécheur continu) wurde
von A. Köchlin in Mühlhausen 1831 konstruirt und ist als eine ge-
schichtlich nicht uninteressante Entwickelungsstufe in der Vervollkommnung der Spulmaschinen zu betrachten. Sie ist abgebildet in den
Brevets Bd. XXXIII. 124 und Polyt. Centralbl. 1839, S. 179
und enthält bei übrigens mit der Watermaschine übereinstimmender
Anordnung statt des Flügels eine polirte Metallglocke auf feststehender
Spindel, innerhalb ersterer und auf letztere drehbar aufgeschoben
die auf einer Spulenbank ruhende Spule, welche durch einen Wirtel
mit Schnur ihre Drehung erhält und von der Spulenbank auf und
niedergeführt wird. Die Lunte läuft von dem Vorderzylinder nach
dem Mantel der Glocke, biegt sich an dem unteren Rande desselben
nach der Spule ab und windet sich auf diese auf. Die Umdrehungsgeschwindigkeit der Spule ist aber weit größer als erforderlich wäre,
um die Lunte auf sie aufzuwinden, es wird daher letztere genöthigt,
die Glocke zu umkreisen und dabei den bestimmten Draht anzunehmen.
Die Spule wird mit konischer Form dadurch erzeugt, daß die auf-
und niedergehende Bewegung der Spulenbänke zwar von einer herzförmigen Scheibe aus erzeugt wird, diese aber durch einen Hebel
auf die verbundenen Spulenbänke wirkt, dessen Drehpunkt während
der Bildung einer Spule stetig verschoben wird und der zuletzt die
Verschiebung der Spulenbänke mit einem geringeren Halbmesser bewirkt als anfänglich.

16) Den eigentlichen Flyern noch näher stehen jene Vorspinnmaschinen, bei denen die Lunte auf eine Spule in horizontaler Lage
läuft, welche eine Drehung um eine vertikale Achse behufs der
Drahtgebung erhält, und durch eine Wickelwalze die Aufwinde-

bewegung erhält. Diese Maschinen haben im Allgemeinen die in Fig. 12, Taf. 15, Bd. I. des Hauptwerks angegebene Einrichtung. Die älteste Einrichtung dieser Art führt den Namen Jackmaschine (jack frame, jack in the box) und enthält außer den in der ange= führten Abbildung angegebenen Bewegungen von Spindel und Spule noch einen Mechanismus zur regelmäßigen Hin= und Herbewegung eines Fadenführers, welcher nach der Länge der Spulenachse läuft.

17) Die Jackmaschine von Risler und Dixon (Brevets XXX. 197. Polyt. Centralbl. 1838. S. 88) zeichnet sich durch eine einfache Bewegung des Fadenführers aus. Am Ende der Spulenachse be= findet sich nämlich eine Schnecke, welche in ein Schraubenrad ein= greift; an der Welle des letztern befindet sich ebenfalls eine Schnecke; das Schraubenrad der letzteren dreht einen Zylinder mit einer schrauben= gangförmig wiederkehrenden Spur, und in diese greift das untere Ende eines Hebels, welcher oben den Faden leitet, und daher hin und hergehende langsame Schwingungen macht.

18) Bei W. Eatons Einrichtung zu gleichem Zwecke (Polyt. Centralbl. 1848. S. 162) wird die Verstellung des Fadenführers durch einen auf eine Walze mit wiederkehrender Drehung gewickelten Faden bewirkt, welcher bei der Bewegung nach der einen Richtung eine Feder zusammendrückt und durch dieselbe beim Rückgange an= gespannt gehalten wird. Wegen der andern Einrichtungen müssen wir auf die Abbildungen verweisen, da sie ohne diese schwer ver= ständlich sind.

Alle die letzteren Einrichtungen haben den Nachtheil, durch ziemlich zusammengesetzte Mechanismen zum Ziele zu führen, ein Nachtheil, der bei der Natur des beabsichtigten Zweckes um so be= deutender ist, als die Mechanismen an jeder einzelnen Spule beson= ders ausgeführt werden müssen. Gerade in der Möglichkeit den regu= lirenden Mechanismus nur ein Mal auszuführen und ihn auf alle Spulen gleichzeitig wirken lassen zu können, liegt ein nicht unwesent= licher Vorzug der nun folgenden Einrichtungen.

19) Die vorzüglichste der hier zu erwähnenden Maschinen ist die Spulmaschine, Spindelbank, der Flyer (bobbin and fly frame, fly frame, flyer, spindle roving frame; banc à broches, bobinoir, méchoir.) Zur allgemeinen Orientirung über die hier vorkommenden Bewegungen erwähnen wir nur Folgendes einleitend.

Von dem Vorderzylinder des Streckwerks geht das Band oder die Lunte nach der Oeffnung v (Fig. 11, Taf. 14 des Hauptwerkes), tritt durch eine Seitenöffnung aus, geht nach dem hohlen Arme des Flügels u s, verläßt denselben an seinem unteren Ende und geht von hier rechtwinkelig nach der Spule h; letztere bewegt sich so auf und nieder, daß sich von der aufzuwickelnden Lunte Lage neben Lage schraubengangförmig aufwindet; ist die erste Schicht vollendet, so kehrt sie zurück und die Lunte legt sich in einer neuen Schicht auf die frühere, also auf einen um die Stärke der ersten Schicht vergrößerten Spulenhalbmesser auf. Wegen der geringen Haltbarkeit der Lunte, welche eine Kraft auf die Spule zur Drehung derselben nicht übertragen kann, erhält sowohl der Flügel als auch die Spule selbständig eine drehende Bewegung durch den Mechanismus des Flyers. Die Differenz zwischen der gleichzeitig Statt findenden Anzahl Umdrehungen der Spindel oder des mit ihr verbundenen Flügels und der Spule gibt die Aufwindebewegung (winding-on motion). Diese Differenz kann dadurch bewirkt werden, daß die Spindel in einer bestimmten Zeit entweder mehr oder weniger Umdrehungen als die Spule macht; sie bleibt bei einer und derselben Schicht, in welcher sich die Lunte auflegt, gleich groß, muß sich aber für jede solche Schicht, wenn die Lunte nicht einen jedes Mal veränderten Verzug erhalten soll, ändern und bei den verschiedenen über einander liegenden zylindrischen Luntenschichten im umgekehrten Verhältniß zu dem jedesmaligen Durchmesser der Spule stehen. Der Wechsel in der Größe der Aufwindebewegung muß genau in dem Augenblicke erfolgen, wo die Lunte die untere Schicht beendet hat und sich auf dieselbe in einer neuen Schicht aufzulagern beginnt, ein Zeitpunkt, welcher zusammenfällt mit dem Wechsel in der auf= und nieder= steigenden Bewegung der Spule. Da nun hier die Möglichkeit vor= liegt, allen Spulen eines Flyers dadurch, daß man sie auf eine gemeinschaftliche Spulenbank (copping-plate) aufsetzt, und diese mit einem sich auf= und nieder bewegenden Wagen verbindet, eine gleich= zeitige Längenbewegung zu geben, und da durch die längs der Spulenbank gelegten Wellen alle Spulen eine gleiche Umdrehungs= geschwindigkeit erhalten können: so liegt in dem Flyer die Grund= bedingung einer wesentlichen Vereinfachung gegen die verschieden= artig ausgeführten Jackmaschinen vor.

Die bei dem Flyer vorkommenden wesentlichen Bewegungen sind nun folgende:

a) die Bewegung des Streckwerkes zur Hervorbringung des Verzuges;

b) die Bewegung der Spindeln oder Flügel zur Erzeugung des erforderlichen Drahtes;

c) die drehende Bewegung der Spulen, welche aus der drehenden Bewegung der Spindeln, vermehrt oder vermindert um die Aufwindebewegung, besteht, je nachdem die Spulen schneller oder langsamer gehen als die Spindeln;

d) die Bewegung des Wagens, welche bei der oben angegebenen Spulenform in stets gleicher Höhenausdehnung erfolgt, aber bei jeder nächstfolgenden zylindrischen Luntenschicht langsamer erfolgen muß als bei der vorhergehenden, wenn sich die Lunte regelmäßig und so auflegen soll, daß eine Lage die andere berührt. Die Geschwindigkeit dieser Wagenbewegung ist daher offenbar proportional der Aufwindebewegung. Bei den später zu erwähnenden Spulen mit konischem Ende kommt noch eine Veränderung zu dieser Wagenbewegung hinzu, nämlich die, daß die Höhenausdehnung derselben bei jeder nächstfolgenden zylindrischen Luntenlage etwas geringer sein muß, als bei der vorhergehenden.

Von diesen Bewegungen erhalten die unter a und b angeführten gewöhnlich eine konstante Geschwindigkeit, die unter c und d dagegen nach den vorher angegebenen Bedingungen eine veränderliche, welche durch einen oder zwei angebrachte regulirende Mechanismen entsprechend hergestellt wird; es ist dies zwar nicht absolut nothwendig, man könnte ebenfalls die Spulengeschwindigkeit konstant machen und die Geschwindigkeit von a, b und d veränderlich einrichten; allein es ist die zuerst erwähnte Einrichtung die einfachere und zugleich die ökonomisch vortheilhafteste, da die Lieferungsfähigkeit von der Länge der in einer bestimmten Zeit durch das Streckwerk gegangenen und aufgewundenen Lunte bedingt wird, diese Größe aber ihre Grenze in der möglicher Weise zu erreichenden größten Umdrehungsgeschwindigkeit der Flügel vorgezeichnet erhält. Bei einer Einrichtung also, vermöge welcher die Spindeln auch nur zeitweise eine geringere als die größte zulässige Umdrehungsgeschwindigkeit erhalten, wird die Lieferungsfähigkeit geringer als sie sonst sein könnte.

Durch das Verhältniß von b zu a wird die Größe des Drahtes bestimmt, und es wird durch die Forderung der größten Lieferungs= fähigkeit verbunden mit der über eine gewisse Grenze hinaus nicht zu steigernden Umbrehungsgeschwindigkeit der Spindeln bedingt, den Draht der Lunte möglichst gering zu machen, weil nur dann für eine bestimmte Anzahl Umbrehungen der Spindeln die möglich größte Luntenlänge durch das Streckwerk geführt werden kann.

Da die Spulenbewegung entweder der Summe oder der Differenz der Spindelbewegung und Aufwindebewegung gleich ist, die Ge= schwindigkeit der letzteren aber umgekehrt proportional ist mit dem Durchmesser der Spule, so wird die Veränderung der Geschwindig= keit derselben verschieden sein in beiden Fällen.

Im ersten Falle, wenn die Spulen sich schneller drehen als die Spindeln, tritt zu der konstanten Geschwindigkeit der Spindel= bewegung die für jede nachfolgende Schicht etwas geringer werdende Geschwindigkeit der Aufwindebewegung hinzu; die Geschwindigkeit der Spule ist daher eine absatzweise sich vermindernde. Im zweiten Falle, wenn die Spulen sich langsamer drehen als die Spindeln, wird die konstante Geschwindigkeit der Spindelbewegung um die vorher angedeutete Geschwindigkeit der Aufwindebewegung vermindert, es ist daher die Geschwindigkeit der Spule eine absatzweise wachsende. In beiden Fällen aber ist die Differenz zwischen Spulen= und Spindel= geschwindigkeit umgekehrt proportional dem gerade vorhandenen Spulendurchmesser.

Eine je größere Anzahl von Luntenschichten in radialer Richtung über einander gelegt werden, eine desto größere Anzahl von Wech= seln in der Geschwindigkeit der Spule müssen eintreten. Man könnte nun zwar an einem Flyer leicht Veränderungen der Art anbringen, daß man auf einer Maschine, welche für das Aufwinden einer starken Lunte bestimmt wurde, auch eine feine aufzuwinden im Stande wäre; man hat aber nach Maßgabe der Erfahrung bestimmte Dimensionen von Spulen für die verschieden starken Lunten angenommen, welche für die bei mehrfacher Wiederholung des Prozesses feiner werdenden Lunten bestimmt sind, und konstruirt diesen Dimensionen entsprechend die Flügel in der eben nur erforderlichen Größe, da man bei Flü= geln von geringerer Größe die Grenze der Umbrehungsgeschwindig= keit ohne Nachtheil weiter hinausrücken kann, und da man in eine beſtimmte Länge der Maſchine eine größere Anzahl von Flügeln mit kleineren Dimenſionen einordnen kann, folglich auf dieſe Art die größte Lieferungsfähigkeit mit dem geringſten Raumerforderniß verbindet.

Es begründet ſich hierdurch die Einrichtung, daß man für die hinter einander folgenden Bearbeitungen der Lunte beſondere Maſchinen konſtruirt und daher entweder Grobflyer und Feinflyer, oder Grob= flyer, Mittelflyer und Feinflyer auf einander folgen läßt, nach letzterem wohl auch noch einen Doppelfeinflyer anwendet. Die gewöhnlich vorkommenden Dimenſionen der Scheibenſpulen und der Spulen mit koniſcher Winbung, welche in dieſem Falle gewählt wer= den, machen Fig. 177 und 178 (Taf. 15) im ſiebenten Theile der natürlichen Größe deutlich; hier gehört A zum Grobflyer, B zum Mittelflyer, C zum Feinflyer, D zum Doppelfeinflyer.

Die Geſchwindigkeit der Wagenbewegung iſt der der Aufwinde= bewegung proportional, ſie ſteht alſo in gleichem Verhältniß mit der Differenz der Spulen= und Spindelgeſchwindigkeit.

Die Uebertragung der drehenden Bewegung an die Spule muß in einer ſolchen Art Statt finden, daß dadurch trotz der verſchiede= nen Stellung, welche der Wagen annimmt, eine Veränderung in dieſer Uebertragung nicht eintritt.

Allen den hier angedeuteten Bedingungen bei den am Flyer vor= kommenden Bewegungen hat man ſich bei den verſchiedenen im Laufe der Zeit angewendeten Einrichtungen immer mehr zu nähern geſucht, bis endlich der Differenzialflyer in ſeiner gegenwärtigen Einrichtung denſelben vollſtändig entſpricht, der daher auch als eine der Theorie nach vollkommen richtige Maſchine zu betrachten iſt und das ſchwie= rige Problem der vollkommen regelmäßigen Aufwindung des ſo zarten Körpers, den die Lunte darſtellt, ohne die geringſte Veränderung in die Beſchaffenheit derſelben zu bringen, in einer auch für die Praxis vollkommen befriedigenden Art löſt.

20) Aus der mehrfach auch für Vorgeſpinnſt verſuchten Anwen= dung des Syſtems der Droſſelſtühle oder Watermaſchinen entwickelte ſich die erſte brauchbare Spulmaſchine, welche zwiſchen 1815 und 1821 aus dem Etabliſſement von Cocker und Higgins in Mancheſter hervorging und bald darauf in Frankreich in der Spinnerei zu Durs= camp eingeführt wurde, und daher auch in franzöſiſchen Werken mit dem Namen banc à broches d'Ourscamp bezeichnet wird. Es iſt

dieß der in dem Hauptwerke auf Taf. XIV u. XV abgebildete Flyer. Das Charakteristische desselben besteht darin, daß die Bewegung der Spulen von einer konischen Trommel aus hervorgebracht wird, welche für jede Luntenschicht der Spule mit einem anderen Halbmesser auf die den Spulenwirtel in Drehung setzende Schnur (oder Riemen) ein= wirkt; daß die Verschiebung des Riemens an der konischen Trommel durch eine Zahnstange mit ungleich großen Zähnen erfolgt; und daß der Wagen seine für jede Luntenschicht veränderte Geschwindigkeit durch eine Reibungsrolle erhält, welche an einer Reibungsscheibe ab= satzweise in immer geringere Entfernung von der Umdrehungsachse derselben gebracht wird. Die Verstellung dieser Reibungsrolle erfolgt proportional zur Größe der Verschiebung des Riemens an der konischen Trommel, daher in anderem Verhältniß als dieß die richtige Wagen= bewegung voraussetzt; übrigens werden Spindeln sowohl als Spulen durch Schnüre bewegt. Das vorliegende Flyersystem wird am besten als Flyer mit Zahnstange von ungleicher Zahnlänge im Gegensatz zu dem später zu erwähnenden Differenzialflyersystem, bei welchem die Zähne der Zahnstange gleiche Größe haben, bezeichnet.

21) Eine wesentliche Umgestaltung erhielt der Mechanismus des Flyers in der Einrichtung von Laborde (Bulletin d'Encourag. 1826. p. 353), bei welchem ein aufrechtstehender Doppelkegel Anwendung fand, dessen eine Abtheilung zur Erzeugung der Spulenbewegung diente, während die andere zur Wagenbewegung benutzt wurde; die Zahnstange mit ungleich großen Zähnen war hier in Form eines Ringes angewendet. Die Umsetzung der Wagenbewegung erfolgte durch ein Getriebe, welches abwechselnd in eine links und in eine rechts von demselben liegende Zahnstange eingriff. Der Mechanismus war ziemlich komplizirt und kam, wenn auch etwas sicherer wirkend, doch übrigens mit den Unvollkommenheiten des Systems behaftet, wenig in Anwendung.

Die Flyer dieses Systems erhielten im Laufe der Zeit mannich= fache Verbesserungen in ihren einzelnen Theilen theils durch englische Werkstätten, theils durch Risler frères, N. Schlumberger und Perre= nod im Elsaß. Diese Verbesserungen der einzelnen Mechanismen, welche sich zum Theil auch sogleich ursprünglich auf die später zu erwähnenden vollkommeneren Differenzialflyer bezogen, sollen zunächst im Folgenden kurz zusammengestellt werden.

22) Die Bewegung der Spindeln und Spulen durch Schnüre unterlag der Unzuträglichkeit, daß die übrigens richtig berechnete Umdrehungsgeschwindigkeit nicht vollkommen auf die zu treibenden Theile überging, theils wegen der Abhängigkeit der Schnurspannung von dem Feuchtigkeitszustande, theils wegen eines leicht eintretenden Gleitens der Schnüre, theils endlich wegen einer allmälig eintretenden Veränderung in der Schnurstärke, vermöge welcher bei Schnurwirteln mit keilförmig eingedrehter Spur der Durchmesser sich ändert, in welchem die Schnur den Wirtel berührt. Wird zwar ein Theil dieser Uebelstände durch die ebenfalls von N. Schlumberger u. Comp. 1833 versuchte Anwendung von Riemen vermieden, so ist doch auch diese Bewegungsübertragung mit dem Nachtheile eines großen Krafterfordernisses ebenso verbunden, wie der Schnurbetrieb. Man suchte daher die Bewegung durch Zahnräder hervorzubringen und erlangte dadurch nach den Untersuchungen von Klippel (Bulletin de Mulhouse, XII. 158) 30—50 % Kraftersparniß und zugleich die Füglichkeit von den Flyern auch das Vorspinnen zu feineren Garnnummern bewirken lassen zu können. Man wendete hierzu folgende Einrichtungen an.

a) Gewöhnliche Winkelradvorgelege, welche sich, da die mit einander verbundenen Wellen in einer Ebene liegen, nur für die Bewegung der Spindeln in Anwendung bringen ließen und bereits etwa im Jahre 1826 an englischen Flyern angebracht wurden.

b) L. Müller in Thann erhielt 1837 ein Patent (Brevets, 48. 71. Pol. Centralbl. 1844. III. 434) auf Anwendung von Winkelrädern zum Spulentrieb; in der Mitte der Spulenbank liegt eine Welle mit konischen Rädern; jedes derselben greift in ein an einer vertikalen Achse befindliches; diese Achse trägt ein Stirnrad und von diesem aus wird auf zwei Spulen (eine in der vorderen und eine in der hinteren Reihe) durch an den Fußgestellen derselben angebrachte Getriebe die Bewegung übertragen.

c) Joly von St. Quentin hatte kurze Zeit vorher denselben Mechanismus für die Spindel- und Spulenbewegung in der Art in Anwendung gebracht, daß durch jedes der vorher angegebenen Stirnräder vier Spindeln oder vier Spulen in Umdrehung versetzt wurden, was voraussetzt, daß die Spindeln zwar in zwei Reihen, aber nicht in versetzter Lage, sondern einander gegenüberstehend angeordnet werden.

d) Nächstdem sind die Winkelradvorgelege mit konoidischen Rä=
dern (schiefgeschnittenen Winkelrädern) zu erwähnen, bei denen die
längs der Spindeln oder der Spulenfüße laufende Welle in einer
andern Ebene liegt, als die der Spindeln. (Vergleiche nachfolgend
Nr. 35.)

e) Die Verbindung von Spiralrädern und Schraubenrädern,
1833 von Risler (André Koechlin u. Comp. in Mülhausen) erfunden,
diente als Uebergang zu der Radverbindung unter f. Das englische
auf W. Nicholson lautende Patent ist mitgetheilt im Polyt. Centralbl.
1838 S. 694; hier befinden sich an der Spulenwelle Scheiben, welche
in Form von Kammrädern spiralförmig liegende Zähne haben (radial
screw wheels); diese greifen in Schraubenräder an den Spulen=
trägern ein. Diese Scheiben sind entweder nur auf einer Seite ver=
zahnt und setzen dann nur eine Spule, oder sie sind auf beiden
Seiten verzahnt und setzen dann zwei Spulen in Umdrehung.

f) Die in neuerer Zeit am häufigsten angewendeten Schrauben=
räder, 1833 ebenfalls von Risler erfunden und 1838 in England
für P. Fairbairn patentirt (Polyt. Centralbl. 1840 S. 181), bei
denen an der Spulenwelle sowohl als an den Spulenfüßen, oder an
der Spindelwelle und an den Spindeln, sich Räder mit schrauben=
gangförmig liegenden Zähnen befinden, und deren Eingriff dadurch
möglich wird, daß sich je zwei zusammengehörige Räder in zwei recht=
winkelig auf einander stehenden Ebenen befinden. (Vergleiche später
Nr. 33.)

g) Endlich ist hier noch der in der neuesten Zeit von Parr,
Curtis und Madeley in Manchester angewendeten konoidischen Rad=
verbindung Erwähnung zu thun, bei welcher das eine Rad zur Er=
zielung eines sanften Ganges und Vermeidung allen Geräusches aus
einer Eisenscheibe besteht, in welche ein aus Guttapercha gepreßter
Zahnring eingelegt ist. Dieses Guttapercharad ist jedes Mal das
größere der beiden verbundenen.

23) Die Uebertragung der drehenden Bewegung von
der feststehenden konischen Trommel aus auf die Spulen, welche
mit dem Wagen auf und nieder gehen, muß in einer solchen Art
erfolgen, daß durch die letztere Bewegung ein Einfluß auf die erstere
nicht ausgeübt wird. Bei mehreren früher angewendeten Bewegungs=
übertragungen wurde nämlich bewirkt, daß, wenn man bei außer

Gang befindlichen Maschinen den Wagen auf= und niederbewegte, die
Spulen ein Mal nach rechts, das andere Mal nach links umgedreht
wurden; diese Drehung, welche nur durch die auf= und niedersteigende
Bewegung des Wagens hervorgebracht wird, vereinigt sich natürlich
mit der von der konischen Trommel auf die Spulen übertragenen
drehenden Bewegung in der Art, daß letztere durch erstere bei der
einen Richtung der Wagenbewegung vermehrt, bei der andern ver=
mindert wird, was in den hinter einander folgenden zylindrischen
Luntenschichten natürlich eine Differenz des Drahtes zur Folge hat.
E. Salabin hat namentlich hierauf hingewiesen (Bulletin de Mulhouse. XII. 175). Die zur Zeit angewendeten Mittel um dies zu
vermeiden sind:

a) Die Einrichtung, welche in Fig. 7. Taf. 14 des Hauptwerkes
bei der abgebildeten älteren Flyerkonstruktion in Ausführung gebracht
worden ist, bei welcher sich die Schnurtrommel, welche den Spulen
ihre drehende Bewegung mittheilt, der Bewegung des Wagens fol=
gend auf einer mit Nuth versehenen Welle verschiebt, und durch letz=
tere ihre Drehung erhält. Diese Einrichtung wird unter Aufrecht=
haltung des Prinzips mannichfach mobifizirt und z. B. auch so aus=
geführt, daß eine aus 2 Theilen bestehende Welle angewendet wird;
der eine mit Feder versehene Theil kann sich dann in den andern
hohlen und mit Nuth versehenen hineinschieben und herausziehen,
wenn der Wagen niederwärts oder aufwärts bewegt wird.

b) Die Uebertragung durch ein Kniegelenk (transmission à
bielles). Der eine Knieschenkel ist drehbar um die Welle des Rades,
welches die Spulendrehung hervorbringen soll und in dem Gestell des
Flyers fest liegt; der andere an der Spulenwelle, welche sich mit dem
Wagen auf und nieder bewegt; beide Schenkel sind am Knie eben=
falls drehbar verbunden. Bei der Wagenbewegung nehmen nun die
beiden Schenkel verschiedene Lagen ein und bewirken in Folge der=
selben auch eine Drehung der im Knie mit einander verbundenen
Räder. Diese letztere Verbindung wird gewöhnlich entweder so aus=
geführt, daß zwischen den an der festliegenden Welle und an der
Spulenwelle befindlichen Rädern nur ein Zwischenrad sich befindet,
welches in dem Gelenk des Kniees seine Drehachse hat, oder so, daß
zwischen dem letzteren Rade und den beiden zuerst erwähnten sich noch
je ein Zwischenrad befindet, welches sich um einen an dem Schenkel

angebrachten Zapfen dreht. Es läßt sich leicht mathematisch nach=
weisen, daß eine Extrabrehung der Spulenwelle nicht eintritt, wenn
im ersteren Falle die beiden an der festen Welle und an der Spulen=
welle befindlichen Räder, und im letzteren Falle auch noch das am
Kniegelenk befindliche Zahnrad gleiche Zähnezahlen haben, während
im ersteren Falle die Zähnezahl des um das Kniegelenk drehbaren
Transporteurs, und im letzteren Falle die Zähnezahlen der um die
Zapfen an den Knieschenkeln drehbaren Transporteurs vollkommen
gleichgültig sind.

24) Die richtige Wirkung eines Flyers nach dem älteren Sy=
steme hängt wesentlich von der richtigen Theilung der Zahn=
stange (peigne) mit ungleich großen Zähnen ab. Die Berechnung
der Größe der Seitenverschiebung des Riemens auf der konischen
Trommel beim Uebergange von einer Luntenschicht zur andern auf
der Spule beruht auf der in Nr. 19 angegebenen Beschaffenheit der
Spulenbewegung, und wurde in ihrer mathematischen Begründung
bereits von Ch. Bernoulli (Rationelle Darstellung der mechanischen
Baumwollspinnerei, Basel 1829, S. 260) dargelegt. Sie ist, wenn
auch nicht schwierig, doch mühevoll und es erwarb sich daher J. J. Bour=
cart (Bulletin de Mulhouse IV. 470) ein Verdienst dadurch, daß
er für diese Konstruktion ein richtiges graphisches Verfahren im Ge=
gensatz zu dem von Leblanc angegebenen unrichtigen aufstellte, be=
züglich dessen wir auf die angeführte Quelle verweisen, in welcher die
Resultate des richtigen und unrichtigen Verfahrens neben einander=
gestellt sind.

25) Durch die vorher (Nr. 22—24) angegebenen Verbesserungen
erhielt das ältere Flyersystem wesentliche Veränderungen und wurde
ungefähr seit 1834 in der Art ausgeführt, wie dies die Abbildungen
in Karmarsch und Heeren's technischem Wörterbuche, ältere Ausgabe
1843 S. 118 darstellen. Wir verweisen hiermit in der Hauptsache
auf diese Abbildung der durch neuere Konstruktionen wesentlich über=
flügelten Einrichtung und führen nur an, daß Folgendes als cha=
rakteristische Eigenthümlichkeit derselben angesehen werden kann. Die
Regulirung der Spulen= und Wagenbewegung erfolgte durch zwei
Friktionskegelpaare, welche Fig. 154 (Taf. 14) in der vorderen An=
sicht und Fig. 155 im Grundrisse in $\frac{1}{12}$ der natürlichen Größe für
einen Grobflyer deutlich macht.

Auf die Hauptwelle a ist der Friktionskegel b mit seiner längeren Büchse durch Feder und Nuth verschiebbar aufgebracht; die Büchse umgreift der Zaum c, der mit den Stäben e e verbunden ist; der eine derselben läuft in der Führung d d, ist mit dem andern durch das Zwischenstück f verbunden und berührt mit seinem Kopfe die Schiene g. Letztere ist auf der Platte h befestigt und kann durch Stellschrauben unter verschiedenen Neigungswinkeln festgestellt werden. Die Platte h gleitet auf der Führung p horizontal nach vorn zu und wird nach dieser Richtung durch ein mit der Schnur q verbundenes Gewicht gezogen; sie wird aber durch einen der Sperrkegel k oder l verhindert, diesem Zuge zu folgen, wenn sich einer derselben vermöge seiner Federkraft gegen einen der Zähne der doppelseitigen auf h aufgeschraubten Zahnstange i anlegt. Die Zähne dieser Zahnstange sind gegen einander versetzt. Zwischen den Sperrkegeln k und l befindet sich eine mit der Welle m verbundene herzförmige Scheibe, und oberhalb ist an m rechtwinkelig vorstehend ein Arm n angebracht. Gegen letzteren stößt bei Beendigung des Wagenlaufs entweder die obere schiefgestellte Platte o' oder die untere o, welche mit dem Spulenwagen verbunden sind, und dreht dabei n entweder nach rechts oder nach links, was zur Folge hat, daß durch die herzförmige Scheibe entweder l oder k ausgerückt wird. Bei jeder solchen Ausrückung eines der Sperrkegel kann sich nun h unter Einwirkung des an q ziehenden Gewichtes bis zur Berührung des anderen Sperrkegels mit dem nächsten Zahne vorwärts bewegen.

Nach einer solchen Bewegung gestattet nun auch die Schiene g dem an e angebrachten Kopfe, etwas weiter nach links zu treten, wenn gegen b der dazu erforderliche Druck ausgeübt wird. Dies erfolgt aber durch die kegelförmige Scheibe r, welche stark gegen b durch einen Hebelapparat angepreßt wird, und dabei zugleich sich an b so verschieben kann, daß sie nach jedem Zahnwechsel b an einem etwas kleineren Halbmesser berührt, und dabei eine etwas geringere Umdrehungsgeschwindigkeit von b mitgetheilt erhält. Von der Welle der Scheibe r aus geht durch das Winkelradvorgelege s t die Bewegung auf die stehende Welle, und von dieser durch das mit dem Wagen verschiebbare Winkelradgetriebe u und das Rad v an die Spulenwelle über, welche durch die konoidischen Radvorgelege w x die Spulenfüße umdreht.

Auf der Hauptwelle befindet sich ferner der Friktionskegel y, ebenso wie der bei b erwähnte eingerichtet; für denselben haben die Buchstaben c' bis g' dieselbe Bedeutung wie vorher c bis g, und es bewirkt nun die Schiene g', daß y unter Einwirkung der an einer vertikalen Welle verschiebbaren Reibungsscheibe z sich bei jedem Zahnwechsel etwas weiter nach rechts bewegen kann, wobei z etwas tiefer niedersinkt, mit einem kleineren Halbmesser von y in Berührung kommt, und daher eine langsamere Bewegung annimmt.

Das Winkelradvorgelege bei A überträgt nun die Bewegung von z auf eine horizontale Welle, an deren Ende sich ein Getriebe befindet, das zwischen zwei größeren Zahnrädern steht, bei jedem Zahnwechsel mit dem entgegengesetzten in Eingriff gebracht wird und dadurch die auf= und niedergehende Bewegung des Wagens hervorruft. Der Apparat zum Wechseln dieses Getriebes ist dem bei der Röhrenmaschine zu gleichem Zwecke angebrachten ähnlich.

Die wirkliche Berechnung der Zahnlängen in der Zahnstange i ist in der oben angegebenen Quelle, in J. Montgomery's Theorie und Praxis der Baumwollspinnerei, übersetzt von Wieck und Trübsbach, 1840, S. 80, und in Fischer, der praktische Baumwollspinner, Leipzig 1855, S. 210 enthalten. Die vorliegend beschriebene Flyereinrichtung macht es aber möglich, mit einer solchen Zahnstange, welche ungleich lange Zähne besitzt, auch eine richtige Wagenbewegung zu erlangen, was bei der älteren Einrichtung, wie sie im Hauptwerke abgebildet, zu erreichen unmöglich ist. Die Geschwindigkeit der Wagenbewegung für die einzelnen Spulenschichten soll nämlich dem bei der Aufwindung gerade Statt findenden Spulenhalbmesser umgekehrt proportional seyn, kann also durch einen Konus hervorgebracht werden, bei welchem sich die Durchmesser für die nach einander folgenden Berührungsstellen des Riemens oder der Reibungsscheibe verhalten, wie die Durchmesser der hinter einander folgenden Luntenschichten der Spule. Da nun letztere stets um gleiche Größe wachsen, so wird dies auch bei den Durchmessern des Konus der Fall seyn, und hierdurch wird hervorgebracht, daß die Berührungsstellen des Riemens oder der Reibungsscheibe am Konus gleich weit von einander abstehen müssen. Eine richtig hervorzubringende Wagenbewegung verlangt daher zur Verschiebung des Riemens eine Zahnstange mit gleichen Zähnen, oder bei einer Zahnstange mit ungleichen Zähnen eine so

gebogene Form der Schiene g', daß dadurch die angegebene Be=
dingung erfüllt ist, was sich bei dem zuletzt beschriebenen älteren
Flyersystem in der That auch ausführen läßt. Bei der früheren
Konstruktion (vergl. Fig. 7 Taf. 14 des Hauptwerks) ist aber die
Verschiebung der Reibungsrolle x' an der Friktionsscheibe g' pro=
portional den Zahnlängen in der Zahnstange q³, was zur Folge hat,
daß wenn bei einer Lage die Aufwindung der Lunte regelmäßig in
unmittelbarer Nebeneinanderlagerung erfolgt, jede andere Schicht so
aufgewunden werden muß, daß die Luntenlagen entweder zu dicht
liegen oder zwischen denselben ein Zwischenraum bleibt.

Aber troß der wesentlichen Verbesserung der neueren Einrichtung
des älteren Flyersystems bleibt dasselbe doch in mehr als einer Be=
ziehung mangelhaft, nämlich: a) die mathematisch richtig berechneten
Berührungshalbmesser sind wegen der Breite der sich berührenden
Flächen schwierig herzustellen; es beträgt nämlich die Breite der kegel=
förmigen Reibungsscheibe v Fig. 155 etwa 1½ Zoll, die der Reibungs=
scheibe z etwa ⁵/₄ Zoll; hat nun dies auch keinen Einfluß bei der
Stellung beider Kegelflächen, wo die Spißen derselben in einen Punkt
zusammenlaufen, welche z. B. in der in Fig. 155 gezeichneten Lage
Statt finden mag; so tritt doch bei den übrigen Stellungen, und
namentlich dann, wenn der kleinste Halbmesser von b bis zu dem
kleinsten Halbmesser von v gelangt ist, der Umstand ein, daß die
Spißen beider Kegel nicht mehr in einen Punkt zusammenfallen,
daher auch nicht alle einander berührende Punkte gleichzeitige Wege
durchlaufen und demnach ein theilweises Voreilen einzelner und Zu=
rückbleiben anderer eintreten muß; b) der Kegel r hat einen bedeu=
tenden Widerstand zu überwinden, da er sämmtliche Spulen zu drehen
hat, es ist daher schwierig, den nothwendigen Reibungswiderstand zwi=
schen b und r hervorzubringen, und namentlich beim Stillhalten und
wieder in Gangseßen des Flyers tritt leicht ein Voreilen oder Zurück=
bleiben von b ein, was nothwendig mindestens Fehler in der Streckung
des Dochtes erzeugen muß; c) Aenderungen in der Stellung der
Reibungskegel gegen einander, um einer zu starken oder zu schwachen
Streckung abzuhelfen, wirken nicht gleichmäßig auf die verschiedenen
Schichten der Spule ein, und es ergeben sich dadurch wesentliche Fein=
heitsunterschiede im Dochte an verschiedenen Stellen der Spulenschich=
ten; d) Veränderungen im Drahte sind ziemlich schwierig anzubringen.

26) Zur Verbesserung dieser Unvollkommenheiten wurde 1823 von Green in Mansfield eine Einrichtung angegeben (Newton, Journ. of science, VIII. 284.), um die Spulenbewegung mit der Bewegung der Spindel regulirbar durch einen Mechanismus zu verbinden, welcher ziemlich zusammengesetzt war, und an jeder Spindel einzeln angebracht werden mußte, weshalb diese Einrichtung keinen bleibenden Eingang fand.

27) Die wichtigste Verbesserung brachte H. Houldsworth in Manchester 1824 durch die Differenzialbewegung, das Differenzialgetriebe (differential motion; mouvement différentiel) an. Durch diesen Mechanismus wird es möglich, die Summe oder Differenz der drehenden Bewegung zweier Wellen auf eine dritte zu übertragen; er ist also ganz geeignet für Hervorbringung der Spulenbewegung, da diese aus der Summe oder Differenz der stets konstanten Spindelbewegung und der nach dem Spulendurchmesser veränderlichen Aufwindebewegung besteht (vergl. Nr. 19). Die einfachste Einrichtung des Differenzialgetriebes ist in Fig. 156 und 157 dargestellt. A ist eine Welle, auf welcher das Winkelrad a befestigt, das Winkelrad b drehbar oder lose aufgeschoben ist; zwischen a und b befinden sich die Winkelräder c und d; diese sind drehbar um Achsen, welche in radialer Richtung in dem Rade e (dem Differenzialrade) liegen; das Rad e ist ebenfalls drehbar oder lose mit seiner Büchse auf die Welle A aufgeschoben, und erhält eine drehende Bewegung durch das auf der Welle B befindliche Getriebe f. Mit dem Winkelrade b befindet sich in fester Verbindung das Stirnrad g, welches nebst b durch den auf A geschraubten Ring h an einer Seitenverschiebung verhindert wird, und auf das Rad i an der Welle C seine drehende Bewegung überträgt.

Wird nun zunächst vorausgesetzt, die Welle B stehe still, das Differenzialrad e erhalte daher gar keine drehende Bewegung, so wird die drehende Bewegung der Welle A von dem Winkelrade a aus durch die beiden Transporteurräder c und d auf b übergehen und b dieselbe Umdrehungszahl erhalten wie a, nur in entgegengesetzter Richtung; diese entgegengesetzte Richtung wird durch die Radverbindung g und i aber wieder umgesetzt, und es läßt sich daher, wenn g und i gleiche Zähnezahlen erhalten und die Umdrehungszahlen für A, B und C mit α, β, γ bezeichnet werden,

der Bewegungszustand für die drei Wellen in diesem Falle so dar=
stellen, daß

	die Welle A	die Welle B	die Welle C
Umdrehungen macht	α	0	$\gamma = \alpha$

Wird ferner vorausgesetzt, die Welle A stehe still, die Welle B
mache β Umdrehungen, so wird das Differenzialrad e in gleicher Zeit
$\frac{f}{e} \cdot \beta$ Umdrehungen machen. Nun wird aber jeder Durchmesser der
Winkelräder c und d z. B. k m als ein Hebel erscheinen, welcher bei
k (da a still steht) seinen Stützpunkt hat, bei l eine Bewegung er=
hält, welche der Umdrehungszahl des Differenzialrades entspricht, und
daher bei m eine Bewegung überträgt, welche im Verhältniß von
k l : k m d. h. von 1 : 2 größer ist, als die Bewegungsgröße in l, es
wird daher auch b die doppelte Umdrehungszahl von e und zwar in
derselben Richtung wie l erhalten; die Bewegung von B wurde aber
durch den Eingriff von e in f in die entgegengesetzte Richtung um=
gesetzt, Gleiches findet nun durch die Verbindung von g und i Statt,
die Bewegung von B wird daher bei C in derselben Richtung wie an=
fänglich Statt finden, und es wird daher, wenn e und f die Zähne=
zahlen für die gleichbenannten Räder bedeuten, nun Statt finden für

	die Welle A	die Welle B	die Welle C
die Umdrehungszahl:	0	β	$\gamma = 2\frac{f}{e}\beta$

Verbinden wir nun beide Voraussetzungen mit einander, und
bezeichnen die Umdrehungsrichtung von B mit + in dem Falle, wenn
sie mit der von A übereinstimmt, und mit — dann, wenn sie die
entgegengesetzte ist, so ergibt sich für

	die Welle A	die Welle B	die Welle C
die Umdrehungszahl:	α	$\pm \beta$	$\gamma = \alpha \pm 2\frac{f}{e}\beta$

woraus folgt, daß für $\frac{f}{e} = \frac{1}{2}$ die Welle C die Summe oder Diffe=
renz der Umdrehungszahlen von A und B annehmen wird. Häufig
wird nun aber $\frac{f}{e}$ nicht $= \frac{1}{2}$ gemacht, um zugleich eine Verminderung
der Geschwindigkeitsveränderung, welche durch B auf C hervorgebracht
werden soll, zu erzielen.

Beim Flyer wird nun von dieser Radverbindung in sofern Anwendung gemacht, als man die Spindelgeschwindigkeit durch A, die Aufwindebewegung, welche von dem regulirenden Konus ausgeht, durch B übertragen läßt, und dann in C die jedes Mal erforderliche Spulengeschwindigkeit erhält; in B ist aber zugleich die Geschwindigkeit vorhanden, welche zur Hervorbringung der erforderlichen Wagengeschwindigkeit benutzt werden kann. Ein Flyer, bei welchem die Bewegungen in der hier angedeuteten Art hervorgebracht werden, heißt ein **Differenzialflyer**, Flyer neueren Systems.

28) Eine in neuerer Zeit angewendete veränderte Form für den Mechanismus des Differenzialgetriebes stellen Fig. 158 und 159 dar. Hier haben die Buchstaben dieselbe Bedeutung wie vorher, a ist ein auf der Welle A fest sitzendes zylindrisches Rad, welches durch die beiden zylindrischen Transporteure c und d, die sich um an dem Differenzialrade e angebrachte Zapfen als Achsen drehen, die Spindelbewegung auf den innerlich verzahnten Ring b überträgt, während die durch einen Konus regulirte Aufwindebewegung durch f auf e übergeht, und das mit b fest verbundene zylindrische Rad g die gesammte Spulenbewegung durch i weiter fortleitet. Es mögen A, B, C und α, β, γ dieselbe Bedeutung wie früher haben, r sei der Halbmesser von a, R der von b und ϱ der Halbmesser des Kreises, den die Achsen von c und d bei der Umdrehung von c um A beschreiben; dann ist $\varrho = \dfrac{R +}{2}$.

Stehen die Welle B und das Differenzialrad e still, und dreht sich A und daher auch das Zahnrad a in einer bestimmten Zeit um den Winkel φ, so durchläuft hierbei ein Punkt in der Peripherie von a den Bogen $o\,p = r\varphi$; eine gleiche Weggröße wird durch c und d auf b übertragen, diese Bogengröße $r\varphi$ entspricht aber bei dem Halbmesser R einem Winkel $\varphi' = \dfrac{r}{R}\varphi$; setzt man statt der Halbmesser die Zähnezahlen, und statt der Winkel die gleichzeitigen Umdrehungszahlen, so ist für $\beta = o$ die Anzahl Umdrehungen von b in der Zeit, wo A α Umdrehungen macht: $\alpha\dfrac{a}{b}$ und zwar im entgegengesetzten Sinne von A, daher für gleiche Zähnezahlen von g und i, $\gamma = \dfrac{a}{b}\alpha$.

Steht ferner A still und durchläuft e in einer bestimmten Zeit
den Winkel φ, oder der Zapfen des Rades c in dieser Zeit den Bogen
$u\,v = \varrho\,\varphi = \dfrac{R+r}{2}\,\varphi$, so kann q als Stützpunkt für den Durch=
messer q t des Rades c angesehen werden und t bewegt b daher in
derselben Zeit um $2\,\varrho\,\varphi = (R+r)\,\varphi$ in derselben Richtung, wie sich
e bewegt, vorwärts. Dieser Bogen $(R+r)\,\varphi$ entspricht aber einem
Drehungswinkel von $\dfrac{R+r}{R}\cdot\varphi$. Werden daher auch hier statt der
Winkel die Umdrehungszahlen und statt der Halbmesser die Zähne=
zahlen gesetzt, und angenommen, daß für β Umdrehungen von B
die Umdrehungszahl von e ist: $\dfrac{f}{e}\,\beta$, so wird bei $\alpha = 0$ offenbar

$$\gamma = \frac{R+r}{R}\cdot\frac{f}{e}\cdot\beta = \frac{a+b}{b}\,\frac{f}{e}\,\beta$$

Hiernach ist:

	bei der Welle A,	bei der Welle B,	bei der Welle C.
für α.	0		$\gamma = \dfrac{a}{b}\,\alpha$.
„	0	β.	$\gamma = \dfrac{a+b}{b}\cdot\dfrac{f}{e}\cdot\beta$
daher für α.	und β.		$\gamma = \dfrac{a}{b}\,\alpha \pm \dfrac{a+b}{b}\,\dfrac{f}{e}\,\beta$

je nachdem B in gleichem Sinne mit A sich dreht oder im entgegen=
gesetzten. Der letzte Ausdruck kann auch geschrieben werden

$$\gamma = \frac{a}{b}\left(\alpha \pm \frac{f}{e}\,\beta\right) \pm \frac{f}{e}\,\beta$$

und es ist leicht zu ersehen, daß für $a = b$ oder $r = R$, d. h. wenn
die vorliegende Form in die in Nr. 27 beschriebene Form übergeht,
dann auch für γ der vorher aufgestellte Werth erhalten wird.

29) Anfänglich wurden die Differenzialflyer mit Schnur=
trieb ausgeführt; Abbildungen von denselben sind enthalten, z. B. in
Bernoulli's bereits angeführter Darstellung der Baumwollspinnerei
Taf. 14, in Oger's Werk Taf. 11 und im Bulletin de Mulhouse V,
Taf. 70, bei Gelegenheit der Abhandlung von G. Scheidecker, in
welcher derselbe die mathematische Theorie des Differenzialflyers und
der Flyer nach älterem Systeme aufstellt, und dabei den Irrthum
berichtigt, als könne man den Differenzialmechanismus nur in dem

Falle anwenden, wenn die Spulen schneller sich drehen als die Spindeln. Bei diesen Abbildungen ist das Mangelrad zur Hervorbringung der Bewegung des Wagens beibehalten. Das Differenzialgetriebe ist bei diesen Konstruktionen gewöhnlich in einer Trommel eingeschlossen, von welcher die Schnüre zur Spulenbewegung ausgehen, und welche im Innern statt der beiden Räder c und d (cf. Nr. 27) nur eines enthält, wodurch die Wirkung natürlich nicht beeinträchtigt wird.

30) Im Jahre 1837 erhielt E. Walter auf einen Differenzialflyer mit Schnurbewegung in Oesterreich ein Patent (vergl. Beschreibung der österreichischen Patente Bd. II, S. 54), bei welchem eine wesentlich verschiedene Anordnung des gesammten Mechanismus vorkam; derselbe ist ziemlich komplizirt und scheint wenig in Anwendung gekommen zu sein.

31) E. Pfaff in Chemnitz erhielt 1839 ein Patent auf einen Doppelflyer, bei welchem die Spindeln, ähnlich wie bei dem amerikanischen double-speeder, so wohl auf der einen als auch auf der gegenüber stehenden Längenseite des Gestelles angebracht waren. Der Differenzial= und Regulirungsmechanismus befand sich an der einen Stirnseite des Gestelles. Die Spindeln und Spulen wurden durch Riemen getrieben; auch diese Konstruktion fand wenig Anwendung.

32) Um eine sicherere Hervorbringung der Aufwindebewegung durch den regulirenden Kegel oder die konische Trommel zu erlangen, sind außer der Herstellung einer genügend großen Riemenspannung mit Spannrollen, welche gewöhnlich angewendet werden, oder mit einer Belastung des einen Endes der Konuswelle, die zu dem Ende in einer vertikalen Führung läuft, verschiedene Vorschläge gemacht worden. In dieser Beziehung, und wegen zweckmäßigster Form des Konus ist auf folgende Einrichtungen zu verweisen.

a) H. Schwartz (Bulletin de Mulhouse XIX, p. 1) macht auf die Unsicherheit der Bewegungsübertragung von einer verschiebbaren Riemenscheibe auf einen nicht in festen Lagern liegenden Kegel aufmerksam, welche namentlich auch das Uebel mit sich führt, daß die eine Riemenseite stärker ausgedehnt wird, als die andere; er empfiehlt deshalb zwei parallel neben einander liegende abgestumpfte Kegel in umgekehrter Lage, welche durch einen Riemen verbunden werden, und von denen der eine von der Hauptwelle bewegt wird und der andere die Bewegung auf das Differenzialrad überträgt. Allein abgesehen von dem Umstande, daß der Riemen hier an jedem Kegel nach der entgegengesetzten Richtung sich zu verschieben sucht, und daher jedenfalls eine doppelte Riemenführung voraussetzt, so wie daß der Riemen für vollkommen gleiche Spannung in der mittleren Lage eine etwas andere Länge haben müßte, als an den Enden, ist hier, um bei gleich großer Riemenverschiebung eine gleiche Differenz der Umdrehungsgeschwindigkeit zu erhalten, eine konoidische Gestalt des einen Kegels erforderlich, oder es wird, wenn letztere nicht gewählt werden soll, eine Seitenverschiebung des Riemens um ungleiche Größen erforderlich, was wieder zu einer Zahnstange mit ungleichen Zähnen führt.

b) B. E. Saladin (ibid. p. 15) empfiehlt eine Expansions= riemenscheibe, um das schiefe Auflaufen des Riemens auf den sich nach der einen Seite zu verjüngenden Kegel zu vermeiden, und die Anwendung eines durch ein starkes Gewicht gespannten Riemens. Die Riemenscheibe besteht ähnlich wie bei den an den Papiermaschinen gebräuchlichen Expansionsscheiben aus 12 Ringstücken, von denen jedes auf einer schiefen Platte oder Rippe liegt, welche letzteren mit ihren äußeren Kanten Kegelseiten bilden und an einer Welle sternförmig befestigt sind. Statt der gewöhnlich vorkommenden Verschiebung des Riemens auf dem Kegel, wird hier dieser Rippenkegel nach jedem Wagen= Auf= oder Niedergange um die Länge eines Zahnes der Zahnstange gegen die Expansionsscheibe verschoben.

c) Ein Expansionskonus mit verstellbarem Neigungswinkel (cône universel) für einen Flyer älteren Systemes war bereits 1837 von Scheibel und Loos in Thann angegeben worden (Brevets 48, p. 49). Bei demselben waren statt der Rippen Stäbe vorhanden, welche sich an der kleineren Endscheibe des Konus mit Krückenzapfen drehten und an der größeren Endscheibe ähnlich wie bei der Uhr= macherhand durch zwei Platten, von denen die eine radial, die andere spiralförmig liegende Schlitze hat, gleichmäßig von der Axe entfernt oder derselben genähert werden konnten, so daß hierdurch der Nei= gungswinkel des Kegels verändert wurde. An den Ringstücken der Riemenscheibe waren dann natürlich die Führungen der Stäbe eben= falls drehbar angefertigt, um sich dem verschiedenen Neigungswinkel anschließen zu können.

d) Bei dem Kettenkonus von Mac Lardy (Polyt. Centralbl.

1847, S. 788) liegt einem mit schraubengangförmigen Gängen ver=
sehenen Konus ein Zylinder gegenüber; in den Gängen des ersteren
liegt eine Kette, deren Ende an dem letzteren befestigt ist. Dreht
sich nun der Zylinder, so windet sich auf denselben die Kette auf,
und ertheilt dem Kegel eine dem jedesmaligen Halbmesser an dem
Berührungspunkte der Kette umgekehrt proportionale Umdrehungs=
geschwindigkeit, welche auf das Differenzialrad eines Differenzial=
getriebes übergeht. Um die Kette nach beendeter Abwickelung nicht
wieder aufwickeln zu müssen, wird für die nächste Spulenbildung
von der Hauptwelle aus der Kettenkonus direkt bewegt, und durch
seine Kette der parallel liegende Zylinder, von diesem aber die Spulen=
welle durch ein zweites vorhandenes Differenzialgetriebe. Es bedarf
keiner ausführlichen Auseinandersetzung, daß dieser Mechanismus des=
halb im Prinzip falsch ist, weil er eine stetige Umänderung der Ge=
schwindigkeit in der Aufwindebewegung hervorbringt, und nicht wie
es erforderlich ist, eine absatzweise eintretende.

e) Dem gleichen Vorwurfe unterliegt eine zweite Einrichtung
desselben Erfinders, nach welcher der Konus in den vorher erwähnten
Schraubengängen Zähne von durchaus gleicher Theilung enthält, in
welche ein allmälig längs des Konus verschobenes Getriebe eingreift,
und somit dieselbe Bewegung, wie vorher angegeben wurde, her=
vorbringt.

f) Der von Ottis Petee in Newtown in den Vereinigten Staaten
erfundene und in Amerika mehrfach eingeführte gezahnte Konus,
welcher auch an einem von der Société du Phénix in Gent 1851
in London ausgestellten Differenzialflyer angebracht war, erscheint
allerdings vom mathematischen Standpunkte aus als die vollkom=
menste und sicherste Einrichtung zur Hervorbringung der Aufwinde=
bewegung und zur Bewegung des Differenzialrades. Der Konus
besteht aus hintereinanderfolgenden Rädern, welche mit Rädern an
einem zweiten in umgekehrter Richtung liegenden im Eingriff stehen.
Die Wellen beider Konen liegen parallel. An dem einen Konus
sind die Räder fest, an dem andern lose auf die Welle aufgeschoben;
die Welle des letzteren hat eine Spur, in welcher sich ein mit einem
Zahn versehener Stab verschieben kann; dieser Zahn verbindet jedes
Mal eines der lose aufgesteckten Räder mit der Welle, und es erfolgt
dann durch dieses die Bewegungsübertragung auf den andern Konus,

während alle übrigen lose aufgeschobenen Räder in entgegengesetzter Richtung mit umlaufen. Die Verschiebung des Stabes mit dem Zahne erfolgt durch die Zahnstange ähnlich, wie die Verschiebung des Riemens bei der gewöhnlichen Einrichtung.

Die durch die hinter einanderfolgenden Radverbindungen hervor= zubringenden Umdrehungsgeschwindigkeiten müssen natürlich in dem= selben Verhältniß, wie bei dem gewöhnlichen Riemenkonus erfolgen. Bei letzterem aber kann die sich auf einer Welle verschiebende Riemen= scheibe als ein Zylinder A Fig. 171 betrachtet werden, welcher dem Konus B gegenübersteht, und von welchem aus für die nach einander= folgenden Spulenschichten der Riemen von a, b, c ꝛc. h nach den Durchmessern des Konus m, n, o ꝛc. bis z läuft. Der Konus B wird nun richtig reguliren, wenn m : z im Verhältniß des größten und kleinsten Spulenburchmessers d : D Fig. 173 steht, ein Verhält= niß, das gewöhnlich ungefähr 1 : 3 ist. (Eigentlich ist Statt D zu setzen D vermindert um die Dicke der letzten Schicht, oder $D - \dfrac{D - d}{u}$, wenn u die Anzahl der Luntenschichten bedeutet; man kann aber den Regel auch so konstruiren, daß er die erforderliche Länge hat, um mit demselben noch für eine weitere Luntenschicht reguliren zu können, und dann ist die obige Aufstellung richtig.) Ist nun in Fig. 172 C der eine und D der andere Zahnkegel, so wird für eine richtige Bewegungsübertragung sein müssen:

$$\alpha : \mu = a : m$$
$$\beta : \nu = b : n$$
$$\gamma : o = c : o$$
$$\text{ꝛc.}$$
$$\lambda : \zeta = l : z$$

Sollen die Zahnkegel so angeordnet werden, daß das kleinste und größte Rad des einen gleich dem kleinsten und größten des andern wird, also $\alpha = \zeta$ und $\mu = \lambda$, so muß sein

$$\frac{\alpha}{\mu} : \frac{\mu}{\alpha} = D : d, \text{ ober } \alpha^2 : \mu^2 = D : d$$

$$\text{baher } \alpha : \mu = \sqrt{D} : \sqrt{d}$$

Da nun D : d gewöhnlich wie 3 : 1 ist, so wird für dieses Verhält= niß $\alpha : \mu = 1732 : 1000$, ober 433 : 250. Nimmt man nun eine diesem Verhältniß entsprechende Größe der Zähnezahlen an, bezeichnet die Zähnezahl für das der ersten Schicht entsprechende Rad mit dem Durchmesser α durch M, und wählt die Zähnezahlen für β, γ $\mathfrak{c}$. etwa so aus, daß sie M — x, M — 2 x u. s. w. werden, so müssen, wenn μ', v', o', die Zähnezahlen der Räder μ, v, o bedeuten, die im Nachfolgenden links stehenden Ausdrücke den rechtsstehenden proportional gemacht werden, nämlich:

$$\frac{M}{\mu'} \qquad\qquad \frac{1}{d}$$

$$\frac{M-x}{v'} \qquad\qquad d + \frac{1}{\dfrac{D-d}{m}}$$

$$\frac{M-2x}{o'} \qquad\qquad d + 2\frac{1}{\dfrac{D-d}{m}}\ \mathfrak{c}.$$

wobei m die Zahl der Luntenschichten auf der vollen Spule bedeutet; hiernach ist v', o', $\mathfrak{c}$. zu bestimmen.

g) Der gezahnte Konus, auf welchen Brüggeman in Lille 1850 ein Patent nahm, ist in Brevets Bd. 18. S. 215 beschrieben und abgebildet. Bei demselben ist der in der Konuswelle gleitende Kuppelungszahn federnd eingerichtet, so daß er eine sehr sichere und prompte Einrückung bei der Verschiebung von einem Rade zum andern bewirkt.

33) Eine der neueren Anordnungen eines Differenzialflyers mit Scheibenspulen, konischem Differenzialgetriebe, Mangelrad und Schraubenradtrieb für einen Mittelflyer eingerichtet, stellt mit Weglassung aller zum Verständniß der Bewegungsübertragungen nicht erforderlichen Theile Fig. 175 und 176 (Taf. 15) im 8ten Theile der natürlichen Größe dar. Von der Hauptwelle A aus geht durch das Rad a (40 Zähne) und 2 Transporteure t t (in der nachfolgenden Beschreibung werden alle Transporteurräder mit t bezeichnet werden) die Bewegung auf das Rad b (40 Zähne) an der Spindelwelle B über, und von hier aus durch die Schraubenräder c (42 Zähne) und d (30 Zähne) an die Spindeln.

Parallel zur Hauptwelle liegt die Welle D D, welche durch das Zahnrad e (40 Zähne) 2 Transporteure und das Zahnrad f (40 Zähne) mit ersterer verbunden ist. Mit D ist das konische Rad g (65 Zähne) fest verbunden, h (65 Zähne), mit i (40 Zähne) durch das Rohr E zuſammenhängend, loſe aufgeſchoben, eben ſo das Differenzialrad k (160 Zähne), welches von dem Getriebe l (34 Zähne) die Aufwinde= bewegung der Spule zugeführt erhält, ebenfalls loſe aufgeſchoben.

Es geht nun die geſammte Spulenbewegung mittelſt des Kniees F von i durch einen Transporteur auf m (40 Zähne), von hier durch einen Transporteur an n (40 Zähne) und auf o (40 Zähne) an der Spulenwelle G. An letzterer iſt zur Bewegung der Spulen I jedes Mal ein Schraubenrad p (42 Zähne) angebracht, welches in ein Rad q (30 Zähne) am Spulenfuße H eingreift. Die Spulen befinden ſich innerhalb der auf den Spindeln aufgeſteckten Flügel K. Eine dritte horizontale Welle LL iſt durch das Zahnrad r (17 Zähne), einen Transporteur und das Zahnrad s (56 Zähne) mit D D verbunden. Auf L nimmt die Riemenſcheibe M (5 Zoll) verſchiedene Stellungen ein, welche durch einen mit der Spannrolle N angepreßten Riemen P auf den Regulirungskegel O die durch die Aufwindebewegung geforderten verſchiedenen Geſchwindigkeiten über= trägt; von der Welle des Kegels O geht durch das Getriebe u (16 Zähne), welches in das mit l an gleicher Welle Q befindliche Zahnrad v (40 Zähne) eingreift, die regulirende Bewegung auf das Differenzialgetriebe über.

Die Seitenverſchiebung von M auf der mit einer Nuth ver= ſehenen Welle L L erfolgt durch die Zahnſtange R, welche durch ein Gewicht nach rechts gezogen wird, durch einen der Sperrkegel S,S aber verhindert wird, dieſe Bewegung früher anzunehmen, als bis dieſer Sperrkegel ausgehoben iſt, und ſich dann auch nur ſo weit verſchiebt, bis der zweite Sperrkegel gegen den nächſten Zahn ſich anlegt. Der obere Sperrkegel legt ſich durch ſein eigenes Gewicht auf die obere Seite der Zahnſtange, der untere durch ein Gegen= gewicht gegen die untere Seite. Zwiſchen beiden Sperrkegeln befinden ſich die Aushebungsbolzen an dem Stabe T; letzterer iſt mit den verſtellbaren Bundringen U verſehen, und gegen einen von dieſen ſtößt ein an dem Wagen V angebrachter Zylinder im höchſten und tiefſten Stande des Wagens, und hebt dabei durch T einen der Sperrkegel S aus. Iſt die ganze Zahnſtange abgelaufen, ſo wird durch eine einfache Ausrückvorrichtung der Haupttriemen von der Feſtſcheibe auf die Losſcheibe gelegt, und damit der Flyer nach voll= endeter Spulenaufwindung zum Stillſtande gebracht.

Die Wagenbewegung, welche ebenfalls von O aus zu erfolgen hat, wird von dem konischen Getriebe w (von 34 Zähnen) auf das Rad x (von 70 Zähnen), von dem mit letzterem an gleicher Welle befindlichen Getriebe y (von 14 Zähnen) auf das Rad z (von 80 Zähnen), und von dem mit letzterem an gleicher Welle befindlichen Getriebe a' (von 6 Zähnen) auf das Mangel= oder Wenderad b' (von 92 Zähnen) übertragen. Letzteres befindet sich an der Wagen= welle W, zugleich mit den Getrieben d', d', welche in die an dem Wagen selbst befestigten Zahnstangen e' e' eingreifen und dadurch den übrigens durch Gegengewichte äquilibrirten Wagen V auf und nieder bewegen.

Zur Bewegung des Streckwerkes ist an der horizontalen Welle LL das Rad f' (von 62 Zähnen) angebracht, welches in das Rad g' (von 90 Zähnen) eingreift, das an dem Vorderzylinder Z (von $1\frac{1}{4}$ Zoll Durchmesser) sitzt. An der Welle von Z befindet sich das Getriebe h' (von 34 Zähnen), welches in das Rad i' (von 96 Zähnen) eingreift, und an gleicher Welle mit letzterem das Wechselgetriebe k' (von 28 bis 40 Zähnen), welches in das Rad l' (von 54 Zähnen) am Hinterzylinder X eingreift; letzterer ist mit dem Rade m' (von 34 Zähnen) versehen, während der Mittelzylinder Y ein Rad n' (von 31 Zähnen) enthält; zwischen m' und n' ist ein Doppelrad oder Trans= porteur angebracht, X und Y haben $1\frac{1}{8}$ Zoll Durchmesser.

Bei Aufstellung der nachfolgenden Berechnung sollen a, b, c 2c. die Zähnezahlen der mit den betreffenden Buchstaben bezeichneten Räder, A, C, E, L, X 2c. die gleichzeitig Statt findenden Um= drehungen der mit den betreffenden Buchstaben benannten Räder be= deuten, und sollen bei Aufstellung der Berechnung die Transporteur= räder mit dem Buchstaben t regelmäßig mit eingesetzt werden, weil erst dann aus der für die Berechnung der Umbrehungsgeschwindig= keiten aufgenommenen Formel sich die Umbrehungsrichtung unter Be= rücksichtigung des Umstandes entnehmen läßt, daß durch jeden Rad= eingriff die Umbrehungsrichtung in die entgegengesetzte verwandelt wird.

Macht die Hauptwelle A Umbrehungen in der Minute, so er= gibt sich

die Umbrehungszahl für die Spindeln:

$$1)\quad C = A \cdot \frac{a}{t} \cdot \frac{t}{t} \cdot \frac{t}{b} \cdot \frac{c}{d}$$

die Umbrehungszahl für die Welle D:

$$2)\ D = A \cdot \frac{e}{t} \cdot \frac{t}{t} \cdot \frac{t}{f}$$

und für die Welle L:

$$3)\ L = A \cdot \frac{e}{t} \cdot \frac{t}{t} \cdot \frac{t}{f} \cdot \frac{r}{t} \cdot \frac{t}{s}$$

ferner für den Vorderzylinder:

$$4)\ Z = L\ \frac{f'}{g'}$$

für den Hinterzylinder:

$$5)\ X = L\ \frac{f'}{g'} \cdot \frac{h'}{i'} \cdot \frac{k'}{l'}$$

und für den Mittelzylinder:

$$6)\ Y = L\ \frac{f'}{g'} \cdot \frac{h'}{i'} \cdot \frac{k'}{l'} \cdot \frac{m'}{t} \cdot \frac{t}{n'}$$

Durch Z ergibt sich die Länge des von dem Vorderzylinder ausge=
gebenen Fadens, wenn z' den Durchmesser dieses Zylinders bezeichnet,

$$7)\ \lambda = L\ \frac{f'}{g'}\ z'\ \pi.$$

und wenn man diesen Ausdruck mit dem zwischen dem Vorder=
zylinder und der Spule erforderlichen Verzuge nämlich $1 : 1 + \varphi$
multiplizirt, so ergibt sich die Länge des bei A Umbrehungen der
Hauptwelle aufzuwickelnden Fadens:

$$8)\ \lambda' = \lambda'\ (1 + \varphi)$$

und hiernach der Draht für die Längeneinheit, etwa pro Zoll,
wenn λ' in Zollen ausgedrückt ist:

$$9)\ \alpha = \frac{C}{\lambda'}$$

Letztere Gleichung dient wesentlich dazu, um den Zusammenhang
zwischen den Umbrehungen der Spindeln und des Vorderzylinders
so zu bestimmen, daß erstere Zahl eine möglichst niedrige wird.

Bezeichnet man nun mit M^1 den Durchmesser der Riemen=
scheibe M, mit O^1 den kleinsten und mit O^2 den größten Durchmesser
des Konus (Größen, welche im vorliegenden Falle 5'', $1^1/_4$'' und 6''
sind), so erhält man die kleinste und größte Umbrehungszahl der
Welle Q:

$$10)\ Q = L\ \frac{M^1}{O^1}\ \frac{u}{v}\ \text{oder} = L\ \frac{M^1}{O^2}\ \frac{u}{v}$$

und es ergibt sich aus einer speziellen Beurtheilung der Nadeingriffe, daß, wenn A nach rechts zu sich umdreht, sich D und L nach rechts zu, dagegen Q nach links zu umdreht (mit dem Gliede $\frac{M^1}{O^1}$ ist nämlich keine Umsetzung der Bewegungsrichtung verbunden); hiernach ergibt sich die Umdrehungszahl für die Spulen E (vergl. Nr. 27).

$$11)\ E = D - 2\frac{1}{k}\,Q$$

und zwar wird sich E entgegengesetzt drehen als D, daher in derselben Richtung wie A. Nun wird die Umdrehungszahl für die Spulen:

$$12)\ I = E \cdot \frac{i}{t} \cdot \frac{t}{m} \cdot \frac{m}{t} \cdot \frac{t}{n} \cdot \frac{n}{o} \cdot \frac{p}{q}$$

d. h. ebenfalls nach rechts herum, wie dies auch bei den Spindeln der Fall war, was in der Natur der Sache liegt.

Der letzte Ausdruck kann verschiedene Werthe erhalten, je nachdem Q innerhalb der oben angegebenen Grenzen ebenfalls verschiedene Werthe annimmt. Es wird daher darauf ankommen, zunächst bei gegebener Radverbindung eines Flyers den kleinsten und größten für die richtige Spulenaufwindung erforderlichen Durchmesser O^1 und O^2 des Kegels O zu finden.

Außer der in der Gleichung 12 aufgestellten Bestimmung für die erforderliche Spulenumdrehung läßt sich nun aber noch eine zweite Bestimmung treffen dadurch, daß man die Aufwindebewegung aus den Spulendimensionen direkt bestimmt, und von der Spindelbewegung abzieht (hier abzieht, da D und Q sich nach entgegengesetzter Richtung umdrehen, folglich durch das Differenzialgetriebe eine Spulengeschwindigkeit erzeugt wird, die kleiner ist, als die der Spindel oder des Flügels). Bezeichnet man nun mit δ und Δ den kleinsten und größten Durchmesser der Spule (hier etwa $1\frac{1}{4}$ und $3\frac{1}{2}$ Zoll), so sind bei der ersten und bei der letzten Luntenschicht

$$13)\ \frac{\lambda^1}{\delta\,\pi} \text{ oder } \frac{\lambda^1}{\Delta\,\pi}$$

Umdrehungen der Spule erforderlich um die Länge λ^1 bei A Umdrehungen der Hauptwelle aufzuwinden (wobei wiederholt erinnert werden mag, daß bei dieser einfacheren Ableitung eigentlich die letzte Luntenschicht auf den Durchmesser Δ aufgewunden zu denken ist);

es ist daher auch die Umbrehungszahl für die Spule im Anfange I^1 und zu Ende I^2 durch die Bestimmung gegeben:

$$14)\ I^1 = C - \frac{\lambda^1}{\delta\,\pi} \text{ und } I^2\ C - \frac{\lambda^1}{\varDelta\,\pi}.$$

Die Vergleichung von Nr. 14 mit Nr. 12 führt zur Bestimmung von O^1 und O^2, wenn man in beide Ausdrücke die ursprünglich gegebenen Größen einsetzt; es entsteht dann, wenn man alle sich hebenden Größen wegläßt, der Ausdruck:

$$15)\ (1 - 2\,\frac{l}{k}\,\frac{r}{s}\,\frac{M^1}{O^1}\,\frac{u}{v})\,\frac{i}{o}\,\frac{p}{q} = 1 - \frac{r}{s}\,\frac{f'}{g'}\,\frac{z'}{\delta}\,(1 + \varphi)$$

zur Bestimmung von O^1 und, wenn man statt O^1 und δ einsetzt O^2 und $\varDelta$, ein gleicher Ausdruck zur Bestimmung von O^2; Ausdrücke, welche in Zahlen ausgeführt überaus einfach werden. Auch läßt sich, wenn O^1 bestimmt ist, für O^2 die Proportion benutzen

$$16)\ O^1 : O^2 = \delta : \varDelta.$$

Hat man aber O^1 und O^2 gefunden, so ist ihre Entfernung auf dem Konus O aufzusuchen und der Zwischenraum in so viel gleiche Theile zu theilen, als die Spule zylindrische Luntenschichten erhalten soll; die so ausgeführte Theilung wird der Konstruktion der Zahnstange R zu Grunde gelegt.

Es bedarf nach dem Angedeuteten keiner ausführlicheren Erwähnung wie zu verfahren ist, wenn für eine bestimmte Zahnstange der Konus aufgefunden, oder für Konus und Zahnstange die angemessene Geschwindigkeitsübersetzung in dem Räderwerke hergestellt werden soll; zu ersterem Verfahren wird übrigens in dem später mitgetheilten Zahlenbeispiele Anleitung gegeben werden.

Es bleibt daher nur noch die Berechnung der Wagenbewegung übrig. Bezeichnen wir die Umbrehungen, welche die Welle des Getriebes a' macht, mit A', so wird

$$17)\ A^1 = Q \cdot \frac{w}{x}\,\frac{y}{z} = A\,\frac{e}{f}\,\frac{r}{s}\,\frac{M'}{O'}\,\frac{u}{v}\,\frac{w}{x}\,\frac{y}{z}$$

bei der ersten auf die Spule zu windenden Luntenlage. Bei A Umbrehungen der Hauptwelle kann nun aber nur eine Luntenlänge von λ^1 aufgewunden werden, während die ganze erste zylindrische Luntenschicht, wenn μ Lagen der Höhe nach eben einander liegen, eine Luntenlänge von $\delta\,\pi\,\mu$ hat; es werden sich daher die A Umbrehungen der Hauptwelle $\dfrac{\delta\,\pi\,\mu}{\lambda^1}$ Mal wiederholen müssen, um die erſte Zylinderſchicht zu beenden. In dieſer Zeit macht aber das Getriebe a'

$$18)\quad A^2 = A^1 \frac{\delta\,\pi\,\mu}{\lambda^1}$$

Umdrehungen. Hat nun das Mangel= oder Wenderad b' Zähne, ſo wird das Getriebe a' demſelben zwar eine Umbrehungsgeſchwindig= keit ertheilen, welche im Verhältniß von a' : b' geringer iſt als die der Welle von a', aber einen vollen Hingang oder Hergang erſt dann beendet haben, wenn es außer $\frac{b'}{a'}$ Umbrehungen noch eine halbe gemacht hat, die es bedarf, um ſich bei den letzten Getriebſtecken p' oder q' Fig. 174 von außen nach innen oder umgekehrt zu er= neutem Angriffe zu wenden. Es muß daher offenbar

$$19)\quad A^2 = \frac{b'}{a'} + \tfrac{1}{2}$$

gemacht werden.

Hierdurch wird nun aber auf b¹ nicht eine volle Umbrehung übertragen, vielmehr iſt zu beachten, daß wenn das Mangelrad b¹ Triebſtecken hat, und b² Triebſtöcke haben würde, falls ſich die= ſelben gleichmäßig über den ganzen Umfang angebracht befänden (ſo daß alſo b² — b¹ die Zahl der fehlenden Triebſtöcke angibt), auch der Umbrehungsbogen nicht durch $\frac{b^2}{b^1}$ angegeben werden kann; denn bei jedem Wenden des Getriebes um p' oder q' wird das Mangelrad noch um den Halbmeſſer des Getriebes a¹ alſo um ſo viel Zähne fortgeſchoben, als auf dem Halbmeſſer des Getriebes Raum finden würden; dieſe Wirkung wiederholt ſich bei jeder Um= kehr, und es wird daher der Bruchtheil der Umbrehung, welcher von a¹ auf b¹ übertragen wird, ausgedrückt durch

$$20)\quad \frac{b^1 + \tfrac{1}{3}\,a^1}{b^2}$$

Iſt nun d¹ der Durchmeſſer des in die Zahnſtange e¹ ein= greifenden Getriebes und h¹ die durch die Spulenhöhe bedingte Weg= größe für die Wagenbewegung, ſo muß ſein

$$21)\quad d^1 \frac{b^1 + \tfrac{1}{3}\,a^1}{b^2}\,\pi = h^1$$

Iſt nun die Wagenbewegung für die erſte Luntenſchicht richtig eingerichtet', so muß sie auch für die nachfolgenden richtig sein, wenn die Durchmesser des Konus sich wie die Durchmesser der Spulen= schichten verhalten.

Es läßt sich nunmehr leicht die Gesammtlänge der auf eine Spule aufgewickelten Lunte und die bei einer vollen Spulenauf= wickelung erforderliche Anzahl Umdrehungen der Hauptwelle bestimmen. Bezüglich der ersteren Größe ist die Länge der ersten Zylinderschicht

$$\delta \, \pi \, \mu,$$

die der letzten aber offenbar

$$\varDelta \, \pi \, \mu.$$

Da nun die übereinanderliegenden Zylinderschichten sich ihrer Länge nach wie die Glieder einer arithmetischen Reihe verhalten, so ist die Gesammtlänge der Lunte in einer vollen Spule unter der Voraussetzung, daß $\varkappa$ Schichten in der Richtung des Radius über= einanderliegen

$$22) \quad \frac{\varDelta + \delta}{2} \, \pi \, \mu \, \varkappa.$$

Nun macht aber die Hauptwelle A Umdrehungen, wenn die Länge λ' aufgewickelt wird; es ist daher auch die für eine volle Spu= lenwindung erforderliche Anzahl Umdrehungen der Hauptwelle offenbar

$$23) \quad \frac{(\varDelta + \delta) \, \pi \, \mu \, \varkappa}{2 \, \lambda'} \, A,$$

woraus sich die Zeit für eine solche vollständige Aufwindung leicht finden läßt, sobald man die Geschwindigkeit kennt, mit welcher die Hauptwelle umgetrieben wird. Hiernach bestimmt sich dann leicht die Gesammtlieferung des Flyers in bestimmter Zeit und unter Be= rücksichtigung der Spindelzahl, sowie der Stillstandszeit; ebenso auch die Länge der von demselben verarbeiteten Lunte unter Berücksichti= gung des Streckungsverhältnisses und der etwa angewendeten Du= plirung.

Die folgende Aufstellung enthält eine Berechnung der abgebil= deten Flyereinrichtung; bei derselben ist in Kolumne 2 die Anzahl der Umdrehungen der Hauptwelle = 100 gesetzt, und in der dritten Ko= lumne die Länge, welche der Vorderzylinder ausgibt, der bessern Uebersicht wegen = 100″ angenommen; für 100 Umdrehungen der Hauptwelle gibt nun aber der Vorderzylinder nur 82,11″ Lunte aus, eine Zahl, welche bei der Berechnung des Drahtes zu benutzen ist.

	Durch= messer in Zollen.	Umbrehungs= zahl.	Verhältnißmäßi= ger Weg der Lunte in Zollen.	Strecung.
Hauptwelle	—	100		
Hinterzylinder X. . .	1¹/₈	{ 3,84 \ 5,48	16,52 \ 23,58	
				1,096
Mittelzylinder Y. . .	1¹/₈	{ 4,21 \ 6,01	18,12 \ 25,87	
				4,24 bis 6,05
Vorderzylinder Z. . .	1¹/₄	20,91	100	
Spindel C.	—	140		
Draht pro Zoll der aus= gegebenen Lunte . .	—	1,705		
Draht pro Zoll der auf= gewundenen Lunte .	—	1,489		
Konus O.	{ 1¹/₂ \ 4	101,19 \ 38,00		
				1,153
Differenzialrab k. . .	—	{ 8,60 \ 3,23		
Spule J.	{ 1¹/₄ \ 3¹/₃	115,92 [1] } \ 130,96 [2] }	115,3	

Gesammtverzug: 4,89 bis 6,98.

Das Verhältniß des kleinsten und größten Spulendurchmessers ist wie $1¹/₄ : 3¹/₃ = 1 : 2²/₃$, daher muß am Konus das Verhältniß von $O^1 : O^2$ dasselbe sein, woraus sich die beiden Halbmesser zu $1¹/₂$ und 4 ergeben. Der wirkliche kleinste und größte Durchmesser des Konus mag nun aber $1¹/₄$ und 6 Zoll und ihr Abstand mag 36 Zoll betragen. Die Entfernung der Konusspitze von dem kleinsten Halb= messer findet sich daher durch die Proportion $(6 — 1¹/₄) : 36 = 1¹/₄ : x$, zu 9,47 Zoll, und der Abstand der Halbmesser O^1 und O^2 von dieser Spitze wird gefunden durch die Proportionen: $6 : (36 + 9,47) = 1¹/₂ : x$ und $$6 : (36 + 9,47) = 4 \ \ : x$$ daher der Abstand von $O^1 : 11,47$ Zoll und der von $O^2 : 30,31$ Zoll; folglich ergibt sich der Abstand von O^1 und O^2 zu $30,31 — 11,47 =$ 18,84 Zoll. Auf einer solchen Länge befinden sich aber in der Zahn=

---

[1] b. h. $(100 — 2 . 8,60)$ ⁴²/₃₀.
[2] b. h. $(100 — 2 . 3,23)$ ⁴²/₃₀.

stange R 26 Zähne, und es kann daher die Spule in radialer Richtung 26 zylindrische Luntenlagen erhalten. Soll die Spule in radialer Richtung 40 Schichten erhalten und nehmen auf der Zahnstange 40 Zähne eine Länge von $28^1/_2$ Zoll ein, so muß der Konus so eingerichtet werden, daß der Abstand der beiden Halbmesser von $1^1/_2$ und 4 Zoll Größe $= 28^1/_2$ Zoll ist.

Während 100 Umdrehungen der Hauptwelle macht beim Aufwinden der ersten Luntenschichte das in das Wenderad b' eingreifende Getriebe a' : 3,44 Umdrehungen; es muß aber bis zur vollendeten Auf= oder Niederschiebung des Wagens nach Gleichung $19 : \dfrac{92}{6} + \dfrac{1}{2} =$ 15,833 Umdrehungen machen; dies erfolgt, während die Hauptwelle $\dfrac{15,833}{3,44}$ 100 $= 460,3$ Umgänge beendet hat. Da nun für 100 Umdrehungen an A die Spule gegen die Spindel um $(140 - 115,92) = 24,08$ Umdrehungen zurückbleibt, so wird sie für den ersten Wagenlauf um $24,08 \dfrac{460,3}{100} = 110,84$ Umgänge gegen die Spindel zurückbleiben; letztere Zahl bezeichnet daher auch die Zahl der auf die Spulenlänge von circa $7^3/_4$ Zoll fallenden Luntenwindungen.

Vermöge der Zähnezahl von a' und b' wird nach Gleichung 20 die Wagenwelle W $\dfrac{92 + 2}{100} = 0,94$ Umdrehungen machen; und da der Wagen um die Spulenhöhe auf= und niederzuschieben ist, so wird der Durchmesser d' der an W befindlichen Getriebe (nach Nr. 21) $= \dfrac{7^3/_4}{0,94 \; \pi} = 2,62$ Zoll zu machen sein.

Die Länge der Lunte auf einer Spule ermittelt sich dadurch, daß dieselbe in der ersten Zylinderschicht $110,84 . 1^1/_4 . \pi = 435,25$ Zoll, in der letzten im Verhältniß von $1 : 2^2/_3$ größer, also $= 1160,67$, folglich bei den oben vorausgesetzten Zylinderschichten überhaupt $= \dfrac{1160,67 + 435,25}{2} . 40 = 31918$ Zoll ist.

Während der Aufwickelung einer vollen Spule macht daher die Hauptwelle $\dfrac{31918}{435,25} . 460,3 = 33755$ Umdrehungen.

Machen die Spindeln in der Minute 600 Umdrehungen oder

die Hauptwelle 428,6, so ist für einen Abzug $\dfrac{33755}{428,6} = 79$ Minuten erforderlich; für Störung ist hiezu $^1/_6$ oder 13 Minuten und für das Umwechseln der Spulen 12 Minuten zu rechnen, so daß ein Abzug in 104 Minuten beendet wird. Es können daher in 13 Arbeitsstunden $\dfrac{13 \cdot 60}{104} = 7^1/_2$ Abzug beendet werden, und wenn 80 Spindeln in dem Flyer vorhanden sind, so läßt sich die täglich gelieferte Luntenlänge zu $80 \cdot 31918 \cdot 7,5 = 19150800$ Zoll durch den beschriebenen Flyer annehmen.

34) Die Lieferungsfähigkeit der Flyer hängt außer der größeren Geschwindigkeit der Spindeln und der möglichst geringen Normirung des der Lunte zu gebenden Drahtes auch noch von der thunlichsten Verminderung des Aufenthaltes im Gange ab; ein solcher regelmäßiger Aufenthalt entsteht aber durch das Abnehmen der vollen und das Aufstecken leerer Spulen. Ist es daher möglich, auf die Spulen durch dichteres Aufwinden der Lunte eine größere Länge derselben zu wickeln, bevor die volle Spule abzunehmen ist, so entsteht offenbar eine Erhöhung der Lieferungsfähigkeit. Dies sollen die Preßflyer, die Flyer mit Preßspulen, leisten. Bei einem solchen Preßflyer geht gewöhnlich von dem einen Flügelarm ein Finger aus, welcher den Faden nach der Spule leitet und auf dieselbe aufdrückt (vergl. Fig. 164); die Längenbewegung des Fingers an der Spule und die dadurch mögliche Kollision desselben mit den Scheiben der vorher beschriebenen Spulen zugleich mit dem Umstande, daß der Finger nicht im Stande ist, den aufzuwickelnden Faden bis in die unmittelbare Nähe beider Scheiben zu bringen, macht es nun nothwendig, statt der Scheibenspulen nur Spulen ohne Scheiben, hölzerne Röhren anzuwenden, auf welche die Lunte, um ihre regelmäßige Gestalt beibehalten zu können, mit konischen Enden aufgewunden werden muß. Durch diesen Umstand wird einestheils der Kostenaufwand für Unterhaltung der hölzernen Spulen außer dem Vortheil der erhöhten Produktion wesentlich vermindert, und zugleich die Gefahr beseitigt, daß die Lunte bei den Scheibenspulen sich zuweilen an den Scheiben einklemmt und dann beim Abwinden reißt; andrerseits aber der Mechanismus zur Auf= und Niederbewegung des Spulenwagens oder der Spulenbank komplizirter als bei den Flyern mit Scheibenspulen,

da diese Bewegung bei jedem folgenden Auf= oder Niedergange in einer etwas geringeren Ausdehnung erfolgen muß, als unmittelbar vorher.

Die Einführung der Preßflügel scheint durch Dyer in Manchester um das Jahr 1833 erfolgt zu sein. Die erste von Floob nach Frank= reich übertragene Ausführungsform (Brevets XXXVIII. p. 193 und Polyt. Centralbl. 1840. S. 972) war eine überaus einfache; sie bestand in einem federnden Finger (spring finger, doigt com=primeur), welcher auf einen viereckigen Zapfen an dem Ende des einen Flügelarmes aufgeschoben war und mit seiner breiten Fläche sich an der Stelle an die Spule legte, an welcher der Faden sich aufwickelte. Später wurde die Einrichtung am mehrsten in der durch Fig. 164—166 (Taf. 14) dargestellten Art ausgeführt. Der Flügel hat auf der einen Seite einen hohlen Arm bei a, gegenüberstehend einen massiven b; beide gehen von dem mittleren ausgebohrten Zy=linder dd' aus, mit welchem derselbe auf das obere Ende der Spindel e geschoben wird. Die Lunte geht bei d in das Mundstück ein, tritt bei f aus, geht durch den hohlen Arm a und tritt bei g aus dem=selben aus. Am unteren Ende von a ist eine Spur eingedreht, welche die Büchse h umschließt; an letzterer ist der Preßfinger i befestigt, welcher bei k die ein oder mehrmal um i geschlungene Lunte auf die Spule drückt. Zu dem Zweck ist an h ein Ansatz, gegen den sich der federnde Stab m mit seinem unteren Ende anlegt; oberhalb ist m bei n an a angelöthet. Soll sich nun k weiter von der Spindel entfernen, so muß m durch l weiter aus seiner Lage abgebogen wer=den; hierdurch entsteht der durch k auszuübende Druck. Die Büchse h ist nun aber nicht vollkommen geschlossen, sondern auf etwa 1/4 ihres Umfanges eingeschnitten, wie sich bei o zeigt; dieser eingeschnit=tene Theil steht in jeder während des Gebrauchs vorkommenden Lage von h vor dem Einschnitt in dem hohlen Arme a, damit es stets möglich ist, die Lunte in den Arm einlegen zu können, wenn etwa ein Bruch vorgekommen sein sollte. Die gesammte drehende Bewegung aber, welche h an a machen kann, ist durch einen kleinen an a be=findlichen Zapfen, der in einem Einschnitte läuft, bestimmt. Die beiden Arme a und b nebst anhängenden Theilen müssen äquilibrirt sein, d. h. legt man bei d in der Richtung des Durchmessers der Bohrung eine Messerschneide unter den Flügel, so muß der Flügel auf derfelben im Gleichgewicht ftehen. Bei p gleitet über der Spindel das Rohr, auf welches die konifche Spule q gewunden werden foll; dasfelbe ift mit einem Einfchnitt auf den Nagel t des Spulenträgers r aufgefetzt, und letzterer erhält durch das Getriebe s feine drehende und durch die Spulenbank feine auf= und niederfteigende Bewegung.

Die verfchiedenen Formen, in welchen die Preßflügel ausgeführt wurden, mögen im Folgenden kurz zufammengeftellt werden.

a) J. Heilmann machte den einen Arm federnd, aus Holz, Fifch= bein 2c., und ließ ihn birekt an die Spule andrücken, zugleich wurde ftatt des andern Armes eine Welle angebracht, welche dem Berüh= rungspunkte des Preßflügels biametral gegenüber mit einer fich drehen= den Wickelwalze verfehen war, welche die Spule vom Umfange aus drehen follte. Die Spule wurde durch den Spulenwagen auf= und niederbewegt, um fich konifch aufzuwickeln. Der Bewegungsmechanis= mus der Spulen war daher für jede einzelne vorhanden (Polyt. Centralbl. 1845. V. 387).

b) Der Doppelpreßflügel (double presser-flyer) von S. Hardman unterfcheidet fich von dem vorher abgebildeten nur dadurch, daß der Arm b genau fo eingerichtet ift, wie der Arm a; es legt fich daher auch dem Finger k biametral gegenüberftehend ein zweiter Finger an, welcher ftets eine fymmetrifche Stellung mit dem erften gegen die Spindelachfe annehmen wird. Es foll hierdurch bewirkt werden, daß der Schwerpunkt des Doppelpreßflügels ftets in die Spindelachfe fällt, was bei dem einfachen Flügel natürlich nicht der Fall fein kann. Die bei letzterem einfeitig wirkende Zentrifugalkraft wird leichter bei fchnellem Gange eine zitternde Bewegung eintreten laffen, und die Hardman'fche Einrichtung geftattet daher eine größere Gefchwindigkeit des Flügels und erhöht dadurch die Lieferungsfähig= keit des Flyers (Polyt. Centralbl. 1843. I. 392).

c) Der Flügel von R. R. Jackfon ift mit einem Finger verfehen, welcher oberhalb an dem Schenkel a, ein wenig unter dem Knie des= felben, um einen Zapfen drehbar ift und in der Ebene des Flügels ab fchwingt; gegen bie nach oben zu ausgehende Verlängerung diefes Fingers wirkt eine zwifchen a und d' angebrachte Feder, welche den Druck desfelben erzeugt (Polyt. Centralbl. 1845. V. 433).

d) Bei dem Flügel von Lewis und M. Larbys befindet fich auf der rechten und linken Seite von d' ein Anfatz, in welchem 2 ähnlich wie vorher sich bewegende Finger ihre Drehpunkte finden, durch eine zwischen beiden angebrachte Feder gegen einander gezogen werden und dabei an zwei biametral gegenüber liegenden Stellen einen Druck gegen die Spule ausüben.

e) H. Higgins Flügel unterscheidet sich von dem vorhergehenden dadurch, daß die Flügelarme zugleich die Stelle der Finger vertreten; sie sind in der Nähe der Kniee drehbar gemacht und werden durch angebrachte Federn gegen die Spule gepreßt.

f) Bei dem Preßflügel von Preston liegt parallel zu dem Flügelarme a, und oberhalb und unterhalb in einem an demselben angelötheten Lager gehalten, ein Stab, welcher sich unten mit einem vorstehenden Arm an den Preßfinger legt und durch einen oben angebrachten Arm von einer Kautschuk- oder Spiralfeder so gedreht wird, daß er gegen den Finger drückt.

g) Der Preßflügel von J. Groom (Polyt. Centralbl. 1845. VI. 147.) hat den um a drehbaren Finger, an demselben ist eine Verlängerung über die Drehachse hinaus angebracht, und gegen diese wirkt eine halbkreisförmige am Ende des massiven Armes b angeschraubte Feder.

h) J. Fletcher (Polyt. Centralbl. 1846. VIII. 191.) fertigt die Flügel von Gußeisen und verbindet die unteren Enden, um ein Auseinanderweichen derselben durch die Zentrifugalkraft zu verhindern, durch einen die Spule umschließenden Ring. An letzterem ist bei dem einen Armende eine Spiralfeder so angebracht, daß sie durch einen Ansatz am Preßfinger zusammengedrückt wird. Letzterer ist so geformt, daß die von der Feder auf den Preßfinger übertragene Kraft in allen Stellungen des letzteren gleich groß ist.

i) Bei dem Flügel von J. Jvers ist eine längs des Armes a liegende Feder angebracht, welche in der Mitte des Armes sich um einen an a angelötheten Zapfen dreht, sich mit ihrem oberen Ende in der Nähe des Knies gegen einen Ansatz an a stemmt und mit dem unteren Ende gegen den Preßfinger drückt. (Polyt. Centralbl. 1846. VII. 260.)

k) W. Seeb (Polyt. Centralbl. 1847. 930.) sucht die durch verschieden große Anspannung der Feder bei verschiedenem Spulendurchmesser entstehende verschieden dichte Aufwindung durch Benützung der Zentrifugalkraft zu ersetzen, was bereits früher durch Lamb versucht worden war. Es dreht nämlich der Preßfinger, wenn er auf einen größeren Spulendurchmesser übergeht, ein längs des Armes a angebrachtes Stäbchen, welches oberhalb mit einem Arm versehen ist, an dessen Ende sich ein entsprechendes Gewicht befindet. Die in diesem Gewichte durch die schnelle Flügeldrehung entstehende Zentrifugalkraft bewirkt hiernach den Druck gegen den Finger, welcher bei größerem Spulendurchmesser etwas geringer ausfällt, da dann das erwähnte Gewicht der Umdrehungsachse etwas näher gerückt ist. Um übrigens die Haupteinflüsse, welche eine Veränderung des Fingerdrucks gegen die Spule bei wachsendem Durchmesser bewirken können, zu beurtheilen, muß man außer dem größeren Widerstande, welchen eine zusammengedrückte Feder noch stärkerer Zusammendrückung entgegensetzt, auch beachten, daß ein Theil dieses größeren Druckes offenbar durch die in dem Finger selbst bei größerem Spulendurchmesser entstehende größere Zentrifugalkraft aufgehoben wird, und daher auch durch richtige Justirung der Federspannung eine gleiche Aufwindung erzielt werden kann.

l) Der ältere Flügel von Denton ähnelt dem Preston-Flügel insofern, als der an dem Arme a liegende drehbare Stab ebenfalls vorhanden ist; oberhalb ist aber an diesem Stabe ein Kamm angebracht, gegen den eine an d' angeschraubte Federplatte drückt (Polyt. Centralbl. 1847. 1142.). — Bei dem neueren ist ein Schwunggewicht in etwas anderer Art als bei Seeb angewendet (ibid. 1853. 1025.).

m) Bei dem Flügel von J. Tatham, D. Cheetham und J. W. Duncan (ibid. 1847. 1237.) ist entweder wie bei Higgins der Arm des Flügels oberhalb in einem Zirkelgewinde drehbar, oder der Preßfinger mit einem unterhalb a angebrachten Ansatze durch ein Zirkelgewinde verbunden. In jedem dieser Gewinde liegt eine Spiralfeder, welche den Preßfinger an die Spule drückt.

n) Der Flügel von Hague und Madeley (Armengaud, Génie industr. VII. 28.) erzielt einen gleichförmigeren Druck durch Anwendung einer Spiral= oder Uhrfeder, welcher zugleich der Vorzug größerer Leichtigkeit zur Seite steht, mittelst einer dem zuletzt erwähnten Flügel ganz ähnlichen Einrichtung am Finger, welcher hier seine Drehachse in 2 am unteren Ende des Armes a angelötheten Lappen erhält.

o) Bei dem Flügel von Th. Settle und P. Cooper (Pract. mech. Journ. 1854. Octbr. 157.) hebt der hintere Arm des Fingers bei seinem Uebergange auf einen größeren Halbmesser ein penbelnb an dem Arme a aufgehangenes Gewicht und erhält baburch seinen Druck.

p) Der Flügel von C. Pfaff in Chemnitz endlich benutzt die Elastizität eines flachen Stahlstäbchens in der Richtung, in welcher die Drehfestigkeit zur Wirksamkeit kommt, und erlaubt zugleich eine genaue Stellung des durch den Flügel hervorzubringenden Druckes. Ist nämlich bei einem Flyer dieser Druck bei einigen Spulen größer als bei anderen, so entsteht natürlich eine Ungleichförmigkeit in der Feinheitsnummer des erzeugten Fadens baburch, daß einzelne Spulen nach beenbeter Aufwinbung einen etwas kleineren Durchmesser haben, als andere, daher eine überhaupt etwas kürzere Luntenlänge enthalten, welche durch eine etwas geringere Streckung hervorgebracht ist. Die Lunte der mit größtem Drucke aufgewunbenen Spulen hat daher den anderen gegenüber eine etwas niebrigere Feinheitsnummer, und es erscheint als ein wesentlicher Vortheil, derartige Differenzen durch Regulirung der Feberspannung, die auf den Preßfinger übergeht, vermeiben zu können. Zu biesem Zwecke ist folgende Einrichtung angebracht, welche Fig. 167—170 beutlich machen; hier erscheinen alle Theile, welche mit benen in Fig. 164 gleichbebeutenb sinb, auch mit gleichen Buchstaben bezeichnet und bebürfen baher keiner weiteren Beschreibung.

Der Preßfinger i ist mit einem Zapfen y versehen, welcher durch ben unterhalb an a angelötheten Ansatz x hinburchgeht, unb mit der Stahlschiene w verbunden ist. Letztere ist in Fig. 167 von der schmalen, in Fig. 168 von der breiten Seite zu sehen, unb oberhalt an dem an a angelötheten Ansatz u mittelst der Klemme v befestigt. v läßt sich an u höher unb tiefer stellen unb mit einem Schräubchen befestigen; hierdurch wirb der wirksame Theil von w entweber verlängert oder verkürzt, unb baher der bei einer Drehung des Preßfingers auf benselben übertragene Druck entweber verringert ober vermehrt.

35) Ein Differenzialfeinflyer mit Preßspulen von Hibbert, Platt unb Söhne, mit 104 Spindeln, ist (Taf. 16 unb 17) in Fig. 179—184 im 16ten Theil der natürlichen Größe bargestellt, unb durch die Details in Fig. 185—196 im 8ten Theile der natürlichen Größe noch weiter erläutert. Es stellen bar:

Fig. 179 die vorbere Ansicht in nicht vollständiger Länge;

Fig. 180 bie hintere Ansicht, abgebrochen; ber Wagen befindet sich in ber höchsten Stellung, bie tiefste Stellung besselben ist burch bie hinburchpunktirte Linie angebeutet;

Fig. 181 bie eine Enbansicht;

Fig. 182 einen Querburchschnitt nach ber Linie A B in Fig. 179 unb 180;

Fig. 183 einen Querburchschnitt nach ber Linie C D in Fig. 180;

Fig. 184 bie anbere Enbansicht;

Fig. 185 bie Spinbel, Spinbelbüchse unb Spinbelwellenlager;

Fig. 186 unb 187 ein Stück Wagen;

Fig. 188 bas Lager unb bie Gabel für bie Kehrwelle;

Fig. 189 bas Lager ber Konuswelle;

Fig. 190 bie Fußplatte zu ben mittleren Füßen mit Einrichtung zu genauer Aufstellung;

Fig. 191 bie Hauptlager ber Spinbelwellen;

Fig. 192 bas vorbere Hauptlager;

Fig. 193 bas hintere Hauptlager;

Fig. 194 unb 195 bas Differenzialgetriebe unb

Fig. 196 eine volle Spule.

Von ber Hauptwelle A aus geht bie Bewegung burch bas Zahn= rab a (von 33 Zähnen), ben Transporteur b unb bie Räber c unb d (von 33 Zähnen) an bie beiben unterhalb unb neben einanber liegenben Spinbelwellen, unb von biesen burch ein konoibisches Vor= gelege e (von 60 unb 21 Zähnen) an bie Spinbeln B. Die ober= halb A liegenbe Welle C C ist mit ersterer burch bas Rab f (von 36 Zähnen), einen Transporteur unb bas Rab g (von 52 Zähnen) verbunben, unb überträgt einerseits bie Bewegung auf bas Streckwerk, anbererseits auf ben Konus. Was bie erstere Uebertragung anbelangt, so erfolgt sie burch bas Zahnrab h in ber aus Fig. 179, 180, 181, 182 ersichtlichen unb von bem gewöhnlichen Verfahren wenig abweichenben Art, so baß zwischen C unb bem Vorberzylinder ein Vorgelege mit ben Zähnezahlen 68 unb 96, zwischen biesem unb bem Hinterzylinder ein Vorgelege mit 33 unb 90 unb ein zweites mit 28 unb 57 Zähnen angebracht ist, unb von bem letzteren ber Mittelzylinder mit einem mit Getriebe von 30 unb 20 Zähnen verbunbenen Doppelrabe bewegt wirb. Bei D ist eine Kurbel angebracht, burch welche bie Fabenführer langsam längs ber Zylinder hin= unb hergeschoben werben.

Zur Bewegung des Konus F F von der Riemenscheibe i aus durch den Riemen k, welcher durch E E gespannt erhalten wird, mit absatzweise verschiedener Geschwindigkeit, erhalten i und E auf C durch die Zahnstange G ihre seitliche Verschiebung. An der Welle von F befindet sich das Getriebe l (von 17 Zähnen), welches in das an vertikaler Welle J befindliche Rad m (von 50 Zähnen) eingreift; die zuletzt erwähnte Welle J ist ferner mit dem Winkelradgetriebe n (von 14 Zähnen) versehen, welches die regulirende Bewegung des Konus auf das Differenzialrad o (von 132 Zähnen) überträgt. Das Differenzialgetriebe H ist in der Art eingerichtet, wie es in Nr. 28 beschrieben wurde; es dreht sich nämlich o (Fig. 194 und 195) frei auf der Welle A nnd enthält die Drehzapfen für die Räder p p; an der Welle A sitzt das Rad q fest, dagegen ist der mit einer längeren Büchse verbundene innerlich gezahnte Ring r frei drehbar auf der Welle A mit dem Zahnrade s vereinigt, durch welches die Bewegung auf die Spulenwellen übertragen wird.

Mit s (von 48 Zähnen) ist nämlich das Getriebe t (von 31 Zäh= nen) im Eingriff, zugleich aber an einem im A drehbaren Gehänge so angebracht, daß es bei der auf= und niedersteigenden Bewegung des Wagens seine Lage etwas veränern kann; die Achse von t bildet daher das mittlere Gelenk des Knies (vergl. Nr. 23 unter b). Von t geht durch den Transporteur u die Bewegung auf das an der einen Spulenwelle angebrachte Rad v (vergl. Fig. 182) von 24 Zähnen; beide parallel liegende Spulenwellen sind aber durch die Zahnräder w und x von gleich viel Zähnen verbunden (vergl. Fig. 181) und über= tragen die Bewegung an die Spulen L durch die konoidischen Rad= vorgelege y von 60 und 21 Zähnen. Wie die Halslager der Spin= deln im Wagen K eingerichtet sind, zeigt Fig. 185.

Die Wagenbewegung wird von der vertikalen Welle J hervor= gebracht. An dieser befindet sich unterhalb das konische Getrieb z (von 10 Zähnen), welches entweder in das konische Rad a′ oder in das konische Rad b′ (von 100 Zähnen) eingreift und dadurch die horizontale Welle m in Drehung setzt, an welcher das Getriebe c′ (von 18 Zähnen) sich befindet, welches in das Rad d′ (von 42 Zäh= nen) eingreift; an der Welle des letzteren sitzt das Getriebe e′ (von 22 Zähnen), welches durch den Transporteur f′ das Rad g′ (von 90 Zähnen) an der Wagenwelle N in Drehung setzt. An letzterer

sind die Getriebe h' angebracht, welche in die mit dem Wagen ver=
bundenen Zahnstangen i' eingreifen (vergl. Fig. 183). Der Wagen
gleitet in der bei P (Fig. 184) angegebenen Leitung; die Kette o' zur
Aequilibrirung des Wagengewichtes ist bei l' befestigt, geht um eine
bei k' an dem Wagen befestigte Zugrolle k', über die Leitrollen m'
und n' und trägt die Gewichte O, welche sich hiernach um die dop=
pelte Höhe der Wagenbewegung, welche in ihrer größten Ausdehnung
in Fig. 180 bei K angegeben ist, heben und senken.

Die Umsteuerung der Wagenbewegung erfolgt dadurch, daß die
Schubstange Q (Fig. 180) entweder b' oder a' mit z in Eingriff
bringt. Beide Räder b' und a' sind mit einander verbunden an der
Welle M verschiebbar und durch eine kreisförmige Nuth mit der an
Q angebrachten Gabel verbunden. Das andere Ende von Q ist durch
den Zapfen γ mit dem Wendestücke $\alpha\beta$ verbunden; letzteres dreht
sich um den Zapfen δ. Um denselben Zapfen dreht sich ferner ein
mit den beiden aufgebogenen Armen ε und ζ versehener Balancier;
durch die beiden Arme hindurch gehen Stellschrauben und unter letz=
teren liegen die Hebel ϑ und η. Letztere drehen sich um Zapfen,
die am Gestell angebracht sind, und haben auf der entgegengesetzten
Seite des Drehpunktes, an welchen sie durch ein paar Spiralfedern
nach unten gezogen werden, Einfallklinken, welche sich gegen eine an
dem Wendestück $\alpha\beta$ oberhalb angebrachte Erhöhung in der Art an=
legen, daß sie dieses Wendestück an einer Drehung verhindern. In
der gezeichneten Stellung z. B. wird $\alpha\beta$ durch ϑ verhindert, sich mit
der linken Seite nach unten zu drehen, und erhält dadurch a' mit z
durch die Schubstange Q im Eingriffe. Durch α und β gehen ferner
Eisenstangen, welche unterhalb mit den Gewichten $\varkappa$, λ versehen sind,
sich mit ihren Enden auf α und β auflegen, außerdem aber durch
kleine Ketten mit ε und ζ verbunden sind. Durch den Balancier ist
verschiebbar die Stange μ geschoben, welche am Ende den Zapfen ν
trägt, der gleichzeitig in den Schlitz o eingreift; letzterer befindet sich
in einer an dem Wagen angeschraubten und mit demselben auf= und
niedersteigenden Schiene. Der Zapfen ν ist rechts mit einer Kette ver=
bunden, welche über eine Rolle gelegt ist und durch das Gewicht π
diesen Zapfen in einer Stellung so weit links erhält, als dies der Ver=
schiebungsmechanismus für ν erlaubt; nach rechts zu geht von ν aus
ebenfalls eine Kette, welche sich um eine kleine Trommel ρ aufwindet.

Der Wagen ist nun in seiner höchsten Stellung und in dem Augenblicke gezeichnet, wo er im Begriffe ist, seine niedergehende Bewegung zu beginnen; dabei rückt o nieder, durch den Zapfen v wird μ in eine schwingende Bewegung versetzt, die sich auf den Balancier überträgt; die Gewichtkette zwischen ε und α wird schlaff, das Gewicht $\varkappa$ kommt dadurch an α zu hängen; endlich wenn der Wagen die tiefste Stellung erlangt hat, trifft die Schraube an ε auf den Hebel ϑ, drückt diesen nieder, löst dabei die an ϑ befindliche Sperrklinke aus und setzt nun das an α hängende Gewicht in den Stand, α niederwärts zu bewegen, was zur Folge hat, daß Q nach rechts verschoben wird und nun b' mit z in Eingriff bringt, wodurch offenbar die Wagenbewegung die entgegengesetzte Richtung erhält. Hierbei fällt die Sperrklinke, welche mit y verbunden ist, auf der andern Seite in die an $\alpha\beta$ oberhalb angebrachte Erhöhung ein und hält $\alpha\beta$ in der neuen Stellung fest, bis sich das angedeutete Spiel in der entgegengesetzten Art durch Berührung von ζ und η und durch die Wirkung des vorher aufgehobenen Gewichtes λ wiederholt.

Bei jeder Bewegung von Q wird zugleich ein mit dieser Schubstange in Verbindung gesetzter Sperrkegel das Zahnrad ς um einen Zahn vorwärts bewegen, was zur Folge hat, daß die vertikale Welle τ sich ein wenig dreht; dabei wickelt sich die von v nach ϱ gehende Kette ein wenig auf ϱ auf, eine Bewegung, welche durch das Gewicht φ, das sich von einer an τ oberhalb angebrachten Schnurtrommel abwickelt, begünstigt wird. Zugleich aber nimmt das an τ angebrachte Getriebe ξ dieselbe drehende Bewegung an und verschiebt dabei die Zahnstange G etwas nach rechts zu, was die Ueberführung des Riemens k auf einen größeren Konushalbmesser zur Folge hat.

Ist die Spule vollgewickelt, so kommt das Ende der Zahnstange G, welches mit dem beweglichen Hebel α' versehen ist, über die mit β verbundene Schubstange β'; bei der aufgehenden Bewegung von β stößt dann β' gegen α', dieses gegen die Klinke γ', hebt letztere aus ihrem Zapfen und bewirkt, daß nun $\delta'\delta'$ unter Einwirkung des Gewichtes φ eine solche Drehung macht, vermöge welcher die Schubstange ε' den Treibriemen von der Festscheibe auf die Losscheibe legt. Zum erneuten Aufziehen des Gewichtes φ ist an der Welle τ ein Kurbelrad angebracht.

Da nun durch die Einwirkung des beschriebenen Mechanismus

der Zapfen v sich allmälig weiter nach rechts in dem Einschnitte o bewegt, die Größe des Drehungswinkels für μ und den Balancier aber immer dieselbe bleibt, bis die Schrauben ε und ζ auf ϑ und η einwirken, so wird sich die Ausdehnung des Wagenlaufs in dem= selben Verhältniß vermindern, in welchem die Entfernung des Zapfens v von dem Drehpunkte des Balanciers sich verändert, es werden daher auch konische Spulen gewunden werden.

Die Berechnung eines solchen Flyers ist ähnlich wie die vorher ausführlich mitgetheilte, unter Berücksichtigung der in Nr. 28 gegebe= nen Formel für die vorliegende Gestalt des Differenzialgetriebes, durchzuführen. Nur bezüglich der Fadenlänge der konischen Spulen ergibt sich ein Unterschied. Die hierzu dienende Formel wurde aber unter Nr. 33 für die Scheibenspulen gefunden zu

$$L = \frac{\varDelta + \delta}{2}\, \pi\, \mu\, \varkappa$$

wenn $\varDelta$ und δ der größte und kleinste Durchmesser der Spule, $\varkappa$ die Schichtenzahl in der Richtung des Radius und μ die Fadenlagen in der Richtung der Spulenhöhe bedeuten; jetzt mag μ die Zahl der anfänglich in der Höhenrichtung vorhandenen Fadenlagen bei der innersten oder ersten Schicht, und μ' die Zahl der Fadenlagen in der letzten oder äußersten Schicht bedeuten.

Die vorhergehende Formel läßt sich nach der Guldin'schen Regel so ansehen, daß $\mu\varkappa$ den Inhalt des Rechtecks bedeutet, welches sich bei der Scheibenspule um die Achse der Spule dreht, und dessen Schwerpunkt dabei den Weg $\frac{\varDelta + \delta}{2}\, \pi$ beschreibt. Bei der konischen Spule fehlt nun an diesem Rechtecke ein Dreieck von dem Inhalte $\frac{\mu - \mu'}{2}\, \varkappa$, dessen Schwerpunkt, um den entsprechenden körperlichen Raum zu beschreiben, den Weg $\frac{2\varDelta + \delta}{3}\, \pi$ zurücklegen muß. Es ist daher, um die Fadenlänge L' der konischen Spule zu erhalten, von dem früher gefundenen Ausdrucke L das Produkt der beiden vorher erwähnten Ausdrücke abzuziehen, daher ist

$$L' = \frac{\varDelta + \delta}{2}\, \mu \varkappa \pi - \frac{2\varDelta + \delta}{3} \cdot \frac{\mu - \mu'}{2}\, \varkappa \pi.$$

$$= \left(\frac{\varDelta + 2\delta}{6}\, \mu + \frac{2\varDelta + \delta}{6}\, \mu' \right) \varkappa \pi.$$

36) Bei dem älteren Differenzialflyer mit Preßspulen von Cocker und Higgins, der sich in mehreren Werken, z. B. in Ure the cotton manufacture, Vol. II. pag. 71 abgebildet und beschrieben befindet, ist natürlich das nur für Scheibenspulen geeignete Mangelrad, welches von Kennedy zuerst bei den Flyern angewendet worden war, beseitigt, der Apparat zum Umsetzen der Wagenbewegung ähnelt aber mehr der älteren Einrichtung an der banc à broches d'Ourscamp; es ist die doppelte Zahnstange mit 2 Sperrkegeln beibehalten, wie in Fig. 7 Taf. 14 des Hauptwerkes, nur daß die Zähne gleiche Länge haben; von dem mit der Zahnstange sich vorwärts bewegenden vertikalen geschlitzten Stabe s's' in der letzterwähnten Figur wird ein Hebel t' bewegt, welcher die Verschiebung des in Fig. 180 mit v bezeichneten Bolzens bewirkt; statt des Wendestücks $\alpha\beta$, welches durch zwei Gewichte, die abwechselnd wirken, bewegt wird, ist ein oberhalb mit einem Gewichte versehener Umschlaghebel angewendet. Das Prinzip der Erzeugung der konischen Spulenenden durch Einwirkung auf einen sich in seiner Länge verkürzenden schwingenden Stab ist übrigens dasselbe wie vorher.

37) Bei dem Differenzialflyer von W. Higgins and Sons in Manchester, der in der deutschen Gewerbezeitung 1852, Taf. VIII. abgebildet ist, und von A. Köchlin in Mühlhausen, ist ein anderes Prinzip in dem Mechanismus zur Erzeugung der konischen Spulen in Anwendung gebracht, welches darauf beruht, mit dem Wagen eine sich in ihrer Höhenausdehnung verändernde Widerstandsfläche auf und nieder zu bewegen, gegen welche sich ein Arm einer Welle anlegt, und dadurch die Drehung der Welle so lange hindert, bis diese Widerstandsfläche den angegebenen Arm verlassen hat. Die Welle wird dann von dem Bewegungsmechanismus des Flyers aus direkt gedreht und bewirkt dabei die Umsteuerung des Wagens, die Verschiebung des Riemens auf dem Konus und die erforderliche Veränderung in der Höhenausdehnung der Widerstandsfläche. Diese direkte Bewegung gewährt eine größere Sicherheit als die Wirkung durch Gewichte und Federn, die hier nur zur Einrückung der angeführten Welle benutzt werden.

38) Bei dem Differenzialflyer mit Preßspulen von A. Pihet u. Comp. in Paris kommt die in Fig. 197—203 (Taf. 18) dargestellte Regulirungsvorrichtung der Wagenbewegung vor. Die Darstellung ist in $\frac{1}{8}$ der natürlichen Größe ausgeführt.

C iſt die mit einer Spur verſehene Welle, an welcher ſich die Riemenſcheibe a durch die Zahnſtange G verſchiebt, um dem Riemen die erforderliche Lage auf dem Konus FF zu ertheilen; durch E wird der Riemen geführt und geſpannt. J iſt eine von dem Konus bewegte Welle, die mit dem Getriebe b verſehen iſt, und je nach= dem daſſelbe in d oder c eingreift, den Wagen durch Vermittlung der Welle MN u. ſ. w. auf= oder niederbewegt; c und d ſind mit einander verbunden und werden von dem Winkelhebel e aus, der durch die Schubſtange Q bewegt wird, entweder in der hier gezeich= neten höheren, oder in der niederen Stellung gehalten, in welcher letzteren b mit c ſich im Eingriff befinden. K iſt der Spulenwagen, der hier in ſeiner aufwärts gehenden Bewegung begriffen iſt. Ueber die Bedeutung dieſer Theile wird keine Undeutlichkeit Statt finden, wenn man dabei beachtet, daß C, E, F, G, J, K, M und Q hier dieſelben Gegenſtände bezeichnen, wie in Fig. 180.

Die vertikale Welle A iſt oberhalb mit einem theilweiſe ver= zahnten Winkelrade g verſehen, welches gegen f ſo geſtellt iſt, daß ſich der verzahnte Theil mit f im Eingriffe befinden kann. Die Ver= zahnung von g findet auf zwei gegenüberliegenden Sektoren Statt, zwiſchen denen ſich zwei leere Räume befinden. Gegenwärtig ſteht g ſo gegen f, daß es dem letzteren den einen unverzahnten Zwiſchen= raum entgegenſtellt und daher von f eine Drehung nicht erhält; in dieſer Lage wird A dadurch gehalten, daß die am Geſtell ange= brachte Feder i (Fig. 200) gegen den Kamm h, der an dem Rade g angegoſſen iſt, andrückt und A in der Richtung des Pfeiles um= zudrehen ſucht, A aber dieſer Umdrehung nicht folgen kann, weil ſich der eine an A etwas tiefer angebrachte Arm l gegen ein Hinderniß, eine Gleitfläche u v anlegt. Denkt man dieſes Hinderniß beſeitigt, ſo wird die Feder i durch den Kamm h die Welle A ſo weit herum= drehen, daß der jetzt vorn ſtehende verzahnte Sektor von g in das Getriebe f eingerückt und durch daſſelbe ſo lange umgedreht wird, bis die Zähne abgelaufen ſind; dabei wird aber die Feder i wieder in eine ſolche Lage gegen den anderen Kamm h' gebracht werden, daß ſie die Drehung von A noch ein klein wenig fortſetzt, bis ſich der zweite an A angebrachte und l gegenüberliegende Arm k an die vorher erwähnte Gleitfläche anlegt und nun die Bewegung wieder hemmt, wobei f in dem entgegengeſetzten zahnloſen Zwiſchenraum von g steht. In dieser Lage bleibt A, bis auch k sich nicht mehr an die Gleitfläche anlegt.

Die Welle A macht demzufolge zu den Zeiten, wo das Hemmniß der Gleitflächen auf k oder l aufhört, jedes Mal eine halbe Umdrehung und steht dann still. Diese Bewegung von A ist zunächst dazu benutzt, die Schubstange Q hin = und herzuschieben und dadurch die Umsteuerung der Wagenbewegung hervorzubringen, woraus folgt, daß die halbe Umdrehung von A jedes Mal nach Vollendung des Wagenaufganges oder des Wagenniederganges zu erfolgen hat. Es ist aber an A unterhalb die exzentrische Scheibe m angebracht, welche in der an Q angeschraubten Gabel o liegt, und daher jedes Mal bei einer halben Umdrehung von A die Exzentrizität von m nach der entgegengesetzten Seite richtet, folglich auch durch Q und e auf d und c die verlangte Bewegung überträgt.

Ferner ist unterhalb m an A das Getriebe n angebracht, welches durch die Zahnräder p und q auf das an der vertikalen Welle B angebrachte Zahnrad r eine Bewegung überträgt, welche in dem Verhältniß der Zähnezahlen von n und r gegen die halbe Umbrehung von A reduzirt wird und durch Auswechselung von r auf die erforderliche Größe regulirt werden kann. An B befindet sich oberhalb das in die Zahnstange G eingreifende Getriebe s, und es wird daher durch die absatzweise erfolgende Drehung von A zugleich auch mittelst der Zahnstange G die erforderliche Verschiebung der mit ihr verbundenen Riemenscheibe a erfolgen.

Um den Eintritt der Bewegungen von A jedes Mal am Ende der Wagenbewegung zu ermöglichen, sind die beiden Gleitflächen u und v mit dem Wagen K fest verbunden und werden durch denselben auf= und niedergeführt. Hat der Wagen die höchste Stellung, so hebt sich u über den Arm l, und es legt sich dann k an die Gleitfläche u v an; in der tiefsten Stellung tritt v unter k zurück und es legt sich dann l wieder an die Gleitfläche u v an. Bleiben nun das obere Ende von v und das untere Ende von u stets in gleichem Abstande von einander, so wird auch der Wagen stets um eine gleiche Größe auf= und niedersteigen, wie dies bei Scheibenspulen der Fall ist; sollen dagegen konische Spulen gewunden werden, so muß sich nicht nur der angedeutete Abstand regelmäßig nach jedem Wagengange etwas vermindern, sondern es muß auch diese

Verminderung mit dem halben Betrage durch Herunterrücken von v und mit der andern Hälfte durch Hinaufrücken von u bewirkt werden, weil sonst das obere Ende der konischen Spule anders geformt sein würde als das untere.

Um das allmälig jedoch absatzweise erfolgende Zusammenrücken von u und v zu bewirken, können diese Gleitstücke sich in einem Schlitze der mit dem Wagen K verbundenen Platte D auf= und niederschieben und ihre hinteren Enden u' und v' sind mit Schrauben= muttern versehen, durch welche sich die Schraubenspindeln w und x hindurchschrauben; letztere sind anf der Platte D so befestigt, daß sie sich nur drehen, aber keine Längenbewegung annehmen können; ihre Drehung wird dadurch gleichförmig, daß sie mit den gleichgroßen Rädern y und z verbunden sind, zugleich aber entgegengesetzt gerichtet, so daß u' und v' hiernach eine Höhenverschiebung in entgegengesetzter Richtung annehmen. Auf y geht nun die drehende Bewegung durch das Rad a', in welches Rad b' eingreift; letzteres erhält seine Dre= hung durch die an dem Flyergestell in einem Lager befestigte Welle H, die oberhalb das in die Zahnstange G eingreifende Getriebe c' trägt, unterhalb aber in einen vierseitigen Querschnitt ausläuft und mit diesem durch die Nabe des Getriebes b' hindurchgeht, mit letzterer auch stets in Verbindung bleibt, während sich die Platte D mit dem Wagen auf= und niederschiebt. Es ist nun klar, daß bei jedem Wechsel der Wagenbewegung, welcher eine Verschiebung der Zahn= stange G zur Folge hat, auch von letzterer aus durch c' und den beschriebenen Mechanismus eine Drehung der beiden Schrauben= spindeln w und x um einen bestimmten Theil des Umfanges ein= tritt, und demgemäß um den entsprechenden Theil der Schraubengang= steigung u in die Höhe und v heruntergerückt wird, wodurch die regelmäßige Bildung der konischen Spule hervorgeht.

39) Bei dem Differenzialflyer von Götze u. Comp. in Chemnitz ist die Welle A Fig. 197 beibehalten, die beiden Arme k und l legen sich aber an einen Anschlag an, welcher am Ende eines längeren Hebels angebracht ist; dieser Hebel enthält vertikal übereinander= stehend zwei Bolzen, zwischen denen sich ein mit dem Wagen auf= und niedersteigendes Zwischenstück befindet, welches bei dem Ende der Wagenbewegung entweder den oberen Bolzen hebt, oder den unteren niederdrückt, dabei den Anschlag des Hebels über l hebt, oder unter

k senkt, und so die halbe Umbrehung von A ähnlich wie vorher eintreten und auf den Mechanismus des Flyers einwirken läßt. Das Zwischenstück besteht aus einem sich drehenden, auf den beiden Seiten eines Zahnrades angebrachten Keile, welcher daher mit einer immer größer und größer werdenden Höhe gegen die beiden erwähnten Bolzen anstößt und daher auch nach einer geringeren Wagenerhebung oder Senkung die Umsteuerung hervorruft; die drehende Bewegung wird auf diesen Keil ebenfalls von der Zahnstange G aus übertragen.

40) Die sonst noch erwähnenswerthen wichtigeren Verbesserungen an dem Flyer beziehen sich namentlich auf die Konstruktion der Spindeln, Flügel und Spulen, ihre Verbindung und Aufstellung, um einestheils das Abnehmen und Aufstecken der Spulen möglichst zu erleichtern und dadurch den jedes Mal damit verbundenen Aufenthalt möglichst gering zu machen, anderntheils denselben eine regelmäßige Bewegung mit möglichster Vermeidung der Erzitterungen zu sichern, wovon eine Steigerung ihrer Umbrehungsgeschwindigkeit und demzufolge der Lieferungsfähigkeit der Flyer abhängig ist. Es sind dies folgende Einrichtungen.

a) R. R. Jackson (Polyt. Centralbl. 1845. V. 433) bringt die Flügel nicht an der Spindel an, sondern verlängert ihren Hals und lagert sie mit demselben oberhalb in eine besondere feststehende Flügelbank, in welcher sich zugleich die Flügelwelle (welche die Stelle der sonst angewendeten Spindelwelle vertritt) befindet. Die Spindeln sind auf der Spulenbank befestigt und erhalten keine drehende Bewegung, haben daher auch nur eine durch die Höhe der Spulen und deren Füße bedingte Länge und dienen den Spulen in diesem Falle nur zur Drehachse. Nach beendeter Aufwindung der Spulen wird die Spulenbank so tief unter die Flügel gesenkt, daß das Abnehmen der Spulen leicht erfolgen kann. Es ist bei dieser Einrichtung daher die Nothwendigkeit beseitigt, jedes Mal vor dem Abnehmen der vollen und Aufstecken der leeren Spulen die Flügel von den Spindeln abheben zu müssen, was bei der gewöhnlichen Einrichtung unvermeidlich ist.

b) Die Spindeln von W. Mac. Lardy und J. Lewis in Salford weichen darin von der gewöhnlichen Konstruktion ab, daß sie außer der gewöhnlichen Unterstützung im Fußlager und innerhalb des auf der Spulenbank befindlichen Spulenfußes auch noch an ihrem oberen Ende in einer oberen Platte am Flyergestell geführt werden. Für gewöhnlich rückt man nämlich, um den Spindeln einen sichereren Gang zu verschaffen, die Spulenbank ziemlich hoch über die mit Spindelfußlagern versehene Spulenbank; aber selbst dann ist das obere Stück der Spindel bei tiefer Stellung der Spulenbank noch ziemlich weit ohne Unterstützung und es entwickelt sich leicht eine zitternde Bewegung. Am sichersten erreicht offenbar das hier vor= geschlagene Mittel den angegebenen Zweck, ist aber nicht ohne eine andere Einrichtung ausführbar, durch welche das Abnehmen der Flügel von den Spindeln ermöglicht wird. Fig. 162 (Taf. 14) zeigt eine solche Einrichtung in der Stellung, die der Flügel gewöhn= lich in der Maschine hat, und Fig. 163 in der Stellung, welche beim Abnehmen der Spule eintritt.

a ist die oberhalb am Flyergestell angebrachte Platte, b der Kopf der Spindel, welcher bis zu der Seitenöffnung c hohl ist und hier die Lunte austreten läßt, welche durch den hohlen Arm des Flügels d herabgeht und durch den Preßfinger aufgewunden wird. Unterhalb a ist der Durchmesser der Spindel bei e um so viel ver= mindert, daß die gehobene Spindel in dem Lager der Platte a die in Fig. 163 angedeutete schiefe Stellung annehmen kann, in welcher sich die volle Spule abnehmen und eine leere aufschieben läßt. Der Flügel ist unmittelbar unter e mit der Spindel verbunden. Die Verbindung an der Trennungsstelle wird zwischen dem oberen Spindel= theile f und dem unteren g so hergestellt, daß f zylindrisch aus= gedreht und mit einem Stifte versehen ist, g dagegen mit einem rund angedrehten und in der Mitte geschlitzten Zapfen. h ist der Spulenfuß; i die Spulenbank.

c) Mason und Collier's in Manchester hohes Halslager für die Spindeln ist in Fig. 160 dargestellt. Hier sind die Flügel a und die Spindeln b wie gewöhnlich hergestellt; auf der Spulenbank c aber ist für jede Spindel das hohe Halslager d aufgeschraubt; das= selbe ist röhrenförmig, schließt sich mit dem oberen und mit dem unteren Ende so dicht an die Spindeln an, daß die Spindel dadurch eine Stützung erhält; über d ist dann der Spulenfuß e geschoben, auf welchem die Spule f aufruht. Diese Einrichtung ist mit einer geringen Vergrößerung des kleinsten Spulendurchmessers nothwendig verbunden.

d) Das in Fig. 161 abgebildete Spindelfußlager von C. Carr in

Stockport sichert der Spindel eine ruhigere Stellung in dem unteren Lager. Hier ruht der Spindelfuß in dem Näpfchen a, welches durch die Schraube c in der unteren Platte d festgehalten wird, während er oberhalb noch durch das Halslager b in der Platte e hindurchgeht.

e) J. Whitesmith's Flügel (Polyt. Centralbl. 1850. S. 777) ist so eingerichtet, daß die Flügelarme möglichst kurz werden. Der gewöhnlich nach unten vorstehende Ring in der Mitte der Flügel- arme, mit welchem der Flügel auf die Spindel aufgesetzt wird, ist hier in einen langen geschlitzten Zapfen verwandelt, welcher sich in eine oberhalb in der Spindel ausgebrehte Oeffnung einschiebt; hier- durch wird, ohne die Solidität der Verbindung zwischen Flügel und Spule zu beeinträchtigen, möglich gemacht daß die Spule bis zur oberen Querverbindung der Flügelarme aufsteigen kann, was eine entsprechende Verkürzung der Flügelarme zur Folge hat. Eine weitere Verkürzung wird dadurch bewirkt, daß der gewöhnlich rechtwinkelig von dem Flügelarme ausgehende Finger ein Stück nach unten zu abgebogen wird. Endlich sind die Flügelarme nicht wie gewöhnlich rechtwinkelig von dem oberen biametralen Verbindungsstücke abgebogen, sondern laufen fast in Form eines Halbkreises von dem Halse aus.

f) W. Onion empfiehlt statt der Herstellung der Flügel aus Stahl oder Schmiedeisen die Verwendung hämmerbaren Gußeisens.

g) Mason macht darauf aufmerksam, daß die Richtung, in welcher der Preßfinger gegen die Spule geführt ist, und die Rich- tung der Aufwindebewegung gegen denselben so angeordnet werden müsse, daß im Falle des Reißens der Lunte der Preßfinger die bereits aufgewickelte Lunte nicht abwickele, sondern sie fester aufstreiche.

h) Tatham und Cheetham haben eine Einrichtung angebracht, durch welche die Spindellager gleichzeitig geölt werden können; es ist dies ein längs der Lager hingehendes Rohr, welches bei jedem Lager einen klei- nen abgebogenen Ausguß hat und das zum Schmieren bienende Oel aus einem an dem einen Ende angebrachten Behälter zugeführt bekommt.

41) Um die Unregelmäßigkeit, welche bei dem Flyer wie bei der Strecke durch das Brechen eines Bandes oder der Lunte hervor- gebracht werden kann, zu beseitigen, ist bie bei den Strecken vorher (vergl. Strecken Nr. 16 2c.) geschilderte Selbstauslösung von Hibbert Platt and Sons auch bei den Flyern angebracht worden.

C. Allgemeine Bemerkungen über das Vorspinnen.

Die Flyer sind im Laufe der Zeit zur Bearbeitung eines immer feineren Vorgespinnstes verwendet worden, was theils in der vorher ausführlich beschriebenen Verbesserung des ihnen zu Grunde liegenden mechanischen Systems beruht, theils aber auch in der fortschreitenden Vervollkommnung der Herstellungsart der einzelnen Theile. In letzterer Beziehung ist namentlich der Spindeln und Flügel, die theils aus Stahl, theils aus dem besten Schmiedeisen hergestellt werden, sowie der vollkommen korrespondirenden Lagerungen der ersteren in der Spindelbank und Spulenbank Erwähnung zu thun. In den für den Flyerbau besonders eingerichteten Maschinenfabriken hat man zum Bohren der Löcher in der Spindel= und Spulenbank, in welche die Fuß= und Halslager der Spindeln eingesetzt werden sollen, besondere Bohrmaschinen vorgerichtet.

In den ersten Zeiten der Anwendung der Flyer unterschied man nur zwischen Grobflyer (coarse roving frame, slubbing frame, slabbing frame; banc à broches en gros), welcher die Lunte, den Docht (slab, slub, coarse roving; mèche, boudin) darstellte, und dem Feinflyer (finishing fly frame, roving frame; banc à broches en fin) für Herstellung des eigentlichen Vorgespinnstes (roving, fine roving; mèche, fil doux); man gab wohl dem letzteren eine Drehung nach entgegengesetzter Richtung als dem ersteren, was man, als durch die Natur der Sache nicht geboten, ja derselben eigentlich widerstrebend, da es mit unnöthigem Kostenaufwande verbunden war, später gänzlich verließ. Später wurde zwischen beide Maschinen noch der Mittelfeinflyer (banc à broches intermédiaire) eingeschoben und nach dem Feinflyer noch ein Doppelfeinflyer (banc à broches tout fin), ja wohl auch ein Extradoppelfeinflyer (banc à broches superfin) angewendet.

Ueber die Hauptverhältnisse dieser Flyer gibt die nachfolgende Uebersicht [1] ausführlichen Aufschluß. Bei derselben sind Preßspulen vorausgesetzt; bei Scheibenspulen ist die Lieferungsfähigkeit wesentlich geringer, da man annehmen kann, daß letztere nur $1/2$ bis $2/5$ so viel am Gewichte enthalten, als erstere. Der in der Uebersicht angegebene Koeffizient α bezieht sich auf die Bestimmung des Drahtes in der Art, daß man durch Multiplikation von α mit der Quadrat=

[1] Wesentlich nach Fischer, der praktische Baumwollspinner, S. 220—225 angefertigt.

wurzel aus der Feinheitsnummer die Zahl der Umdrehungen pro 1 englischen Zoll Luntenlänge erhält.

	Grobflyer.	Mittel-flyer.	Feinflyer.	Doppel-feinflyer.	Extrabop-pelfein-flyer.
Dimensionen der Spulen: Höhe derselben	10½''	9''	6—7½''	6''	5½''
Aeußerer Durchmesser	5¼''	4½''	3¾''	3''	3''
Grenzen der Vorgespinnstnummern, für welche bei Flyer bestimmt ist	¼—1	1—2	2—5	4½—12	12—24
Gewicht der auf eine Preßspule zu windenden Baumwolle ..	40 Loth	24 Loth	14 Loth	8 Loth	5 Loth
Anzahl der Fäden, welche in der Richtung der Spulenhöhe auf der Länge eines engl. Zolles in der Spule liegen	3,5—7,5	7,5—10,7	10,7—16,5	15,6—24,5	24,5—35
Desgleichen in der Richtung des Durchmessers	16—34	34—48	48—74	70,5—110	110—159
Umdrehungszahl der Spindeln in der Minute	360—480	540—680	720—880	900—1100	1100—1320
Der erforderliche Draht pro Zoll beträgt bei Surate	0,5—1,06	1,06—1,57			
Daher α ..	1—1,06	1,06—1,11			
Bei orbin. Georgia ..	0,46—0,98	0,98—1,46	1,46—2,53		
Daher α ..	0,92—0,98	0,98—1,03	1,03—1,13		
Bei Louisiana	0,12—0,91	0,91—1,36	1,36—2,37		
Daher α ..	0,85—0,91	0,91—0,96	0,96—1,06		
Bei Surinam, Bahia ..	—	0,83—1,24	1,24—2,19	2,05—3,77	
Daher α ..	—	0,83—0,88	0,88—0,98	0,97—1,09	
Bei best Sea Island, Mako :c.	—	0,76—1,14	1,14—2,00	1,88—3,46	3,46—5,49
Daher α ..	—	0,76—0,81	0,81—0,89	0,88—1,00	1,00—1,12
Von der berechneten Füllungszeit einer Spule ist wegen Aufenthalts zu rechnen bei der geringeren und größeren Geschwindigkeit	⅕ ⁴⁄₂₅	⅙ ⁴⁄₂₅	⅐ ¹¹⁄₆₃	⅛ ¹¹⁄₇₂	⅒ ⁶⁄₅₀
Für das Umwechseln der Spulen sind zu rechnen in Minuten	10—11	12—13	14—15	16—17	18—19
Es ist daher zu rechnen als wöchentliche wirkliche Leistungsfähigkeit in 79 Arbeitsstunden bei den geringsten und größten der angegebenen Spindelgeschwindigkeiten in Pfunden:					
Für Surate bei den niedrigsten der oben angegebenen Nummern .	200 225	48 56	23 24		
Bei der höchsten Nummer .	36 44	18 22			
Für orbin. Georgia, niedrigste Nummer	210 235	51 60	24 27,5		
Höchste Nummer ..	40 48	20 24	7 8		
Für Luisiana, niedrigste Nummer	220 245	55 64	26 29,5	9,5	
Höchste Nummer ..	42 52	22 26	7,5 8,5	10,5	
Für Surinam, Bahia niedrigste Nummer	227 —	60 68	28 31,5	10 12	
Höchste Nummer ..	45 56	24 28	8 9	2,25 2,75	
Für best Sea Island, Mako :c. niedrigste Nummer	235 —	63 72	29 34	11 12,5	3 3,5
Höchste Nummer ..	48 60	26 30	8,5 9,5	2,5 3	0,75 1
Die Bewegkraft kann pro Spindel angenommen werden zu folgenden Bruchtheilen einer Pferdekraft	0,03	0,02	0,015	0,012	0,010
Die Spindelzahl beträgt gewöhnlich	30—50	60—80	80—120	100—150	100—150

Aus dem bereits oben angegebenen Grunde (vergl. Nr. 12) ist bei der Banc Abegg ein geringerer Draht erforderlich; dieser Draht bei letzterer beträgt nämlich

für Nr. 0,5   nur 0,42

„ „ 0,75   „   0,44

„ „ 1   „   0,49

„ „ 1,25   „   0,55

„ „ 1,5   „   0,70

Mal so viel, als oben bei dem Flyer angegeben war. Es ist daher namentlich bei den niebrigen Nummern kein Hinderniß vorhanden, die Banc Abegg schneller zu betreiben, und zwar so schnell, als dies der vortheilhafteste Gang des Streckwerkes zuläßt; erst etwa bei Nr. 2 wird der Draht in der Banc Abegg ungefähr dem bei dem Flyer er= forderlichen gleich. Von dieser Grenze ab würde daher die Leistungs= fähigkeit der Banc Abegg denselben Bedingungen unterliegen, wie die des Flyers; unterhalb dieser Grenze kann die Leistungsfähigkeit der ersten Maschine bis zu dem 6fachen der letzteren ansteigen.

Der Verzug wird bei beiden genannten Maschinen innerhalb der Grenzen 1 : 4 bis 1 : 7 eingerichtet; die Duplirung wird auch hier angewendet und hat namentlich bei stärkerem Drahte schon den Effekt, daß der Faden eine gleichmäßigere Rundung gleich der eines ge= zwirnten Fadens annimmt. Die Zylinderstellung wird nach den bei den Strecken angegebenen Regeln ausgeführt, und die Zylinder werden bei den Feinflyern etwa 1 Linie näher gestellt, als bei den Grobflyern.

Die Röhrenmaschine ersetzt durch ein Röhrchen etwa 3 Spindeln eines Grobflyers, oder bei Vorgespinnst etwa 4—5 Spindeln eines Feinflyers, und 6—7 Spindeln einer Vorspinnmule. Die Ellipsema= schine leistet ungefähr das Doppelte einer Röhrenmaschine pro Spule.

In neuerer Zeit wird von der Röhrenmaschine nur für niedere Garnnummern noch Gebrauch gemacht, und dann etwa in Verbindung mit der Banc Abegg so, daß sie zwischen die letztere und die Fein= spinnmaschine tritt; doch wird sie mehr und mehr, sowie die weniger in Aufnahme gekommene Ellipsemaschine durch die vollkommenern Einrichtungen verdrängt. Für feinere Garnnummern, wo zur Zeit die Vollendung der Vorbereitung ausschließlich durch das Flyersystem erfolgte, findet für die beiden ersten Stufen die Banc Abegg häufigere Anwendung.

Die größte Aufmerksamkeit muß auf Erhaltung gleicher Num=
mern in den Spulen eines Abzugs gerichtet werden. Durch ein Aus=
wägen der Spulen kann nur eine Ungleichheit in der Stärke er=
mittelt werden, welche bereits in der dem Flyer übergebenen Lunte
ihren Grund hat. Ein vollkommen zuverlässiges Mittel für die durch=
gehends gleichmäßige Erhaltung der richtigen Nummer, welches auch
die Gleichmäßigkeit in der Nummer des Feingespinnstes vorbereitet,
bietet nur eine direkte Untersuchung der Nummern durch Abhaspeln
eines Stückes Faden auf einer für diesen Zweck eingerichteten Probe=
weise und Auswägen desselben auf der Quadrantenwage. Dies ist
namentlich beim Einrichten eines neuen Flyers in der Art erforder=
lich, daß man von den Spulen Proben nimmt, sowohl von den
innern, als von den äußern Fadenlagen, die theils durch den viel=
leicht nicht vollkommen entsprechenden Gang der Aufwindebewegung,
theils durch den nicht richtig bemessenen Druck des Preßfingers bei
Preßspulen wesentlich von einander abweichen können. In letzterer
Beziehung namentlich gewährt die verstellbare Federspannung an den
Preßflügeln wesentliche Vortheile. Ohne diese besondere Untersuchung
geben schon etwa vorkommende Verschiedenheiten in den größeren
Durchmessern der Spulen Andeutung davon, daß die Preßfinger ver=
schiedene Kraft haben, daher auch bei stärkerer Pressung die Lunte
auf einen kleineren Durchmesser der Spule aufwinden und sie folg=
lich in geringerem Grade strecken.

V. Das Feinspinnen.

A. Die Waterspinnmaschinen.

1) Das allgemeine Konstruktionsprinzip der Waterspinnmaschine,
Watermaschine, Drosselmaschine (water spinning frame, water-
twist frame, throstle frame, throstle; métier continu, continue),
wie dasselbe auf Taf. 15 des Hauptwerks abgebildet ist, hat im Laufe
der Zeit eine wesentliche Veränderung nicht erfahren. Bezüglich der
Bezeichnung ist zu bemerken, daß man Drosselstuhl, throstle, und
Watermaschine, water frame, jetzt als ganz gleich bedeutend ge=
braucht, während früher mit dem letzteren Namen ausschließlich die
jetzt gänzlich veraltete Einrichtung bezeichnet wurde, bei welcher die
ganze Maschine aus einzelnen selbständigen nebeneinanderliegenden
Köpfen oder Gängen bestand, während jetzt über die ganze Länge

der Maschine die Streckzylinder gekuppelt sind und die Spindeln gleich=
mäßig in Bewegung gesetzt werden. In der Detailkonstruktion sind
dagegen eine große Anzahl von Veränderungen und Verbesserungen
in Ausführung gebracht worden, welche sich theils auf das Streck=
werk, theils auf die Einrichtung zum Drahtgeben und Aufwinden,
theils endlich auf die Hervorbringung der drehenden Bewegung von
Spindel und Spule und der gerablinig wiederkehrenden Bewegung
des Wagens beziehen. Im Nachfolgenden sollen zunächst die haupt=
sächlichsten dieser Einrichtungen geschildert werden.

2) Das Streckwerk besteht gewöhnlich aus drei Zylinder=
paaren, deren Abstand von einander, wie bei den Vorspinnmaschinen,
der Faserlänge entsprechend gestellt werden kann; der Druck auf die
Vorderzylinder ist gewöhnlich viel stärker, als auf die Mittel= und
Hinterzylinder, oft, und namentlich bei Verarbeitung nicht sehr stark
gedrehten Vorgespinnstes, erhält nur der Vorderzylinder starken Druck
(vergl. Fig. 226 und 227 auf Taf. 19), der Mittelzylinder nur durch
seinen Oberzylinder und der Hinterzylinder durch einen aufliegenden
etwa 2 Zoll starken eisernen Zylinder. Fig. 204 und 205 (Taf. 18)
stellen das Streckwerk einer neueren später zu beschreibenden franzö=
sischen Watermaschine dar; hier ist A die Zylinderbank, c, c¹, c²
die geriffelten Unterzylinder, v, v die Oberzylinder, x, x ein auf den
Zapfen der beiden hintern Zylinder liegendes messingnes Querstück,
Sattel, welches in der Mitte von dem zweiten Querstück x¹ gedrückt
wird; letzteres liegt zugleich auf dem Zapfen des oberen Vorderzy=
linders, und von ihm geht die Druckstange K nach dem Druckge=
wichte J, welches sich vorn an die vertikale Rippe des Zylinder=
baumes anlegt. r r¹ r² sind die Räder, durch welche die beiden
Hinterzylinder mit einander verbunden sind. g¹ ist ein Fadenführer=
stab mit angebrachten Drahtaugen (oft von emaillirtem Drahte aus=
geführt), welcher durch eine Zugstange y und einen an dem Zahn=
rade y' angebrachten Krummzapfen eine sich über die Ausdehnung
der geriffelten Theile der Zylinder erstreckende hin= und hergehende
Bewegung erhält, um eine einseitige Abnutzung zu verhindern. Die
Drehung von y' wird durch eine an dem hinteren Zylinder c an=
gebrachte Schnecke z hervorgebracht.

3) Nach einem von I. C. Miles und S. Pickstone im Jahr 1851
genommenen Patente wird das Naßspinnen bei der Watermaschine

dadurch möglich gemacht, daß zwischen dem Fadenleiter und dem Hinterzylinderpaare der Vorgespinnstfaden zwischen zwei hölzernen mit Tuch überzogenen Walzen hindurchgeht, von denen die untere zum Theil in einen mit Wasser gefüllten Trog eintaucht und so das Vorgespinnst anfeuchtet, bevor es nach den Streckzylindern gelangt. Letztere werden dann durch Verkupferung oder durch einen Messingüberzug vor dem Roste bewahrt, und statt der Oberzylinder mit Lederüberzug werden buchsbaumne Oberzylinder angewendet. Der von dem Vorderzylinder nach dem über dem Flügel befindlichen Auge abgeleitete Faden geht bei dieser Einrichtung über die schiefliegende Oberfläche eines sich über die ganze Länge der Maschine erstreckenden kupfernen Behälters, welcher durch Dampf geheizt ist und den Faden so trocknet, daß die an der Peripherie desselben heraustretenden Faserenden sich mit der ganzen Masse desselben besser verbinden und dadurch ein glätterer Faden erzeugt wird (Polyt. Centralbl. 1852, S. 68).

4) Zur Verhinderung des Wickelns beim Fadenbruche wird nach J. Livsey (Rep. of pat. invent. 1837, Septbr. S. 145) unter dem Vorderzylinder eine mit Tuch überzogene hölzerne Putzwalze angebracht, welche durch einen Gewichthebel gegen denselben angedrückt wird und dadurch von ihr eine drehende Bewegung erhält. Reißt ein Faden, so wickelt sich dann dessen Ende um diese Walze und nicht um den geriffelten Zylinder, wodurch die Bedienung der Maschine wesentlich erleichtert wird. — Behufs der Reinigung der Oberzylinder wird ein hölzerner mit Flanell überzogener Putzkegel, der etwa 4 Zoll Durchmesser hat und 1 Fuß lang ist, lose auf diese Zylinder gelegt und bewegt sich automatisch nach der Spitze zu vorwärts, etwa 1 Fuß in 50 Sekunden, wobei er die Wolle von den Oberzylindern abnimmt, und wenn er über die Maschine weggegangen ist, durch einen frischen ersetzt wird.

5) A. Köchlin in Mülhausen führt den gestreckten Vorgespinnstfaden, wenn derselbe von dem vorderen Streckzylinderpaare kommt, nicht durch ein Auge, wie gewöhnlich nach dem Flügel, sondern bringt an Stelle des Auges eine mit Spuren versehene eiserne Walze längs der ganzen Maschine an, welche eine der Bewegungsrichtung des Fadens entgegengesetzte Drehung hat und den über diese Spuren gelegten Faden stetig streicht, dadurch seine Glätte und durch Verminderung seiner Spannung zugleich seine Elastizität befördert.

6) Die charakteristische Eigenthümlichkeit der Watermaschine besteht bekanntlich in der Vereinigung und ununterbrochenen Ausführung der beiden Operationen, welche die Drahtgebung und Aufwindung des Fadens bezwecken. Es wird dies nach der ursprünglichen Einrichtung der Water= oder Drosselspindel dadurch bewirkt, daß der Faden durch den mit der Spindel (spindle; broche) fest verbundenen Flügel (flyer; ailette), indem er durch ein an dem einen Flügelarme unten angebrachtes Auge geht, um sich selbst gedreht wird, von dem Auge des Flügels nach der Spule (bobbin; bobine) läuft, und diese, da sie auf die Spindel frei drehbar aufgesteckt ist, in der Art zu einer drehenden Bewegung von geringerer Geschwindigkeit veranlaßt, daß sich auf die Spule ununterbrochen der vollendete Faden vermöge der zwischen Flügel und Spule Statt findenden Geschwindigkeitsdifferenz aufwindet (winding-on; renvidage).

Das Zurückbleiben der Spule (the drag) wird dadurch hervorgerufen, daß man zwischen der Spule und der Scheibe, auf welcher sie steht, eine Scheibe (drag-washer) von Tuch oder Leder, welches letztere einen größeren Reibungswiderstand hervorbringt, oder auch nach J. C. Milus eine Korkscheibe, die einen von der etwaigen Verunreinigung mit Oel unabhängigeren gleichen Reibungswiderstand hervorbringen soll, dazwischenbringt. Der hierdurch bewirkte Reibungswiderstand ist aber offenbar abhängig von dem Gewichte der Spule und daher bei der leeren Spule geringer als bei der vollen, übrigens aber auch nicht bei allen Spulen einer Watermaschine gleich groß, sondern natürlich ganz von der zufälligen Beschaffenheit der Reibungsflächen abhängig.

Durch die Größe des Zuges der Spule muß übrigens auch der Faden zwischen dem Flügel und dem über demselben befindlichen Auge in möglichst gerader Richtung erhalten werden, weil sonst die Zentrifugalkraft in Wirksamkeit tritt, die den Faden im Bogen führt, schleubert, und dadurch theils zur Bildung von Schleifen, theils zum Umeinanderschlingen von Fäden benachbarter Spindeln Veranlassung gibt. Die Einwirkung der Zentrifugalkraft ist nicht nur bei schnellerem Gang der Flügel größer, sondern auch bei größerem Abstande des Flügels von dem nächst oberen Führungspunkte des Fadens; und es entsteht hierdurch die Vorschrift, letztere Entfernung möglich gering zu machen. Die Aufwindung des Fadens auf die Spule soll nicht an einer

Stelle, sondern gleichmäßig über die ganze Höhe derselben Statt finden, es muß daher die Spulenbank, auf welcher die Spulen ruhen, oder der Wagen (copping-rail; chariot) sich regelmäßig auf und nieder bewegen. Die Ausdehnung dieser Bewegung wird durch die lichte Höhe der Spule bestimmt, und wenn sie, wie dies gewöhnlich der Fall ist, mit gleichmäßiger Geschwindigkeit Statt findet, so wird auf jede der in radialer Richtung nach einander folgenden Schichten eine gleiche Fadenlänge aufgewunden, welche nicht größer sein kann, als die Länge des in unmittelbarer Berührung der einzelnen Windungen auf die leere Spule aufzuwindenden Fadens. Es wird hierbei noth= wendig bewirkt, daß die Windungen auf den nacheinander folgenden Schichten mit größerem Halbmesser einen etwas größeren Abstand von einander erhalten.

In der hier geschilderten Einrichtung der älteren Waterspindel liegen nun unabweislich einzelne Uebelstände, welche die Wirkung derselben beeinträchtigen; nämlich zunächst ist die zur Bewegung der Spule erforderliche S p a n n u n g im F a d e n e i n e mit allmäliger Füllung der Spule veränderliche, was sich aus folgender Betrachtung ergibt.

Bezeichnet man mit r und R die Halbmesser der leeren und vollen Spule, mit Q das Gewicht der leeren Spule und mit G das Gewicht des bei vollendeter Füllung aufgewundenen Garnes, mit f den Koeffizienten der an der Grundfläche der Spule Statt findenden Reibung, mit p und P die Spannung des Fadens, wenn die Spule leer und wenn sie voll ist; so ergibt sich zunächst aus der rein statischen Betrachtung für die l e e r e Spule das statische Moment des Reibungs= widerstandes der Spule $\quad\quad\quad\quad$ $\frac{2}{3}\,f\,R\,Q$

das statische Moment der Fadenspannung r p;

daher, wenn beide gleich gesetzt werden:

$$p = \tfrac{2}{3}\,f\,\frac{R}{r}\,Q.$$

Ebenso für die v o l l e Spule:

das statische Moment des Reibungswiderstandes der Spule: $\tfrac{2}{3}\,f\,R\,(Q+G)$

„ $\quad$ „ $\quad\quad$ der Fadenspannung $\quad\quad\quad\quad$ R P

daher $P = \tfrac{2}{3}\,f\,(Q+G)$

Es ist hiernach $p : P = \frac{R}{r}\,Q : (Q+G)$, und es läßt sich allerdings

$p = P$ dadurch machen, daß $RQ = r(Q + G)$, oder $r : R = Q : (Q + G)$ hergestellt wird, wodurch denn offenbar auch alle Zwischenwerthe zwischen Q und (Q + G) nach dem Obenangeführten proportional zu den Zwischenwerthen von r und R wachsen werden.

Sollte es nun in der That auch möglich sein, das Verhältniß des Gewichtes der leeren und vollen Spule gleich dem Verhältnisse der Halbmesser der leeren und vollen Spule zu machen, so läßt sich leicht übersehen, daß selbst dann der Faden eine bei sich allmälig füllender Spule stets größere Anstrengung auszuhalten hat, da außer dem wachsenden Reibungswiderstande auch die absolute Zahl der Umdrehungen, welche der Spule mitzutheilen sind, sich wesentlich erhöht. Ganz in ähnlicher Art, wie dies bei Berechnung der Flyer ausführlicher dargelegt wurde, läßt sich nämlich hier finden, daß für Vollendung einer Fadenlänge L, für welche die erforderliche Zahl von Flügelumdrehungen $= n$ angenommen werden mag, die Aufwindebewegung der Spule, d. h. die Zahl von Umdrehungen, um welche dieselbe gegen die Zahl der Flügelumdrehungen zurückbleiben muß, bei leerer Spule $\frac{L}{2r\pi}$ und bei voller Spule $\frac{L}{2R\pi}$ beträgt; es wird daher auch die absolute Anzahl von Umdrehungen, welche der Spule durch den Zug des Fadens mitgetheilt werden muß, beim Beginn der Aufwindung $n - \frac{L}{2r\pi}$ und bei Vollendung der Aufwindung $n - \frac{L}{2R\pi}$ betragen, zuletzt also offenbar weit mehr als anfänglich.

Ein fernerer Uebelstand der älteren Waterspindel hat darin seinen Grund, daß die Arme des Flügels eine durch die Spulenhöhe bestimmte Länge haben und die Spulen sich um ihre eigene Länge unter das untere Ende der Flügelarme müssen herunterschieben können; das obere Halslager der Spindel steht daher bei der unteren Stellung der Spule so tief, daß Flügel und Spindel oberhalb mindestens auf die doppelte Spulenhöhe über die obere Führung hervorragen. Die Spindel nimmt daher bei großer Umdrehungsgeschwindigkeit leicht eine erzitternde Bewegung an.

Endlich muß der Flügel von der Spindel jedes Mal abgehoben und dann wieder aufgesteckt werden, wenn die volle Spule durch eine leere ersetzt werden soll.

Man hat diesen Uebelständen, durch welche die Lieferungsfähigkeit der Watermaschinen, namentlich auch wegen einer nicht wohl zu überschreitenden Grenze in der Umbrehungsgeschwindigkeit der Spindeln, eingeschränkt wird, auf mannichfaltige Art abzuhelfen gesucht, theils unter Beibehaltung der wesentlichen Theile der älteren Waterspindel und Veränderungen in der Zusammenstellung und Funktion derselben, theils durch Ersetzung einzelner derselben durch ganz neue Mechanismen. Die hauptsächlichsten Einrichtungen dieser Art sind folgende:

a) Einrichtungen mit **passiver** (von dem Faden nachgezogener) Spule:

7) Bei der Spindel von J. Andrew, G. Tarthan und J. Sheply ist der Flügel in entgegengesetzter Stellung als gewöhnlich angebracht, die Arme desselben sind nämlich nach oben gekehrt und laufen von einer Büchse aus, an welcher der Wirtel zum Drehen der Flügel angebracht und die auf ein Rohr aufgesteckt ist, das ihr als Zapfen dient. Das Rohr ist auf einer längs der Maschine liegenden Flügelbank aufgeschraubt und durch dasselbe geht die Spindel, welche etwas unter ihrem oberen Ende mit einer Scheibe versehen ist, um die Spule zu tragen. Hier kann natürlich ohne weiteres Hinderniß die volle Spule abgezogen und durch eine leere ersetzt werden.

8) Die der vorhergehenden ziemlich gleiche neuere Spindel von Lee (patentirt 1838) ist in Fig. 208 abgebildet. Hier ist A die Spule, B die Spindel, C der Flügel, D die Spindelbank, E die Halslagerbank, F der Wirtel zum Drehen des Flügels, G der auf das Auge des einen Flügelarmes geleitete Faden. Die Spindel ist auf den größten Theil ihrer Länge stärker als gewöhnlich, da wo die Spule auf sie gesteckt ist, dagegen schwächer und an dem Grenzpunkte beider Stärken mit der Scheibe a versehen, auf welcher zunächst die unter der Spule befindliche Tuchscheibe aufliegt. Sie wird bei b in einem Halslager geführt, das in einer oberhalb mit einem vorstehenden Rande versehenen Büchse b besteht, welche in der am Gestell befestigten Bank E durch eine Preßschraube festgehalten wird; unterhalb läuft sie in dem auf dieselbe Art in der Spindelbank D befestigten Spindelnäpfchen als Fußlager. D erhält die auf= und absteigende Bewegung des Wagens. Der Flügel ist über das Auge hinaus mit einer Verlängerung d versehen, um welche die nach Erfordern eine oder mehrmalige Umschlingung des Fadens Statt findet.

Der Flügel ebenso wie der Wirtel sind an der Büchse e befestigt, welche auf dem Vorsprunge der Büchse b ruht und die Spindel umschließt. Die Spindel nimmt theils durch die Spule, theils durch die Reibung von e an der drehenden Bewegung Theil. Um zu verhindern, daß ein gerissener Faden mit den benachbarten zusammenläuft, ist zwischen den Flügeln und hinter denselben ein Blechschirm angebracht.

9) Die Waterspindel von J. Wood (pat. 1847), vorzüglich auch für Flachs bestimmt, ähnelt nach der ersten Einrichtung sehr der vorhergehenden Anordnung, nur wird auf E die auf- und niedersteigende Bewegung übertragen und e ist in E eingelassen, die Spule A ist fest mit der Spindel B verbunden und an B sind zwischen D und E Platten angebracht, welche bei einer Drehung der Spindel einen Luftwiderstand hervorrufen. Die oberen Enden der Flügelarme stehen durch einen Ring mit einander in Verbindung.

Nach einer zweiten Einrichtung, welche Fig. 209 darstellt, wird die Spindel B durch den Wirtel F gedreht, sie ruht auf dem Spindelnäpfchen in der feststehenden Spindelbank D, die Halslagerbank E erhält die auf- und niedergehende Wagenbewegung und theilt sie der Flügelbüchse e mit; letztere ist zu dem Ende mit einer Nuth und die Spindel mit einem eingreifenden Stifte versehen, die Flügelarme sind oben durch den Ring h verbunden. Die Spindel ist oben mit einer Spitze versehen; auf dieser ruht der röhrenförmige oben geschlossene Spulenträger F, welcher bei a mit einer Scheibe versehen ist, auf welche sich die Spule mittelst eines Stiftes fest aufsetzt, unterhalb sind an a die Platten gg befindlich, welche durch den bei Umdrehung der Spule gegen sie ausgeübten Luftwiderstand die Fadenspannung bewirken.

Bei einer dritten Einrichtung steht die Spindel ganz fest (dead spindle) und die Flügel werden um dieselbe wie im ersten Falle gedreht; die Einrichtung der Spulenaufstellung ist wie im zweiten Falle.

10) Nach J. Whitelaw (Polyt. Centralbl. 1836. S. 527) sind die Spindeln fest mit den Flügeln verbunden, deren Arme nach oben gekehrt sind; sie ruhen auf der Spindelbank, gehen durch die Halslagerbank, welche beide im Maschinengestelle befestigt sind, und erhalten durch Wirtel ihre Umdrehung. Die Spulen sind drehbar an Röhren aufgesteckt, welche von der oberhalb der Flügel liegenden und

mit dem Wagen auf und nieder bewegten Spulenbank vertikal herab=
gehen. Der Faden geht jedes Mal durch ein solches Rohr nach
einem am obern Spindelende angebrachten Auge und von diesem
über das Auge eines Flügelarmes nach der Spule.

Die bisher beschriebenen Einrichtungen haben das Gemeinschaft=
liche, daß der Flügel beim Abnehmen der Spule nicht abzuheben ist;
bei allen, mit Ausnahme der zuletzt beschriebenen, beschreibt der Faden
bei Umdrehung des Flügels den Mantel eines Kegels, und fast alle
die Anordnungen, bei welchen sich die Flügelbüchse auf der Spindel
oder einem besondern Rohre dreht, fordern wegen des dadurch er=
höhten Reibungswiderstandes einen größern Kraftbedarf.

11) Die Spindel von J. Bayley (pat. 1846) hat die Einrichtung
der ursprünglichen Arkwright'schen Spindel beibehalten und sie, um
eine größere Stabilität zu erhalten, nur dahin modifizirt, daß nach
Fig. 210 die Spindel B ihrer Höhe nach drei verschiedene Stärken
hat; am stärksten ist sie da, wo der Wirtel F mit ihr verbunden ist,
etwas schwächer, wo sie durch das Halslager in der sich auf und
nieder bewegenden Spulenbank E geht, noch schwächer oberhalb. Die
Oeffnung der Spule A ist daher auch auf den größten Theil der
Spulenhöhe der mittleren Stärke und oberhalb der oberen Spindel=
stärke entsprechend.

12) Die Spindel von H. Gore mit der 1850 patentirten Ver=
besserung von J. Saul ist in Fig. 211 dargestellt. A, B, C, E haben
die zeitherige Bedeutung. Um die Spindel mit einem Halslager in
einem möglichst hoch gelegenen Punkte zu unterstützen, ist auf der
auf und nieder bewegten Spulenbank E die Büchse a aufgeschraubt
welche oberhalb in das Rohr b verläuft. Dieses Rohr umschließt an
seinem oberen Ende mit einem Halslager die Spindel. Unterhalb ist
auf b das mit einer Vorstoßscheibe d versehene kurze Rohr c auf=
geschoben; d legt sich, durch eine Tuchscheibe F getrennt, auf die
obere Fläche von a und trägt selbst eine Tuchscheibe e, auf welcher
die Spule A aufruht. Die Oeffnung der Spule ist oberhalb enger
als unten. Durch Anbringung des Rohres c, welches bewirkt, daß
die Spule auch unterhalb nicht mit dem feststehenden Rohre b in
Berührung kommt, unterscheidet sich die verbesserte Gore'sche Spindel
von der ursprünglichen im Jahre 1831 patentirten, welche in Ure
the Cotton Manufacture, Vol. II, p. 143, abgebildet ist.

13) Bei der 1835 patentirten Einrichtung von D. Dewhurst, J. Thomas und J. Hope, welche in Fig. 212 dargestellt ist, steht die Spindel B ganz fest und ist auf der beweglichen Spindelbank D aufgeschraubt; über die Spindel ist ein Rohr a geschoben, an welchem sich oberhalb der Flügel C und unten unmittelbar über der Spindel= bank D der Wirtel F befindet, durch welchen dem Flügel die Drehung mitgetheilt wird. Die Spule A ist über a geschoben und ruht auf der sich auf und nieder bewegenden Spulenbank E. Um die Spulen auswechseln zu können, ist der obere Theil des Rohres a zum Ab= heben eingerichtet, während der mit dem Wirtel F versehene untere Theil stetig an seiner Stelle verbleibt; beide Theile greifen, wie dies die separat ausgeführte Darstellung deutlich macht, auf eine geringe Höhe mit Lappen übereinander, von denen jeder die halbe Peripherie einnimmt.

14) Die Spindel von Th. Gore (pat. 1841) gleicht im Wesent= lichen der vorhergehenden, nur ist die Röhre a noch über den Flügel hinaus oberhalb verlängert und hier mit dem Wirtel versehen; der Faden geht durch diese Röhre hindurch, wird unterhalb des Wirtels durch eine Oeffnung in der Röhre nach außen geführt, hier um den Flügelarm geschlungen und nach der Spule geleitet. (Polyt. Central= blatt 1844. III. S. 388.)

15) Bei der N. Montgomery= oder Glasgow=Patentspindel (pat. 1832), welche in Fig. 213 in zwei verschiedenen Einrichtungen deut= lich gemacht ist, besteht die Haupteigenthümlichkeit in der auf der Spindelbank D festgeschraubten und mit dem Wagen auf und nieder bewegten Spindel, und in einem Flügel C mit verlängerten und unterhalb in die Scheibe des Schnurwirtels F eingelassenen Armen, so wie darin, daß die Büchse des Flügels oberhalb noch in einem auf der Flügelbank H angebrachten Halslager geht. Hierdurch und durch den Umstand, daß das in E befindliche Halslager der Spindel in unmittelbarer Nähe an dem Wirtel sich befindet, wird die Er= zitterung möglichst gering gemacht. Bei Anwendung einer Spule A wird dieselbe, wie auch bei mehreren bereits beschriebenen Anord= nungen, durch die Scheibe a der Spindel getragen, der Faden geht durch die Oeffnung in der Flügelbüchse b und über die Augen c und d nach A. Wird ohne Spule gesponnen, so ist die Spindel B' ober= halb mit einer zylindrischen Höhlung versehen, in welcher der Stift

der aufgeſteckten durch den Faden ebenfalls nachgezogenen Spindel e eingeſchoben iſt. Die Glasgow=Patentſpindel wird auch zuweilen ſo ausgeführt, daß die Arme unterhalb nicht in eine Scheibe eingelaſſen, ſondern rechtwinkelig umgebogen und mit einer über die Spindel ge= ſchobenen Nuß verbunden ſind. Die Höhe des Flügels wird durch die Nothwendigkeit beſtimmt, innerhalb desſelben bei tiefſter Stellung der Spindel die Spule oder den Kötzer noch abheben zu können. Die Zahl der Umdrehungen, welche man die Patentſpindeln von Mont= gomery machen laſſen kann, beläuft ſich auf 6000 pro Minute, wäh= rend bei den älteren Einrichtungen die Zahl von 4000 nicht wohl überſtiegen werden konnte. Die hier beſchriebene Einrichtung wird in Amerika häufig mit dem Namen der dead spindle im Gegenſatz zu der bewegten Spindel live spindle bezeichnet.

16) Die Spindel, welche J. Howarth 1839 patentirt erhielt, ſchließt ſich den vorhergehenden am nächſten an. Sie iſt in Fig. 214 abgebildet. Die Spindel BB ruht bei d auf einem durch D und D' feſtgehaltenen Stäbchen, welches oben mit dem Spindelnäpfchen ver= ſehen iſt; ſie trägt bei A eine Spule oder Röhre, oder es wird auch direkt auf ſie aufgewunden. Statt des Flügels iſt ein hohler Konus C vorhanden, der mit dem Rohre C' feſtverbunden und durch letzteres in die beiden feſtſtehenden Schienen H und H' eingelagert iſt. Bei F iſt an C der Wirtel angebracht. Der Faden geht nun durch das obere Ende von C' ein, bei a nach der Außenſeite von C', iſt mehr= mals um die Oberfläche von C' gewunden, geht durch b wieder nach innen und iſt unterhalb der trompetenförmigen Oeffnung von C über das Auge c geführt, um nach der Spule oder dem Kötzer zu gehen. Die Form der in C angebrachten Oeffnung ſetzt eine Aufwindung in ähnlicher Art voraus, wie ſie bei Bildung der Kötzer oder Cops in der Mulemaſchine erfolgt; zu dem Zwecke erhalten die mit dem Wagen verbundenen drei Bänke D, D' und E die entſprechende auf und nieder gehende Bewegung. Das Zurückhalten der Spindel erfolgt durch Luftwiderſtand (atmospheric drag) deshalb, weil an der Spindel unterhalb bei g ein Flügel angebracht iſt. Um die Spindel voll= kommen ſicher zu leiten, iſt dieſelbe bis nach h innerhalb des Rohres c' fortgeſetzt, und hier mit einem ſich innerlich anlegenden Kopfe verſehen. Beim Abnehmen der Spulen oder Kötzer wird der ganze Wagen ſo tief nieder geſchoben, daß h noch unter die Oeffnung von

C herunter tritt. Beim Reißen eines Fadens kann man die Spindel dadurch etwas senken, daß man d niederschiebt, wodurch die unter=
halb an d angebrachte Spiralfeder zusammengedrückt wird.

Dieser Einrichtung ähnlich, namentlich was die Umwandlung des Flügels in eine trompetenförmige Röhre anbelangt, ist die bereits 1831 patentirte Spindel von J. Potter. (London Journal 1837. X. p. 69.)

17) A. Wilson, A. Fletcher und Comp. haben die Stabilität bei der 1845 patentirten und in Fig. 215 abgebildeten Spindel da=
durch zu erzielen gesucht, daß sie die Arme des Flügels C mit dem Stabe a in Verbindung brachten, welcher die Fortsetzung der Spindel B bildet und bei b mit einem konischen Kopfe versehen ist, der sich in die Lagerplatte c d versenkt und hier noch eine Führung erhält. Dieser Kopf ist durchbohrt, die Platte hat bei jedem solchen Spindel=
kopfe b einen Einschnitt und man kann daher den Faden leicht so einbringen, daß er vertikal aufsteigt, um a herumgewunden werden kann und dann von dem Auge e aus nach der Spule geht. Beim Abziehen der Spulen, wo zunächst die Flügel abgeschraubt werden müssen, kann die Platte c um das Gewinde d zurückgeschlagen werden.

18) Besonders sinnreich sind die Spindeleinrichtungen von W. Mac=
larby. Die erste Einrichtung ist in Fig. 216 deutlich gemacht. Der Flügel CC ist in der oberen Hälfte der Spindel B angebracht und fest mit derselben verbunden. Die Spindel ruht unten in dem in der Spindelbank D angebrachten Spindelnäpfchen und geht oben mit dem verstärkten Kopfe b in dem in der Bank H angebrachten Kopf=
lager; sie erhält ihre drehende Bewegung durch die Wirtel F, welche mit den oberhalb und unterhalb vorstehenden Zapfen e in die beiden in das Gestell eingelagerten Schienen D' D' so eingelassen sind, daß sie sich in den ausgebohrten Löchern dieser Schienen leicht drehen, die Schienen selbst aber den ganzen Seitendruck aufnehmen, welcher durch die gespannten Schnüre hervorgebracht wird, ohne daß dieser Druck auf die Spindeln übertragen wird, wodurch eine Hauptursache der vibrirenden Bewegung in Wegfall kommt. Die zentrale Oeffnung in den Wirteln ist oberhalb zylindrisch, unten quadratisch; die Spin=
deln selbst aber sind über ihrem Zapfen ebenfalls mit quadratischem Querschnitt versehen und werden daher auf diese Art mit den Wir=
teln verbunden. Die Spulen A ruhen wie gewöhnlich vermittelst Tuchscheiben d auf der auf und nieder bewegten Spulenbank E. Der

Faden geht durch den durchbohrten Kopf b, tritt bei a aus und ist nach dem einen Flügelarm geführt, um von diesem durch das Auge c nach der Spule zu gehen. Beim Abnehmen der Spulen werden die Spindeln aus F herausgezogen und zur Seite geneigt, was auch bei einer höheren Lage der Spulenbank deshalb geht, weil dieselbe für jede Spindel nach vorn zu einen Schlitz hat, und was dadurch ermöglicht wird, daß der Kopf b stärker ist als die Spindel zwischen Kopf und Flügel, welche letztere sich daher in dem Kopflager schief neigen läßt. — Zu dem Zweck, um den Druck der Schnur zu verhindern, eine Ausbiegung der Spule zu bewirken, war bereits früher von W. Wright vorgeschlagen worden, die Wirtel an einem glockenförmig über das Spindelfußlager gehenden Spindelansatz in der Art anzubringen, daß der Druck der Schnur vollständig von dem Zapfen im Fußlager aufgenommen wird.

Bei der zweiten in Fig. 217 dargestellten Einrichtung ist das überhaupt erreichbare Minimum der Spindelhöhe dadurch erzielt worden, daß nicht die Spule der Höhe nach an der Spindel verschoben wird, sondern vielmehr das den Faden leitende Auge am Flügelarm unter Benutzung der Einrichtung der später zu erwähnenden Niagara- oder Ringspindel. Die Spindel B, der Flügel C, die Spule A sind wie gewöhnlich eingerichtet; erstere ruht auf der Spindelbank D und wird durch den Wirtel F umgetrieben, der Flügel ist zum Abschrauben eingerichtet, hat aber kein Auge an den Armen; die Spule steht auf der unbeweglichen Spulenbank E. Der Flügel bewegt sich innerhalb eines Ringes I, auf welchem eine Fliege oder ein Läufer I, K wie bei der Niagaraspindel gleitet, nur daß dieser Läufer mit einem nach dem Innern des Ringes zu gekehrten Vorsprunge versehen ist, durch welchen er von dem Flügelarme C vorwärts geschoben und genöthigt wird, an der Bewegung des Flügels Theil zu nehmen. Da der Ring auf der Aufwindebank L sich befindet, welche die auf und nieder gehende Bewegung erhält, so vertritt der Läufer gewissermaßen ein an dem Flügelarm vertikal verschiebbares Auge, durch welches der Faden G nach der Spule in sich stets verändernder Höhe geleitet wird. Das Auswechseln der Spulen erfolgt in gewöhnlicher Art, nachdem die Flügel abgeschraubt sind.

b) Einrichtungen mit aktiver Spule.

19) Nach M. J. Roberts (pat. 1843) ist die Spindel B Fig. 218

(Taf. 19) auf die Spindelbank D aufgesetzt, in einem Lager der Halslagerbank D' geführt und wird durch den Wirtel F gedreht; sie ist
an der Stelle, wo die Spule A über sie geschoben ist, entweder mit
quadratischem Querschnitte oder mit einer Nuth versehen, in welche
ein an der Spule angebrachter Stift eingreift; die Spule steht wie
gewöhnlich auf der auf und nieder bewegten Spulenbank E. Der
Flügel C, welcher durch den von der gedrehten Spule aus auf das
Auge a desselben laufenden Faden und zwar mit geringerer Geschwindigkeit als die Spindel gedreht wird, ist aus Buchsbaumholz,
bei b mit einem metallnen Rohre versehen und mit demselben auf
den am Ende der Spindel angebrachten Zapfen aufgesetzt; die Augen
a des Flügels sind mit Glas oder Stahl gefüttert.

Einer zweiten Einrichtung zufolge geht von der Flügelbüchse aus
ein Stäbchen herab, welches wie bei Nr. 20 in eine Höhlung der
Spindel eingeschoben wird.

20) Die Spindel von Sutcliffe (pat. 1849) ist nach einer der
verschiedenen Ausführungsformen in Fig. 219 dargestellt. Die Spindel
B ist eine todte, sie ist in der Spindelbank D befestigt und erhält
von derselben die auf und nieder gehende Bewegung. Die Spulenbank E ist unbeweglich, auf ihr steht das mit dem Wirtel versehene
Rohr F, welches sich um die Spindel dreht und die mit einem Stifte
aufgesetzte Spule A im Kreis mit herumführt. Oberhalb ist die
Spindel B hohl, an der Büchse des Flügels C ist ein Stahlstab b
angebracht, welcher unmittelbar unter der Büchse geringere Stärke
hat, übrigens in die Höhlung der Spindel B so eingeschoben ist, daß
er die Drehung des Flügels durch den Faden G gestattet. Um ein
Herausheben von b aus der Spindelöffnung zu verhindern, umgibt
den schwächeren Theil von b eine Scheibe c, welche auf die Spindel
B oben aufgeschraubt ist, und beim Abnehmen des Flügels jedes
Mal erst abgeschraubt werden muß.

21) Bei der Spindel von F. Vallée (pat. 1852) ist der Flügel
mit der Spindel fest verbunden, es nimmt also auch letztere an der
von dem Faden bewirkten Drehung des Flügels Theil. Die Arme
des Flügels sind durch einen Ring verbunden. Die Spule wird wie
in Nr. 20 bewegt, nur daß unter dem Wirtel F sich noch ein zweiter
befindet, auf welchen die Schnur dann gelegt wird, wenn der Arbeiter
einen Fadenbruch repariren will. (London Journal 1853. Juli. p. 24.)

22) J. Ramsbottom's Spindel (London Journal 1837. Vol.
X. p. 79) ist mit einem rahmenartig ausgeführten Flügel, der mit
einem Zapfen auf dem oberen Ende der Spindel ruht, versehen; die
Fadenleitung wird an den Schenkeln dieses Rahmens auf und nieder
bewegt; die Spule ist fest mit der Spindel verbunden und erhält
von dieser ihre Drehung. Um dem Rahmen einen veränderlichen
Widerstand nach den verschiedenen Halbmessern, von denen der Faden
an der Spule abläuft, zu geben und dadurch die Fadenspannung
stets gleich zu machen, ist eine konische Reibungsfläche angebracht,
welche je nach fortschreitender Füllung der Spule an Stellen mit
verschiedenem Halbmesser von einer Friktionsfläche berührt wird.

23) Bei der in Fig. 220 dargestellten Danforth-Spindel oder
Glockenspindel, 1829 in Amerika von Danforth erfunden, daher in
England auch American Throstle und in Amerika Cap-spinner genannt, ist der Flügel durch eine polirte eiserne Glocke C C, welche
auf die Spindel B wo sonst der Flügel aufgeschraubt ist, ersetzt. Die
Spindel ist in der Spindelbank D festgeschraubt, es hat daher auch
die Glocke eine unveränderliche Stellung. Die Spule A steht mit
einem Stift auf dem Wirtel F und letzterer erhält die auf und nieder gehende Bewegung durch die Spulenbank E. Der von der Spule
A gezogene Faden erfährt an dem unteren Rande a der Glocke C
einen Reibungswiderstand und wird an diesem Rande im Kreis
herumbewegt; er läuft in Form eines Bogens von dem unter dem
Streckwerke angebrachten Auge nach diesem Rande. Um ein Zusammenlaufen benachbarter Fäden zu verhindern, ist die Glocke halb-
kreisförmig an der inneren Seite des Gestelles von einem Blechschirm in etwa $\frac{1}{2}$ Zoll Abstand umschlossen. Die Einrichtung, welche
die Danforth-Spindel erhält, wenn Cops gewunden werden sollen,
ist mit gestrichenen Buchstaben bezeichnet. Die ursprünglich in Amerika von Danforth oder nach Alcans Angabe von Carrick gemachte
Erfindung wurde in England von Hutchison eingeführt. Die Spindel
gestattet etwa 6000 Umdrehungen in der Minute. Der Faden wird
ziemlich rauh und eignet sich daher für Gewebe, wo er vermöge dieser
Beschaffenheit eine bessere Füllung gibt; man pflegt denselben daher
auch in den Fällen, wo er glatt gewünscht wird, beim Aufspulen und
Weisen mit einer Appretur zu versehen.

24) Die Ringspindel, Spindel mit Ring und Läufer (ring and

traveller-throstle, ring spindle), in dem Falle Niagaraspindel ge=
nannt, wenn sie durch die von dem Amerikaner Dodge angegebene
Friktionsbewegung umgedreht wird, ist in Fig. 221 abgebildet. Hier
steht die Spule A auf der an der Spindel B angebrachten Scheibe
a, mit einem Stifte aufgesetzt, und wird durch den an der Spindel
angebrachten Wirtel F in Umdrehung gesetzt. Die Spindel ruht
mit dem Fuße auf einer Spindelbank und wird oberhalb in dem
in D angebrachten Halslager geführt. Die Ringbank E ist für jede
Spule mit einer kreisrunden Oeffnung versehen und erhält von dem
Wagen die auf und nieder gehende Bewegung in einer der lichten
Spulenhöhe gleichen Ausdehnung. In jede Oeffnung ist ein Ring C
eingesetzt mit einem Querschnitt, der dem Kopfe einer Eisenbahnschiene
gleicht, d. h. über einer schwächeren Rippe befindet sich ein auf beiden
Seiten vorspringender breiterer Kopf. Ueber diesen Kopf ist der Läufer,
die Oese b (traveller) von etwa $1/4$ Zoll Durchmesser gelegt, ein an
beiden Enden umgebogenes und so den Kopf des Ringes umfassendes
Stahlblättchen. Diese Läufer werden aus einem schraubengangförmig
auf ein Stäbchen gewundenen Stahlblättchen durch einen parallel zur
Achse geführten Schnitt gebildet. Der von dem oberhalb angebrachten
Auge herabkommende Faden G geht durch diese Oese und dann nach
der Spule; es wird also die Oese veranlaßt, sich an dem Ringe im
Kreise herumzubewegen, wenn die Spule gedreht wird. Die vor=
liegende Einrichtung gestattet sogar eine Umdrehungsgeschwindigkeit
bis zu 8000 in der Minute für gröbere und bis zu 10,000 für
feinere Garne. Da sowohl der von dem Läufer nach oben gehende
Faden, als der nach der Spule gehende Faden durch seine Span=
nung einen Druck gegen die Oese ausübt, so wird der von der Resul=
tirenden aus diesen beiden Kraftwirkungen hervorgebrachte Reibungs=
widerstand, theils von der Fadenspannung, theils von den beiden
angedeuteten Fadenrichtungen abhängig sein. Bei langsamem Gange
findet mehr ein klemmender als gleitender Gang der Oese Statt, der
sich durch eine ruckweise, den Faden leicht reißende Bewegung zeigt.
Bei größerer Geschwindigkeit entsteht eine merkbare Zentrifugalkraft
des Läufers, welche einen Theil der vorher erwähnten Resultate aus
den Fadenspannungen aufhebt, und es erzeugt sich bei gehörigem
Verhältniß von Fadenstärke, Oesengewicht und Geschwindigkeit ein
vollkommen regelmäßiger Gang, der aber bei Aenderung eines dieser

Faktoren Störung erleidet und bei zu großer Geschwindigkeit oder zu geringem Desengewichte zu einem Ausbeuteln des Fadens Veranlassung gibt, d. h. der Faden wird dann durch die Zentrifugalkraft zu sehr nach außen getrieben. Hiernach sind für verschiedene Garnnummern Desen von verschiedenem Gewichte erforderlich, die durch aufgeschlagene Nummern unterschieden werden. Dieselben nutzen sich übrigens schnell ab und müssen nach 3—4 Wochen erneuert werden.

Die erste Anwendung des Prinzips der Ringspindel soll Bobmer bei seinem bastard-frame, auf welchen 1838—42 Patente genommen wurden, nach The Pract. Mech. Journal. III. p. 177 gemacht haben; bereits im Jahre 1834 erhielten aber nach dem London Journal 1836, Septbr. p. 393 Th. Sharp und R. Roberts ein Patent auf einen mit der Ringspindel vollkommen identischen spiral-guide; in Amerika wird Alfred Jenks als Erfinder der Ringspindel bezeichnet.

25) Die gesammten Spindeleinrichtungen mit aktiver Spule haben die Unvollkommenheit an sich, daß sie einen nach dem Füllungszustande der Spule veränderlichen Draht geben (was bei den Einrichtungen mit passiver Spule nicht der Fall ist) und daß die Fadenspannung ebenfalls nach dem Füllungszustande der Spule veränderlich ist.

Bezüglich des ersten Punktes darf nur in Erwägung gezogen werden, daß die Spule eine konstante oder doch der von den Zylindern ausgegebenen Fadenlänge proportionale Umdrehungsgeschwindigkeit erhält, daß diese aber theils zur Aufwindung des Fadens (und so weit dies der Fall ist, eben nicht zur Drahtgebung) theils zur Hervorbringung des Drahtes verwendet wird. Da nun der erste Theil der Spulendrehung, nämlich die Aufwindebewegung, für eine bestimmte Fadenlänge bei leerer Spule durch eine größere Anzahl von Umdrehungen bewirkt wird, als bei voller Spule, so wird der Draht anfänglich auch etwas geringer sein als zuletzt, und zwar (vergl. vorher Nr. 6) im Verhältniß der Größen:

$$\left(n - \frac{L}{2\,r\,\pi} \right) : \left(n - \frac{L}{2\,R\,\pi} \right).$$

Was die verschiedene Fadenspannung betrifft, so ergibt sich z. B. bei der Ringspindel aus Fig. 222, daß der auf die Spule auflaufende Faden bei leerer Spule etwa den Winkel c b e und bei voller Spule den Winkel d b e mit der Tangente b e des Kreises macht, in welchem sich b bewegt. Letzterer Winkel ist viel kleiner als ersterer, und da sich nun die Spannung des Fadens in eine radial und in eine tangential gerichtete Seitenkraft zerlegt, aber nur erstere auf Bewegung des Läufers (oder, bei anderer Einrichtung, des Flügels) einwirkt, so ergibt sich, daß bei gleichem Widerstande des Läufers oder Flügels eine viel größere Fadenspannung erforderlich sein wird, um den Läufer oder Flügel zu drehen, wenn die Spule leer ist, als wenn sie gefüllt ist.

Endlich ist noch zu bemerken, daß bei großer Geschwindigkeit diejenigen Einrichtungen, bei denen schwerere Massen durch den Faden in Umdrehung gesetzt werden, in sofern einen Nachtheil bieten, als diese Körper beim Anhalten der Spule noch ihre drehende Bewegung fortsetzen, daher den Faden verwickeln und Schleifen bilden. Dies tritt bei der Ringspindel bei dem unbedeutenden Gewichte der bewegten Masse am wenigsten ein, und gerade deshalb kann diese mit größter Geschwindigkeit umgetrieben werden; bei anderen Einrichtungen hat man wohl ein Schwungrad in den Mechanismus der Watermaschine eingeschaltet, welches plötzliche Geschwindigkeitsveränderungen auszugleichen bestimmt ist.

c) Einrichtungen mit aktiver Spule und aktivem Flügel.

26) Nachdem die Einrichtung von Brabbury, bei welcher die Spindel mit dem Flügel durch einen Schnurwirtel und die Spule durch einen zweiten Schnurwirtel und zwar mit gleich bleibender Geschwindigkeitsdifferenz umgetrieben werden sollten (vergl. Alcan, S. 326) ohne Erfolg geblieben war, erhielten Sharp und Roberts 1834 ein Patent auf eine Watermaschine, bei welcher die Flügelspindel und die Spule ebenfalls umgetrieben wurden, letztere langsamer als erstere, letztere aber nicht direkt, sondern durch einen Wirtel, auf welchem die Spule mittelst einer Reibungsscheibe aufsaß, so daß noch eine über diese Umdrehungsgeschwindigkeit hinausgehende Umdrehung der Spule durch die Fadenspannung möglich war, durch welche die Ausgleichung zwischen dem Betrage der Aufwindebewegung und der von der Maschine erzeugten Geschwindigkeitsdifferenz erfolgte. Die Absicht bei dieser Einrichtung war, die Waterspinnerei zur Erzielung feinerer Garne anwendbar zu machen.

27) Bei der Differenzialwatermaschine von R. Dempster, welche in the practical mechanic's Journal V. p. 17 abgebildet und beschrieben ist, findet sich der Differenzialmechanismus nach Art des Differenzialflyers zur Bewegung von Spule und Spindel der Watermaschine in einer recht einfachen Art angewendet. Die Hauptüber-

tragungen der Bewegung erfolgen durch Riemen und die für Spule und Spindel durch Gurten.

Die Mechanismen, welche zur Hervorbringung der drehenden Bewegung der Flügel oder Spulen angewendet werden, sind entweder Schnüre und Gurten, oder Reibungsscheiben, oder Zahnräder.

28) Schnüre und Bänder oder Gurten, namentlich aber die ersteren, zeigen die Unzuträglichkeit, daß sie sich leicht dehnen und abnutzen, namentlich aber von dem Feuchtigkeitszustande der Atmosphäre in ihrer Länge abhängig sind, und daher nicht immer mit vollkommen gleicher Sicherheit die Bewegung erzeugen, unter Verhältnissen sogar eine zu starke Spannung annehmen können, dadurch die vibrirende Bewegung der Spindeln befördern und den Gang wesentlich erschweren, während im entgegengesetzten Falle der Faden nicht den vorausgesetzten Draht erhält. Es sind daher mehrfache Verbesserungen zur Hervorbringung gleichmäßiger Spannung angewendet worden.

a) Für die älteste Einrichtung, wo die rechts und links stehenden Spindeln durch einzelne Schnüre von einer in der Mitte der Maschine liegenden Trommel aus Bewegung erhalten, sind außer der Abbildung Fig. 9 (Taf. 15) des Hauptwerkes zu vergleichen: Montgomery Theorie und Praxis der Baumwollspinnerei, Chemnitz 1840, Taf. V, Fig. 1. — Ure, the cotton manufacture. Vol. II, pag. 124. — Alcan, essai sur l'industrie des matières textiles, Pl. XV, Fig. 2.

b) Charles de Narque (Polyt. Centralbl. 1836, S. 108) treibt die rechts und links stehenden Spindeln durch eine einzige innerhalb an den Wirteln vorübergehende und durch Leitrollen an dieselben in einen größeren Bogen gelegte Schnur, die von einer vertikalen Haupttrommel ausgeht und über Spannrollen geleitet ist.

c) Sharp und Roberts (Polyt. Centralbl. 1836, S. 1159) wenden ähnlich, wie beim Spindeltrieb am Wagen der Mulemaschine, mehrere in der Mitte der Maschine vertikal stehende Schnurtrommeln an und übertragen die Bewegung gleichzeitig durch dieses Mittel auf die Spindeln der einen und der gegenüberstehenden Seite.

d) J. Wood (Polyt. Centralbl. 1848, S. 220) stellt die Trommeln ähnlich wie vorher auf, bringt aber auf einer Seite der Watermaschine zwei Spindelreihen an, von benen die hintere etwas höher steht, als bie vordere. Jede Trommel treibt mit einer Schnur 4 Spindeln der vorderen Reihe und mit einer zweiten Schnur 4 Spindeln der hinteren Reihe, jede Schnur hat eine Spannrolle und berührt einen jeden Spindelwirtel am vierten Theile ber Peripherie.

e) Bei Hutchison's Watermaschine mit Danforth's Spindeln werben burch eine Gurte je 2 Spindeln ber einen unb 2 ber gegenüber= liegenben Seite getrieben, es kommt babei eine Spannrolle vor unb bie Führung ber Gurte gestattet bie Auf= unb Nieberbewegung ber Wirtel (Ure a. a. D. S. 135).

f) Köchlin treibt je 4 Spindeln ber einen unb 4 ber andern Seite mit einer einzigen Schnur, welche jeden Wirtel auf bem vierten Theil bes Umkreises berührt unb gleichzeitig über bie Schnurscheiben zweier im Maschinengestell liegenden Wellen gezogen ist (Alcan a. a. D. Pl. VIII, Fig. 17).

g) Shaw unb Cottam legen 2 Trommeln horizontal neben ein= anber nach ber Länge ber Maschine in beren Mitte. Jebe Spindel hat ihre besondere Schnur, welche um bie entfernter liegende Trommel geht, unb beren einem Laufe bie andere Trommel zum Theil als Leitrolle bient, so daß bie beiden Schnurläufe von bem Wirtel ab ziemlich parallel unb alle Schnurläufe ziemlich in einer Ebene liegen, welche bie oberen Trommelseiten berührt. Die Schnüre werden ba= burch länger als gewöhnlich, umfassen einen größeren Theil ber Wirtelperipherie unb erforbern beshalb eine geringere Spannung, um bie Spindel treiben zu können; theils hierburch, theils burch bie Vermeibung ber burch schiefen Abzug ber Schnüre von bem Wirtel entstehenben Seitenreibung gewinnt man eine nicht unbebeutenbe Er= sparniß an Bewegkraft.

29) Friktionsscheiben zum Treiben ber Spindeln ober Spulen haben gegen ben Schnurtrieb ben großen Vortheil eines gleichmäßigen Ganges unb einer großen Kraftersparniß; es wird angenommen, baß bie erforberliche Bewegkraft für eine bestimmte Anzahl von Spindeln bei übrigens gleicher Einrichtung unter Anwenbung von Schnurtrieb unb von Friktionsscheiben im Verhältniß von 3 : 2 steht. Die erste Anwenbung ber Friktionsscheiben rührt von bem Amerikaner Dodge her, in England ist dieser Bewegungsmechanismus von mehreren Werkstätten in Ausführung gebracht worden.

a) Das Einführungspatent von Newton vom Jahre 1847 (Polyt. Centralbl. 1848, S. 1032) bezieht sich auf Waterspindeln älterer Einrichtung; an der Spindel befindet sich statt des Wirtels eine kleine Friktionsscheibe, mit welcher die Spindel, da sie sowohl oberhalb als auch unterhalb nur in einem Führungslager läuft, auf der größeren Friktionsscheibe aufruht, die an einer unter allen Spindeln hingehenden Welle aufgesteckt ist.

b) Die Art wie der Friktionstrieb bei der Ringspindel unter der Bezeichnung Niagaraspindel von Sharp, Stewart und Komp. in Manchester in Ausführung gebracht worden ist, zeigt Fig. 223 und 224 in $\frac{1}{6}$ der natürlichen Größe. Spule, Ring und Läufer sind hier ebenso eingerichtet, wie es in Nr. 24 beschrieben wurde. Die Spule steht mit einem Verbindungsstifte auf der Büchse a, an die untere Fläche der letzteren ist eine Lederscheibe c mit einer Schraube befestigt, diese Lederscheibe ruht auf dem Friktionsrade b der unter den Spindeln durchgehenden Welle e. Spule und Büchse drehen sich um die feststehende (todte) Spindel f. Die Spindel hat oberhalb eine geringere Stärke als unterhalb und ist mit ihrem unteren Ende in dem von der Spindelbank ausgehenden Arm d mittelst einer Schraube befestigt.

c) Eine Verbesserung der vorhergehenden Einrichtung, durch welche der passive Reibungswiderstand vermindert wird, und die angeblich von Mc. Culley im Lowell Machine shop in Amerika ausgegangen sein soll, von der vorher genannten Maschinenbauanstalt aber ebenfalls angenommen worden ist, unterscheidet sich von der vorhergehenden Einrichtung dadurch, daß unter Beseitigung der todten Spindel der Druck zur Erzeugung der aktiven Reibung vergrößert und die Spindel zu einer sich drehenden (live spindle) gemacht worden ist. Es sind bei dieser Einrichtung, wie dies Fig. 226—228 deutlich machen, auf die Spindelbank gabelförmige Führungsarme aufgeschraubt, welche die Spindel oberhalb und unterhalb mit einem Halslager umfassen, so daß sich die Spindel in diesen frei drehen kann. Die Büchse a (Fig. 223) ist an der Spindel fest, und es ruht daher das ganze Gewicht von Spule, Spindel und Büchse auf b. Zugleich ist in der ganzen Watermaschine die Einrichtung angebracht, daß die eine Seite beim Auswechseln der Spulen unabhängig von der andern angehalten werden kann.

30) Der Zahntrieb bei den Waterspindeln ist namentlich durch L. Müller in Thann, welcher 1848 in Frankreich auf benselben ein Patent erhielt, eingeführt worden. Die hierzu bienende Einrichtung macht Fig. 225 in halber natürlicher Größe beutlich. a ist bie Spindel, bis auf ben unteren Zapfen zylindrisch hergestellt; bei b ist ein Ring auf bieselbe aufgeschraubt, unb bei c eine Scheibe aufgeschoben; beibe werden burch bie zwischen ihnen um bie Spindel gelegte Spiralfeder d, welche mit ihren Enden in b unb c eingelassen ist, aus einanber gepreßt. Auf c liegt bie unterhalb mit einem hypozykloidischen Ge= triebe versehene Büchse e, bie oberhalb in eine Scheibe g' ausläuft, übrigens aber brehbar auf bie Spindel aufgeschoben ist. Ueber g' befinbet sich bie mit ber Spindel fest verbundene Büchse f, welche unterhalb mit ber Scheibe g versehen ist. In bas Getriebe an e greift bas Rab h, bas sich an ber neben allen Spindeln vorüber= gehenben Welle i befinbet. Durch ben Druck ber Feber d wirb nun g' an g so stark angebrückt, baß ber hierburch hervorgebrachte Reibungs= wiberstanb vollkommen hinreicht, bie von h auf e übertragene brehenbe Bewegung auch ber Spindel mitzutheilen. Soll bagegen bie Spindel angehalten werben, so genügt ein Druck bes Kniees von Seite bes bebienenben Arbeiters gegen bie vorstehenbe Scheibe g, um ben Rei= bungswiberstanb von g' gegen g zu überwinben unb bie Spindel zur Ruhe zu bringen. Das Verhältniß ber Zähnezahlen ber mit ein= anber verbundenen Räber ist ungefähr wie 7 : 3 ober 8 : 3 unb wirb am vortheilhaftesten burch zwei Zahlen bargestellt, welche absolute Primzahlen sinb, z. B. 47 unb 17. Statt ber ebenen Reibungs= flächen g unb g' werden auch solche von konischer Form angewenbet.

31) Die Wagenbewegung erfolgt entweber gleichmäßig über bie ganze Spule, ober so, baß cops gebilbet werben. Im ersten Falle wirb bieselbe gewöhnlich burch eine auf einen Hebel wirkenbe herz= förmige Scheibe erzeugt, welche gehärtet ist, gegen eine Reibungsrolle wirkt unb burch beren Form bestimmt wirb, ob biese Bewegung in allen Punkten gleiche Geschwindigkeit erhält, ober wohl auch — um etwas gewölbte Spulen zu erzeugen — in ber mittleren Höhe ber Spule eine etwas geringere Geschwindigkeit als in ber Nähe ber beiben Spulenscheiben (eine gute Abbildung ist enthalten in Ure, the Cotton Manufacture, Vol. II, pag. 124 unb 135). Abweichenb hiervon ist bie Einrichtung von John Platt (patentirt 1846), bei welcher bie

Bewegung von einer Schnecke aus durch Verzahnung ganz ähnlich hervorgebracht wird, wie dies bei dem Wagen der Flyer Statt findet. (London Journal Vol. XXX, pag. 411.)

Im zweiten Falle findet die auf= und niedergehende Bewegung zwar stets in einem gleichen Betrage Statt, aber es rückt der Aus= gangspunkt der Bewegung regelmäßig ein wenig in die Höhe. Zieht in diesem Falle die Spule durch den Faden den Flügel oder Läufer an der Ringspindel nach sich, so finden sich die bezüglich des Drahtes in Nr. 25 angegebenen Abweichungen natürlich in jeder konischen Fadenlage zwischen Anfang und Ende derselben vor. In dem Bastard= frame von Bodmer, welcher bereits unter Nr. 24 erwähnt wurde, wird die Aufwindung von Kötzern, wie sie auf der Mulespindel er= zeugt werden, durch Anwendung einer solchen Spindel in der Water= maschine und die Führung des Fadens mit einem Ring als das Charakteristische angegeben. (Ure, Dictionary of Arts etc. Supple= ment, pag. 229.)

Die Wagen auf beiden Seiten der Watermaschine sind entweder so durch Hebel verbunden, daß sie sich gegenseitig im Gleichgewichte halten und steigen dann abwechselnd auf und nieder, oder sie sind einzeln durch Gegengewichte äquilibrirt und bewegen sich gleichzeitig auf und nieder, wie dies unter andern bei der Watermaschine von John Platt der Fall ist.

32) Von anderen verbesserten Einrichtungen an Watermaschinen ist noch zu erwähnen:

a) Die Herstellung zweitheiliger Spindeln, bei denen die obere Hälfte von der stehenbleibenden unteren abgehoben werden kann, wenn die Spulen ausgewechselt werden sollen. Nach der Einrichtung von Maclarby und Lewis (Polyt. Centralbl. 1851, S. 713) ist an dem oberen Theile ein längerer Zapfen angebracht, welcher in eine aus= gebohrte Oeffnung des unteren Theiles eingeschoben wird. Die röhren= förmige Wand, welche dadurch am unteren Theile entsteht, hat dia= metral gegenüberstehende Einschnitte, in welche Zähne an dem oberen Theile eingeschoben werden. Eine ähnliche Einrichtung von Windsor ist beschrieben in Armengaud le Génie industriel, Vol. I, pag. 382.

b) Zu den Fußlagern der Spindel, welche gewöhnlich aus Messing oder einer für Lagermetall zweckmäßigen Mischung hergestellt und in stählerne oder eiserne Schienen (Plattbänder, plates-bandes) eingelaſſen werden, ſind auch gläſerne Spindeltöpfchen in Vorſchlag gebracht worden.

c) Die Halslager, welche gewöhnlich ähnlich wie die Spindel=töpfchen in Schienen befeſtigt werden, macht Erman (Polyt. Centralbl. 1850 S. 1222) halbkugelförmig, um ſo zu bewirken, daß ſich das Lager ohne Klemmung an die Spindel anſchließen kann, und daß ſich die Spindel, wenn ſie aus dem Fußlager gehoben iſt, aus ihrer vertikalen Lage bringen und nach vorn zu neigen läßt.

33) Die Niagara Throstle von Sharp, Stewart und Komp. in Mancheſter iſt nach den Mittheilungen in the imperial cyclopaedia of machinery by W. Johnson durch Fig. 226 in einer Endanſicht, durch Fig. 227 in einem Querdurchſchnitt und in Fig. 228 in einer verkürzten vorderen Anſicht (es ſind 9 Spindeln weggelaſſen) durchgehends in $^1/_{12}$ der natürlichen Größe ſo dargeſtellt, wie ſie auf der Londoner Induſtrieausſtellung ſich befand.

Die beiden Endgeſtelltheile A und B ſtehen durch die horizon=talen Mittelſtücke C und D mit einander in Verbindung. Die Feſt= und Losſcheibe E und das große Zahnrad F befinden ſich an gleicher Welle; letzteres dreht durch die beiden Getriebe G G die auf beiden Seiten über die ganze Länge gehenden Spulenwellen H H. Hier be=findet ſich für jede Spule oder Spindel, in der Art, wie dies Fig. 223 (vergl. Punkt 29 unter b) deutlich macht, eine polirte eiſerne Scheibe a, auf welcher die an dem Spindelanſatze angebrachte Lederſcheibe b aufruht. Die Spindel iſt eine ſich drehende (live spindle), ſie ruht mit ihrem ganzen Gewichte auf a, und wird durch die beiden Arme c und d gehalten, welche von e auslaufen. Die Führungsſtücke e ſind auf die Spindelbank f aufgeſchraubt. Die Ueberſetzung der Um=drehungsgeſchwindigkeit von E bis b beträgt ungefähr das 24fache.

An der einen Spulenwelle H befindet ſich das Zahnrad I, welches durch den Transporteur K das Rad L dreht; das mit letzterem verbundene Getriebe treibt durch den Transporteur N das Rad O und durch die Transporteure N und N' das Rad O'. O und O' befinden ſich an den Vorderzylindern gg der Streckwerke; die Bewegung der übrigen Zylinder bietet etwas Beſonderes nicht dar; wegen der Einrichtung des Streckwerks vergleiche die Bemer=kungen oben in Punkt 2. Nach Verhältniß der in der Zeichnung angegebenen Räderdimenſionen macht der Vorderzylinder bei einer

Umbrehung von E etwa 0,21 Umbrehung, es wird dabei 0,66 Zoll Vorgespinnst ausgegeben, und es finden daher für einen Zoll aus= gegebenen Vorgespinnstes etwa 36 Spindelbrehungen Statt. Die Vor= gespinnstspulen h sind auf dem Spulenrahmen P (creel) aufgesteckt.

Die Ringe i für die Augen oder Läufer befinden sich auf dem Wagen Q Q und steigen mit diesem längs der Spulenhöhe k auf und nieder. An jedem Wagen sind zwei Stäbe R R angeschraubt, welche in dem Gestell in Leitungen gehen und unten auf den Hebeln S S aufruhen. Diese sind an den Wellen T befestigt, an denen auch die Gegengewichtsarme U zur Aequilibrirung eines Theiles des Wagen= gewichtes angeschraubt sind. An diesen Wellen sind ferner die ver= tikalen Hebelarme V angeschraubt, die oberhalb durch die Zugstange W verbunden sind, so daß sie ihre schwingende Bewegung vollkom= men gleichmäßig vollbringen. Diese schwingende Bewegung wird aber von der herzförmigen Scheibe Y aus auf einen Arm Z übertragen (der sich an der dem Ende A zunächst liegenden Welle T befestigt befindet) wenn Y durch das Schraubenrad X, mit welchem es an gleicher Welle sitzt, gedreht wird. Auf X aber wird die Bewegung durch eine Schraube übertragen, welche an der Welle der Riemen= scheibe l sich befindet. Auf letztere wird von der mit dem Transporteur N′ verbundenen Scheibe m aus die drehende Bewegung mitgetheilt.

An dem Hauptgestell sind übrigens bei n zwischen dem Vorder= zylinder g und dem Ringe i Fadenleitungen angebracht, welche direkt über den Verlängerungen der Spindeln liegen.

Um die normale Geschwindigkeit der Spindeln von 6000—6500 Umbrehungen in der Minute hervorzubringen, hat die Hauptwelle 250—270 Umbrehungen zu machen. Es soll möglich sein, auf dieser Watermaschine Garn bis zu Nr. 60 zu spinnen.

34) Die Watermaschine mit Rädertrieb nach Leopold Müller in Thann ist in Fig. 204—207 (Taf. 18) dargestellt. Die Detailzeichnungen Fig. 204 und 205 sind bezüglich des Streckwerkes bereits unter Punkt 2 beschrieben worden; Fig. 206 ist ein Stück einer vorderen Ansicht, Fig. 207 eine Endansicht der Maschine im zwölften Theile der natürlichen Größe. Die Hauptwelle wird durch die Riemenscheibe B in Umbrehung gesetzt, an derselben befindet sich das Getriebe C, welches durch die beiden Transporteure D und E das Rad F, und durch die beiden Transporteure D′ und E′ das Rad

F' in Drehung versetzt. F und F' sitzen an den auf beiden Seiten liegenden Spulenwellen, von denen eine jede ihre 125 bis 150 Spindeln durch die für jede Spindel vorhandenen Vorgelegräder a und b in der Art in Bewegung setzt, wie dies unter Punkt 30 ausführlicher beschrieben wurde. Die Umbrehungsgeschwindigkeit der Spindeln ist ungefähr das 5fache von der der Hauptwelle. Die Spindeln ruhen mit ihren unteren Zapfen in den Fußlagern der Spindelbank G und gehen oberhalb in Halslagern der oberen Spindelbank H.

An der Hauptwelle befindet sich ferner das Getriebe L, welches das Rad M dreht, mit letzterem ist das Getriebe N verbunden, welches durch den Transporteur O das an den Vorderzylindern angebrachte Rad P einerseits, und durch die Transporteure O und O' das entgegengesetzt stehende Rad P' zu gleichem Zwecke andrerseits dreht. Die Achse von M und N ist verstellbar, so daß durch Auswechselung der Zahnräder die Länge des von dem Vorderzylinder auszugebenden Fadens und dadurch der Draht des zu liefernden Gespinnstes entsprechend verändert werden kann. Die Vorgespinnstspulen sind auf dem Rahmen Q aufgesteckt.

Bei R gehen die Fäden durch besonders angebrachte Augen und von hier über die Flügel S, welche hier nach der ursprünglichen Einrichtung ausgeführt sind, nach den Spulen T, welche auf der Spulenbank U, dem Wagen, stehen. Die Spulenbank U ruht auf den Stäben V, welche ihre Führung in G und H erhalten und durch die Gelenke W und W' mit dem gleicharmigen Hebel X verbunden sind. Solcher Hebel sind zwei vorhanden, hier aber nur der eine sichtbar, und sie sind auf der Welle d befestigt. Der eine Arm des hier sichtbaren Hebels X legt sich mit der auf ihm angebrachten Reibungsrolle Y an die herzförmige Scheibe Z und erhält von dieser bei einer Umdrehung die schwingende Bewegung, welche die auf- und niedersteigende Wagenbewegung zur Folge hat.

Die drehende Bewegung von Z wird dadurch hervorgebracht, daß sich an der Achse von O eine Schnecke befindet, welche in das an der vertikalen Welle n befindliche Schraubenrad g eingreift; an h ist ferner die Schnecke i, welche in das Schraubenrad z eingreift, das mit der Herzscheibe Z an gleicher Welle sitzt.

35) Allgemeine Bemerkungen über die Waterspinnerei.

Die Stellung der Zylinder am Streckwerke wird nach den früher bei den Streckwerken angegebenen Regeln ausgeführt und ist die= selbe, wie bei der Mulemaschine, wo sie spezieller angegeben werden soll. Der Verzug im Streckwerk beträgt 1 : 5 bis 1 : 10; gewöhn= lich 1 : 7 bis 8; ein stärkerer Verzug setzt stärkeren Druck auf die Zylinder voraus, bei geringerem Verzuge und offenerem Vorgarne ist die bereits erwähnte Einrichtung, den Hinterzylinder nur durch das Gewicht des Oberzylinders zu belasten, anwendbar.

Es ist die erforderliche Einrichtung vorhanden, um die Ge= schwindigkeit des gewöhnlich 1 Zoll starken Vorderzylinders verändern zu können. Bei gleichbleibender Umdrehungszahl der Spindeln, welche wegen Erzielung der größten Leistungsfähigkeit so groß ge= nommen wird, als es, ohne dem Produkte zu schaden, möglich ist, hat der Vorderzylinder einen schnelleren Gang bei niedern Garn= nummern, welche weniger Draht erhalten, und einen langsameren Gang beim Spinnen höherer Garnnummern; bei gleicher Garn= nummer ist die Umdrehungszahl des Vorderzylinders der der Spin= deln proportional; die gewöhnlichen Umdrehungszahlen pro Minute liegen zwischen 40 und 120. Proportional mit der Umdrehungs= geschwindigkeit des Vorderzylinders muß sich auch, wenn eine gleich= mäßige Aufwindung auf die Spule erfolgen soll, die Wagenbewegung ändern, was bei der Müller'schen Maschine (vgl. Nr. 34) der Fall ist.

Die Länge des zwischen dem Flügel und Zylinder liegenden Faden= stücks muß möglichst kurz sein, da sich sonst der Draht in größerem Betrag auf die schwachen Stellen des Fadens wirft und die stärkeren Stellen weniger erhalten; auch muß die für dieses Stück angebrachte Fadenleitung in der Verlängerung der Spindelachse liegen, da sonst wegen der bei verschiedener Flügelstellung vorhandenen verschiedenen Länge des Fadens zwischen Spule und Auge ein sich periodisch verän= dernder Zug auf den Faden ausgeübt wird. Es findet dieser Umstand wenigstens dann Statt, wenn der Faden nicht nach dem oberen Spindel= ende geführt ist, sondern wie bei der Ringspindel nach einem außerhalb der Spindelachse liegenden Punkte. Auch sind aus dem angegebenen Grunde die Spindeleinrichtungen vorzüglicher, bei welchen das Faden= stück zwischen Spule und Vorderzylinder gleich lang bleibt (was z. B. bei der älteren Einrichtung der Spindeln Statt findet), als diejenigen, wo sich diese Fadenlänge nach der Lage des Punktes an der Spule ändert, auf welchem gerade der fertig gesponnene Faden aufgewunden wird.

Die hier angedeuteten Umstände wirken außer der geringeren Spindel=
umdrehung jedenfalls mit darauf ein, daß die älteren Spindeleinrich=
tungen oft ein Garn von besserer Qualität geben, als die neueren.

Der Reibungswiderstand der Spule wird bei gröberen Garnen
(Nr. 7—12) durch Unterlagen von Lederscheiben erhöht. Als zweck=
mäßig zu Erzielung eines entsprechenden Reibungswiderstandes wird
angegeben, der unteren Spulenfläche eine konvexe Gestalt zu geben, in
der Art, daß in der Mitte ein Anlauf von $3/16$ Zoll gegen den
Umfang dieser unteren Fläche vorhanden ist. Ein zu starker Zug
der Spule gibt theils zum Fadenbruche, theils zu einer Streckung
des Fadens (über welche jedoch praktische Angaben noch nirgends
vorliegen) Veranlassung, und kann in vollkommenem Grade dadurch
ausgeglichen werden, daß man den Faden mehrmals um den Flügel=
arm windet, um den so hervorgerufenen Reibungswiderstand zur Auf=
hebung eines Theiles dieses Zuges zu benutzen. Bei zu geringem
Zuge der Spule schleudert der Faden, bildet leicht Schleifen und
verwirrt sich mit benachbarten Fäden. Der vorwiegende Einfluß der
Zentrifugalkraft, der sich hierbei zu erkennen gibt, kann durch Vermin=
derung der Umdrehungsgeschwindigkeit der Spindeln ermäßigt werden.

Ueber genaueste Ausführung der Flügel und Spindeln gelten
hier dieselben Regeln wie bei dem Flyer. Der Abstand zweier Spindeln
beträgt gewöhnlich $2\frac{1}{2}$—3 Zoll, der Durchmesser des Spindelwirtels
bei den mit Schnüren getriebenen Spindeln $7/8$ Zoll.

Die Leistung einer Spindel, wöchentlich in etwa 68—70 Arbeits=
stunden, nach Zahlen wird in den zuverlässigsten Werken über Baum=
wollspinnerei in folgender Art angegeben:

Bei folgenden Spindeln:

Für die Feinheits= nummer.	nach der alten Ein= richtung.		nach Gore.		nach Danforth.		nach Mont= gomery.		Ringspindel.	
	a.	b.	a.	b.	a.	b.	a.	b.	a.	b.
	Umgänge des Vorder= zhlinders.	Zahlen in der Woche.								
20	64	$26\frac{1}{2}$			100	$40\frac{1}{2}$	100	$40\frac{1}{2}$	115	$46\frac{1}{2}$
30	57	$23\frac{1}{3}$			92	37	94	38		
36			90	36						
40	51	$20\frac{5}{6}$			82	$33\frac{1}{4}$	86	$34\frac{2}{3}$		
50	46	$18\frac{8}{9}$			70	$28\frac{1}{3}$	78	$31\frac{1}{2}$		

Die Spindelumgänge für diese verschiedenen Spindeln betragen:
3600 bis 4500 | 5000 | bis 6000 | bis 6000 | 6000 bis 7000

bei grobem, bis zu
10,000 in Amerika
bei feinem Garne.

Für das Abnehmen der vollen und Aufstecken leerer Spulen sind wöchentlich 3—5 Stunden zu rechnen.

Was die erforderliche Betriebskraft anbelangt, so ist eine Pferdekraft hinreichend, um 105 Waterspindeln zu treiben (nach Redtenbacher), dagegen nach Montgomery's Angabe 300 gewöhnliche Spindeln, 290 Danforthspindeln, 285 Glasgowspindeln. Gewöhnlich wird angenommen, daß die Waterspindeln für gleiche Garnnummer und übrige gleiche Umstände etwas mehr als die doppelte Kraft im Vergleich mit Handmulespindeln bedürfen, bei dem Müllerschen Zahntriebe sollen gegen Schnurtrieb 40—45 Proz. Kraftersparniß erzielt werden.

Zur Bedienung von 200—300 Spindeln ist ein Andreher erforderlich.

Bei dem Abgange werden die harten Fäden, welche bereits Draht erhalten haben und die zum Putzen verwendet werden, von den Vorgespinnstfäden, die wieder in die Verarbeitung kommen können, getrennt gehalten.

Das Charakteristische des auf der Watermaschine erzeugten Garnes, des Watergarns (water-twist) besteht in der durch verhältnißmäßig stärkeren Draht hervorgebrachten und durch die Einrichtung der Maschine bedingten größeren Festigkeit des Fadens; es wird deshalb die Kette für stärkere Gewebe bis zu Nr. 36 hauptsächlich auf Watermaschinen und nur auf den Watermaschinen mit Ringspindeln bis zu Nr. 60 gesponnen.

B. Die Handmule und der Halbselfaktor.

36) Die Mulespinnmaschine (Hand-Mule, Jenny, Mule spinning frame, spinning Mule; Mull-jenny en fin, Métier Mull-jenny) unterscheidet sich ihrem Prinzipe nach von der Watermaschine dadurch, daß der Faden nicht ununterbrochen fort Streckung und Drehung erhält und gleichzeitig aufgewunden wird, sondern daß abwechselnd Fadenstücke von bestimmter Länge gestreckt und mit Draht versehen, also ganz vollendet werden ohne daß die Aufwindung

Statt findet, und hierauf letztere vorgenommen wird ohne daß gleichzeitig eine weitere Fadenbildung Statt findet. Sie besteht daher aus zwei ihrer Bestimmung nach wesentlich verschiedenen Theilen, einem feststehenden (porte-système) mit dem Streckwerke und der Einrichtung zum Aufstecken des zu spinnenden Vorgarnes, und einem beweglichen, dem Wagen (carriage, chariot), mit den Spindeln und den zum Aufwinden dienenden Vorrichtungen. Letzterer entfernt sich von ersterem beim Bilden des Fadens und nähert sich ihm beim Aufwinden. Beide stehen durch den entweder an der Seite oder in der Mitte angebrachten Mechanismus zur Erzeugung der verschiedenen Bewegungen in Verbindung. Diese Bewegungen müssen bei einem vollen Spiel der Mulemaschine in bestimmter Ordnung und Zeitfolge eintreten und aufhören, uud es lassen sich dieselben der Uebersicht= lichkeit wegen in nachfolgende einzelne Bewegungsperioden zusammen= ordnen, da die Haupteinrichtung der Mule, welche im Hauptwerke Bd. I, S. 573 beschrieben ist, hier als bekannt vorausgesetzt werden kann.

Es wird vorausgesetzt, die Maschine befinde sich in der Lage, daß das Spiel durch das Ausfahren des Wagens beginnen kann.

A. **Erste Bewegungsperiode.**

a) Das Streckwerk befindet sich in Bewegung, nimmt Vorgarn auf, streckt dasselbe und gibt es in gestrecktem Zustande aus;

b) der Wagen ist in Bewegung (drawing out of the carriage; sortie du chariot) und zieht die nach den Spitzen der Spindeln laufenden Fäden aus;

c) die Spindeln erhalten Drehung (whirling of the spindles; mouvement de torsion) und ertheilen daher dem gestreckten Vor= garn Draht.

Diese erste Bewegungsperiode zerfällt häufig dadurch in zwei von einander geschiedene Abtheilungen, daß die hier geschilderten Bewegungen

α) anfänglich mit einer geringeren, und von einem bestimmten Punkte des Wagenzuges an

β) mit einer größeren Geschwindigkeit der Doppelgeschwin= digkeit, double speed; double vitesse) Statt finden, wobei die Zeitdauer für die langsamere Geschwindigkeit auf den Theil des Wagenausschubes ($\frac{1}{3}$—$\frac{1}{2}$) beschränkt wird, bei welchem der Arbeiter noch die Füglichkeit hat, zerrissene Fäden anzuknüpfen, der Eintritt der größeren Geschwindigkeit aber den Zweck hat, die Dauer eines Spieles möglichst abzukürzen und dadurch die Maschine ertragsfähiger zu machen.

Das Verhältniß zwischen den drei Bewegungen a, b und c bleibt während des Theiles α und des Theiles β dasselbe, nur die absolute Geschwindigkeit sämmtlicher Bewegungen ändert sich.

B. Zweite Bewegungsperiode.

d) Die Zylinder des Streckwerks werden ausgerückt;

e) die bis dahin in Thätigkeit befindliche Wagenbewegung wird gleichzeitig ausgerückt und es bleibt entweder der Wagen nun gänzlich in Ruhe, oder

f) derselbe wird mit einem Mechanismus verbunden, welcher ihn mit wesentlich geringerer Geschwindigkeit als vorher noch durch eine geringe Distanz vorwärts bewegt, wodurch der Nachzug (finishing stretch, second stretch; étirage supplémentaire) bewirkt wird;

g) die Spindeldrehung dauert nach Ausrückung der Zylinder (d) noch fort (zuweilen mit größerer Geschwindigkeit als vorher, nament= lich wenn in der ersten Bewegungsperiode eine Doppelgeschwindig= keit nicht Statt fand) und bewirkt den Nachdraht (head-twist; torsion supplémentaire, surfilage), durch welchen der Faden die nach der Feinheit erforderliche Anzahl von Drehungen erhält;

h) die Nachzugbewegung wird ausgerückt, sofern sie Statt fand;

i) die den Nachdraht gebende Spindelbewegung wird entweder gleichzeitig mit h oder später als h ausgerückt.

Die Bewegungen d, e, f und h werden gewöhnlich durch Ein= wirkungen hervorgebracht, welche von dem Wagen in den betreffen= den Punkten seines Laufes ausgeübt werden, und sind daher, soweit dies erforderlich ist, entsprechend verstellbar eingerichtet; i wird durch einen Zähler regulirt. Nachzug findet bei feineren Garnnummern deshalb Statt, um ein weiter gehendes Ausziehen der stärkeren Stellen des Fadens zu bewirken; der durch die Spindeln auf den Faden übertragene Draht legt sich nämlich bei einem Faden von ungleicher Dicke besonders auf die schwächsten Stellen, die dem Zu= sammendrehen den geringsten Widerstand entgegensetzen; dem lang= sam Statt findenden Nachzuge setzen dagegen die stärkeren Stellen des Fadens den geringeren Widerstand entgegen, daher werden diese durch den Nachzug schwächer, was zur Folge hat, daß der Draht sich nun auch auf diese Stellen gleichmäßiger verbreitet und so ein Faden von größerer Gleichförmigkeit erhalten wird.

Am Ende der zweiten Bewegungsperiode sind nun offenbar alle Bewegungen abgestellt und es befindet sich der ganze Mechanismus in der Bereitschaft zum Rückgange des Wagens.

C. **Dritte Bewegungsperiode.**

k) Die Spindeln werden zurückgedreht (backing-off; détournage) und

l) der Aufwindedraht (faller wire, upper wire, copping wire, building wire, guide wire, front faller; baguette) gesenkt.

Hierdurch wird der Garnfaden, welcher in stärker ansteigenden Schraubengangwindungen von dem auf die Spindel bereits aufgewundenen Kötzer aus bis zur Spitze der Spindeln aufstieg, abgewunden (abgeschlagen) und die aufzuwindenden Garnfäden nach der Stelle des bereits aufgewundenen Kötzers heruntergeführt, an welcher sie aufgewunden werden sollen. Damit hierbei nicht zusammenlaufende Schleifen entstehen, werden die Fäden durch einen Gegenwinder (counter-faller; contre-baguette) gespannt gehalten.

D. **Vierte Bewegungsperiode.**

m) Der Wagen wird hereingeschoben (putting, running-in the carriage, going-in motion; rentrée du chariot),

n) die Spindeln erhalten durch eine Drehung nach rechts die Bewegung zum Aufwinden des Garns (winding-on; renvidage),

o) der Aufwindedraht (Aufwinder) wird allmälig und zwar anfangs langsamer, dann schneller gehoben, um den Faden zu veranlassen, sich in einer konischen Schicht auf den bereits gebildeten Kötzer aufzulegen, denselben dadurch zu erhöhen und sich endlich wieder in stärker ansteigenden Schraubengängen bis zur oberen Spitze der Spindel zu erheben.

Die hier vorkommenden Bewegungen haben in jedem Momente ein verschiedenes Verhältniß zu einander. Wird die Wagenbewegung als gleichförmig vorausgesetzt, so muß die Spindelbewegung sich mehr und mehr beschleunigen, da sich der Faden auf einen immer kleineren Halbmesser aufwindet, die Hebung des Aufwinders muß ebenfalls beim Bilden der konischen Fadenlage auf dem Kötzer zuletzt schneller erfolgen als anfänglich, nach Beendigung dieser konischen Schicht aber eine noch größere Geschwindigkeit annehmen. Nun ist die Wagen-

bewegung aber nicht eine gleichförmige, sondern um Stoß und Kraft=
verluft zu vermeiden, eine anfänglich beschleunigte und zuletzt ver=
zögerte. Es ist das Verhältniß der einzelnen Bewegungen gegen
einander auch ein nicht für die ganze Bildung eines Kötzers voll=
kommen gleiches; namentlich ist beim Beginn der Kötzerwindung der so=
genannte, ungefähr in Form eines doppelten Konus gestaltete, An fat
zu bilden, über welchen sich dann konische Schichten oberhalb auflegen,
die ebenfalls nicht einen stets gleich bleibenden Winkel an der Spitze
beibehalten, sondern es verändert sich dieser Winkel so, daß er all=
mälig etwas spitzer und spitzer wird. Man erlangt auf diese Art
einen Kötzer, welcher genügend haltbar ist, und von welchem sich
der Faden mit möglichst geringem Verlust wieder abwinden kann.

Das richtige Verhältniß der hier geschilderten Bewegungen wird
nun dadurch vermittelt, daß die Fadenspannung eine möglichst gleich
große bleibt, und geringe Abweichungen von dem richtigen Verhält=
niß der verschiedenen Geschwindigkeiten werden durch den Gegen=
winder ausgeglichen, welcher etwas niedersinkt, wenn die Fäden zu
gering gespannt sind, im Gegentheile aber gehoben wird.

E. Fünfte Bewegungsperiode.

p) Der Wagen ist am Ende seines Rückganges aufzuhalten,

q) die Spindeldrehung hat gleichzeitig aufzuhören,

r) der Aufwinder ist über die Höhe der Fäden aufzuheben und
zur Ruhe zu bringen.

Die unter p und q angegebene Hemmung erfolgt durch Ein=
richtungen an dem Wagenlauf selbst; und es würden nunmehr wie=
der alle Bewegungen ausgerückt sein und die ganze Mule stille
stehen, wenn nicht bei regelmäßigem Gange derselben gleichzeitig

s) die drei unter a, b und c angegebenen Bewegungen ein=
gerückt würden.

Bei den älteren Maschinen erfolgen die Bewegungen unter A
und B durch die mechanische Bewegkraft der Maschine, die unter C,
D und E (und zwar was E betrifft, q und r unmittelbar, p und
s dagegen mittelbar) durch den die Maschine bedienenden Spinner;
die Maschine heißt dann eine Handmule (eine solche älterer Art ist
im Hauptwerke Bd. I, S. 573 beschrieben).

Bei dem Selfaktor erfolgen sämmtliche Bewegungen durch
die mechanische Bewegkraft. Zwischen beiden steht der Halbself=

aktor, bei welchem je nach den verschiedenen Einrichtungen der Bereich der mechanischen Bewegungen mehr oder weniger sich über einzelne Theile von C, D und E erstreckt.

Um die späteren Bemerkungen möglichst beschränken zu können,
soll zunächst die Einrichtung eines Halbselfaktors erläutert werden,
bei welchem von dem Spinner die Bewegungen k und l vollständig
und die Bewegung n theilweise auszuführen sind.

37) Fig. 229—237 (Taf. 20, 21) stellen einen Halbselfaktor
mit Mitteltrieb in der Art dar, wie dieselben gegenwärtig in der
Maschinenfabrik von Richard Hartmann in Chemnitz ausgeführt werden.

Fig. 232 ist die rechte Seitenansicht des mittleren den Hauptmechanismus enthaltenden Gestelles, headstock, zugleich als Durchschnitt durch die ganze Maschine mit Weglassung des rechtsliegenden
Spulengestelles sich darstellend; das Spulengestell der linken Seite
ist theilweise sichtbar und es ist der Wagen in zwei Durchschnitten
gezeichnet; der rechtsstehende Wagendurchschnitt, welcher den Zylindern
am nächsten sich befindet, ist vor einer der Spindeltrommeln genommen, der linksstehende nahe der Wagenmitte;

Fig. 234 ist eine vordere Ansicht des mittleren Theiles der Maschine nebst davorstehendem Wagen und den auf dem Fußboden befestigten Theilen;

Fig. 235 eine hintere Ansicht dieses Theiles nebst dem Wagen-
einwindemechanismus und dem eingefahrenen Wagen; alle drei Ansichten sind in $^1/_{12}$ der natürlichen Größe gezeichnet.

Fig. 229 und 230 ist Seitenansicht und Grundriß der Copping-
plate, d. h. des Mechanismus zur Formung des Kötzers und zur
Regulirung der Bewegung des Aufschlagdrahtes, in $^1/_8$ der natürlichen Größe;

Fig. 231, 233, 236 und 237 sind einige in dem zuletzt erwähnten Maßstabe gezeichnete Details, welche im Laufe der Beschreibung besonders erwähnt werden sollen.

Auf dem etwas außerhalb der Mitte stehenden und in seiner
Breite möglichst eng gefaßten Gestelle A sind zu beiden Seiten die
Zylinderbäume B und die Spulengestelle C angeschraubt, welche
letztere die Spulenbretter D tragen. An beiden Enden der Maschine
sind zu diesem Zwecke entsprechend geformte Gestelltheile vorhanden,
welche hier nicht abgebildet sind. Die Vorgespinnstspulen D', welche

auf Holzpfeifen aufgesteckt sind, ruhen auf D in kleinen eingelassenen Messingpfannen und werden oberhalb durch kleine Oesen gehalten, wie dies Fig. 235 zeigt. EE sind Stäbe oder Zinkröhren, über welche die Vorgespinnstfäden, um sie vor Verschlingung zu bewahren, hinweg und dann nach kleinen Trichtern gehen, durch welche sie unmittelbar nach den Hinterzylindern des Streckwerkes gelangen. Die Trichter sitzen an langen Stäben, welche in der mehrfach früher beschriebenen Art eine hin und her gehende Bewegung erhalten, um eine gleiche Abnutzung der Streckzylinder hervor zu rufen.

Die Hauptwelle ruht hinten in einem am Gestelle A angegossenen Lager F, vorn in einem schwingenden Lager, damit das an ihr befestigte konische Getriebe n aus dem Rade o ausgerückt werden kann, wie sich dies im weiteren Verlauf der Beschreibung als erforderlich zeigen wird. Der Arm G (Fig. 232) enthält nämlich das zweite Lager der Hauptwelle und ist um einen oberhalb an H angebrachten Dorn, der zugleich auch zu anderen Zwecken dient, drehbar; H selbst aber ist auf das Hauptgestell aufgeschraubt. Auf der Hauptwelle befinden sich zunächst zwei Riemenscheibenpaare II' und KK' (von $13\frac{7}{8}$ und $11\frac{1}{8}$ Zoll Durchmesser), von denen I und K Festscheiben, I' und K' Losscheiben sind. Die auf denselben liegenden Riemen sind so mit einander verbunden, daß für gleichen Abstand beider Riemen der eine auf der Festscheibe des einen Paares liegt, wenn sich der andere auf der Losscheibe des anderen Paares befindet und umgekehrt; beide Riemen kommen von einer an der Transmissionswelle des Spinnsaales liegenden gemeinschaftlichen Riemenscheibe (von 17 Zoll Durchmesser und 110 Umgängen) herab und bewegen sich in der aus den Pfeilen in Fig. 235 ersichtlichen Richtung. Beim Beginn des Spieles der Maschine liegt der eine Riemen auf der Festscheibe I des größeren Riemenscheibenpaares und der andere auf der Losscheibe K' des anderen Paares, wie dies die Riemenführungsgabeln in Fig. 232 andeuten.

Um die während der fünf Bewegungsperioden eines vollen Spieles erforderlichen Bewegungen, welche vorher in Nr. 36 geschildert worden sind, nach einander hervorzubringen, sind folgende Mechanismen vorhanden.

A. **Erste Bewegungsperiode.**

Die Wagenbewegung geht von dem am hinteren Ende der

Hauptwelle angebrachten Getriebe a (30—40 Zähne zum Wechseln) aus, welches in ein konisches Rad b (80 Zähne) an einer stehenden Welle eingreift, die unterhalb mit dem Getriebe c (16 Zähne) versehen ist; letzteres greift in das Rad d (88 Zähne), das sich mit der Riemenscheibe L ($5\frac{3}{8}$ Zoll Durchmesser) an gleicher Achse befindet. Ueber diese Riemenscheibe L und eine am vorderen Ende des Wagenlaufes angebrachte Gegenscheibe L' läuft ein hier nicht mit abgebildeter endloser Riemen, welcher mit der an dem Wagen befestigten Zange M (Fig. 232, 234) an einer Stelle durch Schrauben verbunden ist. Eine Drehung der Hauptwelle hat hiernach eine vorwärts gehende Bewegung des Wagens so lange zur Folge, als die Spannung des Riemens zwischen L und L' genügend groß ist, um den von dem Wagen entgegengesetzten Widerstand zu überwinden, und es wird der bei jeder Umdrehung der Hauptwelle hervorgebrachte Weg des Wagens abhängig sein von der Zähnezahl des bei a aufgesteckten Getriebes.

Die Parallelführung des Wagens wird auf dieselbe Art mittelst Kreuzschnüren hervorgebracht, wie dies gewöhnlich bei der Mulemaschine erfolgt und im Hauptwerke Bd. I, S. 579 beschrieben und auf Taf. 19 daselbst abgebildet ist.

Die Spindelbewegung wird durch den am hinteren Theile der Hauptwelle angebrachten Twistwirtel Q (mit drei Spuren von $21\frac{1}{4}$, $20\frac{1}{2}$ und $19\frac{3}{4}$ Zoll Durchmesser) hervorgebracht; über die eine seiner Spuren liegt nämlich eine Schnur, welche auf der einen Seite über die entsprechend zu stellende Leitrolle R (Fig. 235) nach der unter dem Wagen an einer vertikalen Welle S (Fig. 232) angebrachten doppelspurigen Rolle T, von dieser über die ebenfalls unter dem Wagen angebrachte Leitrolle U, dann nach T zurück (Fig. 234), hierauf über die vor der Maschine befestigte Rolle V nach der Leitrolle R' und dann nach dem Twistwirtel zurückgeht. Die doppelspurige Rolle T bewirkt nun durch das auf ihrer Welle S befestigte konische Getriebe t (60 Zähne) und die in dieses eingreifenden Räder u u (59 Zähne) zunächst die Drehung der in den beiden Wagenhälften liegenden Wellen W W, welche in Fig. 234 punktirt und in Fig. 232 durchschnitten sind. Auf letzteren befindet sich für jede Spindeltrommel X X ein konisches Getriebe v (59 Zähne), welches in ein an der Spindeltrommel sitzendes Rad w (60 Zähne) eingreift; die Trommeln sind von Gußeisen, haben $9\frac{3}{4}$ Zoll Durch=

meſſer und ſetzen jedes einen Satz von Spindeln dadurch in Um=
drehung, daß eine Schnur über die Trommel und über je zwei Spindel=
wirtel geht, wie dies eine in Fig. 234 in der rechten Wagenhälfte
gezeichnete Schnur deutlich macht. In der vorliegenden Maſchine,
welche 420 Spindeln enthält, ſind die 192 rechts liegenden Spindeln
auf 6 Trommeln vertheilt, ſo daß auf jede Trommel 32 Spindeln
kommen; auf der linken Wagenhälfte befinden ſich 5 Trommeln mit
je 32 und 2 Trommeln mit je 34 Spindeln.

Die Achſen der Spindeltrommeln ſtehen parallel zu den Spindeln
und gegen die Horizontale unter einem Winkel von ungefähr 75°;
der Neigungswinkel derſelben kann, wenn dies mit den Spindeln
geſchieht, durch den in Fig. 232 angegebenen Mechanismus durch
Verſtellung des oberen Halslagers etwas verändert werden, unter=
halb laufen ſie in Pfannen. Die Spindeln ruhen unten ebenfalls
in Pfannen und oberhalb in Halslagern, welche in den an das
Wagengeſtell angeſchraubten Plattbändern enthalten ſind; die auf
denſelben angebrachten Wirtel von 1 ⅛ Zoll Durchmeſſer ſind in
ſolchen Entfernungen unter einander angebracht, wie es die für einen
mit einer Trommel zu verbindenden Satz erforderliche Schnürung
nöthig macht und aus Fig. 234 am beſten erſichtlich iſt.

Das Streckwerk erhält ſeine Bewegung von dem am vorderen
Ende der Hauptwelle ſitzenden Getriebe n (18—24 Zähne zum Wech=
ſeln) aus, welches in das an der Welle der Vorderzylinder befind=
liche Rad o (60 Zähne) eingreift. Dieſe Vorderzylinderwelle geht
durch die ganze Länge der Maſchine durch; die Mittel= und Hinter=
zylinder ſind auf die Breite des headstock weggelaſſen und hier der
Bewegungsmechanismus für die Hinterzylinder angebracht. Es be=
finden ſich nämlich auf der Vorderzylinderwelle die Getriebe p p
(26 Zähne), welche in die Räder q q (100 Zähne) eingreifen, und an
gleicher Welle mit den letzteren die Wechſelgetriebe r r (22—40 Zähne),
welche die auf der Hinterzylinderwelle befeſtigten Räder s s (von 50
oder 60 Zähnen zum Wechſeln) in Gang ſetzen. Die Mittelzylinder
werden, wie bei anderen Streckwerken, an den hier nicht abgebildeten
Enden der Maſchine dadurch in Gang geſetzt, daß die an der Hinter=
zylinderwelle befindlichen Räder (30 Zähne) durch ein Doppelrad von
60 Zähnen mit den auf der Mittelzylinderwelle befindlichen Rädern
(27 Zähne) verbunden ſind.

Durch eine Veränderung des Getriebes n wird hiernach die Menge des bei einer Umdrehung der Hauptwelle von den Vorderzylindern auszugebenden Garnes entsprechend regulirt, und es hat diese Veränderung gleichzeitig mit einem entsprechenden Wechsel des den Wagenlauf regulirenden Getriebes a in der Art zu erfolgen, daß sich der Wagen mindestens um eine solche Länge vorwärts bewegt, als die Länge des ausgegebenen Vorgarnes beträgt. Da das Getriebe a innerhalb der Grenzen von 30—40 Zähnen verändert werden kann, so wird sich der Wagenlauf von 1 zu 1,333 steigern lassen; und da n innerhalb der Grenzen 18 und 24 sich ändern kann, so läßt sich die Länge des Vorgarnes in demselben Verhältnisse von 1 zu 1,333 ändern. Setzt man voraus, daß gleichzeitig a = 30 und n = 18 aufgesteckt sind, also sowohl der Wagenlauf als die Länge des Vorgarnes in dem möglichst geringsten Betrage auftreten, so wird für eine Umdrehung der Hauptwelle die Größe des Wagenlaufes

$$\frac{30}{80} \cdot \frac{16}{88} \cdot 5\,^{3}/_{8}\ \pi = 1{,}1513'' \ ^{1}\ \text{und bei}\ ^{19}/_{16}''\ \text{Durchmesser des}$$

Vorderzylinders die gleichzeitig ausgegebene Länge des Vorgarnes

$$\frac{18}{60} \cdot \frac{19}{16}\ \pi = 1{,}1192''\ \text{sein, folglich in diesem Falle ein Streckungs-}$$

verhältniß durch den Wagen (ein **Wagenverzug**) von 1,1192 : 1,1513 oder wie 1 : 1,029 Statt finden. Bei Anwendung der größten Zähnezahlen a = 40 und n = 24 wird der Wagenzug 1,5051 Zoll und die Länge des Vorgarnes 1,4928, also der Wagenverzug 1 : 1,029 ebenso wie vorher. Dies ist die kleinste nach den gegebenen Zähnezahlen mögliche Streckung; die größte mögliche Streckung würde man für a = 30 und n = 24 erhalten, nämlich 1,1513 : 1,4928 = 1 : 1,3. Was die übrige Einrichtung des Streckwerks anbelangt, so haben die Vorderzylinder $^{19}/_{16}$ Zoll Durchmesser und 60 Riffeln, die Mittel- und Hinterzylinder $^{13}/_{16}$ Zoll Durchmesser mit 45 Riffeln bei einer Länge von $17\,^{1}/_{2}$ Zoll zwischen den Kuppelungen. Der Abstand derselben ist veränderlich. Der Druck auf den Oberzylinder beträgt etwa 3 Pfund. Ueber den Oberzylindern liegen mit Flanell überzogene hölzerne Putzwalzen, und unter dem geriffelten Vorderzylinder befindet

---

[1] Es ist hiebei zu beachten, daß bei mit Schnur umlegten Rollen der mechanische Durchmesser, d. h. von Schnurmittel bis Schnurmittel gemessen, der Berechnung zu Grunde zu legen ist.

sich eine ebenfalls mit Flanell überzogene hölzerne Putzwalze, durch
einen Hebel angedrückt, welche der Durchschnitt in Fig. 232 deutlich
zeigt. Nach den angegebenen Verhältnissen würde es möglich sein
zwischen dem Hinter= und Vorderzylinder eine Streckung von 1 : 7,026
als die niedrigste Grenze, wenn r = 40 und s = 50 gemacht wird,
und eine Streckung von 1 : 15,330 als die höchste Grenze, wenn
r = 22 und s = 60 genommen wird, zu erhalten.

Wagen=, Spindel= und Streckwerksbewegungen können, in der
Art, wie dies beschrieben war, von der Hauptwelle aus während
des ganzen Wagenzuges gleichförmig betrieben werden, oder es kann
eine Doppelgeschwindigkeit dadurch hervorgebracht werden, daß
von einem bestimmten Punkte des Wagenausschubes an die Haupt=
welle schneller als zu Anfang des Spieles umgedreht wird, was zur
Folge hat, daß die drei genannten Bewegungen, ohne daß ihr gegen=
seitiges Geschwindigkeitsverhältniß gestört wird, schneller als vorher
erfolgen. Hierzu dient das auf der Hauptwelle angebrachte Getriebe
e (30 Zähne), welches in ein um den bereits erwähnten an H an=
gebrachten Dorn drehbares Rad f (76 Zähne) eingreift, auf dessen
Nabe sich die eingängige Schnecke g befindet. Die letztere treibt ein
Schneckenrad n', auf dessen Welle sich zwei Daumen i und m' an=
gebracht befinden (siehe Fig. 232 und 234). Ueber diesen Daumen
oder Ausrückern befinden sich auf einer um einen Zapfen des Riemen=
leiters O drehbaren Schiene N zwei Bolzen, ein kürzerer k und ein
etwas längerer o' in einer solchen Lage, daß gegen den ersten der
Daumen i, gegen den letzteren der Daumen m' antreffen kann. Der
etwas kleinere Daumen i bewirkt durch sein Anstreichen an den
kürzeren Bolzen k eine geringe Erhebung der Schiene N, der andere
Daumen m' durch Berührung mit o' eine stärkere Erhebung; letztere
dient zur Regulirung des Nachdrahtes und zur Ausrückung der ganzen
Maschine und wird daher später ausführlicher zu schildern sein, erstere
dagegen zur Erzielung des Eintritts der größeren Geschwindigkeit.
Zu dem Ende sind neben den bereits beschriebenen Riemenscheiben=
paaren II' und KK' die Riemenleiter O und P angebracht und an
dem Gestell drehbar befestigt. Der an den großen Riemenscheiben
stehende O ist nach unten zu fortgesetzt, so daß er einen doppel=
armigen Hebel bildet (er ist in Fig. 232 punktirt angegeben); an
demselben ist durch einen Winkelhebelarm ein Gewicht befestigt, welches

ihm das Bestreben mittheilt, sich, sobald er nicht daran gehindert wird, nach der Losscheibe I' hin zu bewegen. In der in Fig. 232 gezeichneten Stellung wird O dadurch verhindert sich nach der Los= scheibe I' zu bewegen, daß sich ein Stift l gegen einen unterhalb an N angebrachten Ansatz stemmt. Der Stift l ist an einem mit dem Spulengestell festverbundenen Arme angeschraubt, der Daumen i hebt nun durch den Bolzen k die Schiene N gerade nur so viel, daß sie über den Stift l gleiten kann, was in Folge des auf O einwirkenden Gewichtes geschieht; hierbei legt sich der Riemen von I auf die Los= scheibe I', und da gleichzeitig an dem zweiten Riemenleiter P sich ein Stift m befindet, welcher sich gegen einen an N angebrachten höheren Ansatz so anlegt, daß bei der beschriebenen Hebung von N der Stift m noch nicht frei wird, so veranlaßt die beschriebene Bewegung von O zugleich den Riemenleiter P, den vorher auf der Losscheibe K' liegenden Riemen auf die Festscheibe K zu schieben, was natürlich nun den Eintritt einer schnelleren Bewegung der Hauptwelle zur Folge hat.

Der Zeitpunkt im Wagenauszuge, zu welchem die Geschwindig= keitsveränderung eintreten soll, hängt von der Stellung ab, die man dem Daumen i auf der Welle des Schraubenrades n' gibt; stellt man denselben so, daß er gleichzeitig mit dem später zu erwähnenden Daumen m' seine Wirkung ausübt, so findet ein Geschwindigkeits= wechsel während des ganzen Wagenauszuges nicht Statt. Was aber das Verhältniß der geringeren zur größeren Geschwindigkeit anbelangt, so ist dies bei der Hauptwelle den Dimensionen der Zeichnung ent= sprechend, wie $1 : 1{,}247$, und es ergibt sich nach Maßgabe der früher bereits angeführten Verhältnisse die kleinste Spindelgeschwindigkeit bei $Q = 13^3/_4$ Zoll und die geringere Umdrehungsgeschwindigkeit der Hauptwelle zu 2366 Umdrehungen in der Minute; die größte Spindelgeschwindigkeit für $Q = 21^1/_4$ Zoll und der schnellere Gang der Hauptwelle zu 3175 Umdrehungen in der Minute.

B. Zweite Bewegungsperiode.

Dieselbe beginnt mit der Ausrückung des Streckwerkes und endet mit der Ausrückung der Spindeln; die Beendung der Wagenbe= wegung fällt entweder mit der ersten oder letzten Ausrückung zu= sammen, oder zwischen beide hinein.

Die Ausrückung der Zylinder oder des Streckwerks erfolgt dadurch, daß die Hauptwelle vorn um so viel zur linken Seite gewendet wird (Fig. 234), daß die konischen Räder n und o dadurch außer Eingriff kommen. Mit dem Schwengel G (Fig. 232), in welchem sich das vordere Lager der Hauptwelle befindet, und welcher, wie bereits früher angeführt wurde, mit dem Rade f eine gleiche Drehachse in dem an H befestigten Dorne hat, ist eine Zugstange x (Fig. 234) verbunden, deren anderes Ende mit einem Schenkel des am Gestell A befestigten Winkelhebels y in Verbindung steht (Fig. 232, 234). An dem andern Schenkel des letzteren ist die Zugstange z (Fig. 232) angebracht, welche nach dem langen, um den am Gestell angebrachten Zapfen Y drehbaren Hebel Z geht. Wird der in Fig. 232 punktirt angegebene Hebel Z unterhalb seines Drehpunktes nach links bewegt, so wird der Schwengel G in Fig. 234 ebenfalls nach links zu verschoben, und es erfolgt dadurch die Ausrückung von n aus o, folglich der Stillstand des Streckwerkes.

Der Hebel Z läuft unten in eine Verstärkung a' aus, welche mit einer länglich vierkantigen Oeffnung versehen ist; in diese greift das hintere Ende eines langen doppelarmigen Hebels A' ein, welcher um einen am Fußboden festgeschraubten Drehpunkt B' eine schwingende Bewegung machen kann. Dieser Hebel A' ist in Fig. 232 theilweise punktirt, in Fig. 236 aber im Grundrisse etwas vergrößert dargestellt. An dem in die Oeffnung bei a' eingreifenden Ende hat er unterhalb zwei Ansätze, welche bestimmt sind, sich abwechselnd gegen den Hebel Z anzustemmen, und dessen Bestreben, sich nach vorn zu bewegen, aufzuheben. (Wie der Hebel Z dieses Bestreben, sich nach vorn zu bewegen, erhält, wird später bei der Ausrückung des Wagens genauer angegeben werden.) An dem andern Ende von A' befindet sich nun ein Daumen c' angeschraubt, gegen welchen die an der vorderen Wagenseite angeschraubte Reibungsrolle b' antrifft und ihn dabei niederdrückt, wenn der Wagen bis zu dem für die Ausrückung der Zylinder bestimmten Punkte in seinem Laufe vorwärts gekommen ist. Hierdurch wird A' an dem vorderen Ende so viel niedergedrückt, daß sich das hintere Ende um den Betrag des vorstehenden Ansatzes hebt, und nunmehr sich Z so viel nach vorn schiebt, bis das untere Ende gegen den zweiten an A' angebrachten Ansatz stößt, wodurch die Ausrückung von n aus o bewirkt ist.

Die Ausrückung des Wagens erfolgt entweder gleichzeitig mit der Ausrückung des Streckwerkes, wobei ein Nachzug nicht Statt findet, ober später als der Stillstand des Streckwerks, um einen Nachzug zu erhalten.

Im ersten Falle, d. h. wenn kein Nachzug eintreten soll, dient die vorher beschriebene Bewegung zugleich dazu, den Wagen auszurücken. Es ist nämlich aus Fig. 235 ersichtlich, daß die stehende Achse des Rades d und der Riemenscheibe L, durch welche die von c aus erhaltene Bewegung auf den Wagenriemen übertragen wird, in Lagern ruht, die an den von der drehbar auf einen Zapfen aufgeschobenen Büchse C^3 ausgehenden Armen C^1 und C^2 angebracht sind, so daß, wenn sich diese Achse etwas nach vorn bewegt, dadurch eine Ausrückung von d aus c bewirkt wird. Nun ist aber der untere Arm C^1 über das Lager der erwähnten Achse hinaus verlängert, so daß das Ende desselben dem unteren Ende von Z gegenübersteht, und daher auch in Fig. 236 abgebrochen gesehen wird. Durch dieses Ende geht eine Schraubenspindel d', welche sich gegen einen an der unteren Verstärkung a' des Hebels Z angebrachten Lappen anstemmt, übrigens aber die erforderliche Stellung beider Theile gegen einander hervorzubringen erlaubt. Durch diese Schraube geht nun offenbar der zur Riemenspannung geforderte Druck auf Z über und veranlaßt Z, sich, sobald sich A^1 etwas in die Höhe bewegt hat, nach vorn zu bewegen; sobald dies aber geschieht, ist auch C^1 so viel vorwärts gegangen, daß d aus c gerückt ist, oder sich jedenfalls die Riemenspannung zwischen L und L' so vermindert hat, daß nunmehr eine Bewegung des Wagens nicht mehr erfolgen kann.

Im zweiten Falle, d. h. wenn ein Nachzug erfolgen soll, bei welchem die Wagenbewegung mit wesentlich verminderter Geschwindigkeit Statt findet, während die Spindelbewegung ihre frühere Größe beibehält, darf die Verbindung zwischen c und d nicht mit Ausrückung der Zylinder aufgehoben werden, es muß deshalb auch zunächst der Arm C^1 in seiner Lage bleiben. Es wird dies dadurch erreicht, daß an A' der Hülfsarm G' angeschraubt wird (Fig. 236), der an seinem freien Ende ebenso wie A' mit zwei Ansätzen versehen ist, welche sich gegen ein an C^1 angebrachtes Stelleisen H' anstemmen und die Ausrückung des Wagens erst bei einer zweiten Erhebung von A' eintreten lassen. Der Ansatz an G' ist deshalb etwas höher als der an A'.

Da die Wagenbewegung beim Nachzuge wesentlich langsamer erfolgen soll, so ist das konische Rad b, auf welches während des

Hauptausschubes die Bewegung von dem Getriebe a aus übertragen wurde, mit dem konischen Rade h' (45 Zähne) fest verbunden und mit demselben mittelst Nuth und Feder auf die stehende Welle aufgeschoben, die unterhalb das Getriebe c trägt, auf dieser aber durch die Ausrückgabel i' so verschiebbar, daß in der tiefsten Stellung h' mit g' (27 Zähne) in Eingriff gebracht wird. g' sitzt aber mit f' (120 Zähne) an gleicher Welle, und f' wird durch das an der Hauptwelle zwischen a und Q befindliche Getriebe e' (30 Zähne) gedreht, so daß eine wesentlich geringere Geschwindigkeit bei der zuletzt erwähnten Verbindung von g' und h' auf c übertragen wird. Die Ausrückgabel i' ist mit der im Maschinengestelle A eingelagerten kurzen Welle D' verbunden (Fig. 232, 235); an diese wird zur Vermittelung der beabsichtigten Stellung ein beschwerter Schwengel E', der in Fig. 231 besonders dargestellt ist, angeschraubt, und der an demselben angebrachte Bolzen k' durch die Zugstange F', die in Fig. 233 besonders dargestellt ist, mit dem an Z angebrachten Bolzen l' verbunden (Fig. 235, 236), so daß nun durch das Gewicht des Schwengels E' gegen Z der Druck ausgeübt wird, welcher vorher durch C¹ übertragen wurde, und vermöge der beschriebenen Verbindung die erste Bewegung von A', welche durch die Friktionsrolle b' des Wagens hervorgebracht wird, außer dem bereits früher geschilderten Stillstande des Streckwerks nun auch den Eintritt der für den Nachzug erforderlichen geringeren Wagengeschwindigkeit zur Folge hat.

Um in diesem zweiten Falle die Wagenbewegung gänzlich zum Stillstande zu bringen, sind am vorderen Ende des schwingenden Hebels A' zwei Daumen c² und c¹ angeschraubt; der von b' zuerst getroffene und etwas niedrigere c² bewirkt die bereits vorher ausführlicher geschilderte Bewegung von A', durch welche das Streckwerk ausgerückt und die Nachzugbewegung des Wagens eingerückt wird; der von b' zu weit getroffene außenstehende Daumen c¹, welcher etwas höher ist, als der vorhergehende (vgl. Fig. 236), drückt A' äußerlich nochmals nieder und bewirkt dadurch eine zweite Hebung des innern Endes von A' und G'. Bei der ersten Hebung blieb G' noch mit dem Stelleisen H' an dem Arme C¹ in Berührung; die zweite Hebung von A' und G' bringt aber nun G' so hoch, daß der daran befindliche untere erste Ansatz über H' tritt, was zur Folge hat, daß sich C¹ unter Einwirkung der Riemenspannung so

weit nach vorn bewegt, bis H' gegen den zweiten Ansatz von G'
antrifft, wobei dasselbe Resultat bezüglich der Wagenbewegung er=
folgt, wie es im ersten Falle geschildert wurde, da nun auch d' sich
gegen Z anstemmt, b. h. der Wagen ist nun gänzlich ausgerückt.
Die Länge des Wagenausschubes für den Nachzug wird durch
die Entfernung von c^1 und c^2 unmittelbar bestimmt.

Die absolute Geschwindigkeit, welche der Wagen annimmt,
während er ein volles Spiel beendet, kann nach der Einrichtung der
Maschine daher eine dreifache sein, und sie ergibt sich, wenn man
sie durch den Weg bestimmt, den der Wagen in einer Minute durch=
laufen würde,

beim Beginn des Wagenausschubes für $a = 30$ für $a = 40$
zu: 155,17″ bis: 206,90″
nach Eintritt der größeren Geschwindig=
keit der Hauptwelle (Doppelgeschwindig=
keit) zu: 193,52″ bis: 258,03″
während des Nachzuges zu: 77,41″.

Die Ausrückung der Spindeln erfolgt durch den vorher be=
reits angeführten Daumen m', welcher sich an der Welle des Schnecken=
rades n' befindet. Dieser Daumen trifft nämlich gegen den Bolzen
o', hebt durch denselben die Schiene N so hoch, daß der an einem
Ansatz derselben liegende Mitnehmer m unter diesem Ansatz weg=
gleiten kann, und bewirkt dadurch, daß der Riemenleiter P, welcher
sich zur Hervorbringung der größeren Geschwindigkeit der Haupt=
welle jetzt gegenüber der Festscheibe K befindet, unter Einwirkung
des mit einer Kette verbundenen Gewichtes I^2, das in der erforder=
lichen Art über Rollen geführt ist, sich nunmehr der Losscheibe K'
gegenüberstellt und dadurch die Hauptwelle und mit ihr auch die
Spindelbewegung zur Ruhe versetzt. Es ist diese Art der Spindel=
ausrückung möglich, da die Spindelbewegung niemals früher als
die Zylinderbewegung und Wagenbewegung aufhören darf, wohl
aber später.

Es hängt nun offenbar ganz von dem Rade n' ab, wann der
Zeitpunkt zum Aufhören der Spindelbewegung eintritt; es kann der=
selbe so gerichtet werden, daß er gleichzeitig fällt mit der Beendung
der Wagenbewegung und der Ausrückung des Streckwerks, dann muß
dem Faden bereits während des Wagenauszuges aller erforderliche

Draht gegeben werden, wie dies z. B. bei Mulevorspinnmaschinen
geschieht; oder es fällt die Ausrückung der Spindeln später, als der
Streckwerksstillstand, dann wird durch die noch fortdauernde Spindel=
bewegung der sogenannte N a ch d r a h t gegeben, es kann dies aber
unter gleichzeitig Statt findendem Nachzuge oder ohne denselben ge=
schehen, wie dies die vorher beschriebenen Einrichtungen nachweisen.
(Nachzug ohne Nachdraht kann nicht vorkommen.)

Das Schneckenrad n' ist hiernach zu wechseln und hat 24 bis
40 Zähne; es wird daher die Hauptwelle $\dfrac{76 \cdot 24}{30}$ bis $\dfrac{76 \cdot 40}{30}$ d. h.
60,8 bis 101,33 Umbrehungen machen müssen, bis n' eine volle Um=
brehung gemacht hat; in dieser Zeit wird aber jede Spindel (α)
Umbrehungen machen

	für n' = 24	für n' = 40
wenn die Schnur bei Q auf dem klein= sten Durchmesser liegt:	1023	1779
wenn sie auf dem mittleren liegt:	1062	1846
wenn sie auf dem größten liegt:	1100	1914

Nimmt man den Wagenausschub zu überhaupt 60 Zoll an, so
würde man hiernach mit der vorliegenden Einrichtung in den Stand
gesetzt werden, in dem fertigen Gespinnste überhaupt einen Draht von
17,5 bis 31,9 pro Zoll hervorzubringen. Wie sich die Drahtgebung
auf den Wagenzug und auf den Nachdraht vertheilt, das hängt na=
mentlich von der Geschwindigkeit ab, mit welcher der Wagen seinen
Lauf vollbringt. Diese läßt sich in der Art bestimmen, daß, um den
Wagen um einen Zoll vorwärts zu bewegen,

0,8685 Umbrehungen der Hauptwelle erforderlich sind, für a = 30
0,6514   „   „   „   „   „   a = 40
2,1714   „   „   „   „   wenn beim
Nachzuge g' mit h' verbunden ist. Da nun die Hauptwelle bei jeder
ihrer Umbrehungen den Spindeln

$$\frac{19\frac{3}{4} \text{ oder } 20\frac{1}{2} \text{ oder } 21\frac{1}{4}}{9\frac{3}{4}} \cdot \frac{60}{59} \cdot \frac{59}{60} \cdot \frac{9\frac{3}{4}}{1\frac{1}{8}}$$

Umbrehungen gibt, oder

17,556 für Q = $19\frac{3}{4}$
18,222 für Q = $20\frac{1}{2}$ und
18,889 für Q = $21\frac{1}{4}$,

so ergibt sich die Anzahl der Spindeldrehungen, welche bei einem Zoll
Wagenlauf eintreten

$$\text{für } Q = 19^3/_4 \quad \text{für } Q = 20^1/_2 \quad \text{für } Q = 21^1/_4$$

und für a = 30 (α^1) 15,25   15,83   16,40

„   a = 40 (α^1) 11,44   11,87   12,30

für die Verbindung
von g' und h' oder
für den Nachzug: (α^2) 38,12   39,58   41,01

Bezeichnet man nun die Länge des Wagenlaufes nach Zollen,
ohne den Nachzug mit λ^1, die Länge des Nachzuges mit λ^2, die zu=
gehörige Anzahl der Spindelumdrehungen pro Zoll Wagenzug mit
α^1 und α^2, mit α^3 die Zahl der Spindelumdrehungen, welche bei
vollkommen still stehendem Wagen erfolgen, und mit α die Gesammt=
zahl der Spindelumdrehungen für ein volles Spiel; so findet die
Gleichung Statt:

$$\alpha = \alpha^1 \lambda^1 + \alpha^2 \lambda^2 + \alpha^3,$$

in welcher je nach der verschiedenen Einrichtung der Maschine das
zweite oder dritte Glied = 0 werden kann, und aus welcher α^3 be=
rechnet werden kann, wenn man α nach Maßgabe der Zähnezahl von
n' bestimmt, λ^1 durch die Stellung von i, und λ^2 durch den Ab=
stand von c^1 und c^2 ermittelt, und α^1 und α^2 nach der Einrichtung
der Maschine für einen bestimmten Fall berechnet.

Im vorliegenden Falle ist α bereits oben angegeben, es liegt
innerhalb der Grenzen 1023 und 1914. Nimmt man
     für a = 30
an, daß ein Nachzug nicht erfolgen soll, so wird $\lambda^2 = 0$, $\lambda^1 = 60$
und daher $\alpha^1 \lambda^1 = $ 915   950   984

da nun aber für n' = 24 α $= $ 1023   1062   1100

ist, so gibt die Differenz α^3 $= $ 108   112   116

die auf den Nachdraht fallende Zahl der Spindeldrehungen an, für
den Fall, daß die geringste Wagengeschwindigkeit und die geringste
Zahl der Spindeldrehungen Statt findet.

     Für a = 40 dagegen
mag angenommen werden, daß $\lambda^1 = 56$ und $\lambda^2 = 4$ ist, bann wird:

$$\alpha^1 \lambda^1 = \quad 641 \quad\quad 665 \quad\quad 689$$
$$\alpha^2 \lambda^2 = \quad 152 \quad\quad 158 \quad\quad 164$$

folglich die Summe beider: 793   823   853

Da nun für $n^1 = 40$ $\qquad \alpha \quad = \dfrac{1779}{986} \quad \dfrac{1846}{1023} \quad \dfrac{1914}{1061}$

ist, so gibt die Differenz oder α^3, die Spindeldrehungen für den Nachdraht, welche bei Herstellung der größten Wagengeschwindigkeit und der größten Zahl der Spindel= drehungen noch möglich sind, an.

Innerhalb dieser beiden Grenzverhältnisse lassen sich alle durch das Bedürfniß geforderten Verhältnisse durch Wechsel der betreffenden Räder herstellen, und es dürfte nur noch zu erwähnen sein, daß bei einer vollständig genauen Berechnung noch zu beachten ist, daß T sich während des Wagenauszugs an seiner Schnur abwälzt, dabei $\dfrac{60}{9^3/_4 \,\pi}$

$= 1{,}96$ Umbrehungen macht, und daher $1{,}96\,\dfrac{9^3/_4}{1^1/_8} = 17$ Spindel= drehungen während eines vollen Wagenauszuges weniger hervorzu= bringen im Stande ist, als vorher angenommen wurden.

C. Dritte Bewegungsperiode.

Beim Eintritt derselben steht die ganze Maschine still; es erfolgt nun gleichzeitig die Herabbewegung des Aufwinders und die Rückdrehung der Spindeln (das Abschlagen der Fäden), um den Theil des Fadens, welcher vom oberen Ende des Kötzers bis nach der Spitze der Spindel läuft, bis zu dem Punkte herabzuführen, von welchem aus die neue konische Fadenlage auf den Kötzer aufgewun= den werden soll. Es erfolgen diese Bewegungen durch den Spinner; derselbe ergreift mit der linken Hand den an der Aufwindewelle be= festigten Drücker p^1 und führt den Aufwindedraht p^2 so tief herab, als dies die später zu beschreibende für die regelmäßige Kötzerbildung in Thätigkeit tretende mechanische Aufwinderegulirung ihrer Stellung nach erlaubt; dabei müssen aber die Spindeln rückwärts gedreht werden, damit sich die aufgewundenen Fäden abwickeln können, und es müssen beide Bewegungen in solcher Uebereinstimmung gehalten werden, daß die Garnfäden in erforderlicher Spannung bleiben, weil sich sonst leicht Schleifen bilden. Der Gegenwinder steht entweder fest und wird durch mehrere auf dem Wagen stehende Stützen K^2 getragen und in Spannung erhalten, wie dies hier gezeichnet ist; oder er wird an Hebeln angebracht, welche mit Gegengewichten ver= sehen sind und ihm gestatten, sich bei starker Fadenspannung etwas herabzubewegen.

Wegen Rückdrehung der Spindeln ergreift der Spinner mit der rechten Hand die Kurbel L² (Fig. 232, 234), welche an einer etwas geneigt liegenden Welle sich befindet, die das Getriebe M¹ enthält. Bis jetzt war dieses Getriebe nicht im Eingriffe mit dem ihm gleichen Rade M² am oberen Ende der bereits vorher erwähnten Welle S; dieser Eingriff wird dadurch hervorgebracht, daß der Spinner die liegende Welle mit der Kurbel etwas nach vorn zieht. Um diesen Eingriff so lange als dies erforderlich ist zu erhalten, d. h. bis zur Vollendung des Wagenrückganges, ist eine einfache Sperrung ange= bracht. Die geneigte Welle der Kurbel L² ist nämlich an ihrem hinteren Ende mit zwei abgestuften schwächeren Ansätzen versehen, von welchen der stärkere mehr nach vorn liegende Ansatz in der durch Fig. 232 dargestellten Lage in einer Oeffnung ruht, welche ihn um= schließt und in einer am Wagen verschiebbar angebrachten Schiene N¹ angebracht ist. Diese Oeffnung in der Schiene N¹ hat die Gestalt eines umgekehrten Schlüsselloches in der Art, daß sich die größere runde Oeffnung nach oben zu in einen schmäleren Schlitz fortsetzt. Dieser Schlitz ist so weit, daß in denselben der am Ende der Welle angebrachte Ansatz einpaßt; wird daher die Welle bis zu dem Ein= griff der beiden Räder M¹ und M² nach vorn gezogen, so gleitet die Schiene N¹ durch ihre eigene Schwere etwas herab, und der engere Schlitz schiebt sich dabei so über den äußersten Ansatz der Welle, daß sich der stärkere Ansatz gegen die Ränder des Schlitzes in N¹ anlegt, und letzterer daher verhindert, daß M¹ und M² außer Eingriff kommen. Da nun nach beendetem Wagenrückgange die geneigte Welle wieder in die hier gezeichnete Lage zurückgehen soll, um M¹ und M² außer Eingriff zu bringen, so ist in der Nähe des Hauptgestelles am Fußboden bei O¹ ein Stelleisen angeschraubt, auf welches die unten an N¹ angebrachte Reibungsrolle aufläuft und dabei N¹ so hoch hebt, daß die größere Oeffnung in N¹ dem stärkeren Ansatze der Welle sich gegenüberstellt, was zur Folge hat, daß die Welle selbst, wenn der Spinner die Kurbel frei gelassen hat, sich zurückschiebt.

D. Vierte Bewegungsperiode.

Während des erfolgenden Wagenrückganges müssen die Spin= deln die erforderliche drehende Bewegung nach rechts erhalten, um den Faden aufzuwickeln; es muß dies in einer solchen Art erfol= gen, daß der aufgewickelte Faden einen regelmäßigen Kötzer bildet, weshalb gleichzeitig der Aufwindebraht die erforderliche Hebung zu erfahren hat.

Die Drehung der Spindeln erfolgt theils durch die von dem Spinner in entgegengesetzter Richtung, als vorher beim Abschlagen des Fadens, auf die Kurbel L^2 übertragene Kraft, theils durch den Mechanismus der Maschine, und zwar in der Art, daß letztere Wirkung durch erstere Thätigkeit so regulirt wird, wie es die Aufwindung fordert, und daher bei dem vorliegenden Mechanismus der Spinner eine weit geringere Kraft aufzuwenden hat, als wenn er die Bewegung der Spindeln nebst der Hereinbewegung des Wagens ganz allein vollbringen muß. Innerhalb des Wagens liegt eine kurze Welle q', in Fig. 232 durchschnitten, in Fig. 234 punktirt dargestellt; auf diese Welle sind zwei Arme aufgesteckt, der eine r' ist zwei Mal umgebogen und trägt äußerlich das Polster P^1; der andere s^1, am rechts stehenden Wagendurchschnitt in Fig. 232 sichtbar, kann eine drehbare mit dem Gegengewicht t^2 versehene Klinke t^1 berühren; auf dieser Klinke ruht mittelst des Bolzens v^1 ein unter der Maschine liegender langer Hebel Q^1. Dieser Hebel dreht sich um den auf dem Fußboden befestigten Zapfen R^2 und hat vorn das Uebergewicht, weshalb er vorn niedersinkt, wenn die den Bolzen unterstützende Klinke weggeschoben wird. Drückt nun der Spinner beim beginnenden Wageneinzuge mit seinem Knie gegen das Polster P^1, so wird hierdurch die Welle q^1 so gedreht, daß der Arm s^1 die Klinke t^1 nach vorn drückt, den Bolzen v^1 dadurch frei macht, und so dem Hebel Q^1 gestattet, vorn niederzufallen. Durch diese Bewegung wird die mechanische Beihülfe zur Drehung der Spindeln ebensowohl als die Einwindung des Wagens eingerückt.

Das hintere Ende des in Fig. 237 in größerem Maßstabe gezeichneten Hebels Q^1 theilt nämlich durch einen an ihm befestigten Bolzen seine Bewegung einem Winkelhebel S^1 mit, dessen einer Schenkel zu diesem Ende einen diesen Bolzen umgreifenden Schlitz hat. Auf diesem Schenkel ruht eine Rolle u^1 am Ende des Hebels T^1, der auf der Welle U^1 sich befindet. Diese in Fig. 234 und 235 deutlich zu sehende Welle enthält noch einen zweiten Hebelarm T^2, dessen Ende durch eine Kette w^1 mit dem Riemenleiter O verbunden ist. Bewegt sich nun Q^1 mit dem hinteren Ende etwas aufwärts, so dreht sich S^1 in Fig. 232, wo es punktirt ist, nach rechts zu, folglich auch die Hebelarme T^1 und T^2, die Kette w^1 wird angespannt und dreht, da sie nach dem unteren Ende des Riemenleiters O geht, denselben oberhalb etwas nach links zu, so daß der jetzt auf der Losscheibe I^1 liegende Riemen ein wenig auf die Festscheibe I hinüber geschoben wird; hierbei übt derselbe einen solchen Druck auf I aus, daß die Hauptwelle sich dreht, und daher durch den Twistwirtel Q und die früher angegebene Verbindung den Spindeln Drehung mitgetheilt wird. Je nach der Stellung der Rolle u^1 gegen den Schenkel des Hebels S^1, nach der Stellung des in den Schlitz von S^1 eingreifenden Bolzens an Q^1 und nach der Länge der Kette w^1 kann man der Festscheibe I mehr oder weniger Riemen geben, damit die Spindeldrehung gerade mit einer so großen Kraft erfolgt, daß es dem Spinner noch ohne zu bedeutenden Kraftaufwand möglich wird, die Spindeldrehung mit der Kurbel L^2 zu reguliren.

Um den Rücklauf des Wagens einzurücken, dient der zweite gabelförmig gestaltete Arm von S^1, der in Fig. 237 im Grundriß und in Fig. 232 punktirt dargestellt ist. Derselbe wird durch die vorher geschilderte Einwirkung von Q' in letzterer Figur ebenfalls aus der Stellung, welche er gegenwärtig noch der Riemenscheibe W^1 (einer Losscheibe) gegenüber hat, nach rechts bewegt, so daß er dann den zwischen der breiten Riemenscheibe V^1 und den Riemenscheiben W^1 W^2 liegenden Riemen auf die Festscheibe W^2 legt. Da die Hauptwelle bereits durch den vorher beschriebenen Vorgang Umdrehung erhalten hat, so wird nun auch durch den jetzt über V^1 und W^2 liegenden Riemen Bewegung auf die mit W^2 fest verbundener Welle übertragen werden; an dieser Welle befindet sich ein konisches Getriebe von 20 Zähnen, welches in ein an der Seiltrommel X^1 befindliches Rad von 41 Zähnen eingreift, und dadurch dem um diese Seiltrommel zwei Mal gewundenen Seile Bewegung ertheilt. Dieses Seil ist mit dem einen Ende bei y^2 an der hinteren Wagenseite befestigt, geht zwei Mal über die Trommel X^1, dann über die vorn am Ende des Wagenlaufes mit ihrem Lager auf dem Fußboden befestigte Seilscheibe Y^1 und von dieser nach dem Befestigungspunkte y^3 an der vorderen Wagenseite (vergl. Fig. 232), so daß hieraus sich ergibt, wie durch dieses Seil der Rücklauf des Wagens bewirkt wird.

Die Bewegung des Aufwinders zur Erzielung eines regelmäßig gebildeten Kötzers erfolgt hier ebenfalls auf mechanischem Wege.

Die hierzu dienende unter dem Wagen liegende Schiene (copping-plate) und der an dem Wagen angebrachte Apparat sind im vergrößerten Maßstabe in Fig. 229 im Aufriß und in Fig. 230 im Grundriß dargestellt; theilweise sind diese Theile auch in Fig. 232 und 234 zu sehen.

An dem Wagen ist unterhalb eine kurze Welle a^2 in deshalb angeschraubte Träger eingelagert, mit welcher zunächst das Segment a^3 fest verbunden ist; dieses ist auf dem größten Theile seiner Peripherie mit Zähnen versehen und hat an dem ungezahnten Theile einen Einschnitt b^2, in welchen der Riegel c^3 sich einsetzen kann. Dieser Riegel ist in dem um den Zapfen f^2 drehbaren Hebel d^2, welcher zur Seite von a^3 liegt, angebracht, und es geht eine Verlängerung des Hebelarmes d^2 unter einem Winkel abgebogen von c^3 aus nach unten, welche mit einer ovalen Oeffnung die Welle a^2 umschließt und unterhalb mit dem Vorsprunge e^2 versehen ist. Die ovale Oeffnung erlaubt dem Hebel d^2 zwei Stellungen einzunehmen, eine höhere, bei welcher, wie in Fig. 229, der Riegel c^3 nicht in die Oeffnung b^2 eingelagert ist, sondern auf der Peripherie von a^3 gleitet; und eine tiefere, bei welcher c^3 in die Oeffnung b^2 eingefallen ist. Neben d^2 liegt auf a^2 drehbar aufgeschoben der Hebel F^3, welcher oberhalb durch den Zapfen F^2 mit d^2 verbunden ist, außerdem den etwas weiter vorstehenden Zapfen g^2 führt und durch eine über eine Rolle gelegte und mit einer Feder h^2 verbundene Kette stets so gestellt wird, daß der Zapfen g^2 die möglich tiefste Lage hat. Dieser Zapfen berührt die obere Kante der Copping-plate i^2, welche sich längs des Wagenlaufes erstreckt, und er erhält durch die Gestalt dieser oberen Kante in verschiedenen Stellungen des Wagens eine verschieden hohe Stellung, wodurch der Hebel F^3 zu einer Drehung veranlaßt wird, vermöge welcher er durch F^2 den Riegel c^3 fortschiebt. Da nun g^2 sich mit dem Wagen vorwärts bewegt, so wird auch auf den Riegel c^3 während eines vollen Wagenlaufes eine fortschiebende Bewegung übertragen werden, welche nicht nur in ihrem Gesammtbetrage, sondern auch bezüglich ihrer auf jedes Stück des Wagenlaufes fallenden Größe von der verschiedenen Erhebung oder Senkung der oberen Kante der Copping-plate abhängig ist. Diese Bewegung des Riegels c^3 wird, wenn sich derselbe in den Einschnitt b^2 des Sektors a^3 eingelagert befindet, eine entsprechende Drehung des letzteren mit der Welle a² zur Folge haben; und da in den Zahnsektor a³ der an der Welle a⁴ befestigte Getriebsektor k² eingreift, an der am unteren Wagengestell ebenfalls eingelagerten Welle a⁴ aber der Arm l² aufgeschraubt ist und dieser durch die Zugstange m² mit dem Arme n² in Verbindung steht (Fig. 232), welcher an der Welle des Aufwinders angebracht ist; so wird die Bewegung des Riegels c³ eine entsprechende Bewegung des Aufwindedrahtes p² zur Folge haben, durch welchen die Stelle bestimmt wird, an welcher sich die einzelnen Fäden auf die Spindeln zur Bildung des Kötzers aufwickeln sollen.

Vor Beginn des Wagenrücklaufes drückt nun der Spinner, wie dies bereits vorher erwähnt wurde, den Aufwindedraht p² herab; dadurch wird m² gehoben und a³ durch k² so gedreht, daß der Riegel c³ in den Einschnitt b² fallen kann. Damit dies sicherer erfolgen kann, ist auf dem Fußboden ein beschwerter Hebel o² drehbar befestigt, unter welchen der an d² angebrachte Ansatz e² beim Ausfahren des Wagens unterfährt und ihn etwas aufhebt, so daß das Gewicht des gehobenen Hebels o² das Bestreben hat e² niederzudrücken und dadurch d² niederzuziehen, also auch c³ gegen den ungezahnten Theil des Sektors a³ anzudrücken. Da nun aber nach einem jedesmaligen Wagenrückgange die Höhe des Kötzers etwas zunimmt, so muß auch jedes Mal der Punkt, von welchem aus die Fadenaufwindung Statt finden soll, etwas höher steigen, d. h. p² sich etwas weniger tief als vorher senken. Um dies zu erzielen, muß die Entfernung des Riegels c³ von dem Einschnitte b² im Segmente a³ jedes Mal etwas geringer werden, damit ein zeitigeres Einfallen von c³ in b² erfolge oder sich a³ um einen geringeren Bogen zu drehen habe, bis die Niederbewegung von m² durch die Spannung des Riegels c³ aufgehalten wird. Diese stete Annäherung des Riegels c³ an den Einschnitt b² wird durch eine entsprechende Senkung der Copping-plate hervorgebracht (i³ Fig. 229), welche bewirkt, daß g² sich jedes Mal etwas tiefer als vorher niedersenkt und daher den Riegel c³ durch den Einschnitt b² früher erreichen läßt.

Die Senkung der Copping-plate bei jedem Wagenauszuge wird dadurch möglich gemacht, daß dieselbe mittelst zweier Stifte p³, welche durch Schlitze im Gestell q³ hindurchgehen, auf den oberen Kanten zweier Formplatten s³ und t³ ruht, welche in Fig. 229 punktirt angegeben find, und diese Formplatten nach jedem Wagenauszuge etwas zurückgeschoben werden. Zu diesem Zwecke sind die Formplatten durch den Stab p^3 mit einander verbunden und es befindet sich an der vorderen Formplatte eine Mutter u^3 angeschraubt, durch welche die in das Gestell q^3 drehbar aber nicht verschiebbar eingelagerte linksgängige Schraubenspindel v^3 hindurch geht. Eine Drehung der Schraube hat daher eine Längenverschiebung beider Formplatten zur Folge. An der Schraube v^3 befindet sich nun das Sperrrad w^3 (dasselbe hat in verschiedenen Wechselrädern 20—40 Zähne), in welches ein Sperrkegel eingreift, der sich in einem mit Gegengewicht versehenen um die Achse der Schraube v^3 drehbaren Hebel x^3 be= findet, und durch die in horizontaler Richtung um einen Zapfen dreh= bare Klinke y^5 dadurch vorwärts geschoben wird und w^3 vorwärts schiebt, daß gegen die schräge Fläche von y^5 bei Beendigung des Wagenausganges ein unterhalb am Wagen angebrachter Ansatz, etwa bei a^5 in Fig. 230, anstößt und anstreift. Wird hierdurch y^5 zu einer Schwingung veranlaßt, so dreht sich die Schraubenspindel v^3 um einen, nach dem Schwingungsbogen und nach der Zähnezahl, welche w^3 hat, veränderlichen Theil einer Umdrehung, und um den gleichen Theil der Schraubenganghöhe werden die Formplatten s^3 und t^3 verschoben, es kann also, da nunmehr die Copping-plate sich etwas tiefer stellt, bei dem nächsten Wageneinzuge auch c^3 etwas früher als vorher in den Einschnitt b^2 eintreten, daher auch p^2 nicht so tief als vorher herabsinken. Die für den nächsten Wagenauszug erforderliche Stellung von y^5 wird dadurch hervorgebracht, daß der Gewichtarm x^4 des Sperrkegelhebels x^3 nun wieder niedersinkt (der= selbe ist in Fig. 230 abgeschnitten gezeichnet) bis sich die untere Ver= längerung von x^3 gegen das Gestell q^3 anlegt (Fig. 229) und y^5 dieser Bewegung folgt. Es ist hieraus ersichtlich, daß man für die durch die verschiedenen Garnnummern bedingten verschiedenen Faden= stärken die erforderlichen Mittel in der Hand hat, den Apparat ent= sprechend zu stellen.

Kommt der Wagen bei seinem Rückgange am Endpunkte seines Weges an, so muß der Riegel c^3 aus dem Einschnitte b^2 wieder ausgehoben werden, damit sich der Aufwinder p^2 heraufbewegen und in eine Stellung gelangen kann, in welcher er beim nächsten Wagen= auszuge die Fäden nicht berührt. Es erfolgt dies dadurch, daß sich der Vorstoß e² auf die schiefe Fläche z² (Fig. 229, 230) aufschiebt, welche zu dem Ende am Fußboden aufgeschraubt ist; es hebt sich dabei c³ und bleibt dann in der in Fig. 229 gezeichneten Stellung auf dem ungezahnten Theile des Sektors a³ ruhen.

Um die richtige Fadenleitung hervorzubringen, besteht sowohl die obere Kante der Copping-plate als auch die oberen Kanten der beiden Formplatten aus eigenthümlich verlaufenden Linien. Die wirksame Kante der Copping-plate beginnt mit einer kurzen schnell ansteigenden Geraden, an welche sich eine gegen den Horizont wenig geneigte abfallende Gerade schließt, die zuletzt in eine stärker abfallende übergeht. Auf der ersten schleift der Bolzen g² zunächst und drückt dabei den Aufwinder stärker als sonst erforderlich wäre nieder, um die etwa beim Rückdrehen der Spindeln zu viel abgewickelte Fadenlänge zuerst und mit größerer Geschwindigkeit (da hier der Faden auf den größten Durchmesser des Kötzers gelegt wird) aufzuwinden. Durch die zweite Bahn wird der Faden längs des Aufsteigens am konischen Kopfe des Kötzers und zuletzt längs der Spindel bis zur Spitze derselben geführt, um so ein Reißen der Fäden beim Wiederausspinnen zu verhindern. Die Formplatten sind so gestaltet, daß sich anfänglich das hintere Ende der Copping-plate schneller senkt als das vordere, wodurch ein etwas zunehmendes Spitzerwerden der auf einander liegenden Garnkegelflächen hervorgebracht und demnach der Kötzer haltbarer wird. Endlich bewirkt die schiefe Lage der Schlitze in dem Gestell q³, durch welche die Bolzen p³ hindurch gehen, außer der Senkung der Copping-plate auch eine allmälige Verschiebung derselben nach hinten, was deshalb erforderlich ist, damit der Anfang der am Ende der Copping-plate vorhandenen stärkeren Neigung der oberen Kante allmälig etwas später in Wirksamkeit tritt, was wegen des stetigen Höherwerdens des Kötzers erforderlich ist. Uebrigens sind die Schlitze in dem Gestell q³ nicht parallel, wodurch eine ungleiche Senkung der Copping-plate an dem vorderen und an dem hinteren Ende hervorgebracht wird.

E. Nach Vollendung des Wageneinschubes muß die ganze Maschine wieder in die Bereitschaft zum Beginn des neuen Spieles gesetzt werden.

Die Ausrückung des Wagenrücklaufes erfolgt dadurch, daß die an der hinteren Wagenwand angeschraubte Friktionsrolle x¹ (Fig. 232,

234) auf das an dem Hebel Q¹ angeschraubte Stelleisen Z¹ wirkt, dasselbe und dadurch das hintere Ende des Hebels niederdrückt, bis derselbe an seinem vorderen Ende mit dem Bolzen v durch die bereits früher erwähnte Klinke wieder gefangen wird; hierdurch wird die Riemengabel des Hebels S von der Festscheibe W² wieder nach der Losscheibe W¹ gewendet und daher die Seiltrommel X¹ ferner nicht bewegt; es hört daher die Rückbewegung des Wagens auf.

Die Ausrückung der Spindelbewegung erfolgt gleichzeitig hiermit; denn wenn S¹ (Fig. 237) sinkt, so folgt T¹ und die an T¹ angebrachte Rolle u¹ dieser Bewegung durch das eigene Gewicht dieser Theile; der Hebel T² nimmt durch die Welle U¹ ebenfalls an dieser Bewegung Theil, die Kette w¹ ist daher nicht mehr gespannt und der Riemenleiter O stellt sich durch das an ihm angebrachte Gewicht so, daß der etwas auf der Festscheibe I liegende Treibriemen sich ganz auf die Losscheibe I¹ legt, was ein Aufhören der auf die Spindeln mechanisch übertragenen Drehung zur Folge hat. Das Eintreten beider Bewegungen kann genau durch Verstellung von Z¹ auf Q¹ regulirt werden. Am Ende seiner Bahn wird der Wagen durch die Stoßkissen z⁴ aufgehalten (Fig. 235).

Wenn weitere Einwirkungen nicht eintreten, so bleibt die Maschine nach Beendung ihres Rücklaufes stehen. Es soll aber für gewöhnlich ohne allen Zeitverlust sogleich das nächstfolgende Spiel beginnen; es sind daher die in der ersten Bewegungsperiode ausführlicher geschilderten Bewegungen in folgender Art noch einzurücken.

Die Einrückung der Spindelbewegung erfolgt durch das mit einer Feder etwas elastisch hergestellte Stoßkissen p⁶ (Fig. 232 und 235), welches gegen den Hebel Z trifft und denselben so weit zurück bewegt, daß der erste Ansatz vom Hebel A¹ (Fig. 236) sich wieder gegen den Ansatz a¹ stemmt, wobei durch Vermittelung des früher geschilderten Mechanismus das Getriebe n der Hauptwelle in das Zylinderrad o eingerückt wird. Es ist nun der ganze Mechanismus in der Lage, sogleich bei Uebertragung der Bewegung auf die Hauptwelle durch n das Streckwerk, durch a den Wagen (denn durch die vorher beschriebene veränderte Stellung von A¹ und G¹ ist c mit d wieder verbunden und der Riemen zwischen L und L¹ entsprechend gespannt, auch a mit b wieder in Verbindung gebracht, wenn ein Nachzug Statt fand) und durch Q die Spindeln mit der erforderlichen

Geschwindigkeit zu drehen, sobald der Riemen I[1] auf I gelegt wird. Dies erfolgt aber von dem hereingefahrenen Wagen aus badurch, daß die unter dem Wagen angebrachte und hinter demselben etwas vorstehende Schiene y[1] gegen das untere Ende des Riemenleiters O direkt anrückt und denselben (Fig. 232) unterhalb so weit zurückschiebt, daß er oberhalb den Riemen von I auf I[1] legt und daß sich die Schiene N mit dem einen Ansatze über den Bolzen m legt (um den zweiten Riemenleiter P mit dem ersten zu verbinden), mit dem andern Ansatze aber über den am Gestell befestigten Bolzen l fällt und durch diesen in der beschriebenen Lage erhalten wird. Es beginnt nun unmittelbar ein neuer Wagenauszug.

Soll beim Wagenrückgange die letztere Stellung nicht erfolgen, so läßt sich die Schiene y[1] so weit zurückziehen, daß sie den Riemenleiter O nicht trifft.

38) Was die verschiedene Einrichtung einzelner Theile der Handmule anbelangt, so ist zunächst bezüglich des Streckwerks anzuführen, daß man bei demselben gewöhnlich drei Streckzylinderpaare anwendet, jedoch kommen auch Einrichtungen mit zwei und vier Paaren vor. Die Riffelwalzen haben gewöhnlich $3/4$—1 Zoll Stärke (die mit geringerer Stärke werden für kürzere, die mit größerer Stärke für längere Wollen angewendet, häufig ist auch der Vorderzylinder ein stärkerer, während Mittel- und Hinterzylinder schwächer sind) und auf jeden Zoll des Umfanges 18—20 Riffeln. Ihre Länge beträgt 15—18 Zoll und die Kannelirung ist an einzelnen Stellen abgedreht, so daß sie sechs kannelirte Stellen, Bahnen, mit dazwischen liegenden dünneren Hälsen enthalten. Durch jede solche Bahn, von circa 2 Zoll Länge, gehen die Vorgarnfäden für zwei Spindeln, welche, um einseitige Abnutzung zu verhindern, wie bei den früher beschriebenen Streckwerken, eine langsame Hin- und Herbewegung parallel zur Länge der Zylinder erhalten. Die Zylinder ruhen mit ihren Endzapfen in den an den Stanzen angebrachten Lagern und jeder enthält an der einen Seite einen vierseitigen Kuppelzapfen, an der andern ein vierseitiges Loch, um so die Verbindung aller in einer Linie liegenden Zylinder über die ganze Ausdehnung der Maschine zu bewirken. Die Kuppelung dieser Zylinder muß eine vollständig dichte sein und die Auflagerung derselben so Statt finden, daß keine Abweichung von der geradlinigen Richtung Statt findet, da sonst an

einzelnen Stellen eine verschiedene Größe der drehenden Bewegung entstehen könnte und ein großer Widerstand bei der Uebertragung der drehenden Bewegung hervorgebracht würde.

Die Oberzylinder sind wie die früher bei den Streckwerken beschriebenen Lederzylinder eingerichtet, d. h. es sind mit Flanell und Leder überzogene Eisenzylinder, oder auch wohl, wie zuweilen in schweizer Spinnereien, hölzerne auf eiserne Wellen geschlagene Zylinder mit gleichem Ueberzuge, von denen je zwei über zwei benachbarte Bahnen liegende aus einem Stück bestehen und durch einen tiefer ausgebrehten Hals mit einander zusammenhängen. Dieser Hals nimmt den Druck auf, mit welchem die Oberzylinder gegen die geriffelten Unterzylinder gepreßt werden; die an beiden Enden vorstehenden Zapfen gehen in Lagerführungen, welche ebenso wie die für die Unterzylinder auf den Stanzen angebrachten Lager eine Verstellung in der Art erlauben, daß mindestens der Mittel- und Vorderzylinder in eine verschiedene Entfernung von einander gebracht werden können. Der Druck auf die Oberzylinder wird entweder ähnlich wie bei den früher beschriebenen Streckwerken durch direkt angehängte Gewichte oder durch Gewichthebel in der Art hervorgebracht, daß der Vorderzylinder den größten Druck erhält und auf jede Bahn etwa 12—20 Pfd. kommen, mehr bei weniger tiefen Kannelirungen, weniger bei tieferen Kannelirungen.

Die gesammte durch die Streckzylinder hervorgebrachte Streckung bewegt sich etwa innerhalb der Grenzen 1:6 und 1:18; sie beträgt weniger bei minder guter Vorbereitung des Vorgarnes und bei kurzen Wollen, mehr bei besserer Vorbereitung, längeren Wollen und gleichzeitig eintretender Duplirung (b. h. Vereinigung zweier Vorgarnfäden zu einem Feingespinnstfaden), wird aber ohne die Güte des Gespinnstes zu beeinträchtigen selten höher als 1:8 oder 1:10 angewendet. Von dieser Streckung fällt ein sehr geringer Theil auf den Hinter- und Mittelzylinder und zwar desto weniger je geringere Drehung das Vorgarn hat.

Der Abstand der Zylinder, namentlich des Mittel- und Vorderzylinders, von Achse zu Achse gemessen richtet sich nach der Länge der Fasern und soll betragen in Sechzehnteln eines Zolles:

14—17 bei einer Länge der Wollfasern von 14.

16—19	„	„	„	16.
16—22	„	„	„	18.
16—24	„	„	„	22.—24.

Zum Reinhalten der Oberzylinder werden statt der früher be=
schriebenen Deckel Putzwalzen aus Holz und mit Plüsch oder rauhem
Tuch überzogen oberhalb zwischen die vordere und mittlere Walze
frei aufgelegt; sie sind zu je zwei so mit einander verbunden wie die
Oberzylinder und nehmen wegen der verschiedenen Geschwindigkeit
dieser Zylinder eine mittlere Geschwindigkeit an, vermöge welcher sie
reibend auf die Oberfläche dieser Cylinder wirken und daher die an
ihnen haftenden Baumwollfasern abnehmen. Der vordere Riffel=
zylinder wird gewöhnlich durch eine von unten angedrückte ähnlich
konstruirte Putzwalze, welche von einer Stanze bis zur nächsten geht,
rein gehalten.

Die Vorgarnspulen werden auf Spindeln aufgesteckt, welche in
einem Aufsteckrahmen (creel) so stehen, daß sie unterhalb in einem
glasirten Thon= oder einem Metallpfännchen ruhen, wenn der Rahmen
von Holz ist, oder in einer Vertiefung, wenn derselbe aus einer
eisernen Schiene besteht; während sie oben durch eine Drahtöse ge=
halten werden. Zur Leitung des Vorgarnfadens nach den Zylindern
dienen oft emaillirte Drähte oder Trichter (barbines).

39) Fig. 272—277 (Taf. 26) stellen ein Streckwerk dar,
wie dasselbe an den Mulemaschinen jetzt häufig eingerichtet wird.

Fig. 272 ist die obere, Fig. 273 die vordere Ansicht, Fig. 274
ein Durchschnitt durch die geriffelten Theile der Zylinder, Fig. 275
durch die Zylinderzapfen, sämmtlich in ⅕ der natürlichen Größe;
die beiden ersten Figuren enthalten bei A alle Theile des Streck=
werkes, bei B sind die Putzwalzen und der Druckmechanismus und
bei C außerdem noch die Oberzylinder abgehoben; Fig. 276 zeigt
den vorderen Theil der Zapfenführung für die Oberwalzen, Fig. 277
den oberen Theil der Druckstange.

Die Stanzen EE sind auf dem Zylinderbaum F in einem
Abstande von einander aufgeschraubt, welcher durch die Länge der
Zylinder bedingt wird; dieselben enthalten bei G das mit Messing
ausgelegte Lager für den Zapfen des Vorderzylinders und bei H das
Lagerstück für die Zapfen des Mittel= und Hinterzylinders, welches
mittelst eines Schraubenbolzens befestigt ist und eine Verstellung so
erlaubt, daß die Entfernung des Mittel= und Vorderzylinders dadurch
verändert werden kann. Bei I wird durch eine in die Stanze befestigte
Schraube der Drehpunkt für einen Hebel K hervorgebracht, welcher

vorn die Putzwalze für den Vorderzylinder trägt und dieselbe durch das bei K¹ vorhandene Uebergewicht anpreßt. M, N und O sind die drei geriffelten Zylinder. Das verschiebbare Lagerstück H enthält über den Hinterzylinder hinaus einen Einschnitt, in welchem sich der Fadenleiter PP einlegt und in demselben hin= und hergeschoben werden kann, auf demselben sind für jeden Zylindergang zwei Drähte QQ befestigt. Ferner ist an einem an H sich hinten erhebenden Arme bei R ein Gewinde angebracht, um welches sich der Rechen oder die Führung für die Oberzylinderzapfen, S, drehen kann. In jedem Arme von S befinden sich an beiden Seiten zwei vertikale Schlitze für die Zapfen des mittleren und hinteren Oberzylinders, diese Schlitze liegen daher gerade über den in H angebrachten Lagern. Außerdem ist an S durch einen Schraubenbolzen verstellbar die Führung T für den Zapfen des vorderen Oberzylinders angebracht, so daß diese genau über das Lager des Vorderzylinders M gestellt werden kann. Der Kopf von T legt sich mit der unteren Seite auf die obere Kante der Stanze auf. U, V und W sind die drei Oberzylinder und X die auf zwei derselben ruhende Putzwalze. Auf dem Mittelzapfen des mittleren und hinteren Oberzylinders ruht der Sattel Y; dieser hat in der Mitte eine scharfe Erhöhung, auf welche sich der eine Arm des Hebels Z stützt; dieser Hebel ruht auf dem Zapfen des vorderen Oberzylinders und ist unterhalb mit einem Arme versehen, auf welchen der Haken der Druckschiene a aufgelegt ist; in den anderen unterhalb befindlichen Haken derselben legt sich die Druck= stange b, diese ist unterhalb mit dem Prisma c verbunden und gegen dieses übt der Druckhebel d e den auf die Oberzylinder zu über= tragenden Druck durch sein Gewicht e aus, indem er sich gegen einen an F angegossenen Ansatz bei d stemmt.

40) Die Spindeln bestehen aus Stahl, sind 14—16 Zoll lang, in der Mitte etwa $5/16$ Zoll stark und nach den Enden zu bis auf $1/16$ abfallend; sie werden zunächst geschmiedet, dann vollkommen gerad gerichtet, geschliffen, am unteren Ende gehärtet, justirt und polirt. Mit der oberen Hälfte stehen sie frei zur Aufnahme des Kötzers über das ziemlich in der Mitte angebrachte Halslager hervor, das untere Ende läuft in einem Spindelnäpfchen von Messing.

Die Halslager sind von Messing und bestehen, wie Fig. 278 (Taf. 27) in halber natürlicher Größe zeigt, aus einer ausgebohrten

Messingbüchse a, welche in eine Eisenschiene b, das Plattband, eingeschraubt ist; diese Schiene hat eine Länge für etwa zwölf Spindellager und wird durch die Schraubenlöcher mit dem für die Halslager bestimmten Gestell des Wagens verbunden. Die oberhalb des Halslagers bleibende abgestumpft konische Höhlung dient als Oelbehälter. — G. A. Ermen hat vorgeschlagen, die Halslager der Mulespindeln kugelförmig in die Plattbänder einzulagern, um dadurch eine Veränderung des Neigungswinkels der Spindeln möglich zu machen, welche sonst durch die aus Fig. 252 zu entnehmende Stellung der oberen Spindelleitung erreicht wird.

Die Fußlager der Spindeln bestehen aus messingnen Spindelnäpfchen, welche in eiserne Schienen e von derselben Länge wie die vorhergehenden eingeschraubt und durch f auf dem Wagen festgeschraubt sind. Fig. 279 zeigt diese Einrichtung in halber natürlicher Größe in den verschiedenen Ansichten. Da, wo der Spinnmaschinenbau sich weiter entwickelt hat, ist die Herstellung solcher einzelnen Theile, als Fußlager, Plattbänder, Spindeln, Zylinder, zu einem besondern Nebengewerbe geworden. — Spindelnäpfchen oder Spindeltöpfchen von Glas sind von Stoßberg empfohlen und bewährt gefunden worden. — Auch für die Fußlager wird von G. A. Ermen die Kugelform als zweckentsprechend empfohlen.

Die Neigung der Spindeln (bevel of the spindles) beträgt 12—18° gegen eine durch die Fußlager gehende Vertikalebene, so daß die oberen Spitzen 3—4 Zoll von dieser Vertikalebene in der Richtung nach den Zylindern zu abstehen. Diese Neigung muß für alle Spindeln eine vollkommen gleiche sein, so daß die oberen Spitzen in einer geraden Linie liegen, sie wird durch eine mit einer Kante an die Spindeln anzulegende Wasserwaage mit Gradbogen geprüft und berichtigt. Diese Abweichung von der vertikalen Lage beträgt etwas mehr bei höheren Garnnummern und bei Schuß als bei niedrigeren Nummern und bei Kette, und steht im Einklange mit der Beschaffenheit des Fadens und der bei jeder Spindeldrehung auf den Faden ausgeübten Einwirkung. Letztere besteht nämlich darin, daß sich der Faden auf das obere Ende der Spindel aufzuwinden sucht und dann oberhalb an dem deshalb abgerundeten Ende abgleitet, hierdurch entsteht eine sich regelmäßig wiederholende Verlängerung und Verkürzung des Fadens, welche beträchtlicher ist bei einer schieferen Lage der Spindel und daher einen dehnbaren Faden voraussetzt. Durch diese Einwirkung wird übrigens die Streckung und Egalisirung des Fadens, welche bei dem Wagenauszuge Statt findet, wesentlich gefördert. Bei einer zu steilen Lage der Spindeln wird übrigens natürlich das Abgleiten des Fadens an der oberen Spitze erschwert und dadurch ein Reißen desselben befördert.

41) Die Drehung der Spindeln erfolgt entweder durch Schnüre oder Friktionsräder oder Zahnräder.

a) Der noch fast ausschließlich angewendete Schnurtrieb wird so ausgeführt, daß an der Spindel eiserne Wirtel (wharves; noix) von $3/4$ bis $9/8$ Zoll Durchmesser angebracht und durch Schnüre mit den Spindeltrommeln (drums; tambours) verbunden sind. Die Spindelschnüre werden aus Baumwollfäden zusammengedreht (etwa 40 Fäden Nr. 25 Schuß oder 30 Fäden Nr. 21 Kette); bei stehenden Spindeltrommeln, deren Achsen parallel zur Richtung der Spindeln sich befinden, und welche man mit etwa 10 Zoll Durchmesser aus Holz, Blech oder Gußeisen anfertigt, geht eine Schnur nach jedes Mal zwei Spindeln, deren Wirtel gleiche Höhe haben, und es werden gewöhnlich 24 (überhaupt 16—36) Spindeln von einer Trommel aus bewegt (vgl. Fig. 234, 235); bei liegenden Trommeln, deren Achse parallel zur Achse des Wagens sich befindet, werden diese Schnüre zwischen Trommel und Wirtel eingezogen, wie dies Fig. 252 zeigt; man kann dann leicht dadurch, daß man die Schnur von der Spindel abzieht, die Spindel etwas hebt und erstere unter letzterer um 180° wendet, bewirken, daß die Schnur, welche vorher von rechts aus nach dem Spindelwirtel lief und die Spindel daher rechts herum drehte, nun von der entgegengesetzten Seite ausläuft und daher die Spindel links dreht, was in dem Falle erforderlich ist, wenn, wie dies zuweilen ausgeführt wird, der Faden zum Schusse seine Drehung links erhalten soll.

Die stehenden Spindeltrommeln erhalten ihre Drehung durch eine sämmtliche Trommeln mit der im Wagen befindlichen Twistscheibe verbindende Trommelschnur, welche etwa aus drei Strängen, jeder zu 350 Fäden Nr. 21 oder 22 Kette, zusammengedreht ist, und wesentlich zur Vermehrung des passiven Reibungswiderstandes in der Maschine beiträgt. Auch wird durch die Verbindung der im Wagen befindlichen Twistscheibe mit dem an dem feststehenden Gestell befindlichen Twiſtwirtel bewirkt, daß ſich die Geſammtzahl der auf die Spindeln bei einem Wagenauszuge übertragenen Drehungen um eine ſo große Zahl ändert, als dieſelben in Folge der Verſchiebung des Wagens bei vollkommen ſtillſtehendem Twiſtwirtel Umbrehungen in Folge der Abwickelung der Twiſtſchnur von der im Wagen lie= genden Twiſtſcheibe erfahren, was übrigens bei den liegenden Spin= deltrommeln für gewöhnlich auch der Fall iſt. Um ein Gleiten der Trommelſchnur zu verhindern, wird dieſelbe zuweilen an dem einen oder andern Ende des Wagenlaufes unter einer mit einem ſtarken Gewicht belaſteten Spannrolle weggezogen. Der Twiſtwirtel ent= hält 3—6 Spuren von etwas verſchiedenem Durchmeſſer; die ge= wöhnliche Drehungsberechnung der Spindeln wird hierbei auf den mittleren Durchmeſſer bezogen und die Twiſtſchnur je nach Bedarf auf einen größeren oder kleineren gelegt, um für weniger gute Baum= wolle den erforderlichen größeren Draht und für beſſere und längere Baumwolle den geringeren Draht zu erhalten.

Die Veränderung der Spindeldrehung durch die Twiſtſcheibe wird bei dem von Emil Dollfus eingeführten Zahntrieb für die Spindeltrommeln vermieden, der zugleich auch etwa 1/6 Erſpar= niß der Bewegkraft gewähren ſoll. (Bulletin de Mulhouse), Bd. 11, S. 70.) Die hierzu dienende Einrichtung iſt in Fig. 280 dargeſtellt. Längs des Wagenlaufes iſt nämlich die Welle b eingelagert, welche von den Riemenſcheiben a aus von der Twiſtwelle ihre Bewegung erhält. Auf dieſer Welle, welche über ihre ganze Länge eine Nuth hat, verſchiebt ſich mittelſt einer Feder die Büchſe c; an dieſer be= findet ſich das Winkelrad d von 50 Zähnen, welches in das gleich= zähnige Winkelrad e eingreift, letzteres befindet ſich am Ende der durch den ganzen Wagen gehenden Welle f, und für jede Trommel i befindet ſich auf der Welle f ein Getriebe g von 39 Zähnen, welches in ein anderes h von 30 Zähnen an der Trommelwelle eingreift und dadurch die Trommel i, folglich auch mittelſt der Spindelſchnüre und Wirtel die Spindeln k bewegt. Damit c ſich der Wagenbewe= gung entſprechend auf b verſchiebe, ſind an dem Wagen die Führer l und m angeſchraubt, welche c mitnehmen. n iſt ein Stück des Wagenkaſtens, o die an dem einen Ende befindlichen Räder, welche durch die Halter p mit dem Kaſten verbunden ſind.

b) Eaſtman und be Bergue haben im Jahre 1850 ſich einen

Friktionstrieb für Mulespindeln patentiren lassen, welcher den in Nr. 29 b und c beschriebenen Einrichtungen für die Waterspindeln im Wesentlichen gleich ist. (Armengaud le Génie, T. I, p. 382.) Es sollen den Spindeln bei dieser Einrichtung 7000 bis 8000 Umdrehungen in der Minute gegeben werden. — In Sachsen erhielt Th. Wiede 1851 ein Patent auf das Bewegen der Mulespindeln mit Friktionsscheiben.

c) Die Einrichtung des Zahntriebes der Spindeln nach Leopold Müller in Thann, ähnlich wie die für Watermaschinen (vgl. Nr. 30), ist in Fig. 281—283 dargestellt. (Armengaud Publ. ind. Vol. IX, pag. 270.) Fig. 281 ist ein Durchschnitt durch den Wagen, Fig. 282 die vordere Ansicht eines Stückes desselben im zwölften Theile der natürlichen Größe, Fig. 283 der untere Theil der Spindel in halber natürlicher Größe. a ist die mit dem Wagen hin- und hergehende Twistscheibe an der Welle b; letztere trägt das Zahnrad c von 106 Zähnen, welches durch das Zahnrad d von 36 Zähnen die in dem Wagen liegende und über dessen ganze Länge gehende Welle e in Umdrehung versetzt. Von dieser Welle aus wird jede Spindel h durch ein konoidisches Radvorgelege, aus den Rädern f (von 65 Zähnen) und g (von 18 Zähnen) bestehend, in Umdrehung versetzt. Das Getriebe g ist auch hier nicht fest mit der Spindel verbunden, sondern oberhalb mit einer konischen Aushöhlung versehen, durch welche es sich an den konischen Spindelansatz i stemmt und, durch die Feder k gegen diesen Ansatz gedrückt (vgl. Fig. 283), einen Reibungswiderstand hervorruft, durch welchen die Spindel mitgenommen wird, der aber nicht verhindert, die Spindel durch Einklemmen zum Stillstand bringen zu können. Die Feder k ist oberhalb in die Scheibe l, unterhalb in den auf die Spindel geschraubten Ring m eingesetzt. Der Wagen nn ist bei o mit einer Eisenblechbedeckung versehen und ruht auf dem Radgestell p mit den beiden Schraubenbolzen q und r, welche erlauben, die erforderliche Spindelneigung hervorzubringen, und von denen q zugleich zur Befestigung des den Wagen bewegenden Seiles dient. — Die Unterhaltungskosten von 300 Spindeln bei 5500 Umdrehungen in der Minute werden für die ältere Einrichtung zu 110½ Fr. jährlich angegeben, für die hier beschriebene Einrichtung zu jährlich 58½ Fr., die Krafterfparniß soll 25—30 Proz. betragen.

Pierrard-Parpaite (Armengaud le Génie. T. I, pag. 383) richtet den Zahntrieb mit Weglassung der Feder so ein, daß an der Spindel die eine Hälfte eines mit schiefen Zähnen versehenen Klauenmuffes befestigt ist, an dem auf die Spindel frei aufgesteckten Getriebe die andere Hälfte. Bei Uebertragung der Bewegung befinden sich diese beiden Hälften im Eingriffe, bei einer Klemmung der Spindel, wodurch dieselbe zum Stillstande gebracht wird, gleiten die geneigten Flächen der Zähne übereinander und es hebt sich dabei die obere Hälfte.

Der Schraubenradtrieb von Sircoulon, welcher bereits 1847 patentirt wurde (Armengaud le Génie. Tom. V, pag. 135) ist in Fig. 284—286 im vierten Theile der natürlichen Größe dargestellt. a die Spindelwelle aus Gußstahl, welche über die ganze Wagenlänge reicht und in den Lagern b liegt; auf diese Welle sind gußeiserne Büchsen c theils aufgeschoben und mit einer Druckschraube befestigt, theils an den Stellen, wo die einzelnen Theile der Gußstahlwelle a an einander stoßen, mit je zwei dieser Theile fest verschraubt. An jeder Büchse befindet sich auf der einen und andern Seite ein gehärtetes eisernes Schraubenrad d angeschraubt, welches in Eingriff mit einem fünfgängigen Schraubenrade e an je einer Spindel steht. Das Schraubenrad e ist auf die Spindel f lose aufgeschoben und liegt zwischen den beiden Kupferscheiben g und h. Beide sind auf die Spindel fest aufgetrieben, und unter h liegt die kleine Büchse i, welche im Innern eine Spiralfeder enthält, die sich einestheils gegen die an die Spindel angeschraubte Kupferscheibe k, anderntheils gegen die obere Büchsenscheibe stemmt und dadurch bewirkt, daß i in der in Fig. 284 gezeichneten höchsten Stellung verbleibt, in welcher es h, i und e nach g zu drückt. In dieser Stellung greift ein an der oberen Fläche von i vorstehender Stift durch eine Oeffnung der Scheibe h hindurch in eine Oeffnung an der unteren Seite von e und verbindet dadurch e mit f. Wird aber i ein wenig niederwärts geschoben, so wird der Stift aus e herausgezogen, und es kann sich dann e frei um f bewegen; läßt man dann i los, so bewirkt die in i liegende Feder von Neuem die Einrückung. Die Gußstahlwelle a soll 1000 Umdrehungen in der Minute und daher die Spindeln f 5000 machen.

42) Der Wagen besteht aus einem hölzernen Kasten, welcher bei größerer Länge durch eine Armirung mit sich kreuzenden Eisenstäben die erforderliche Steifigkeit erhält, um sich, ohne aus seiner geradlinigen Richtung zu kommen, zu sich selbst parallel längs seiner

Bahn bewegen zu können. In seiner Stellung zunächst dem Streck=
werke sind die Spitzen der Spindeln etwa 2½ bis 3 Zoll von den
Vorderzylindern entfernt, die Länge des Auszuges (stretch, draw;
course, aiguillée) beträgt 50—70 Zoll. Zur Hervorbringung der
Wagenbewegung dient entweder die Wagenschnur oder ein Riemen
oder ein Zahnrad mit Zahnstange.

Die Wagenschnur besteht aus drei Strängen, jeder zu etwa
450 Fäden von Kettengarn Nr. 21 oder 22. Sie ist am Wagen
befestigt, läuft über eine am Ende des Wagenlaufes angebrachte Leit=
scheibe und erhält ihre Bewegung von der Mantaufendscheibe
(mendoza pulley; main-douce) aus, welche von der Hauptwelle aus
gedreht wird. Um die Geschwindigkeit des Wagenzugs an dieser
Mantaufendscheibe zu reguliren, hat man dieselbe aus zwei beweg=
lichen und durch Schrauben gegen einander zu stellenden Hälften her=
gestellt, welche für die Schnur eine in sehr scharfen Neigungswinkeln
hergestellte Spur darbieten; werden diese beiden Theile einander ge=
nähert, so kann die Wagenschnur nur bis zu einem größeren Halb=
messer in diese Spur eindringen und wird daher bei einer Umdrehung
der Mantaufendwelle einen größeren Weg zurücklegen, als wenn
die beiden Theile etwas weniger genähert sind und die Schnur daher
etwas tiefer in die Spur eindringt. Bei Berechnung des Wagen=
laufes ist bei dieser Einrichtung der mechanische Halbmesser der Man=
taufendscheibe natürlich ebenfalls bis zum Mittelpunkte der Schnur
zu rechnen.

Bei Bewegung des Wagens mit Zahnrad und Zahnstange
sind mehrere Zahnstangen in der Länge des Wagenausschubes auf
dem Fußboden befestigt und durch den Wagen geht eine durch ein
Seil gedrehte Welle, welche für jede Zahnstange mit einem in die=
selbe eingreifenden Zahnrade versehen ist; es wird hierbei ein voll=
kommener Parallelismus des Wagens bei seinem Ausfahren erzielt.

Zur Hervorbringung des Nachzuges ist zuweilen am Ende des
Wagenlaufes ein Getriebe angebracht, welches von der Hauptwelle
in Bewegung gesetzt und mit einer am Wagen angebrachten Zahn=
stange in Verbindung gebracht wird, wenn der Wagen den ersten
Theil seiner Bewegung beendet hat.

Der Parallelismus der Wagenbewegung wird bei einer nicht zu
großen Wagenlänge durch die bereits erwähnten Kreuzschnüre, bei

größerer Wagenlänge durch mehrfache Wiederholung des Bewegungs=
mechanismus an verschiedenen Stellen der Wagenlänge hergestellt.

Um die Wagenbewegung an den bestimmten Punkten zu be=
grenzen, sind Stoßkissen an Stelleisen angebracht, gegen welche der
Wagen am Ende seines Laufes anstößt; am äußeren Ende des Wagen=
zugs fällt gewöhnlich ein an demselben angebrachter Haken in ein
Stelleisen ein, welcher durch die Niederdrückung des Aufwinders wie=
der ausgehoben wird.

Der Wagen läuft mit Rädern auf Schienen, welche längs
seiner Bahn auf dem Fußboden befestigt sind; diese Schienen liegen
entweder ganz horizontal oder, um dem Spinner das Einfahren des
Wagens zu erleichtern, äußerlich $1/2$ bis $3/4$ Zoll höher als innerlich.

Die Länge des Wagens ist für gewöhnlich abhängig von dem
zu seiner Aufstellung vorhandenen Raume; die Zahl der Spindeln,
welche auf demselben angebracht werden können, richtet sich nach der
zu spinnenden Garnnummer und ist bei feinerem Garne für Kötzer
von geringerem Durchmesser größer, als bei gröberem Garne, welches
auf Kötzer mit größerem Durchmesser aufgewunden wird. Für Mittel=
nummern ist für jede Spindel der Länge des Wagens nach ein
Raum von $9/8$ bis $5/4$ Zoll zu rechnen.

Zur Reinigung des Wagens von dem Flugstaub haben Whitaker
and Sons in Haslingdon einen traversirenden Apparat (scavenger)
angegeben, welcher in the pract. mech. Journ. Vol. VII, pag. 222
beschrieben und abgebildet ist.

43) Die Streckung durch den Wagenzug (gain), welche
dadurch hervorgebracht wird, daß der Wagen, auch ohne den etwa
vorhandenen Nachzug zu rechnen, während seines Ausschubes einen
größeren Weg durchläuft, als die Länge des von den Vorderzylindern
gleichzeitig ausgegebenen gestreckten Vorgarnes beträgt, ist beim
Spinnen von Kette und von höheren Nummern, daher beim Verar=
beiten von längeren Baumwollfasern größer, als bei Schuß, bei nie=
deren Nummern und bei kürzeren Wollen; sie kommt bei sehr kurzen
Wollen und beim Spinnen vom Abgang wohl gänzlich in Wegfall.
Zu wenig Streckung durch den Wagen gibt ein raueres, spitzigeres
und weniger elastisches Garn; zu viel Streckung erzeugt verzogene
dünne Stellen und gibt zu vielem Fadenbruch Veranlassung. Für
niedere Nummern beträgt diese Streckung $1/2$—3 Zoll, für Mittel=

nummern bis zu 4 Zoll, für höhere bis zu 6 Zoll, wenn sich dann noch ein Nachzug von mehreren Zoll anschließt. Mit dieser Streckung in innigster Verbindung besteht die Einrichtung, daß man dem Faden während des Auszugs nicht den vollen Draht gibt, um ihn während des ganzen Wagenzugs dehnbar zu erhalten. Bei bedeutender Größe des Nachdrahtes geht ein Theil der Streckung dadurch verloren, daß sich die Fäden etwas verkürzen und der Wagen zur Zeit des Nachdrahtes sich ein wenig den Zylindern nähert.

44) Der zur Bildung des Kötzers dienende Aufwinder besteht in einem in einer vollkommen geraden Linie aufgespannten Draht, welcher in der höchsten Stellung etwa $3/8$ Zoll über den Spitzen der Spindeln und in seiner tiefsten Stellung etwa $1/2$ Zoll von den Spindeln entfernt steht; dieser Draht ist zwischen Armen ausgespannt, welche von einer Welle ausgehen, diese Welle läuft über die ganze Länge des Wagens und liegt so in Lagern, daß sie der Stellung der Spindeln nach verschiedener Neigung entweder unmittelbar folgt, oder leicht der Neigung der Spindeln entsprechend bis zur richtigen Lage des Drahtes gestellt werden kann, sie läßt eine Drehung um einen Winkel von 60—80° zu.

Die Führung des Aufwinders zur Bildung eines regelmäßig geformten und entsprechend festen Kötzers setzt eine große Geschicklichkeit von Seiten des Spinners voraus. Es sind im Wesentlichen drei verschiedene Perioden hierbei zu unterscheiden. Beim Beginn der Aufwindung ist der doppelkegelförmig gestaltete Ansatz zu bilden, hieran schließen sich kegelförmig aufeinander gebaute Fadenlagen, und nachdem etwa $3/4$ des Kötzers vollendet sind, beginnt die Bildung des Kopfes dadurch, daß der Neigungswinkel der aufzusetzenden Kegel spitzer wird und ein theilweises Aufwinden von oben nach unten eintritt, um durch die verschiedenartige Fadenkreuzung ein Abtrennen einzelner Theile (sogenannter Mützen) zu verhindern.

Um die Regelmäßigkeit des Aufwindens weniger von der Geschicklichkeit der Spinner abhängig zu machen, hat man an den Handmulen Aufwinderegulatoren angebracht, welche durchgehends auf dem Prinzipe beruhen, daß die Tiefe, bis zu welcher der Aufwinder niedergedrückt werden kann, durch eine längs des Wagenlaufes angebrachte Schiene, Copping-plate, bestimmt wird, indem eine von dem Aufwinderarm niedergehende Stange sich mit einem Zapfen auf diese Schiene aufsetzt. Die Verstellung der Schiene nach jedem Spiele ebensowohl, als die Form derselben ist mannichfachen Veränderungen unterworfen worden. Bei einem im Jahre 1839 in Sachsen paten= tirten Aufwinderegulator der Gebr. Lauckner wurde die Schiene an beiden Enden durch einen spiralförmigen Kamm in ihrer Stellung so regulirt, daß durch eine geringe Drehung der Welle, an welcher sich dieser Kamm befand, nach jedem Spiele die Schiene etwas höher stand. Sowohl an dem einen als an dem andern Ende befand sich ein solcher Kamm unter der Schiene, und theils die verschiedene Form des Kammes, theils die verschiedene Drehung der Welle von einem Bolzen am Wagen aus machte es möglich, die Schiene an jedem Ende beliebig zu verstellen. Der Aufwinderegulator von R. Hartmann in Chemnitz, auf welchen später ein Patent ertheilt wurde, unterscheidet sich von dem vorhergehenden wesentlich dadurch, daß die spiralförmi= gen Kämme durch Schrauben ersetzt sind. Gegenwärtig werden diese Regulatoren nach Art der bei den Selfaktors ausgeführten hergestellt.

45) Um das Abnehmen des Kötzers zu erleichtern, und nament= lich beim Spinnen von Kötzern, welche direkt in die Weberschiffchen gelegt werden können (Pin-cops), eine größere Haltbarkeit und eine Verminderung des Abgangs zu erzielen, werden auf die Spindeln Metallröhrchen oder Papierhülsen geschoben. Die Metallröhr= chen werden entweder aus Zinn gefertigt, wie z. B. in Amerika, oder aus Weißblech; das polyt. Centralbl. 1854, S. 1351 enthält die Beschreibung einer Maschine von M. Poole zur Herstellung solcher Blechröhrchen. — Eine Maschine von Motsch und Perrin in Cernay zu Herstellung papierner Röhrchen zum Aufschieben auf die Spindeln, welche sich durch ihre Gleichförmigkeit vor den mit der Hand herge= stellten wesentlich auszeichnen, ist in ihrer Leistung beschrieben im polyt. Centralbl. 1850, S. 1222.

Um die untere Oeffnung der Kötzer, welche zum direkten Ein= legen in die Weberschiffchen bestimmt sind, haltbarer herzustellen, be= dient man sich wohl auch des Verfahrens, die Spindeln vor Beginn des Aufwindens an der Stelle, wo der Kötzeransatz beginnt, mit etwas Kleister zu bestreichen und dadurch die inneren Fäden des Kötzers zusammenzukleben, was aber allerdings zu einem größeren Abgange bei der Weberei Veranlassung gibt.

46) Das Abnehmen der Kötzer von den Spindeln (doffing) nimmt einen desto größeren Theil der gesammten Betriebszeit in Anspruch, je öfter sich dasselbe wiederholt; es ist die hierdurch entstehende Verminderung der Gesammtproduktion daher auch desto bedeutender, je geringere Fadenlänge ein Kötzer enthält, daher auch größer bei Kötzern, die für Weberschiffchen gesponnen werden.

Um die zu dem Abnehmen erforderliche Zeit zu verkürzen, ist von John Platt und Thomas Palmer eine 1847 patentirte Einrichtung angegeben worden (London Journal 1849. Vol. 34, pag. 1), bei welcher sich unmittelbar auf dem Plattbande für die Halslager eine Schiene befindet, welche für sämmtliche Spindeln kleine Höhlungen hat und mit denselben die Spindeln auf die Hälfte ihres Umfanges dicht umschließt. Wird diese Schiene durch einen leicht mit einem Handgriff in Thätigkeit zu setzenden Hebungsapparate aufwärts bewegt, so schiebt sie sämmtliche Kötzer um etwa ⅖ der freistehenden Spindellänge an denselben in die Höhe und gestattet, da sich dieselben an einer schwächeren Stelle der Spindel befinden, ein leichteres Abnehmen der Kötzer.

47) Was die Einrichtung des Bewegungsmechanismus, welcher in dem headstock (tête du métier) vereinigt ist, anbelangt, so liegt dieser Mechanismus entweder an dem einen Ende der Maschine, was bei älteren Maschinen bis zu etwa höchstens 300 Spindeln noch der Fall ist; der Spinner hat dann gewöhnlich seine Stellung während des Einwindens bei dem headstock; oder ziemlich in der Mitte, wie in der in dem Hauptwerk gegebenen Abbildung und in Fig. 234 und 235, der Wagen ist dann nur durch den headstock unterbrochen, die beiden Wagenhälften sind aber so mit einander verbunden, daß alle Bewegungen in denselben vollkommen gleichmäßig erfolgen; oder es liegt der Bewegungsmechanismus in der Mitte hinter dem feststehenden Theile der Mule (stehender headstock), und der über die ganze Länge ohne Unterbrechung durchgehende Wagen hat nur in der Mitte an der Stelle keine Spindeln, wo der Aufwindungsapparat (Mittelaufwindung) angebracht ist. Eine Einrichtung dieser Art mit stehendem headstock ist in Ure's Cotton Manufacture of Great Britain, Vol. II, pag. 151 beschrieben und abgebildet.

Gewöhnlich sind die Mulemaschinen hinter einander so aufgestellt, daß die Wägen abwechselnd einander zugekehrt sind, was theils für die Zuleitung der Bewegkraft größere Bequemlichkeit darbietet, theils dem Spinner erlaubt, zwei solche Maschinen zu bedienen, indem er den einen Wagen jedes Mal einfährt, während der andere im Heraus= gehen begriffen ist.

In England hat man auch zwei und mehrere Mulemaschinen (daggers) so mit einander gekuppelt, daß sie, ohne in einer Linie zu stehen, ganz gleichmäßige Bewegungen machen; ja Bodmer hat in einem im Jahre 1838 erhaltenen Patente eine Einrichtung ausgeführt, bei welcher sechs Mulemaschinen durch einen in der Mittellinie stehen= den Apparat von einem Spinner so dirigirt werden können, daß sie alle gleichzeitig vollkommen identische Bewegungen machen. Soll ein Spinner mit vier Maschinen gleichzeitig spinnen, so verbindet man je zwei und zwei Wägen durch auf dem Fußboden hingehende Riegel und überträgt den Mechanismus des Aufwindeapparats von einem Wagen auf den dahinter liegenden.

Verschiedene Einrichtungen zur Herstellung der Doppelgeschwin= digkeit für die Wagen= und Spindelbewegung sind in dem Bulletin de Mulhouse abgebildet und beschrieben; unter diesen ist zu erwähnen:

Greffien's Einrichtung (Tom. XV, pag. 120), bei welcher die zweite Bewegung in dem doppelten Geschwindigkeitsbetrage erfolgt, als die erste; es liegt ihr das Prinzip des Differenzialgetriebes zu Grunde, und sie ist so angeordnet, daß sie bei einer gewöhnlichen Handmule ohne Veränderung anderer Theile in Anwendung gebracht werden kann.

Salabins Einrichtung (Tom. XX, pag. 328) mit Verzahnung (double vitesse par engrenage), mit drei neben einander liegenden Riemenscheiben und zwei Stirnradvorgelegen;

desselben Einrichtung mit Riemen (ebendas.), entweder mit oder ohne Anwendung des Differenzialgetriebes (double vitesse par cour= roie). Wir müssen, um die Zahl der Abbildungen nicht allzu sehr zu häufen, bezüglich dieser ganz zweckmäßigen Einrichtungen auf die angegebene Quelle verweisen.

Die Aus= und Einrückungen der verschiedenen Bewegungen sind im Laufe der Zeit wesentlich verbessert worden, namentlich hat man das direkte Aus= und Einrücken von mit einander im Eingriff befindlichen Rädern, wodurch die Zähne leicht eine Verletzung erfahren, durch Klauen= oder Friktionskuppelungen ersetzt, durch welche ohne Störung des Eingriffes der Räder das eine derselben mit seiner Welle in und außer Verbindung gesetzt wird.

48) Was die übrigen mechanischen Verhältnisse anbelangt, so erhält die Hauptwelle gewöhnlich 90—170, zuweilen bis gegen 300 Umdrehungen in der Minute, die Vorderzylinder machen 30—100 Umdrehungen und die Spindeln 3000 bis gegen 7000 Umdrehungen in der Minute oder 16—50 pro Umdrehung der Hauptwelle. Spindel= geschwindigkeiten über 4500 sind nur bei zu ertheilendem Nachdraht zu empfehlen. Durch den Nachdraht wird etwa $\frac{1}{4}$ bis $\frac{1}{3}$ der er= forderlichen Drehungen des Fadens hervorgebracht.

Durch das Gleiten der Schnüre und die Abwickelung der Twist= schnur von der mit dem Wagen vorwärts bewegten Twistscheibe ent= steht eine Differenz zwischen der durch Rechnung bestimmten und der wirklich eintretenden Gesammtzahl der Spindeldrehungen während eines Wagenauszuges; diese Differenz ist nach den vorher geschilderten verschiedenen Einrichtungen verschieden und kann bis zu etwa 7 Proz. der berechneten Zahl der Spindelumdrehungen steigen. Zur genauen Bestimmung der wirklichen Spindeldrehungen dient ein Spindel= umlaufzähler, welcher in einem gewöhnlichen Zählapparate be= steht, der durch eine an einer Spindel angebrachte Schnecke in Um= drehung versetzt wird (Gewerbeblatt für Sachsen 1839, S. 349), und den man während eines vollen Wagenausganges und bis zum Stillstande der Spindeln mit einer derselben in Verbindung bringt.

Um die Gesammtlänge des ausgegebenen gestreckten Vorgarns zu bestimmen, bringt man auch zuweilen an den Vorderzylindern Zy= linderumgangszähler an, welche nach der Einrichtung von Sa= ladin aus Rädern bestehen, welche auf der Stirnfläche mit Zähnen versehen sind und auf der Seitenfläche einen in Form eines Spiral= ganges angebrachten Zahn haben. Steht letzterer mit den Stirn= zähnen eines zweiten Rades im Eingriffe, so dreht er dasselbe bei einem vollen Umgange um einen Zahn vorwärts.

Um dagegen die bei einem Wagenauszuge wirklich ausgegebene Länge des Vorgarnes zu bestimmen und dadurch die Streckung durch den Wagenzug genau zu ermitteln, läßt man durch ein Vorderzylinder= paar während eines Auszugs ein Band gehen, an welchem man vor Beginn des Spieles und nach Beendigung desselben vor den

Zylindern einen Strich macht. Der Abstand beider Striche gibt die gesuchte Länge.

Die Geschwindigkeit des Wagens darf keine zu große sein, da sonst im Faden leicht dünne Stellen, Spitzen, entstehen und der Fadenbruch erhöht wird. Von der Zeit eines vollen Spieles nimmt der Wagenauszug den größten Theil ein, und es läßt sich daher auch die vortheilhafteste Wagengeschwindigkeit nach der zu einem vollen Spiele erforderlichen Zeit bestimmen.

Die Zeit zu einem vollen Spiele ist wesentlich von der Garnqualität, der Güte der Maschine und der Geschicklichkeit des Spinners abhängig, sie beträgt unter günstigen Verhältnissen ungefähr

für Abgangsgarn	Nr. 8—10	16	Sekunden,
„ — „	„ 20	18	„
für Kettengarn	Nr. 30	19	„
„ „	„ 40	22	„
„ „	„ 50	26	„
„ „	„ 60	28	„
„ „	„ 70	30	„
für feine Garne	Nr. 120—180	58—90	„
„ „ „	„ 240	120	„

Schußgarne brauchen etwa 5 Proz. weniger Zeit als Kettengarn.

49) Die Bedienung der Maschinen erfolgt durch einen Spinner, welchem je nach der Spindelzahl ein oder mehrere Andreher (piecers) zur Seite stehen, um in der Zeit, wo der Wagen den Zylindern noch nahe steht, die gerissenen Fäden anzudrehen. Durch diese oder anderes Arbeitspersonal erfolgt das Aufstecken des Vorgarnes (creel-fillers), das Reinigen des Fußbodens, Wagens ꝛc. von der herumfliegenden Baumwolle (fly), was in regelmäßigen Zeiten (in England durch die clearers, scavengers) erfolgen muß, sowie das regelmäßige Ein= ölen. Die Spindelnäpfchen erhalten täglich 2 Mal, die Halslager 3—4 Mal, die Vorderzylinder 1—2 Mal Oel.

Gewöhnlich bedient ein Spinner zwei Maschinen, die Zahl der von ihm dabei beaufsichtigten Spindeln ist aber wesentlich nach der Größe derselben verschieden und kann, wenn eine Maschine für gröbere Garne von 180 Spindeln an enthält, Maschinen für höhere Garn= nummern aber oft zu je zwei von 500 Spindeln in England mit einander verbunden sind, von 360 Spindeln bis zu 2000 steigen.

Die Arbeit wird hierbei wesentlich durch gute Beleuchtung unter=
stützt, am vortheilhaftesten ist hierbei, das Licht so einfallen zu lassen,
daß es die zwischen Zylindern und Spindeln ausgespannten Fäden
zur Seite trifft. Dies wird namentlich auch bei Einrichtung künst=
licher Oelbeleuchtung durch zweckmäßig konstruirte Neverberen und bei
Gasbeleuchtung zu erreichen gesucht. Bei letzterer sind für eine Ma=
schine von 400 Spindeln etwa drei Flammen erforderlich.

50) Die absolute Leistung eines Spinners richtet sich nach
der von ihm bedienten Spindelzahl, nach der Geschwindigkeit der
Maschine und nach dem Verlust durch Fadenbruch. Gewöhnlich wird
dieselbe nach Zahlen pro Spindeln für eine Arbeitswoche von 69—78
Arbeitsstunden angegeben. Hiernach ist pro Spindel für Kette zu
rechnen:

Bei Nr.	20	21—26	Zahlen.
" "	40	20—30	"
" "	60	17—19,5	"
" "	80	14—15	"
" "	100	12	"
" "	120	10	"

Für Schuß ist circa 5 Prozent mehr anzunehmen. Die Diffe=
renzen ergeben sich aus den oben genannten einwirkenden Umständen
und aus der Verschiedenheit der Arbeitszeit in einzelnen Etablissements.

Nach Alcan beträgt die Leistung bei Erzeugung von Kettengarn
erster Qualität nach Reduktion auf englische Bezeichnung:

Für Nr.	54	16,2	Zahlen.
" "	70	14,0	"
" "	94	11,2	"
" "	118	10,6	"
" "	141	9,4	"
" "	165	7,7	"

Nach Montgomery hat sich die Leistung in dem Zeitraume von
1812 bis 1830 in dem Verhältniß erhöht, daß man als tägliches
Produkt einer Spindel rechnen kann:

Für Nr.	40	2	Zahlen 1812.	2,75	Zahlen 1830.
" "	80	1,5	" "	2,00	" "
" "	120	1,25	" "	1,65	" "
" "	200	0,75	" "	0,90	" "

Redtenbacher gibt in seinen Resultaten S. 298 eine ausführliche Uebersicht der Lieferung und übrigen Einrichtung der Mulemaschinen, aus welcher wir auszugsweise nur Folgendes mittheilen und dabei bemerken, daß die Garnnummer die französische ist.

Nr. des Garnes.	Länge der Wollfasern in Millim.	Umdrehungen der Spindel in der Minute.	Zwirnungen für 1 Meter Länge bei Kette.	Schuß.	Lieferung einer Spindel in zwölf Stunden. Kette. Kilogr.	Schuß. Kilogr.
10	14	4200	796	637	0,284	0,355
20	20	4000	900	720	0,090	0,112
40	25	3600	1053	842	0,0285	0,036
60	29	3200	1143	914	0,0146	0,018
80	32	2800	1224	979	0,0090	0,0112
100	35	{ 2400 / 4800	1278	1022	0,0062	0,00775
120	37	{ 2000 / 4000	1332	1065	0,0046	0,00575
150	40	{ 1400 / 2800	1395	1116	0,0032	0,0040

Von den in der dritten Kolumne enthaltenen Doppelzahlen bezieht sich die letztere auf die beim Nachdraht Statt findende Spindelgeschwindigkeit.

Der Fadenbruch belief sich in früheren Zeiten auf kaum weniger als 12—13 Prozent; durch Verbesserung der Maschinen ist er gegenwärtig im ungünstigsten Verhältniß bis auf etwa 4 Prozent herabgegangen, und bei geschickten Spinnern und guten Maschinen erreicht er kaum die Höhe von 1 Prozent.

Die relative Leistung, d. h. das Verhältniß der wirklichen Produktion zu der durch Rechnung ermittelten oder theoretischen, wird durch einen Bruch angegeben werden, welcher desto mehr von der Einheit abweicht, je größer der Fadenbruch ist und je mehr andere Störungen während des Ganges der Maschine eintreten. Nach den von Alcan angegebenen Zahlen bestimmt sich diese relative Leistung

für Nr. 70 zu 0,87

„   „   94 „ 0,70

„   „ 118 „ 0,65

„   „ 141 „ 0,58

„   „ 165 „ 0,47

51) Die Größe der Betriebskraft für Mulemaschinen beträgt nach Redtenbacher pro 1000 Spindeln 2,28 Pferdekraft, nach direkten Bremsversuchen mit Maschinen, an denen die Spindeln 4206 Umdrehungen in der Minute machten: 2,10 Pferdekraft (vrgl. Polytechnisches Centralbl. 1849, S. 580), nach Versuchen von Morin an 8 Maschinen mit zusammen 2340 Spindeln, welche von 4300—5000 Umdrehungen machten, für 1000 Spindeln durchschnittlich 2,35 Pferdekraft.

C. Der Selfaktor.

52) Nachdem die 1790 durch W. Strutt aus Derby und 1792 durch W. Kelly aus Lanark Mill gemachten Versuche, die Mulemaschine mit vollständig mechanischen Bewegungen zu versehen, ohne weiteren Erfolg geblieben waren, richtete sich im dritten Jahrzehent dieses Jahrhunderts die Aufmerksamkeit der Maschinenbauer von neuem auf dieses Ziel, um in der selbstwirkenden oder selbstthätigen Mule (selfacting-mule, selfactor; métier mulljenny selfacting, renvideur mécanique) ein Gegengewicht gegen die an der Handmule beschäftigten Spinner hervorzurufen, welche zu damaliger Zeit mehrfach durch vereinte Arbeitseinstellung höheren Lohn zu erlangen suchten. Einige selbstwirkende Mulemaschinen von Eaton und von de Jongh kamen theils zu Manchester, zu Wiln in Derbyshire und in Frankreich, theils in Warrington in Betrieb, erwiesen sich aber als ungenügend.

Von besonderer Wichtigkeit waren aber die mechanischen Einrichtungen zum Aufwinden, auf welche Richard Roberts in Manchester 1825 und 1830 Patente ertheilt wurden (Abbildung derselben im London Journal, I. Serie, Bd. XIII, S. 6 und II. Serie, Bd. VIII, S. 233), namentlich aber der in letzterem Patente enthaltene Quadrant zur Hervorbringung der beim Wageneingange erforderlichen verschiedenen Spindelgeschwindigkeit, nebst dem überaus sinnreichen durch die Fadenspannung bewegten Regulirungsapparate für die Spindelgeschwindigkeit, Vorrichtungen, welche theils direkt, theils mit mannichfachen Abänderungen bei vielen der jetzt ausgeführten Selfaktorsysteme Anwendung gefunden haben.

Zum besseren Verständniß dessen, was über die verschiedenen Selfaktoreinrichtungen anzuführen ist, mag zunächst eine der jetzt am mehrsten angewendeten Selfaktorkonstruktionen ausführlich beschrieben werden.

53) Der Selfaktor von Hibbert, Platt and Son ist in Fig. 229—267 (Taf. 20—25) abgebildet. Es stellt vor:

Fig. 242. Die rechte Seitenansicht des headstock; der Zylinderbaum und die durchgehenden Wellen sind durchschnitten, die Seitenansicht des Wagens ist ebenfalls vorhanden. Der Wagen ist im Auszuge begriffen, die Kötzerbildung hat eben begonnen.

Fig. 252. Die linke Seitenansicht des headstock, nebst einem Durchschnitt durch die linksstehende Seite der Maschine und des Wagens; es sind daher die Holzverbindungen im Wagen sichtbar, die Trommeln zur Spindelbewegung, die Spindeln mit ihrer Lagerung und einige in der Wagenbreite liegende Aufwindetheile.

Fig. 253. Der Grundriß des headstock, nach Hinwegnahme des oben aufgesetzten Gestelles; man sieht das Wagenmittelstück und zu beiden Seiten ein Stück des Zylinderbaumes.

Fig. 254. Die vordere Ansicht des Wagenmittelstücks mit einigen rechts und links sich anschließenden Spindeln.

Fig. 255. Ein Theil des headstock in oberer Ansicht mit oben aufgesetztem Gestelle, korrespondirend mit Fig. 253.

Fig. 256. Die vordere Ansicht des headstock nebst den bis etwa zur Mitte desselben liegenden Theilen.

Fig. 257. Ein Durchschnitt des headstock nach der Ebene $\alpha\,\beta$ in Fig. 242 und 252 und von vorn angesehen; auf der rechten Seite ist der Anschluß des Streckwerks gezeichnet.

Fig. 258. Die hintere Ansicht des headstock.

Sämmtliche bisher genannte Figuren sind in dem zwölften Theil der natürlichen Größe gezeichnet; die übrigen Figuren enthalten Details, auf welche später in der Beschreibung eingegangen werden wird im achten Theile der natürlichen Größe.

An dem Gestell A A des headstock, welches sich um etwa 20 Spindeln außerhalb der Mitte der ganzen Maschine befindet, sind zu beiden Seiten die Zylinderbäume B B, wie Fig. 242 und 252 im Durchschnitt, Fig. 253 und 257 zu beiden Seiten zeigen.

Am oberen Theile ist die Hauptwelle E mit den beiden Riemenscheiben C und D eingelagert (Fig. 255); C ist auf der Hauptwelle fest, D dreht sich lose auf derselben und ist mit dem Rade F fest verbunden (vrgl. den Durchschnitt Fig. 240). Die Festscheibe C ist etwas schmäler als D; liegt der Riemen auf C, so bedeckt er zugleich auch einen Theil von D und überträgt daher auch auf letztere Riemenscheibe Bewegkraft; liegt er dagegen auf D, so reicht seine Breite nicht bis zur Festscheibe C. Die Umlegung des Riemens erfolgt durch die Gabel Z. G ist ferner eine auf der Hauptwelle befindliche Friktionsscheibe, welche von Zeit zu Zeit gegen die an das Zahnrad H angegossene Scheibe, die mit ihr korresponbirt, angepreßt wird und letztere dann so lange dreht, als sie gegen dieselbe gepreßt wird.

Parallel zur Hauptwelle liegt oberhalb in dem Hauptgestelle die Aus- und Einrückwelle (Steuerwelle) I, Fig. 255, deren Bestimmung ist, die Verstellungen des Mechanismus zu bewirken, durch welche die in den einzelnen Bewegungsperioden erforderlichen Bewegungen erzeugt werden. Diese Welle hat daher eine intermittirende Bewegung, welche ihr durch die beiden Friktionsscheiben O und N mitgetheilt wird; mit O ist ein Zahnrad von 38 Zähnen verbunden, in welches F (33 Zähne) eingreift, es geht daher auch stetig nach der oben angegebenen Bemerkung über die Lage des Treibriemens die Bewegung auf O über; N sitzt an der Welle I fest und enthält an vier von einander gleich weit entfernten Punkten Einkerbungen in seinem zylindrischen Umfange. Es wird hierdurch hervorgebracht daß I eine Bewegung von O aus nicht erhält, wenn eine solche Einkerbung in N der Scheibe O gegenüber steht, daß dagegen N und dadurch I um ¼ der Peripherie gedreht wird, wenn die Zylinderfläche von N mit O in Berührung kommt. Die Zeitbauer, während welcher I nach jeder Umbrehung still steht, ist nicht eine gleiche, sondern abhängig von der Wirkung derjenigen Theile, welche den Stillstand und die Wiederingangsetzung von I bestimmen. Beide Scheiben N und O sind neben einander stehend in Fig. 244, die Scheibe N in Fig. 243 und die Scheibe O nebst dem an derselben befindlichen Zahnrabe in Fig. 245 in den Detailzeichnungen sichtbar.

Zur Einrückung von N in O und zur Aufhebung der Verbindung zwischen beiden dient die an dem hinteren Ende von I angebrachte Scheibe P (Fig. 255) und der in Fig. 246—248 im Detail abgebildete Mechanismus. Die Scheibe P besitzt nämlich auf der einen Seite vier hervorragende Stifte Q, auf der andern Seite drei vorstehende Ansätze R, R¹, R². So lange sich die Welle I in Ruhe befinden soll, drückt gegen einen der vier erwähnten Stifte Q eine starke am Gestell angeschraubte Feder S, welche vermöge ihrer schiefen

Aufbiegung am oberen Ende eine kleine Drehung der Scheibe P und der Welle I bewirken kann, wenn erstere nicht in ihrer Lage fest= gehalten wird. Diese Drehung findet in Fig. 246 nach rechts zu Statt. Die Hemmung der Drehung von P wird aber an drei Stellen der Scheibe dadurch bewirkt, daß sich gegen einen der drei Ansätze R, R¹, R² der Vorstoß U des Hebels T anlegt; über die Hemmung an der vierten Stelle wird sogleich das Weitere erwähnt werden.

Der volle Cyclus von Hemmungen und Bewegungen der Steuer= welle I erfolgt nun von der in Fig. 246—248 gezeichneten Stel= lung aus, in welcher die Hemmung dadurch hervorgebracht wird, daß sich U gegen R legt, in folgender Art.

1) Der Hebel T wird um so viel gehoben, daß U über R steht, S drückt den einen Stift Q ein wenig nach oben, hierdurch kommt N mit O in Berührung und es wird I durch N um 90 Grad herum= gedreht, bis die zweite Einkerbung von N der Scheibe O gegenüber steht, dabei ist der zweite Stift Q in dieselbe Lage gegen S gekom= men, in welcher sich jetzt der erste Stift Q in Fig. 246 befindet, und der Stillstand von I wird dadurch bewirkt, daß sich der an ihm befestigte Daumen V gegen die eine Seitenfläche der Scheibe W legt und hierdurch an Fortsetzung der Bewegung, welche durch S angestrebt wird, behindert ist. V und W sind in Fig. 242 sichtbar und es ist hier in Verbindung mit Fig. 255 zu erkennen, daß die Scheibe W an der durch den (für die Spindeldrehung bestimmten) Zähler gedrehten Welle befindlich ist und einen sektorförmigen Aus= schnitt hat. Die Scheibe W dreht sich mit einer, je nach der zu spinnenden Garnnummer zu regulirenden, aber sonst stets gleich= förmigen Geschwindigkeit.

2) Hat sich die Scheibe W so weit herumgedreht, daß ihr Ein= schnitt dem Daumen V gegenüber steht, so wird letzterer nicht weiter zurückgehalten, die Feder S schiebt den zweiten Stift Q ein wenig vorwärts, bewirkt dadurch die Verbindung von N und O, und N wird durch O wieder um 90 Grad gedreht, bis die nächste Kerbe von N der Scheibe O gegenüber steht; sobald dies erfolgt ist stemmt sich U am Hebel T gegen den Ansatz R¹ an der Scheibe P, und es ist die Feder S gegen den dritten Stift Q wieder in die vorher beschriebene Lage gekommen.

3) Wird nun T wieder ein wenig höher als vorher gehoben,

so tritt U über R¹, die Feder S rückt durch den dritten Stift Q
die Welle I wieder um so viel vorwärts, daß N mit O in Verbindung kommt, und durch die Bewegung von O wird I abermals um
90 Grad herum bewegt, bis eine neue Kerbe von N sich O gegen=
über stellt. In dieser Stellung wird I dadurch erhalten, daß sich
R² gegen U stemmt und in dieser Lage wieder dadurch verharrt,
daß der vierte Stift Q die in Fig. 246 gezeichnete Lage gegen die
schiefe Fläche von S einnimmt.

4) Wird endlich der Hebel T nach abwärts bewegt bis U sich
unter R² befindet, so wirkt S wieder so gegen den vierten Stift
Q, daß N mit O in Eingriff kommt, I wird nochmals um 90 Grad
gedreht, es tritt wieder eine Kerbe von N der Scheibe O gegenüber
und es wird der Apparat dadurch im Stillstande erhalten, daß sich
der Vorstoß R gegen U, welches nun in tiefster Stellung ist, an=
stemmt, und alle Theile befinden sich nun wieder vollständig in der
in Fig. 246—248 gezeichneten Lage, um das Spiel von neuem be=
ginnen zu können.

Die Bewegungen des Hebels T, vermöge welcher er eine tiefste
Lage während der Drehung von I um 90 Grad, eine mittlere Lage
während der Drehung von I um 180 Grad und eine höchste während
der Drehung von I um 90 Grad annimmt, werden demselben durch
den unter dem headstock liegenden großen doppelarmigen Hebel Y,
mit welchem er durch die Zugstange X verbunden ist, mitgetheilt;
letzterer erhält aber seine Bewegung theils vom Wagen aus, theils
durch andere am headstock angebrachte Mechanismen, wie dies
nachfolgend ausführlicher beschrieben wird.

Die Bestimmung der Welle I, die verschiedenen Mechanismen
in und außer Gang zu setzen, erfüllt dieselbe aber bei ihrer periodi=
schen Bewegung durch die an ihr angebrachten Ein= und Ausrück=
scheiben oder Kämme K, L und M, deren höchste Hubstellen auf
eine bestimmte Art gegen einander angeordnet sind, und von denen
K in Fig. 266 und 267, L in Fig. 264 und 265 und M in Fig. 262
und 263 in der Art dargestellt sind, daß jedes Mal die erste Figur
die betreffende Scheibe im Durchschnitt auf der Welle I, dagegen
die zweite Figur die Form derselben abgewickelt deutlich macht.

Nachdem bis jetzt die Art und Weise angegeben worden ist, wie
die Steuerwelle I von der Hauptwelle E aus in die verschiedenen

Stellungen gebracht werden kann, sollen nunmehr die während eines
vollen Spieles der Maschine nach einander folgenden Bewegungen
nach Maßgabe der vorher in Nr. 36 angegebenen Perioden ausführlich geschildert werden.

A. Erste Bewegungsperiode.

An den auf der Welle I angebrachten Kamm K (Fig. 266, 267
und 242) legt sich ein Zapfen des mit der Riemengabel Z versehenen unterhalb drehbar aufgesteckten Aus- und Einrückhebels;
dieser Zapfen wird durch eine an dem Hebel angebrachte Kette, die
an ihrem andern Ende mit einer starken Spiralfeder (vrgl. Fig. 242
und 257) verbunden ist, stets gegen die Kante von K angepreßt
und erhält daher in der in den verschiedenen Figuren gezeichneten
Stellung die Riemengabel in der Lage, daß der Treibriemen die Festscheibe C bedeckt und durch dieselbe die Hauptwelle E in Umdrehung
versetzt.

An E befindet sich in der Nähe des hinteren Endes das Getriebe a (16 Zähne), welches mittelst der Transporteure b (44 Zähne)
und c (94 Zähne), von denen der Zapfen des letzteren in einem
Bogen verstellt werden kann, vrgl. Fig. 258, das Zahnrad d (45
bis 54 Zähne zum Wechseln) treibt; an der Welle des letzteren befindet sich das konische Rad e und steht im Eingriff mit dem konischen
Rade f von gleicher Zähnezahl mit e (30 Zähne), das auf der
Welle der Vorderzylinder lose aufsitzt und durch einen mittelst Nuth
und Feder auf dieser Welle verschiebbaren Kuppelungsmuff mit dieser
Welle in und außer Verbindung gebracht werden kann. In der ge-
zeichneten Stellung ist der Kuppelungsmuff eingerückt, und es erfolgt
hierdurch die Bewegung des Streckwerkes und zwar auf beiden
Seiten des headstock, da die Vorderzylinderwelle durchgeht (vrgl.
Fig. 253).

Zur Bewegung der übrigen Zylinder des Streckwerks befindet
sich ferner auf der Vorderzylinderwelle eine in zwei verschiedenen
Stellungen festzuschraubende Büchse g, an welche ein Zahnrad von
12 und ein Getriebe von 15 Zähnen angegossen ist (Fig. 253 und
257); von diesen kann das eine oder andere mit dem Rade h (58
Zähne) in Verbindung gebracht werden. Letzteres sitzt an einer über
beide Seiten des headstock vorstehenden Welle, deren Einlagerung
aus Fig. 242 und 252 ersichtlich ist, und welche zu beiden Seiten

die Getriebe i, i (23—27 Zähne zum Wechseln) trägt, die in die an den Hinterzylinderwellen angebrachten Räder k, k (50 Zähne) eingreifen (Fig. 253, 257). Die Mittelzylinder erhalten ihre Bewegung wie gewöhnlich, indem an jedem Ende des Zylinderbaumes sich an der Hinterzylinderwelle ein Rad von 32 Zähnen befindet, welches durch ein Doppelrad von 66 Zähnen mit dem an der Mittelzylinderwelle angebrachten Rade von 24 Zähnen verbunden ist. In Fig. 253 sieht man die hinter den Zylindern liegenden Fadenleitungsschienen, in Fig. 252 die unter dem Vorderzylinder angebrachte Putzwalze; der Rahmen zum Aufstecken der Vorgarnspulen ist nicht mit abgebildet.

Der Wagenauszug wird von dem das Streckwerk bewegenden Getriebe a aus hervorgebracht. Zu dem Ende befindet sich mit d an gleicher Welle das Getriebe l (28 Zähne), welches die Bewegung durch den Transporteur m (96 Zähne) auf das Rad n (63 bis 65 Zähne zum Wechseln) überträgt. An gleicher Welle mit letzterem Rade befindet sich das konische Getriebe o (18 Zähne), welches in das Rad p (54 Zähne) eingreift, das mit seiner Welle durch eine Kuppelungsbüchse verbunden oder von derselben getrennt werden kann. In der gegenwärtigen Stellung ist die Kuppelung geschlossen, und es geht daher die Bewegung auf die Welle von p und daher auch auf die an ihr befindliche Seiltrommel q von 7 Zoll Durchmesser über (Fig. 257 und 258); an letzterer sind die Enden zweier Seile r und s befestigt. Das eine Seil r (Fig. 242 und 253) geht nach einem am Wagen angebrachten Bolzen t; das andere Seil s nach einer zweiten am Ende des Wagenzuges der vorher erwähnten gegenüberliegenden Seiltrommel u, an welcher es ebenfalls befestigt ist, und daher die Drehung derselben bewirkt. An der letzteren Seiltrommel u ist ein drittes Seil v befestigt, welches nach dem an der andern Seite des Wagens angebrachten Bolzen w geht und an diesem befestigt ist. Um die Seile r und v entsprechend anspannen zu können, sind die Bolzen t und w drehbar und mit Sperrrädern und Sperrkegeln versehen, wie dies Fig. 242 und 253 deutlich machen. Aus der angegebenen Verbindung der Räder, Seiltrommeln und Seile untereinander und mit dem Wagen ist nun ersichtlich, daß wenn bei p die Kuppelung eingerückt ist, die Seiltrommel q so gedreht wird, daß sich das Seil s auf sie auf- und das Seil r von ihr abwickelt;

s dreht dabei die Seiltrommel u in demselben Maße wie q, da beide gleiche Durchmesser haben, indem es sich von u abwickelt, hierbei wickelt sich v auf u auf und bewirkt dabei das Herausgehen des Wagens am Bolzen w. Das Seil r hindert diesen Wagenauszug nicht, da es sich gleichzeitig von q abwickeln kann.

Der Parallelismus des Wagens bei seiner Bewegung wird bei der vorliegenden Maschine nicht durch eine Kreuzschnur, wie bei der gewöhnlichen Mule und bei Selfaktors von geringerer Spindelzahl bis zu etwa 400, gesichert, sondern dadurch, daß die hier geschilderte Bewegungsübertragung auf den Wagen, außer in der Mitte, auch noch an beiden Enden desselben Statt findet. Zu dem Ende geht die an der Seiltrommel q befindliche Welle nach rechts und links durch die Länge der Maschine hindurch, hat an beiden Enden wieder Seiltrommeln, denen gegenüber sich ebenfalls Seiltrommeln am Ende des Wagenlaufs befinden. Die Verbindung derselben untereinander und mit dem Wagen ist dieselbe wie vorher. Aus dem angegebenen Grunde sieht man in Fig. 242 und 252 die Seiltrommelwelle durchschnitten.

Die Spindeldrehung wird durch den am hinteren Ende der Hauptwelle befindlichen Twistwirtel x hervorgebracht; es können hier vier verschiedene Twistwirtel von 20"—21,18"—22,33"—23,5" Durchmesser je nach Bedarf aufgeschoben werden. Die über den Twistwirtel gelegte Schnur geht über die Leitrollen A', längs des Wagenlaufs nach B', von da über die im Wagen befindliche doppelspurige Rolle y (10 Zoll Durchmesser) nach der ebenfalls doppelspurigen Leitrolle C', wiederholt über y und C' und dann über D' nach x zurück (vgl. Fig. 242, 253 und 258, wo die Schnur wirklich gezeichnet ist). Bei D' befindet sich eine Scheibe, um das Abgleiten der Schnur zu hindern. Durch Verstellung der Leitrollen kann die Schnur entsprechend gespannt werden, und durch Anwendung der doppelspurigen Rolle y wird ein Gleiten der Schnur möglichst verhindert. Auf der Welle von y befinden sich nämlich die liegenden Blechtrommeln z (6⅛ Zoll Durchmesser), welche sich längs der beiden Wagenhälften erstrecken und von denen aus die Schnüre nach den Spindelwirteln (von $^{15}/_{16}$ Zoll Durchmesser) gehen. Zu je sechs Spindeln wird eine einzige Schnur verwendet, welche abwechselnd die Blechtrommel und je einen Spindelwirtel umspannt und mit den Enden zusammengebunden ist.

(Fig. 252, 254.) Durch die angedeutete Verbindung ergibt sich, wie unabhängig von der Stellung, welche der Wagen einnimmt, die Drehung von dem Twiſtwirtel auf y und von hier auf die Spindeln übertragen wird.

Bei dem beſchriebenen Laufe der Twiſtſchnur erfolgt die Zwir= nung rechtsgängig; geht dagegen die Schnur von B′ auf C′, dann auf y, auf C′ zurück, wieder auf y und dann nach D′, ſo erfolgt eine linksgängige Zwirnung.

Die zur Zeit geſchilderten Bewegungen dauern während der erſten Bewegungsperiode mit gleichbleibender Geſchwindigkeit fort, da eine Doppelgeſchwindigkeit nicht Statt findet (vgl. Nr. 36 A. α), bis der Wagen ſeinen Auszug vollendet hat; zu dieſer Zeit beginnt

B. die zweite Bewegungsperiode,

innerhalb welcher, da ein Nachzug nicht Statt findet, zuerſt die Zylinder= und Wagenbewegung auszurücken, dagegen die Spindel= bewegung zur Erzeugung des Nachdrahts zunächſt noch fortzuſetzen, dann aber ebenfalls abzuſtellen iſt.

Hierzu dient der bereits vorher erwähnte im headstock unter dem Wagenlauf befindliche große Hebel Y. Derſelbe hat bei R^2 (Fig. 242) ſeinen Drehpunkt, iſt nach vorn zu mit einem Ueber= gewichte verſehen, welches noch dadurch verſtärkt wird, daß das hin= tere Ende des Hebels mit einer am Geſtelle A befeſtigten Feder S^2 verbunden iſt. Er wird in ſeiner gegenwärtigen Stellung dadurch erhalten, daß ſich der an ſeinem vorderen Ende befindliche Stift m^2 auf den Haken 1^2 auflegt (Fig. 238, 239 und 241). Dieſer Haken iſt um den am Geſtell befeſtigten Bolzen k^2 drehbar und auf der Gegenſeite mit einem Gewichte n^3 verſehen, durch welches er nach dem Stifte m^2 zu bewegt wird, und welches mit einem den Bolzen n^2 tragenden Stelleiſen verbunden iſt. An dem Wagengeſtell iſt nun ein Anſtoß angebracht, welcher bei Beendung des Wagenlaufes gegen n^2 trifft, dabei den Haken 1^2 zurückſchiebt und ſomit die Unterſtützung des Hebels Y aufhebt. Der Hebel folgt nun ſeinem Uebergewichte und der Wirkung der Feder S^2, d. h. er ſinkt mit dem äußeren Ende ſo weit nieder, bis er ein anderes Hinderniß findet.

Dieſes Hinderniß ergibt ſich in einem zweiten ebenfalls um den Bolzen k^2 drehbaren Haken p^2, auf welchen ſich der an Y befeſtigte Stift o^2 auflegt, wenn derſelbe vorgeſchoben iſt. In der gegenwärtig

in Fig. 238 und 241 gezeichneten Stellung ist er noch nicht vor=
geschoben, er kommt erst gegen Ende des Wagenlaufes in diese
Stellung. Der Haken p² bildet nämlich den einen Arm eines Winkel=
hebels, dessen anderer Arm mit einer Zugstange q² verbunden ist.
Diese Zugstange ist oberhalb mit dem gekrümmten Arme V² ver=
bunden, welcher an den Schaft W² angegossen ist. An dem Schafte
W² befindet sich ferner ein Lappen, auf welchen der Hebel X² fest=
geschraubt ist. Wird nun der letztere Hebel etwas gehoben, so be=
wegt sich q² so viel nach oben, daß p² unter o² gerückt wird und
daher nach Wegziehung des Hakens l² dem Hebel Y nur gestattet,
um eine geringe Größe niederzusinken.

Wenn sich das vordere Ende von Y um den Abstand der beiden
Haken l² und p², um den Wagenlauf zu beenden, senkt, so hebt
sich das hintere Ende um so viel, daß durch die Zugstange X der
Hebel T aus seiner tiefsten Stellung in die nächste höhere übergeht,
wobei sich der an ihm angebrachte Vorstoß U etwas über R erhebt.
Es macht daher auch die Steuerwelle I nunmehr eine Viertelbrehung,
bis der Daumen V sich gegen die Scheibe W legt, wie dies vorher
beschrieben wurde, und hierbei wirkt die in der Friktionsscheibe N
zur Seite angebrachte Spur (Fig. 244) auf den einarmigen Hebel
E¹ (Fig. 258) in der Art, daß derselbe die mit ihm an einem
kürzeren Hebelarm verbundene Schiene F¹, welche rechtwinkelig gegen
die Länge des headstock beweglich ist, in Fig. 258 nach rechts zu
verschiebt. Hierdurch erfolgt zunächst

die Ausrückung des Streckwerks; denn nach Fig. 253 be=
findet sich am Ende von F¹ ein Zapfen a¹, der gegen den Hebel
G¹ wirkt, letzterer hat an seinem Ende eine Gabel, welche den Hals
des Kuppelungsmuffes von f umgreift; es wird also durch die beschrie=
bene Bewegung von F¹ der Kuppelungsmuff von f abgezogen, daher
auch f mit der Vorderzylinderwelle außer Verbindung gesetzt; ferner

die Ausrückung der Wagenbewegung; denn nach Fig. 252,
253 und 257 befindet sich an dem andern Ende von F¹ ein vertikaler
unten mit einer Gabel versehener Arm b¹ angeschraubt, der mit seiner
Gabel den Hals des Kuppelungsmuffes von p umgreift und bei der
jetzt eintretenden Bewegung durch Zurückziehung des Kuppelungsmuffes
das Rad p mit der Welle außer Verbindung setzt, an welcher sich
die Seiltrommel q befindet.

Aus der Form der in N angebrachten Spur Fig. 244 ergibt sich zugleich, daß die Zylinderbewegung und Wagenauszugsbewegung in drei Stellungen der Scheibe N und Welle I ausgerückt bleibt, daher nur nach voller Beendung des Wageneinlaufes wieder eingerückt wird, wenn I dieselbe Stellung einnimmt, welche in der Zeichnung Fig. 244 dargestellt ist.

Indem die Steuerwelle I aus der ersten in die zweite der oben beschriebenen Stellungen gegenwärtig übergeführt wurde, ist nach der Gestalt des Kammes K (Fig. 267) eine Einwirkung von demselben auf die Riemengabel Z nicht ausgeübt worden; es bewegt sich daher die Hauptwelle E noch fort und bewirkt fortgehend die Spindelbe= wegung durch den Twistwirtel x zur Erzeugung des Nachbrahtes.

Der Stillstand der Spindeln hängt von der Zähnezahl des Zählrades c ^{1} (64—74 Zähne) ab, in welches die am vorderen Ende der Hauptwelle E angebrachte eingängige Schnecke d ^{1} eingreift, und das sich an einer kurzen Querwelle befindet, die an dem andern Ende mit der bereits erwähnten an einer Stelle durchbrochenen Scheibe W verbunden ist. Gegen diese Scheibe W legt sich der Daumen V (Fig. 242) und erhält dadurch die Steuerwelle I in ihrer zweiten vorher geschilderten Lage. Tritt nun bei der auf W übertragenen Drehung der Ausschnitt von W dem Daumen V gegenüber, so be= ginnt die Steuerwelle I ihre zweite Viertelkreisdrehung, der Kamm K wirkt nun so auf Z ein, daß der Riemen ganz von C weggelegt wird und nur auf D verbleibt, es hört mithin die Bewegung der Hauptwelle, folglich auch die Spindelbewegung auf, und es beginnt

C) die dritte nur kurze Zeit andauernde Bewegungsperiode. Während derselben steht die Steuerwelle I wieder still, da jetzt der Vorstoß U an dem Hebel T durch die vorher beschriebene Bewegung des Hebels Y gegen den Ansatz R ^{1} von P sich anstemmt, bis zu dessen Höhe er dadurch gebracht wurde, daß, wie vorher beschrieben · worden ist, das vordere Ende Y sich von dem Haken I ^{2} auf den Haken p ^{2} legte.

Die Rückdrehung der Spindeln, um die an den Spindeln schraubengangförmig auflaufenden Garnfäden abzuschlagen oder ab= zuwinden, wird durch eine Rückwärtsdrehung der Hauptwelle bewirkt, welche dadurch möglich wird, daß der Treibriemen nicht mehr auf der Festscheibe der Hauptwelle, sondern auf D liegt. Die entgegengesetzte

Drehung der Hauptwelle erfolgt aber in folgender Art. Das an der Losscheibe D befindliche Zahnrad F von 33 Zähnen greift unterhalb in das Rad H¹ (50 Zähne), das mit dem letzteren verbundene Getriebe I¹ (18 Zähne) in das Rad K¹ (33 Zähne) und das mit diesem verbundene Getriebe L¹ (13 Zähne), in das auf der Hauptwelle lose gehende Bremsrad H (72 Zähne). Die Figuren 242, 252, 255, 257 machen die beschriebene Bewegung deutlich. Das Bremsrad H, welches sich vermöge der beschriebenen Verbindung fortwährend auf der Hauptwelle dreht, ist nun gegenwärtig durch die an I befindliche Aus- und Einrückscheibe L (Fig. 264, 265) und durch den doppelarmigen Hebel M¹ (Fig. 255) so gegen die auf der Hauptwelle sitzende Bremsscheibe gedrückt, daß es letztere, und zwar in entgegengesetzter Richtung als den Treibriemen, mitnimmt. Es ist zugleich aus der Form von L ersichtlich, daß nur in der jetzt Statt findenden Stellung der Steuerwelle I eine Verbindung von G und H Statt findet, in allen übrigen Stellungen aber G und H getrennt sind.

Die Rückdrehung der Spindeln muß gleichzeitig mit einer Senkung des Aufwinders Statt finden, damit in dem Garne nicht Schleifen entstehen. Es erfolgt dies durch die auf die Welle der Schnurtrommeln übertragene rückwärtsgehende Bewegung, wie die nachfolgende Beschreibung deutlich machen wird.

Auf- und Gegenwinder müssen zunächst während des Wagenauszuges in unbeweglicher Stellung verharren, ohne die auszuspinnenden Fäden zu berühren. Es sind zu dem Ende an mehreren Stellen längs des Wagens Spiralfedern N¹ (Fig. 252 und 254) angebracht, welche mittelst kurzer Lederriemen die Aufwinderwelle in einer solchen Lage halten, daß der Aufwindedraht in geringer Entfernung über den Fäden steht. Der Gegenwinder wird hierbei in seiner Stellung ein wenig unter den Fäden durch an Ketten hängende Gewichte erhalten. Auf der Gegenwinderwelle befinden sich nämlich Scheiben i³ (Fig. 252), welche so durchbrochen sind, daß sie die Aufwinderwelle durch sich hindurchgehen lassen, und auf denen Ketten liegen; diese Ketten sind auf der einen Seite mit den Gewichten O¹ belastet, deren Größe durch aufzulegende Gewichtscheiben i² regulirt werden kann, und deren Wirkung während des Wageneinschubes auf jeder Seite des Headstock durch einen großen beschwerten unterhalb an dem Wagen hängenden Hebel P¹, den sogenannten Hechtkopf, vergrößert wird.

Auf der andern Seite gehen diese Ketten von den Scheiben i^3 herunter nach den Leitrollen f^1 und von denselben wieder herauf nach Hebeln, welche an der Aufwindewelle angebracht sind. Hierdurch wird erzielt, daß, wenn der Gegenwinder durch O^1 und P^1 nach oben gedrückt wird, der Aufwinder sich herabbewegt, was die entsprechende Spannung der Fäden zwischen denselben zur Folge hat. Bei der Funktion dieser Theile während des Fadenabschlags ist nun aber das beim späteren Aufwinden erforderliche Spannungsgewicht nicht nothwendig, im Gegentheil würde bei Anwendung desselben Gefahr vorhanden sein, daß die Fäden reißen; es wird daher ein Theil dieses Gewichtes dadurch neutralisirt, daß sich beim Ende des Wagenlaufes die Hechtköpfe P^1 zu beiden Seiten des Heabstock auf die am Boden angebrachten Rollen g^1 auffahren (Fig. 252) und dadurch um so viel gehoben werden, daß sie die vorher erwähnten Ketten nicht belasten; auf letztere wirken daher dann nur noch die Gewichte O^1 und die auf denselben liegenden Gewichtscheiben i^2.

Auf der Spindeltrommelwelle befinden sich nun innerhalb des Wagens eine Anzahl von Scheiben und Rädern, theils lose, theils fest aufgesteckt, welche in der Detailzeichnung Fig. 259 dargestellt, und einzeln oder theilweise auch in den Figuren 242, 253, 254, 260, 261 sichtbar sind. In Fig. 259 sind bei $Q^1 Q^1$ die Lager dieser Spindeltrommelwelle, bei z ein Theil der Spindeltrommel auf der einen Seite zu sehen; y ist die bereits früher erwähnte doppelspurige Schnurscheibe, durch welche die Spindeldrehung auf diese Welle übertragen wird. R^4 ist ein auf der Welle festsitzendes Sperrrad von 60 Zähnen, auf welches ein Sperrkegel h^1 wirkt, der mittelst einer auf die Nabe des Rades geklemmten Feder h^4 stets gegen die Zähne des Sperrrades gedrückt wird und sich um einen Zapfen dreht, welcher in eines der an der Peripherie der Scheibe S^1 vorhandenen Löcher eingesetzt werden kann. Die Scheibe S^1 ist um die Welle drehbar und mit einem Lappen versehen, der zur Befestigung der Kette T^1 dient, welche letztere sich auf die Nabe von S^1 aufwickelt, sobald sich diese Scheibe in Fig. 260 nach links herumdreht. Die Kette T^1 geht von S^1 aus nach einer Rolle U^3 (Fig. 242, 254), welche an dem einem Hebelarm eines Winkelhebels angebracht ist, dessen anderer Hebelarm U^1 nach unten zu geht und bei dem ausgefahrenen Wagen an den Bolzen k^1 des großen Hebels

Y anſtößt (Fig. 242), daher auch durch dieſen in der in der Figur gezeichneten Lage gehalten wird; von U^3 geht die Kette T^1 nach einem auf der Aufwinderwelle befeſtigten bogenförmigen Hebel V^1 (Fig. 249, 254). Erfolgt nun eine Drehung der Scheibe S^1 durch den Sperrkegel h^1 während der Rückdrehung der Spindeln in dem oben angedeuteten Sinne, d. h. in Fig. 260 nach links zu, ſo windet ſich die Kette T^1 auf die Nabe, von S^1, es dient ihr dabei U^3 als Leitrolle und ſie zieht den Hebel V^1 nach unten, dreht dabei die Auf=winderwelle ſo, daß ſich der Aufwindedraht an den Spindeln ſenkt, und hierbei der Gegenwinder durch Vermittelung der angegebenen Gewichte und Ketten die Spannung der Fäden ſichert, indem er ſich angemeſſen hebt. Da nun die Linksdrehung der Spindeltrommelwelle bereits vorher beſchrieben war, ſo wird hiermit nachgewieſen ſein, daß unmittelbar in Verbindung mit derſelben durch Vermittlung von R^4 und h^1 die erforderliche Bewegung des Aufwindedrahts eintritt.

Sobald ſich der Aufwindedraht niederbewegt hat, muß der auf V^1 von der Kette T^1 ausgeübte Druck wieder aufhören, damit die ſpäter weiter zu beſchreibenden Funktionen desſelben richtig erfolgen können. Es geſchieht dies aber dadurch, daß nach Beginn des Wagen=einzuges U^1 nicht weiter zurückgehalten wird, U^3 ſich daher heben kann und dadurch die Kettenſpannung aufgehoben iſt. Nachdem durch Rechtsdrehung der Spindeltrommelwelle die Kette von S^1 ſich ab=gewickelt hat; tritt U^3 und U^1 wieder in die gezeichnete Stellung, und es ſetzt die Einrichtung des Sperrrades R^4 der Rechtsdrehung überhaupt ein Hinterniß nicht entgegen.

Das Rückwärtsdrehen der Trommelwelle ſetzt aber gleichzeitig voraus, daß die auf die kurze Trommel W^1 laufende Kette 1^1, welche ſpäter ausführlicher erwähnt werden wird, etwas abgewickelt werden kann. Es geſchieht dies durch das Sperrrad X^1 und die Scheibe Y^1 in Fig. 259; beide ſind ebenſo durch einen Sperrkegel und Feder mit einander verbunden, wie dies vorher bei R^4 und S^1 beſchrieben wurde und in Fig. 261 abgebildet iſt. X^1 ſitzt an der Spindeltrommelwelle feſt, Y^1 dreht ſich um dieſe Welle und iſt mit dem Zahnrad Z^1 (26 Zähne) verbunden, welches in das an der Trommel W^1 angebrachte Zahnrad von 66 Zähnen eingreift, hier=durch die auf der Trommel W^1 von $5/8$ Zoll Durchmeſſer aufgewun=dene Kette 1^1 etwas abwickelt und ſomit das ſich ſonſt der Rück=

wärtsdrehung der Spindeltrommelwelle entgegenstellende Hinderniß beseitigt.

Während der hier angedeuteten Bewegungen muß der Wagen in seiner äußersten Stellung unbeweglich erhalten werden; es geschieht dies dadurch, daß am Gestell außen ein Haken t^2 (Fig. 252) angebracht ist, gegen welchen unterhalb eine Feder wirkt; über denselben schiebt sich der am Wagen befestigte Zapfen u^2 und bewirkt dadurch den Stillstand des Wagens, bis t^2 zurückgezogen wird. Damit nun

D) die vierte Bewegungsperiode

beginnen könne, muß sich die Steuerwelle zum dritten Male um 90^0 drehen. Hierzu wird die Veranlassung dadurch gegeben, daß der Niedergang des Aufwindebrahtes an einem bestimmten Punkte gehemmt wird. Es erfolgt dies dadurch, daß der Riegel w^1 in den Ausschnitt v^1 des auf der Welle I^2 befestigten Sektors einfällt (Fig. 249, 250, 251). Die Welle I^2 liegt nämlich parallel zur Aufwinderwelle A^5 (Fig. 251) und ist mit dem Zahnradsektor y^1 versehen; dieser greift in den gezahnten Theil y^4 des erwähnten Sektors, dreht denselben bei Senkung des Aufwindebrahtes a^5 in Fig. 250 nach rechts und bewirkt dadurch, daß der Ausschnitt v^1 dieses Sektors bei einer bestimmten Stelle der Senkung dem Riegel w^1 gegenübertritt. Sobald dies geschieht, sinkt w^1 in v^1 ein, der Aufwindebraht bleibt stehen, und die fernere Bewegung desselben ist von der Art und Weise abhängig, wie von w^1 aus auf den gesammten verbundenen Mechanismus, der später noch ausführlicher beschrieben werden soll, die Bewegung übertragen wird. Ebenso wird später näher angegeben werden, durch welche Einrichtung bewirkt wird, daß der Aufwindebraht nicht immer in gleicher Höhe, sondern stets etwas höher zum Stillstande kommt. Der Riegel w^1 befindet sich nun an einem Hebelarm, welcher an der Stelle, wo er über die Welle I^2 geschoben ist, ein ovales Loch hat, für seine höchste und tiefste Stellung passend, zugleich eine seitliche Verstärkung L^2, welche gewissermaßen als Nabe oder als ovaler Ring erscheint, durch welchen I^2 umschlossen wird. In der hier gezeichneten Stellung, wo der Riegel w^1 noch auf dem ungezahnten Theile des Sektors liegt, steht die obere Fläche von L^2 so hoch, daß beim Ende des Wagenausschubes dieselbe in die in Fig. 238 punktirt gezeichnete Stellung kommt und daburch ben Hebel x^2 in bie punktirte Stellung hebt, was zur Folge hatte, daß, wie bereits oben angegeben war, mittelst bes Hebels v^2 unb ber Zugstange q^2 ber Haken p^2 so weit vorwärts bewegt wurbe, baß er ben Hebel Y burch ben Stift o^2 auffing unb ihm bie Stellung anwies, in welcher er sich bis jetzt befanb.

Fällt nun aber w^1 in ben Einschnitt v^1 (Fig. 250), so senkt sich bie Oberfläche von L^2 bis zur Berührung mit I^2; ber Hebel x^2 folgt nach, bis ber Arm V^2 auf bem Stifte r^2 aufruht, unb tritt babei in bie in Fig. 238 gezeichnete Stellung, bie Zugstange q^2 schiebt babei ben Haken p^2 unter o^2 weg, ber Hebel Y ist folglich nicht weiter unterstützt, er sinkt also nieber, bis er sich auf ein seine Bewegung aufhaltenbes Stelleisen auflegt. Hierbei hat bas hintere Enbe von Y burch bie Zugstange X ben Hebel T so hoch gehoben, baß er mit seinem Vorstoße U (Fig. 246, 247) über ben Ansatz R^1 ber Scheibe P heraufkommt unb baher ber Steuerwelle I in ber früher beschriebenen Art gestattet, ihre britte Viertelumbrehung zu machen, welche nun baburch begrenzt wirb, baß sich U gegen ben Ansatz R^2 stemmt. Zugleich bewirkt aber ber Hebel Y burch bie mit ihm verbunbene Zugstange y^2, welche oberhalb geschlitzt ist (Fig. 252), ein Zurückziehen bes Hakens t^2, burch welchen ber Wagen an bem Zapfen u^2 zurückgehalten wurbe.

Bei bieser britten Bewegung ber Steuerwelle wirb nun zunächst nach ber Form bes Kammes K bie Riemengabel in ihrer vorhergehenben Stellung erhalten, b. h. so, baß ber Treibriemen auf ber Losscheibe D liegen bleibt; ferner wirb burch bie Spurscheibe L unb ben Hebel M^1 bie bis jetzt eingerückt gewesene Friktionsscheibe G burch Zurückziehung bes Rabes H von letzterem getrennt; enblich tritt aber auch bie Spurscheibe M (Fig. 255, 262, 263) in Wirksamkeit, burch welche bie Bewegung zum Hereinfahren bes Wagens eingerückt wirb. Diese Spurscheibe bewegt nämlich ben Hebel A^2 (Fig. 255), so baß bie Kuppelung bes konischen Getriebes B^2 eingerückt unb basselbe baher mit ber Welle D^2 verbunben wirb. Da sich nun an bieser Welle zugleich bas früher erwähnte Rab K^1 befinbet, so geht von F aus burch H^1, I^1 unb K^1 bie Bewegung auf B^2 unb von hier auf bas an ber Einzugswelle befinbliche konische Rab C^2 über. Da nun ber Wageneinzug anfangs mit anwachsenber unb zuletzt mit verminberter Geschwindigkeit erfolgen soll, so ist an der zuletzt erwähnten Welle eine Doppelschnecke E² angebracht. An der einen schwachen Stelle von E² ist das Seil F² befestigt, läuft über die am Ende des Wagenlaufs angebrachte Leitrolle F³ nach dem am Wagen angebrachten Zapfen F⁴; an der andern schwachen Stelle der Schnecke dagegen das Seil F⁵, welches über die Leitrolle F⁶ nach dem am Wagen befindlichen Zapfen F⁷ geht. An den Zapfen F⁴ und F⁷ kann, wie dies bereits früher bei den Zapfen t und w beschrieben wurde, eine Verkürzung des Seiles durch eine Sperrradstellung vorgenommen werden (Fig. 242, 253).

Die Spindeldrehung muß mit einer Geschwindigkeit erfolgen, welche desto größer ist, auf einen je geringeren Durchmesser des Kötzers sich der Faden aufwindet, wenn dabei ein gleichförmiger Wageneinlauf vorausgesetzt wird, welche aber, wenn dieß nicht der Fall ist, gleichzeitig an den Geschwindigkeitsveränderungen des Wageneinlaufs Theil nimmt, so daß sich hieraus ergibt, daß sie von der ersten Bewegungsscheibe C aus nicht hervorgebracht werden kann, sondern mit der Wagenbewegung in innige Verbindung gesetzt werden muß.

Hierzu dient wesentlich der gezahnte Quadrant F⁸, welcher durch das Getriebe p¹ von 17 Zähnen, das sich mit der Seiltrommel u an gleicher Welle befindet (Fig. 242, 253), beim Auszuge des Wagens um den vierten Theil einer Umdrehung bewegt und dabei in eine solche Lage gebracht wird, daß der an seinem rechten Ende befindliche Arm in aufgerichtete Stellung kommt. An diesem Arme befindet sich die zweigängige Schraubenspindel m¹, auf welche, längs des Armes verschiebbar, die Mutter n¹ aufgeschoben ist; von letzterer geht die Kette l¹ aus, welche nach der Trommel W¹ geführt und auf dieser befestigt ist. Von dieser Kette wurde bereits oben angegeben, daß sie beim Abschlagen des Garnes von den oberen Spindelenden etwas abgewunden werden müsse, um die Linksdrehung der Spindeln zu gestatten. Beim Ausfahren des Wagens wird die Kette l¹ dadurch auf die Trommel W¹ aufgewickelt, daß eine im Headstock ausgespannte und durch das Gewicht O¹ straff erhaltene Schnur O³ längs des Wagenlaufes angebracht und um W¹ gewunden ist, welche während des Wagenauszuges die sich längs der Schnur bewegende Trommel zur Drehung in dem Sinne nöthigt, um die Kette aufzuwickeln. Einer Drehung in dieser Richtung setzt aber die Spindeltrommelwelle, mit welcher W^1 durch das Sperrrad X^1 und die Scheibe Y^1 verbunden ist, ein Hinderniß nicht entgegen.

Wird nun der Wagen eingezogen, so wird wenn man zunächst voraussetzt, daß der Endpunkt n^1 der Kette 1^1 hierbei still stehe, die dem Wagen folgende Trommel W^1 genöthigt sein sich zu drehen, damit sich die Kette 1^1 abwickeln kann, und hierdurch wird mittelst des an der Welle von W^1 angebrachten Zahnrades z^4 (Fig. 253) eine drehende Bewegung auf z^1 übertragen, welche durch den an y^1 angebrachten Sperrkegel (Fig. 259, 261) auf X^1 und hierdurch auf die Spindeltrommelwelle übergeht; es erfolgt daher auch eine Drehung der Spindeln, wie sie zum Aufwinden des Garnes auf die Kötzer vorausgesetzt werden muß. Nun soll aber die Bewegung der Spindeln, nach der Wagenbewegung bemessen, zu Anfang des Wageneinzugs langsamer, am Ende des Wageneinzugs schneller erfolgen, da sich bei der regelmäßigen Kötzerbildung (abgesehen von der Bildung des Ansatzes) eine konische Fadenschicht auf das bereits aufgewundene Kötzerstück auflegt; es ist daher auch nöthig, daß sich die Trommel W^1 anfänglich langsamer, zuletzt schneller drehe und es erfolgt dies dadurch, daß die Kette 1^1 anfänglich mehr, zuletzt weniger nachgelassen wird, oder mit ihrem Endpunkte n^1 dem Wageneinzuge folgt. Setzen wir voraus, daß sich die Mutter n^1 am oberen Ende der Schraube m^1 befinde, so erfolgt dies dadurch, daß beim Wageneinlaufe durch das Seil v die Seiltrommel u entgegengesetzt als beim Wagenauszuge gedreht wird, diese Drehung geht durch p^1 auf den Quadranten F^8 über, der vorher vertikal stehende Arm desselben senkt sich mehr und mehr und es hat daher der Anfangspunkt n^1 der Kette 1^1 nach einem bestimmten Theile des Wageneinzuges sich in der Richtung des Wagenlaufes ungefähr um so viel nach W^1 zu verschoben, als der Cosinus des Neigungswinkels beträgt, den m^1 gerade mit einer horizontalen Linie macht. Um diesen Betrag ist der Zug der Kette vermindert worden und es wird daher anfänglich eine geringere, zuletzt eine größere Drehung von W^1, daher auch der Spindeltrommelwelle und der Spindeln, erfolgen.

Es ist ersichtlich, daß die Größe, um welche der Anfangspunkt n^1 der Kette 1^1 sich während eines Wageneinzuges der Trommel W^1 nähert, stets dieselbe bleiben wird, wenn n^1 dieselbe Stellung hat. Nun ist aber n^1 längs der Schraube m^1 verschiebbar. Diese

Einrichtung ist behufs der Bildung des für die Kötzerform beim Beginn der neuen Kötzer erforderlichen Ansatzes getroffen, welcher die Form eines Doppelkegels hat. Da anfänglich eine überaus geringe Differenz in der Spindelgeschwindigkeit vorhanden ist, wenn nach dem ersten Wagenauszuge die Kötzerbildung begonnen wird, so wird nach Abnahme der vollendeten Kötzer n^1 an das untere Ende der Schraube m^1 gebracht und es findet nun die Aufwindung so Statt, daß die Bewegung von n^1 gegen W^1 zu für einen Wagenauszug außerordentlich gering wird; je größer die Stärke des zu bildenden Ansatzes wird, desto größer muß diese nachgebende Bewegung von n^1 werden, es läßt sich dieselbe aber nicht anders reguliren als dadurch, daß die Fadenspannung bei einer bestimmten Stellung von n^1 nicht zu groß wird, und hierzu dient ein besonderer Regulirungsapparat.

An dem Gegenwinderarme q^1 und an einem Arme r^1 der Aufwinderwelle befinden sich nämlich kleine Haken, an denen die Enden einer Kette befestigt sind, welche um eine kleine Rolle an dem beschwerten Hebel G^2 so gelegt ist, daß dieser Hebel durch die Kette getragen wird (Fig. 242, 253, 254). An diesem Hebel ist unten eine Gabel angebracht, innerhalb deren der obere Lauf eines schmalen endlosen Riemens G^3 liegt; unter demselben befindet sich die am Wagen angebrachte Auflage s^1, auf welche sich der Hebel G^2 auflegt und den Riemen G^3 dabei einpreßt, wenn das Gewicht des Hebels G^2 nicht durch die Kette getragen wird (Fig. 254). Der Riemen G^3 (Fig. 253) geht über die ganze Länge des Wagenlaufes, ist am vorderen Ende über die Riemenscheibe t^1 und am hinteren Ende über die Riemenscheibe t^2 gelegt; die Riemenscheibe t^1 ist auf den Zapfen aufgeschoben, um welchen sich der Quadrant dreht, und enthält ein konisches Rad t^3 angegossen, welches in das an der Schraubenspindel m^1 sitzende konische Rad von gleicher Zähnezahl t^4 eingreift. Wird nun bei einer zu großen Fadenspannung der Gegenwinder zu tief niedergedrückt, so hält er den Gewichthebel G^2 nicht mehr freischwebend; derselbe legt sich auf das am Wagen befindliche Stelleisen s^1 auf, preßt dabei den Riemen G^3 ein, und es wird somit dieser Riemen mit dem eingehenden Wagen vorwärts gezogen, was zur Folge hat, daß sich t^1 dreht und durch t^3 auf t^4 eine Drehung überträgt, durch welche n^1 etwas höher hinaufgeschoben wird, folglich auch bei dem nächsten Wageneinzuge sich um mehr als vorher der Trommel

W[1] nähert. (Statt wie hier den Hebel G[2] gleichzeitig an einen Ge:
genwinder: und Aufwinderarm anzuhängen, bringt man denselben
auch nur mit dem Gegenwinder in Verbindung und erhält dadurch
eine noch kräftigere Regulirung durch den Unterschied in der Faden:
spannung.)

Die hier angedeutete Selbstregulirung, der Fadenspannung ent:
sprechend, dauert nun so lange fort, bis der Kern oder Ansatz des
Kötzers gebildet ist; dann ist n[1] am oberen Ende der Schraube m[1]
angelangt, es bleiben sich nunmehr die Differenzen in der Spindel:
bewegung bei jeder aufzulegenden Fadenschicht gleich, es tritt eine zu
große Fadenspannung nicht mehr ein und die Regulirung hört nun
von selbst auf; es wird daher nun das Gewicht des Hebels G[2] stetig
von dem Aufwinder und Gegenwinder getragen.

Sollte bei der nunmehr regelmäßig fortgehenden Aufwindung der
konischen Schichten noch eine Unregelmäßigkeit im Kötzer sich zeigen,
so ist an dem Quadranten noch ein Korrektionsapparat vorhanden,
durch welchen der Zug der Kette l[1] gegen die Trommel W[1] nach dem
Ende des Wagenlaufes zu noch etwas verstärkt werden kann. Es ist
nämlich am oberen Ende des Quadrantenarmes noch rechtwinkelig
gegen denselben ein Arm H[2] (Fig. 242) angeschraubt, in welchem
sich ein Bolzen u[1] längs eines Schlitzes stellen läßt; dieser Bolzen
drückt beim Niedergange auf die Kette l[1] und zieht sie desto mehr
zurück, in je größerem Abstande von dem Quadrantenarme er sich
befindet. Je nach Bedarf wird dieser Bolzen, wenn es überhaupt
nöthig ist, in größere oder geringere Entfernung gestellt, um dadurch
die Spindeldrehung am Ende des Wagenlaufes mehr oder weniger
zu vergrößern.

Aus Fig. 242 ist endlich ersichtlich, daß am oberen Ende der
Schraubenspindel m[1] ein viereckiger Zapfen angebracht ist, auf wel:
chen sich eine Kurbel aufsetzen läßt, um nach Vollendung der Kötzer
und für den Beginn neuer die Schraubenmutter n[1] aus der höchsten
Stellung in die tiefste niederzuschrauben.

Was endlich die Bewegung des Aufwinders betrifft, um
eine regelmäßige Kötzerform zu erzeugen, so darf derselbe nach jedem
Wageneinzuge nicht wieder so tief sinken als vorher, sondern muß
etwa um eine Fadenstärke höher zu stehen kommen; ferner muß er
sich so bewegen, daß die Fäden in spiralförmigen Gängen sich auf

den oberen Theil des bereits fertig gewundenen Kötzers auflegen.
Hierzu dient namentlich die Copping-plate und die in Fig. 249—251
abgebildeten bereits theilweise beschriebenen Theile. A⁵ ist hier die
Aufwinderwelle, welche durch einen Arm mit dem Aufwindebrahte a⁵
verbunden ist; G⁵ die Gegenwinderwelle, die durch q¹ mit bem Gegen=
winderbrahte g⁵ verbunden ist. Die Bestimmung des an A⁵ ange=
brachten Hebels V¹ ist bereits früher angegeben worden. I² ist die
parallel zur Aufwinder= und Gegenwinderwelle im Mittelstück des
Wagens liegende Welle, deren Lager durch Stellschrauben entsprechend
gestellt werden können (Fig. 242). Auf I² befindet sich der theilweise
gezahnte Sektor K² lose aufgesteckt, welcher bei y⁴ verzahnt ist, bei
v¹ den Einschnitt für ben Riegel w¹ hat und durch y⁴ und y¹ die
drehende Bewegung auf A⁵ überträgt. Neben K² befindet sich der
bereits früher erwähnte ovale Ring L², an welchem oberhalb der
nach dem Riegel w¹ gehende Arm angebracht ist, der sich zur Seite
weiter fortsetzt und an dem Hebel M² brehbar befestigt ist. M² ist
um I² ebenfalls brehbar und ist unterhalb des Zapfens, der ihn
mit w¹ verbindet, mit einem Bolzen x² versehen, welcher auf der
längs des Heabstock angebrachten Copping-plate N² hingleiten soll
und daher mittelst einer Stahlfeder x³ stets auf deren obere Kante
aufgedrückt wird. Da nun M² sich um I² drehen kann, so wird sich
M², wenn der ganze Mechanismus durch I² mit dem Wagen fort=
rückt, in dem Maße ein wenig heben und senken, wie dies die obere
Kante der Copping-plate N² erforderlich macht und dieselbe Be=
wegung auf den Riegelarm w¹ übertragen, mit welchem er durch
einen Zapfen verbunden ist. Diese Bewegung geht nun von dem
Momente an auf den Sektor K² über, in welchem w¹ in v¹ einsinkt,
und dauert so lange, als w¹ in v¹ ruhen bleibt.

Das Einfallen von w¹ in die Vertiefung v¹ erfolgt bei der be=
reits früher beschriebenen herabgehenden Bewegung des Aufwinders
in dem Zeitmomente, wo v¹ über w¹ tritt, durch die nach jedem
Wagenzuge eintretende Veränderung in der Stellung der Copping-
plate, d. h. durch die allmälige Senkung derselben wird bewirkt, daß
bei jedem folgenden Wagenzuge w¹ in einer etwas weiter nach links
liegenden Stellung steht als vorher, der Aufwinder wird daher auch
stets etwas früher als vorher stehen bleiben; das Einfallen von w¹
in v¹ hat aber ein Niederfinken von L² und somit, wie bereits

beschrieben ist, die Einrückung des Wagenrücklaufs zur Folge, und es wird somit beim Beginn dieses Wagenrücklaufs der Aufwinder in der Lage sein, seine Funktion zu vollbringen. Diese besteht nun darin, daß x^2 der Copping-plate folgt, dabei K^2 dreht, hierdurch vermöge des Eingriffs von y^4 in y^1 auch A^5 dreht, und somit den Aufwinde=draht entsprechend aufhebt.

Ist der Wageneinlauf beendet, so schiebt sich der ovale Ring L^2 mit seiner unteren Seite auf das abgeschrägte Stelleisen O^4 (Fig. 252), er wird dabei aufgehoben, rückt den Riegel w^1 aus, der Aufwinder wird durch die Federn N^1 in seiner höchsten Lage gehalten, der Riegel w^1 legt sich auf den ungezahnten Theil des Sektors K^2, wobei L^2 verhindert wird niederzusinken und daher an dem Hebel x^2 nach Vollendung des nächsten Wagenauszugs die erforderliche Einrückungs=bewegung vornehmen kann.

Die Copping-plate ist in Fig. 250 und 252 vorn und in Fig. 242 hinten liegend, in Fig. 253 ist sie von oben, in Fig. 254, 257 im Durchschnitte sichtbar. Es sind an ihr zwei Stifte a^2 und b^2 angebracht, mit welchen sie auf der oberen Kante zweier unter sich durch die Schiene P^2 (Fig. 252) verbundener Schieber c^2 und d^2, der sogenannten Formplatten, ruht. An der vorderen Formplatte c^2 ist eine Mutter e^2 angebracht, durch welche eine Schraubenspindel f^2 hindurch geht; letztere ist im Gestell so eingelagert, daß sie eine Längenbewegung nicht annehmen kann, und trägt an ihrem vorderen Kopfe ein Sperrrad g^2 (zum Wechseln von 20—40 Zähnen). Auf das Sperrrad wirkt ein an der Klinke h^2 angebrachter Sperrkegel, welcher das Rad dreht, sobald der am Wagen angeschraubte Arm Q^2 beim Wagenauszuge sich unter die Klinke schiebt. Hiernach wird bei jedem Wagenausschube eine Drehung der Schraube f^2 um einen bestimmten aber stellbaren Theil einer vollen Umdrehung hervor=gebracht, wodurch, da diese Schraube linksgängig ist, die beiden Form=platten um ein wenig nach hinten zu verschoben werden, was zur Folge hat, daß sich die Copping-plate etwas senken kann. (Ueber die Gestalt der Formplatten vergleiche die Bemerkungen bei Beschreibung des Halbselfaktors in Nr. 37.) Eine solche Senkung hat nun zur Folge, daß sich der Bolzen des Hebels M^2 etwas tiefer senken kann als vorher, daß folglich der Riegel w^1 der konstant bleibenden Stellung des Einschnittes v^1 sich etwas nähert und daß deshalb das Eingreifen beiber etwas früher erfolgt. Es tritt daher auch die Hemmung des niedergehenden Aufwindebrahtes etwas früher als vorher ein. Zur Wiederaufziehung der Schraube f^2 nach Vollendung eines Abzugs ist vorn an derselben eine Kurbel angebracht.

Die stark abfallende schiefe Fläche links in Fig. 252 an der Copping-plate hat die Bestimmung, die schnelle Hebung des Aufwindebrahtes nach beendetem Wageneinzuge zu bewirken, es wird durch dieselbe aber der Zapfen x^2 stark angegriffen. Man trifft daher auch die Einrichtung, w^1 etwas früher, als x^2 an das Ende von N^2 gekommen ist, aus v^1 zu heben und durch einen auf A^5 aufgeschraubten Kamm, von welchem ein durch eine Feder gespannter Riemen ausgeht, die Hebung des Aufwindebrahtes zu bewirken.

Der Gegenwinder wird nun durch die Spannung der Fäden je nach Maßgabe der Gewichte O^1, P^1 und i^2 niedergedrückt. Die Anzahl der Auflegescheiben i^2 richtet sich nach der Anzahl Fäden in der Mule, nach der dem Kötzer zu ertheilenden Festigkeit und im umgekehrten Verhältniß nach der Feinheit des Garnes.

Nachdem auf die angegebene Art nach Hereinbewegung des Wagens die vierte Bewegungsperiode ihr Ende erreicht hat, ist nun bezüglich

E, der fünften Bewegungsperiode,

noch anzugeben, wie die verschiedenen Stellungen eintreten, damit das Spiel von Neuem beginnen könne.

Zunächst muß die Steuerwelle ihre vierte Viertelkreisbewegung machen, dies erfolgt dadurch, daß die an der hinteren Wagenseite mit einem Stelleisen angeschraubte Rolle s^4 (Fig. 242) auf das hintere Ende des in seiner höchsten Stellung befindlichen Hebels Y aufdrückt, und denselben so tief niederdrückt, daß sich der Vorstoß U an dem Hebel T (Fig. 247) bis unter R^2 herabschiebt, dadurch die Vierteldrehung von I ermöglicht und dieselbe begrenzt, indem sich U gegen R legt; eine Stellung, von welcher aus nun wieder das volle Spiel der Steuerwelle beginnen kann. Das Niederdrücken des hinteren Endes von Y hat aber zur Folge, daß sich das vordere Ende von Y hebt und sich mit dem Stifte m^2 in den Haken l^2 einlegt.

Bei dieser Drehung von I tritt bei der Spurscheibe L eine Einwirkung auf den Hebel M^1 nicht ein, aber bei M wird durch den Hebel A^2 die Kuppelung von B^2 ausgerückt, was zur Folge hat, daß der Wageneinzug aufhört; gleichzeitig rückt aber der Kamm K den Hebel Z in die zuerst beschriebene Stellung, so daß er mit dem größten Theile seiner Breite die Riemenscheibe C bedeckt und hierdurch die Hauptwelle direkt bewegt. Es kann nunmehr die Spindeldrehung ohne weiteres beginnen, da x mit E fest verbunden ist; dagegen wird wegen der Bewegung des Streckwerks und des Wagens erst noch erforderlich, daß die Räderpaare e, f und o, p wieder gekuppelt werden, was dadurch erfolgt, daß bei dieser vierten Viertelbrehung N wieder in die in Fig. 244 gezeichnete Lage kommt; es erfolgt dabei eine solche Verschiebung von E^1 und der Schiene F^1, daß die Kuppelungen bei p und bei f eingerückt werden.

Zur Begrenzung des Wagenlaufes ist bei v^2 (Fig. 242) ein Stelleisen vorhanden, gegen welches der Wagen am Ende seines Auszugs anstößt, und bezüglich des Einlaufes ist an dem Wagen selbst ein Stelleisen w^2 angebracht, welches gegen das Hauptgestell antrifft.

Die Ausdehnung, innerhalb welcher der Aufwindebraht einen Bogen längs der Spindeln beschreiben kann, ist in Fig. 250 punktirt eingezeichnet.

Bei H^5 (Fig. 252) ist ein Handgriff gezeichnet, durch welchen die Maschine dadurch zur Ruhe gebracht werden kann, daß der mit demselben verbundene Ausrückhebel oberhalb den Treibriemen von der Fest- auf die Losscheibe legt.

Die Anzahl der Spindeln beträgt 400—500; die Geschwindigkeit, mit welcher die Hauptwelle umgetrieben wird, etwa 240 Umdrehungen pro Minute.

Was die mechanischen Verhältnisse der hier beschriebenen Selfaktoreinrichtung anbelangt, so sind im Nachfolgenden die Geschwindigkeiten und Lieferungsmengen zweier Exemplare berechnet; die auf der linken Seite der Gleichungen stehenden Zahlen beziehen sich auf die an der Maschine abgenommenen Zähnezahlen und Durchmesser; aus der vorhergehenden Beschreibung wird leicht zu ersehen sein, zu welchen Rädern und Scheiben diese Dimensionen gehören.

Der Selfaktor A war für Garne Nr. 40, der Selfaktor B war für Garne Nr. 26 eingerichtet.

Selfaktor A.   Selfaktor B.

Für e i n e Umbrehung der Hauptwelle beträgt die Umbrehungszahl:

des Vorderzylinders:

$V = \dfrac{16}{45} =$ 0,3556 $V = \dfrac{16}{45} =$ 0,3556

des Hinterzylinders:

$H = \dfrac{12}{58} \cdot \dfrac{27}{50} \cdot V = 0{,}03972$ $H = \dfrac{15}{58} \cdot \dfrac{37}{50} \cdot V = 0{,}06803$

des Mittelzylinders:

$M = \dfrac{32}{24} \cdot H =$ 0,05296 $M = \dfrac{32}{24} H =$ 0,0907

der Spindel beim Drahtgeben:

$S = \dfrac{20^{1}/_{4}}{9^{3}/_{16}} \cdot \dfrac{6^{7}/_{16}}{11/_{16}} = 20{,}638$ $S = \dfrac{18^{1}/_{2}}{9^{3}/_{8}} \cdot \dfrac{6^{7}/_{16}}{3/_{4}} = 15{,}16$

der Spindel beim Abschlagen des Fadens:

$S^{1} = \dfrac{33}{50} \cdot \dfrac{18}{33} \cdot \dfrac{13}{72} \cdot S = 1{,}341;$

die Länge des von dem Hinterzylinder eingeführten Vorgarnes:

$H_1 = 0{,}03972 . 1{,}09 . \pi = 0{,}13602''$ $H_1 = 0{,}06803 . 1{,}07 . \pi = 0{,}2287'$

des durch die Mittelzylinder gehenden Garnes:

$M_1 = 0{,}05296 . 0{,}95 . \pi = 0'15806''$ $M_1 = 0{,}0907 . 0{,}96 . \pi = 0{,}2735''$

des von dem Vorderzylinder ausgegebenen gestreckten Vorgarnes:

$V_1 = 0{,}3556 . 1{,}09 . \pi = 1{,}218''$ $V_1 = 0{,}3556 . 1{,}07 . \pi = 1{,}1954''$

des Wagenlaufes:

$W = \dfrac{16}{45} \cdot \dfrac{28}{65} \cdot \dfrac{18}{54} \cdot 7^{3}/_{4} . \pi = 1{,}243''$

$W = \dfrac{16}{45} \cdot \dfrac{28}{61} \cdot \dfrac{18}{54} \cdot 7^{5}/_{8} . \pi = 1{,}3037''$

Daher ist die Streckung zwischen

H_1 und M_1	1,163	1,196
M_1 und V_1	7,706	4,371
V_1 und W	1,02	1,09

oder die Streckung im Streckwerke überhaupt:

       8,955   5,225

und die Gesammtstreckung zwischen Hinterzylinder und Spindel:

       9,14   5,70

Selfaktor A.   Selfaktor B.

Die absolute Zahl der Spindelumdrehungen in der Minute ergibt sich, wenn die Hauptwelle 247   225 Umdrehungen macht, zu:

247 . 20,638 = 5098   225 . 15,16 = 3411.

Die Zahl der Umdrehungen, welche die Hauptwelle bis zur Spindelausrückung macht, beträgt nach Maßgabe des Zählrades aber

70   60.

Hiervon fällt ein Theil auf die Zeit des Wagenauslaufes, ein Theil auf die Zeit des Nachdrahtes. Da nun der gesammte Wagenlauf

67½ Zoll   65½ Zoll

beträgt, so wird derselbe beendet, während die Hauptwelle

$$\frac{67,5}{1,243} = 54,3 \qquad \frac{65,5}{1,3037} = 50,32$$

Umdrehungen macht; die Zahl der Umdrehungen der Hauptwelle für die Zeit des Nachdrahtes ist daher:

70 — 54,3 = 15,6   60 — 50,32 = 9,68

Während des Wagenlaufes können auf die Spindeln

54,3 . 20,638 = 1120,6   50,32 . 15,16 = 762,9

Umdrehungen übertragen werden, es wird aber die Zahl dieser Um= drehungen in der That dadurch vermindert, daß sich die Schnur= scheibe Y selbst an der Twistschnur um die Größe des Wagenlaufes abwälzen muß, dabei wird sie um

$$\frac{67\frac{1}{2}}{9\frac{3}{16} \cdot \pi} = 2,339 \qquad \frac{65,5}{9\frac{3}{8} \cdot \pi} = 2,224$$

Umdrehungen zurückbleiben und daher

$$2,339 \frac{6\frac{7}{16}}{11\frac{}{16}} = 21,8 \qquad 2,224 \frac{6\frac{7}{16}}{3\frac{}{4}} = 19,1$$

Drehungen weniger auf die Spindeln übertragen; es können daher in der That die Spindeln während des Wagenauszuges nur

1120,6 — 21,8 = 1098,8   762,9 — 19,1 = 743,8

Umdrehungen erhalten. Es kommt hiernach bei dem Wagenauszuge auf den Zoll Fadenlänge ein Draht von

$$\frac{1098,8}{67,5} = 16,2 \qquad \frac{743,8}{65,5} = 11,4$$

Selfaktor A.   Selfaktor B.

unb die Spindelumbrehungszahl pro Minute rebuzirt sich während des Wagenlaufes auf:

$$5098 \cdot \frac{1098,8}{1120,6} = 4999 \qquad 3411 \cdot \frac{743,8}{762,9} = 3325$$

Während des Nachbrahtes erhöht sich die Spindelumbrehungs= zahl auf die vorher angegebene Größe, und es wird dadurch dem Faden noch eine Anzahl von Umbrehungen mitgetheilt, welche beträgt:

$$15,6 \cdot 20,638 = 322 \qquad 9,68 \cdot 15,16 = 146,8$$

so daß die Gesammtzahl der Umbrehungen für den Faden bei einem Spiele beträgt:

$$1098,8 + 322 = 1420,8 \qquad 743,8 + 146,8 = 890,6$$

oder pro Zoll der Fadenlänge:

$$\frac{1420,8}{67,5} = 21,05 \qquad \frac{890,6}{65,5} = 13,6$$

wovon während des Wagenauszugs

77   83

und durch den Nachbraht

23   17

Prozent hervorgebracht worden sind.

Was die zu Vollendung eines ganzen Spieles erforderliche Zeit anbelangt, so besteht dieselbe nach Umgängen der Hauptwelle be= rechnet aus folgenden Theilen:

Für die erste und zweite Bewegungsperiode sind nach dem vorher Mitgetheilten erforderlich:

70 Umbrehungen   60

das Abschlagen des Fadens von den Spindeln und die Rück= drehung derselben erfolgt während

6,6 Umbrehungen   5

zu dem Einfahren des Wagens gehören

18 Umbrehungen   13,75

daher zu einem vollen Spiele

94,6 Umbrehungen   78,75

es werden daher in einer Minute

$$\frac{247}{94,6} = 2,61 \qquad \frac{225}{78,75} = 2,86$$

Selfaktor A.   Selfaktor B.

Spiele beendet. Die Länge des von einer Spindel in einer Stunde gesponnenen Fadens beträgt hiernach

2,61 . 67,5 . 60 = 10570"   2,86 . 65,5 . 60 = 11240"

und die theoretische Leistung bei vollkommen ungestörtem Gange in 70 Arbeitsstunden

$$\frac{10570 \cdot 70}{30240} = 24{,}5 \text{ Zahlen} \qquad \frac{11240 \cdot 70}{30240} = 26 \text{ Zahlen}$$

von Garn Nr. 40.   von Garn Nr. 26.

54) Nachdem eine der jetzt gangbarsten Einrichtungen beschrieben worden ist, werden die nachfolgenden Bemerkungen bezüglich der übrigen Selfaktorkonstruktionen leichter verständlich sein.

a) Die erste ausführlichere Abbildung und Beschreibung eines Selfaktors von Sharp, Roberts und Komp. in Manchester erschien in A. Ure's The Cotton Manufacture of Great Britain, 1836, Bd. 2. S. 176 (deutsch von Dr. Karl Hartmann 1837). Ueber die mechanischen Verhältnisse eines Selfaktors gibt Scott's practical Cotton Spinner (deutsch von Friedrich Georg Wieck, Chemnitz 1852) eine ausführliche Berechnung und Zusammenstellung, und die dritte Ausgabe des englischen Originals vom Jahre 1851 enthält zwei Ansichten vom Headstock des von Roberts, Dobinson und Komp. (Globe Works Manchester) erbauten Selfaktors. Für das Spinnen von 36er Schußspulen für mechanische Webstühle sind die Verhältnisse des Selfaktors in folgender Art angegeben:

	Durchmesser.	Umbrehungen in der Minute.	Abwickelungsweg	Verzug.
Hinterzylinder	7/8"	8,704	23,926"	
				1,097
Mittelzylinder	3/4"	11,141	26,251"	
				11,718
Vorderzylinder	1"	97,92	307,625"	
				1,051
Wagenauszugsscheibe	6 3/4	15,25	323,388	
Spindelwirtel	7/8	5401		

Der Verzug im Streckwerke beträgt: 12,857
Der Verzug zwischen Hinterzylinder und Wagen: 13,516.

Der Wagenlauf ist = 60,5", während desselben finden 1112 Spindeldrehungen Statt. Der Draht pro Zoll ist 18,38. Die Wageneinzugswelle würde 54,803 Umbrehungen in der Minute machen, und

beendet den Wageneinzug bei 2,75 Umbrehungen. Die Quadranten=
welle würde 16,806 Umbrehungen in der Minute vollbringen.

Es sind erforderlich an Sekunden

für den Wagenauszug 12,3528
für das Abschlagen 2,5
für das Eintwinden 3,0107
zusammen pro Spiel 17,8635; es erfolgen da=

her in der Minute 3,3588 oder in der Stunde 201,528 Spiele, und
es gibt eine Spindel demnach in der Woche 25,99 Zahlen.

b) Die im Jahre 1834 patentirte Einrichtung von James Smith
aus Deanstone ist abgebildet im Polyt. Centralbl. 1835, S. 991.
Bei ihr kommt zur Erzielung der Wagenbewegung ein Mangel= oder
Wenderad vor, welches außen an einem Kreis mit größerem Halb=
messer die Zähne zum Ausfahren des Wagens und innerlich an einem
Kreis mit kleinerem Halbmesser die Zähne zum Zurückbewegen des=
selben enthält; außerdem ist die schon früher von Robertson vor=
geschlagene Einrichtung in Anwendung gebracht, nach vollendetem
Wagenauszug das Abschlagen der Fäden nicht durch Rückwärtsdrehen
der Spindeln, sondern durch Abheben des Fadens von denselben mit=
telst des längs der Spindeln geführten und höher aufwärts bewegten
Gegenwindebrahtes (stripping), ohne den Spindeln Drehung zu geben,
zu bewirken, wobei der ganze Mechanismus wegen Wegfalls der Links=
drehung der Spindeln vereinfacht wird. Es wird der letzteren Ein=
richtung vorgeworfen, daß durch sie die Garne zu stark gespannt und
gedehnt würden, jedenfalls ist dieselbe beim Spinnen feinerer Garne
nicht wohl anwendbar. In Amerika haben die Smith'schen Selfaktors
ziemliche Verbreitung gefunden.

c) Der Selfaktor von Joseph Whitworth aus Manchester, welcher
1835 und 1836 patentirt wurde und in dem London Journal, Conj.
Ser. Vol. VIII. p. I. und Vol. XV. p. 194 abgebildet ist, bietet
außer andern Eigenthümlichkeiten namentlich auch die Anwendung der
Schraube zur Erzeugung der Wagenbewegung dar. Auch in Julien
et Lorentz: nouveau manuel complet du filateur, Paris 1843,
befindet sich S. 81 eine Abbildung desselben.

d) Die Einrichtung von Craig und Sharp ist im Gewerbeblatt
für Sachsen 1843, S. 100 abgebildet.

e) Bei dem Selfaktor, auf welchen die Gebrüder Lauckner in

Aue 1843 in Sachsen ein Patent erhielten, erfolgte das Ausfahren des Wagens durch eine Schraube, das Einfahren durch eine zweite Schraube mit größerer und sich anfänglich vermehrender, zuletzt vermindernder Ganghöhe und die Stellung der Copping-plate durch spiralförmig gewundene Formplatten. Von diesen Maschinen ist eine Anzahl von Exemplaren für einige Zeit in Sachsen in Gang gekommen.

f) H. Higgins in Manchester ließ sich einen Selfaktor patentiren, welcher in der ganzen Anordnung von der gewöhnlichen Einrichtung abweicht. Bei demselben bewegt sich der die Spindeln tragende Wagen nicht horizontal vorwärts und zurück, sondern er ist durch Hebelarme um einen Zapfen drehbar, der ungefähr halb so hoch als die oberhalb angebrachten Streckzylinder sich befindet, und macht daher eine bogenförmig auf und nieder gehende Bewegung. Die Maschine wird dadurch zu einer doppelten, daß sich in der Mitte zwei Streckwerke befinden und auf beiden Langseiten des Gestelles derartige schwingende Wägen angebracht sind.

g) An dem Selfaktor von B. Fothergill und R. Johnson, der 1846 patentirt wurde (vergl. Polyt. Centralbl. 1847, S. 1241), wird der Quadrant nicht durch einen Zahnbogen mit Getriebe, sondern durch eine über eine Trommel gehende Kette bewegt; der Verbindungspunkt dieser Kette mit dem Quadrantenarme ist veränderlich und einestheils hierdurch, anderntheils durch den Unterschied zwischen der Kettenlänge, welche sich von der Trommel abwickelt, und der Winkeldrehung des Quadranten wird die regulirende Wirkung des letzteren verstärkt. Die Spindeltrommeln werden durch Winkelradvorgelege von einer durch den Wagen gehenden Welle aus bewegt. Es ist ferner eine Einrichtung getroffen, um die Oberfläche des Wagens von den aufliegenden Baumwollfasern zu reinigen; es geschieht dies nämlich durch Tuchwalzen, die sich an Hebelarmen befinden, und durch dieselben nach etwa 20 Spielen ein Mal so tief gesenkt werden, daß sie die Oberfläche des unter ihnen sich hinbewegenden Wagens berühren, und denselben dabei reinigen.

h) W. Mac Lardy hat eine Einrichtung an dem Aufwinderegulator angebracht, vermöge welcher ein besseres Kreuzen der Fäden und dadurch eine größere Festigkeit und Dauer der Kötzer bewirkt wird (vergl. Polyt. Centralbl. 1847, S. 791).

i) Die Mechanismen des Selfaktors von W. Eccles und H.

Brierly (Polyt. Centralbl. 1849, S. 1174) sind namentlich mit
Rücksicht auf den Umstand eingerichtet worden, daß sie sich leicht an
der Handmule anbringen lassen, um sie selbstwirkend zu machen.

k) Der in Amerika vielfach verbreitete Selfaktor von William
Mason von Taunton ist in D. Byrne's Werk the practical cotton
spinner and manufacturer, Philadelphia 1851, Seite 399 und in
Appleton's Dictionary of Machines etc., New-York 1852, Vol. II.
S. 404 beschrieben und abgebildet. Er bietet viele eigenthümliche
Einrichtungen dar, namentlich wird bei Beendung der ersten Bewegungsperiode das in den bewegten Theilen vorhandene Bewegungs-
moment für Beendung der Bewegungen, namentlich der Spindeldrehung und zur Einleitung der Bewegungen der zweiten Periode
in eigenthümlicher Art benutzt, und zuletzt dafür Sorge getragen,
durch einen eigenthümlichen Mechanismus die Fäden an den oberen
Kötzerenden besser zu kreuzen, um dadurch die Spitzen fester zu machen.

l) Der von Sharp, Steward and Co. Atlas Works, Manchester,
konstruirte und in W. Johnson's: the imperial Cyclopaedia of
Machinery auf zwei Tafeln abgebildete Selfaktor gleicht in den
wesentlichen Theilen dem von Hibbert und Platt vorher ausführlich
beschriebenen und enthält namentlich in den Mechanismen zur Auf-
windereguliring Abweichungen.

m) Der Selfaktor von P. und J. Mc. Gregor in the Artizan
1853, S. 174 abgebildet, benutzt zur Wagenbewegung das Smith'sche
Mangelrad; während der letzten Zolle des Wagenauszuges wird die
Geschwindigkeit bis auf den dritten Theil der früheren reduzirt, es
findet bei demselben nicht eine Linksdrehung der Spindeln, sondern
wie bei Smith ein Abheben der Garnwindungen von den Spindeln
Statt. Der Mechanismus ist einfacher als der von uns ausführlich
beschriebene und in England ziemlich verbreitet.

n) Eine französische Konstruktion eines Selfaktors von Weild ist
in Armengaud Publication industrielle Bd. IX. S. 159 beschrieben
und abgebildet und dabei zugleich ein Verzeichniß der in Frankreich
in dieser Beziehung ertheilten Patente aufgenommen. Uebrigens hat
man in Frankreich auch zunächst den Selfaktor von Roberts angenommen und denselben in den Maschinenbauanstalten des Elsaß,
wenn auch ziemlich spät, nachgebaut, da erst im Jahre 1853 an
Dollfuß Mieg und Komp. die für Einführung des Selfaktorbetriebs

ausgesetzte Prämie wegen Aufstellung und regelmäßigen Betriebs von 12,600 Selfaktorspindeln gewährt wurde.

o) Der Selfaktor von George Park Macindoe aus Glasgow, welcher sich auf der Londoner Industrieausstellung befand, ist in den Haupttheilen der im Headstock liegenden Mechanismen in Fig. 268 bis 271 (Taf. 26), größtentheils nach Tomlinson's Cyclopaedia of useful Arts, abgebildet.

Fig. 268 ist eine Seitenansicht des Headstock und Wagens, Fig. 269 ein Grundriß des ersteren in $^1/_{12}$ der natürlichen Größe; Fig. 270 und 271 sind Detailzeichnungen.

An der Hauptwelle A befindet sich die Fest= und Losscheibe B und C. Beim Beginn des Spieles, wo der Wagen zunächst den Zylindern steht, liegt der Riemen auf der Festscheibe B und bedeckt zugleich mit einem Theile seiner Breite die Riemenscheibe C. Die Bewegung des Streckwerks erfolgt durch das Getrieb E, welches durch einen Transporteur das Rad F treibt; an diesem befindet sich das konische Getriebe G, welches mit dem auf der Vorderzylinder- welle sitzenden konischen Rade H sich im Eingriff befindet.

Die Spindeln erhalten ihre Drehung von dem an der Haupt= welle A befindlichen Twistwirtel I aus; die über denselben gelegte Schnur geht unterhalb über die beiden Leitscheiben K K, nach der am andern Ende des Headstock befindlichen Schnurscheibe L; diese befindet sich mit der etwas größeren Schnurscheibe N an der Welle M. Die über N gelegte endlose Schnur, welche gleichzeitig über die gegenüber stehende Leitscheibe O geht, ist um die zweispurige Schnur- scheibe P an der vertikalen Welle Q, die im Wagen liegt, geschlagen und setzt durch diese und das konische Radvorgelege R S die durch den Wagen gehende Welle in Bewegung, an welcher unmittelbar ent- weder die liegenden Spindeltrommeln oder die Getriebe zur Bewegung der zu den Spindeln parallel liegenden geneigten Spindeltrommeln befindlich sind.

Zur Hervorbringung des Wagenzuges ist an H ein Getriebe T angebracht, welches durch das Rad V die horizontale Welle W in Drehung versetzt, an welcher sich die Seiltrommel X befindet; von dieser aus geht das an ihr mit dem einen Ende befestigte Seil über die Seilscheibe Y nach dem an dem Wagen befestigten Zapfen Z, mit welchem das andere Ende desselben verbunden ist.

Wenn der Wagen am Ende seines Auszuges angelangt ist, so trifft ein an demselben angebrachtes Stelleisen gegen den Hebel a, dreht denselben um seinen Zapfen b so, daß eine an der Scheibe d angebrachte Erhöhung c an dem oberen Ende von a sich vorüber bewegen kann. Dies wird bewirkt dadurch, daß an der Welle e, an der sich d befindet, noch ein vierzähniges Steigrad h (vergl. Fig. 271) angebracht ist, gegen dessen einen Zahn die Feder drückt. Es wird hierdurch ganz ähnlich wie in dem vorher beschriebenen Selfaktor die Steuerwelle e um so viel gedreht, daß von den beiden Friktions= scheiben f und g (Fig. 270), von denen die eine auf A, die andere an g sich befindet, die letztere in Eingriff mit ersterer kommt, und um einen Viertelkreis gedreht wird, während sie vorher dadurch außer Eingriff mit f blieb, daß eine der vier Vertiefungen von g sich f gegenüber befand. Da nun d mit vier Ansätzen versehen ist, von denen je zwei diametral einander gegenüber liegende in einer Ebene sich befinden, so wird nach einer Vierteldrehung von e ein zweiter Ansatz von d sich wieder auf a auflegen und so die Fortsetzung der Bewegung dieser Steuerwelle hemmen. Eine hingehende oder her= gehende Schwingung von a wird daher auch zur Folge haben, daß jedes Mal ein Vorstoß von d abgleiten kann und der nächstfolgende sich fängt, die Steuerwelle e daher stets nur Vierteldrehungen macht. Die Bewegungsübertragung von f auf g erfolgt übrigens dadurch, daß f mit der auf A laufenden Losscheibe, die nur zum Theil mit dem Treibriemen bedeckt ist, sich in fester Verbindung befindet.

Nach der ersten oben erwähnten Vierteldrehung von e wirkt der am Ende der Steuerwelle angebrachte Kamm i gegen das obere Ende des in Fig. 268 unter i gezeichneten gabelförmigen Ausrückers, und rückt durch denselben das Zahnrad H, welches auf der Welle D mit Nuth und Feder gleitend aufgeschoben ist, von G ab, indem hierbei die um D liegende Spiralfeder, welche vorher den Eingriff sicherte, zusammengedrückt wird. Hierdurch wird die Zylinderbewegung, und da T mit H verbunden ist, auch die Wagenbewegung ausgerückt.

Zur Unterbrechung der Spindelbewegung ist an der Hauptwelle A eine Schnecke l vorhanden, welche in das Zahnrad m eingreift, an gleicher Welle mit letzterem befindet sich n, und überträgt durch den Transporteur o die drehende Bewegung auf p, an dessen innerer Fläche der Stift q sich befindet, welcher vom Anfang der Spindel=

drehung bis zum Ende derselben einen vollen Umlauf vollbringt, und auf die Enden der Stäbe r und s einwirkt. r hat am Ende eine Nuth, in welche sich q einlegt, und bei der auf r übertragenen Bewegung mit seinem anderen Ende den mit a verbundenen vertikalen Hebelarm t nach rechts zu zieht und so wieder Veranlassung wird, daß die Steuerwelle e in der vorher beschriebenen Art wieder eine Viertelbrehung macht. Die Einwirkung von q auf s besteht darin, daß eine s zurückhaltende Sperrung aufgehoben wird, s bewegt sich daher mit Hülfe eines Gegengewichtes oder einer Feder nach links und schiebt dabei den Treibriemen nach B zu.

Bei der zweiten Drehung der Steuerwelle e tritt die in dem Kamm u vorhandene Vertiefung dem Hebel v gegenüber, welcher durch die Spiralfeder x in dieselbe eingelegt wird und dabei eine Drehung um seinen Zapfen w in der Art erhält, daß sein anderes Ende bei y durch die Zugstange z den Hebel a[1] so dreht, daß die Gabel b[1] das Zahnrad c[1] und die mit ihm in Verbindung stehende konische Friktionsscheibe an B andrückt. Nun befindet sich an der Hauptwelle A das Getriebe d[1] im Eingriff mit dem konischen Rade e[1] an der Querwelle h[1], an letzterer befindet sich das Getriebe f[1] und greift in das an der Welle i[1] sitzende Rad g[1]. Da nun an i[1] gleichzeitig das Getriebe k[1] und zwar im Eingriffe mit dem lose auf A aufgesteckten Rade c[1] sich befindet, so wird zeither c[1] entgegengesetzt als die Hauptwelle getrieben worden sein, und nunmehr durch Reibung mit B verbunden die der früheren entgegengesetzte Umdrehungsbewegung auf A übertragen, was auch eine entgegengesetzte Drehung der jetzt allein noch mit der Hauptwelle verbundenen Spindeln zur Folge hat, um während derselben die an den Spindeln aufsteigenden Fäden abzuwinden.

Sobald dieses Abschlagen der Fäden beginnt, dreht sich N in der Richtung des in Fig. 268 angezeichneten Pfeiles, und nimmt durch die in derselben Figur angegebenen Sperrkegel der Scheibe l[1], die an M befestigt ist, das Sperrrad m[1] und das mit ihm verbundene Zahnrad n[1], welche sich lose um M drehen, mit herum; n[1] greift in o[1] ein, und an dem Zahnrad o[1] ist der Hebel p[1] angeschraubt, an dessen vorderem Ende sich die Reibungsrolle q[1] befindet. Die heraufgehende Bewegung von p[1] bewegt den Aufwinder r[1] mittelst des in die Höhe gehobenen Stabes s[1] herab, welcher an

seinem oberen Ende mit dem an der äußeren Seite der Aufwinder=
welle angebrachten Hebel t[1] verbunden ist. Es erfolgt demgemäß
die Herabführung der Garnfäden bis zu der Stelle, wo die weitere
Aufwindung des Kötzers erfolgen soll.

Hat der Aufwindebraht die zuletzt erwähnte Stellung erreicht, so
legt sich das untere Ende des Stabes s[1] in die obere Höhlung des
Führungsstückes u[1] ein, welches unten auf der Coppingplate v[1] auf=
ruht, und drückt dabei gegen den einen Arm des um w[1] drehbaren
Hebels x[1], dessen anderes Ende mit a in Berührung kommt, dabei
a wieder nach links drückt, und hierdurch in der oben beschriebenen
Art Veranlassung wird, daß die Steuerwelle e die dritte Viertelkreis=
bewegung macht.

Bei dieser Bewegung der Steuerwelle wird nun der Hebel v aus
der Vertiefung des Kammes u geschoben, die Kuppelung bei b[1] daher
ausgerückt und die Verbindung von c[1] mit B aufgehoben, zugleich
aber durch den Kamm y[1], welcher deshalb einen Einschnitt hat, dem
Hebel z[1] gestattet, sich durch die Spiralfeder a[2] so zu bewegen, daß
die Kuppelung b[2] eingerückt, und dadurch das Rad c[2] mit der Welle
h[1] verbunden wird. Die von c[1] durch k[1] i[1] g[1] und f[1] auf h[1]
übertragene Bewegung geht nun von dem Zahnrade c[2] auf d[2] und
die Welle desselben e[2] über, an deren äußerem Ende sich der oszil=
lirende Hebel f[2] außerhalb des Headstock befindet.

Dieser Hebel f[2] enthält an dem einen Ende ein Gegengewicht
g[2], an dem andern Ende eine Friktionsrolle h[2], welche in der an
der einen verlängerten Wagenwand angebrachten vertikalen Spur i[2]
gleitet und daher bei seiner halbkreisförmigen Bewegung den Wagen
hereinbewegt.

Gleichzeitig mit der Kuppelung b[2] wird auch die Kuppelung k[2]
an der Welle M durch die Scheibe m[3], welche durch den Hebel n[3]
und die Zugstange o[3] auf den Hebel p[3] wirkt, eingerückt, um die
Spindeldrehung für das Garnaufwinden durch Abwickeln der Kette l[2]
von der Kettentrommel m[2], welche die Drehung dabei durch N auf
die Spindeln überträgt, zu bewirken. Das eine Ende der Kette l[2]
ist nämlich an der Kettentrommel m[2] befestigt, die Kette selbst gegen=
wärtig aufgewickelt und das andere Ende an einem Haken der an
der Schraubenspindel n[2] verstellbaren Schraubenmutter o[2] befestigt.
Letztere liegt in dem am Wagen befestigten Träger p[2]. Es wird

daher das an o^2 befestigte Kettenende mit dem Wagen vorwärts bewegt, hierdurch die Kettentrommel m^2 gedreht, und somit die Drehung der Spindeln durch N bewirkt.

Die bei der Aufwindung erforderliche verschiedene Umdrehungsgeschwindigkeit der Spindeln wird ähnlich wie bei dem vorher beschriebenen Selfaktor erzeugt. Die beiden Kniearme r^2 und s^2, welche bei u^2 drehbar mit einander verbunden sind, und von denen r^2 bei q^2 am Arme p^2 drehbar ist und die Schraubenspindel n^2 mit der die Kette ziehenden Mutter n^2 enthält, s^2 dagegen an einem vorn am Gestell befestigten Bolzen t^2 drehbar ist, stellen sich nämlich nach Vollendung des Wagenauszugs beide in ziemlich aufgerichtete Stellung, so daß das Knie u^2 innerhalb des Gestelles und etwas höher als Y steht. Bei dem Wagenrückgange streckt sich das Knie immer mehr und mehr bis es in die durch Fig. 269 dargestellte Lage kommt, dabei wird anfänglich eine geringere, zuletzt eine größere Kettenlänge vom m^2 abgewickelt und hierbei die innerhalb des Wagenrückganges erforderliche Veränderung der Spindelgeschwindigkeit erzielt.

Beim Beginn eines neuen Kötzers, nach Abzug der fertig gewundenen, steht die Schraubenmutter o^2 zunächst an q^2; es findet daher beim Wageneingange eine ziemlich gleiche und gewisse Spindelgeschwindigkeit Statt; die allmälig erfolgende Bewegung vom o^2 bis nach dem andern Ende der Schraubenspindel n^2 wird durch die Größe der bei einer bestimmten Stellung hervorgebrachten Fadenspannung in folgender Art erzeugt. Am Ende der Spindel ist das Winkelradgetriebe v^2 angebracht, welches in das an der Welle x^2 sitzende Getriebe w^2 eingreift. x^2 liegt in dem Träger p^2 und zugleich in der Umdrehungsachse von r^2. An x^2 befindet sich lose aufgesteckt das Rad y^2, in welches das andere Zahnrad z^2 eingreift, das sich um einen am Wagengestell angebrachten Bolzen dreht, und mit der Zahnstange a^3, die längs des Wagenlaufs am Boden liegt, im Eingriffe sich befindet. y^2 erhält daher bei der ausfahrenden und einfahrenden Bewegung des Wagens stets eine drehende Bewegung, überträgt diese aber nur auf die Welle x^2 in dem Falle, wenn y^2 durch die Kuppelung b^3 mit der Welle x^2 verbunden ist. Zur Einrückung dieser Kuppelung dient der Hebel c^3, dessen einer Arm gabelförmig die Kuppelungsbüchse b^3 umgreift, während der andere Arm in einem an dem Stabe d^3 angebrachten Ansatze g^3, welcher einen schief stehenden Schlitz hat, hineinragt. Der Stab d^3 ist an dem nach außen vorstehenden Arme e^3 der Gegenwinderwelle f^3 befestigt. Wird nun die Fadenspannung zu groß, und demgemäß der Gegenwinder sehr stark niedergedrückt, so hebt sich der Arm e^3 und der Stab d^3, der in letzterem angebrachte Schlitz drückt aber den Hebelarm von c^3 so stark zur Seite, daß die Kuppelung b^3 eingerückt wird, was zur Folge hat, daß die von a^3 auf z^2 übertragene Bewegung durch y^2 auf x^2 und somit auch durch w^2 und v^2 auf n^2 übergeht. Hierbei wird o^2 nach u^2 hin verschoben und folglich auch die Umdrehungs= geschwindigkeit der Spindeln ermäßigt. Es dauert diese Regulirung so lange fort, als die Ursache dauert, d. h. die zu starke Faden= spannung. Ist diese aufgehoben, so rückt sich auch durch die entgegen= gesetzt erfolgenden Einwirkungen die Kuppelung bei b^3 wieder aus.

Ueber die Führung des Aufwinders auf der Coppingplate ist etwas Weiteres nicht anzuführen, ebensowenig über die Verstellungs= einrichtung der Coppingplate durch Schraube und Formplatten bei h^3 und an dem anderen Ende.

Kommt der Wagen an das Ende seines Rückganges, so stößt der Träger p^2 gegen das untere Ende des aufrechtstehenden Hebels i^3, welcher bei k^3 seinen Drehpunkt hat, und bewegt denselben so weit zurück, daß derselbe durch l^3 den unteren Arm des Hebels a wieder nach innen zieht und dadurch die vierte Viertelkreisdrehung der Steuerwelle e bewirkt. Hierbei wird durch y^1 zunächst die Kuppe= lung bei b^2 ausgerückt und dadurch die Wagenbewegung unterbrochen; ferner durch m^3 die Kuppelung k^2 ausgerückt, wobei die Feder q^3 den Arm p^3 zurückzieht, und dadurch die Kettentrommel m^2 außer Verbindung mit der Welle M gebracht, folglich die Spindelbewegung für das Aufwinden beendet.

Die Ausrückung des Aufwinders nach beendetem Wagenrückgange erfolgt durch den im Wagen verschiebbaren Stab r^3, welcher mit dem einen Ende an das am Fußboden festgeschraubte Stelleisen s^3 an= stößt und mit dem andern Ende dann s^1 von u^1 trennt, worauf s^1 niedersinkt und der Aufwinder sich in seine Ruhestellung emporhebt.

Die Wiedereinrückung des Haupttreibriemens zum Beginnen des neuen Spiels erfolgt dadurch, daß das vertikale Führungsstück i^2 des Wagens bei Beendung des Einzuges gegen das Ende v^3 eines Hebels drückt, dessen anderes Ende w^3 durch ein Gelenkstück mit

dem um y^3 drehbaren Hebel $x^3 z^3$ verbunden ist. Durch die be=
schriebene Einwirkung bewegt z^3 den Stab s nach rechts, legt den=
selben in die Falle, aus welcher er später durch q wieder gelöst
wird, und zieht dabei die Riemengabel nach C zu.

Um den schwingenden Hebel vom Wagenauszug wieder in die
Lage zu bringen, daß er den Wagen später einziehen kann, ist ein
Gegengewicht angebracht, dessen Schnur über die an e^2 befestigte
Schnurscheibe gelegt und an ihm befestigt ist; dieses veranlaßt den
Hebel durch die Friktionsrolle h^2, die innerhalb i^3 läuft, seine Halb=
kreisbewegung in entgegengesetzter Richtung zu machen.

An der beschriebenen Einrichtung wird die freie und leicht zu=
gängliche Lage aller einzelnen auf einander einwirkenden Mechanis=
men, die bequeme Stellung der zu regulirenden Theile, die sichere
Wirkung aller Theile und ganz besonders der Wagenbewegung, end=
lich die Einfachheit im gesammten Arrangement gerühmt, übrigens
auch angegeben, daß eine Einrichtung zum Nachzug vorhanden sei,
die aus der vorliegenden Abbildung nicht ersichtlich ist.

55) Die Vortheile des Selfaktors, der Handmule gegenüber,
bestehen außer der Unabhängigkeit von dem bei letzterer den Haupt=
prozeß leitenden Spinner, durch dessen Geschicklichkeit Quantität und
Qualität des Produktes wesentlich bedingt ist, zunächst in einer na=
mentlich bis zu mittleren Feinheitsnummern bemerkbaren Mehrpro=
duktion von 15—25 Prozent, durch welche schon eine Ersparniß an
Lohn und daher eine Verminderung der Gestehungskosten herbeige=
führt wird; der größere Theil der Ersparniß wird aber dadurch her=
vorgerufen, daß zur Beaufsichtigung der Maschinen eine billigere
Arbeitskraft verwendet werden kann (ein Mädchen statt des sonst
erforderlichen Spinners) und ein mit allen Einzelheiten der Einrich=
tung vertrauter Aufseher nur für eine größere Anzahl von Maschinen
erforderlich ist. Auch geht ein verhältnißmäßig geringerer Theil der
Zeit durch das Abnehmen der fertigen Kötzer verloren, da dieselben
eine größere Fadenlänge enthalten. Die Zahl der erforderlichen An=
dreher kann mindestens nicht größer als bei den Handmulen ange=
nommen werden, und wird sogar wegen der größeren Gleichförmig=
keit im Verlauf des ganzen Prozesses im Durchschnitt geringer sein.

Ferner findet bei richtiger Stellung aller einzelnen Theile die
größte Regelmäßigkeit aller einzelnen Operationen statt, während bei

der Handmule ein Theil derselben immer noch von dem augenblick=
lichen körperlichen Zustande des Arbeiters abhängig bleibt, nament=
lich davon, ob derselbe mehr oder weniger ermüdet ist. Es gewinnt
hierdurch der Faden offenbar nicht nur an Gleichheit, sondern nament=
lich auch der Kötzer an gleichmäßiger Dichtheit bei weit größerer
Festigkeit, welche derselbe durch die bei der Aufwindung thätigen
Mechanismen erhält. Im Durchschnitt enthält ein Selfaktorkötzer
30—50 Prozent mehr Garn als ein mit der Hand gewundener Kötzer.
Die größere Gleichförmigkeit bewirkt einen geringeren Verlust durch
gerissene Fäden, die größere Festigkeit sichert dem Kötzer einen größeren
Widerstand gegen Verletzung beim Transport und überhaupt bei der
späteren Verwendung, und die regelmäßigere Windung vermindert den
Abgang bei letzterer. Auch reduziren sich wegen des geringeren Volu=
mens die Verpackungskosten.

Ueber die Größe der Bewegkraft liegen nur wenig Ver=
suchsangaben vor. Es läßt sich bezüglich des Kraftbedarfs darauf
hinweisen, daß wenn die Kreuzschnur und die Trommelschnüre in der
Selfaktor=Konstruktion wegfallen, ein bedeutender Theil des passiven
Reibungswiderstandes beseitigt ist, welcher durch die Theile, welche
diese Vorrichtungen ersetzen, kaum erreicht werden kann. Bezüglich
der sonst zu bewegenden Mechanismen ist zu berücksichtigen, daß im
Durchschnitt die Zahl der im Selfaktor angebrachten Spindeln (400
bis 1000) größer sein wird, als die der Handmulen, und daher auf
die Leistung bezogen durch den Selfaktorbetrieb kaum eine wesentlich
höhere Bewegkraft beansprucht werden wird, als durch die Handmulen.

Hierbei ist nicht außer Acht zu lassen, daß die Vertheilung der
Kraft auf die einzelnen Bewegungsperioden eine gleichförmigere ist,
als bei der Handmule und daher bei regelmäßig gehenden Selfaktors
eine geringere Veränderlichkeit in dem gesammten Kraftbedarf vor=
handen ist, als bei ersteren.

Nach den Versuchen von Gustav Dollfuß über den Einfluß ver=
schiedener Oele zum Schmieren der Maschinen (Bulletin de Mulh.
Bd. 26. S. 170) erforderte ein Selfaktor von 612 Spindeln bei
1,57ᵐ Wagenauszug und 6000 Spindelumdrehungen in der Minute,
welcher Schuß Nr. 36—38 (franz.) spann, mit Rüböl geschmiert:
2,93 Pferdekraft, mit Spermaceti 2,15 Pferdekraft. Es kommen
daher auf 1000 Spindeln 4,8 oder 3,5 Pferdekraft, und es werden von

dieser Bewegkraft für 1000 Spindeln 2,2 Pferdekraft zur Bewegung der Massen und zur Ueberwindung des nützlichen Widerstandes der Maschine, dagegen im ersten Falle 2,6 Pferdekraft, im zweiten Falle 1,3 Pferdekraft zur Ueberwindung des Reibungswiderstandes verwendet. Nach Montgomery ist für 475 Spindeln eine Pferdekraft erforderlich.

Da nun aber der richtige und sichere Gang eines Selfaktors namentlich von der Gleichförmigkeit des zu bearbeitenden Vorgarnes abhängig ist, so werden die erwähnten Vortheile zum größeren Theile davon abhängig sein, daß ein gutes und gleichmäßig hergestelltes Vorgarn aus gleichbleibendem Rohstoffe verarbeitet wird, und in desto höherem Maße eintreten, je weniger das herzustellende Produkt verändert wird. Eine Einrichtung auf anderen Rohstoff, auf andere Garnnummer und Drathgebung verlangt mehr Stellungen und Korrektionen, die sich erst im Verlaufe des Spinnprozesses selbst als erforderlich erweisen, als bei der Handmule, und es wird daher ein Theil der angeführten Vortheile mit der größeren fabrikmäßigen Produktion in Verbindung stehen. Wo ein öfterer Wechsel im Rohstoff und in dem Produkte eintritt, da sind Handmulen offenbar zweckmäßiger durch einen Halbselfaktor, als durch einen Selfaktor zu ersetzen.

56) Die Leistung der Selfaktors hängt von der Spindelzahl und der Geschwindigkeit des Betriebes, sowie von dem pro Zoll des zu fertigenden Garnes erforderlichen Drahte, daher von der Garnnummer und der Verwendung des Garnes ab, und wird gewöhnlich pro Spindel nach Zahlen für einen Tag oder eine Woche angegeben.

Für den Selfaktor von Roberts gibt Ure an, daß die Spindelgeschwindigkeit für Garn

Nr. 10 bei Kette 3875 bei Schuß 2900
  „ 20 „   „   4250 „   „   3400
  „ 30 „   „   4625 „   „   3900
  „ 34 „   „   5000 „   „   4400

Umbrehungen in der Minute betragen soll, und bestimmt die tägliche Leistung einer Spindel für

Nr. 16 für Kette zu $4\frac{1}{2}$ Zahlen, für Schuß zu $4\frac{7}{8}$ Zahlen
  „ 24 „   „   „ $4\frac{1}{4}$ „   „   „ $4\frac{5}{8}$ „
  „ 32 „   „   „ 4   „   „   „ $4\frac{3}{8}$ „
  „ 40 „   „   „ $3\frac{3}{4}$ „   „   „ $4\frac{1}{8}$ „

Montgomery bezeichnet als Leistung dieses Selfaktors in Amerika wöchentlich bei

Nr. 20—24 zu 22 Zahlen ⎫
„ 36 „ 21 „ ⎬ für 4800—5500 Spindelumbrehungen;
„ 50 „ 19 „ ⎭
„ 60 „ 17⁶/₇ „
„ 70 „ 17 „

Die Leistung bei Dollfuß Mieg und Komp. (vergl. vorher unter n., Nr. 54) beträgt auf englische Bezeichnung reduzirt täglich in 11½ Stunden Arbeitszeit:

für Kette Nr. 33 : 3,64 Zahlen
„ Schuß „ 44 4,56 „

und es steht die theoretische aus der Berechnung der Geschwindigkeit der einzelnen Theile sich ergebende Leistung zur wirklichen wie 100 : 81.

Für den Smith'schen Selfaktor führt Montgomery nach den Angaben amerikanischer Spinnereien an, daß die Spindelumdrehungen für 36r Kette 6400, für 18r Schuß 4800 in der Minute betragen und die wöchentliche Leistung ist

für 34r Kette 18½ Zahlen
„ 40r „ 17 „
„ 18r Schuß 23 „
„ 34r „ 22 „

Nach den Angaben anderer Spinnereien aber, ohne weitere Bezeichnung der Beschaffenheit des Garnes, wird als die Leistung genannt:

für Nr. 30—40 24 Zahlen
„ „ 50 19 „
„ „ 60 17½ „
„ „ 70 16½ „

Der Selfaktor von P. und J. Mc Gregor liefert wöchentlich in 60 Arbeitsstunden:

von Nr. 32 Kette 20½ Zahlen (bei 4 Spielen in der Minute)
„ „ 34 Schuß 30 „

D) Ueber das Feinspinnen im Allgemeinen.

57) Von besonderer Wichtigkeit beim Feinspinnen ist Bestimmung der Anzahl Drehungen, welche man dem Faden auf eine bestimmte Länge geben soll, theils weil mit einer stärkeren Zusammendrehung bis zu einer gewissen Grenze die Festigkeit des Fadens

wächst, bei zu starker Zusammendrehung aber nicht nur die Weichheit, sondern auch die Elastizität des Fadens sich vermindert; theils
weil die stärkere Zusammendrehung nur durch einen größern Zeit-
aufwand erreicht werden kann, und daher das in bestimmter Zeit
zu liefernde Produktionsquantum vermindert, folglich das Produkt
selbst in der Herstellung vertheuert. Man bezeichnet mit dem Worte
Draht (twists per inch; le tors) gewöhnlich die Anzahl Drehungen
auf die Längenheit (einen Zoll, oder 0,1 Meter oder 1 Meter) und
gibt dem Faden keinen größeren Draht, als er vermöge der durch
seine Verwendung bedingten Festigkeit erhalten muß.

Für gleiche Verwendung erhalten Garnfäden verschiedener Feinheit einen verhältnißmäßigen Draht, wenn ihre Festigkeit dem Querschnitte proportional bleibt, und dies ist nach der Ableitung von
J. Köchlin (Bulletin de Mulhouse T. II. p. 296) dann der Fall,
wenn der Draht proportional ist der Quadratwurzel aus der Feinheitsnummer. Die Fasern werden nämlich einen ziemlich gleichen
Widerstand gegen das Auseinanderziehen äußern (gleiche Festigkeit
haben), wenn sie unter gleichem Winkel schraubengangförmig im
Faden aufsteigen oder zusammengedreht sind. Ist nun in Fig. 287
(Taf. 27) a b der abgewickelte Umfang eines Fadens von der Feinheitsnummer n und von dem Durchmesser δ, a c der abgewickelte
Umfang eines stärkeren Fadens von der Feinheitsnummer N und
dem Durchmesser Δ; beträgt ferner die Längeneinheit beider Fäden
a h = 1, und bezeichnet die Linie a d e die schiefe Lage einer Faser
in beiden Fäden: so ist der Draht

$$\text{für den ersten Faden} \quad z = \frac{1}{db}, \text{ und}$$

$$\text{für den zweiten Faden} \quad Z = \frac{1}{ce}$$

$$\text{es ist daher } z : Z = ce : db$$
$$= ac : ab$$
$$= \Delta : \delta$$
$$= \sqrt{F} : \sqrt{f}$$

wenn man mit f und F die Querschnitte beider Fäden bezeichnet.
Nun stehen aber die Querschnitte im direkten Verhältnisse zu den
Gewichten (g und G), welche gleiche Längeneinheiten haben, daher
$$F : f = G : g$$

die Gewichte gleicher Längeneinheiten aber im umgekehrten Verhältnisse zu den Feinheitsnummern $G : g = n : N$, daher auch

$$F : f = n : N \text{ und}$$

$$\sqrt{F} : \sqrt{f} = \sqrt{n} : \sqrt{N}, \text{ folglich}$$

$$z : Z = \sqrt{n} : \sqrt{N},$$

wie dieser Satz vorher aufgestellt wurde. Es wird hiernach überhaupt der dem Faden zu gebende Draht durch die Gleichung

$$z = \alpha \sqrt{n}$$

bestimmt werden, wobei der Koeffizient α, wie bereits vorher erwähnt wurde, wesentlich von der Verwendung des Garns, außerdem aber auch von der Faserlänge abhängig ist, da kürzere Fasern einen stärkeren Draht für gleiche Festigkeit voraussetzen, als längere.

Für den Koeffizienten α lassen sich nun, abgesehen von mannichfachen Abweichungen, welche in den Gebräuchen einzelner Spinnereien ihre Begründung finden, folgende Mittelwerthe unter Voraussetzung des englischen Zolles als Längeneinheit annehmen:

$\alpha = 4,5$ für Watergarn (nach den Angaben im American cotton spinner.)

$= 3,7 — 4$ für Kette zu mechanischen Webstühlen (nach französischen Quellen)

$= 3 — 3,5$ für Schuß zu mechanischen Webstühlen, für gewöhnliche Kette in stärkeren Nummern, für Strumpfgarne,

$= 3 — 3,2$ für gewöhnliche Kette in höheren Nummern aus langen Baumwollfasern.

$= 2,7 — 3$ für gewöhnlichen Schuß.

Um die für eine bestimmte Verwendung am zweckmäßigsten befundene Drehung eines Fadens genau zu ermitteln, oder Versuche über Elastizität, Dehnung und Festigkeit bei einer verschiedenen Drahtgebung anzustellen, ist von Alcan ein Instrument (expérimentateur phroso-dynamique) angegeben worden, welches im Bulletin d'Encourage. 1855 S. 225 beschrieben und abgebildet ist.

58) Die Durchmesser der Garnfäden stehen ebenfalls im umgekehrten Verhältnisse zu den Quadratwurzeln aus den Feinheitsnummern, denn es ist nach den vorher aufgestellten Proportionen:

$$\delta : \Delta = \sqrt{f} : \sqrt{F}$$

$$= \sqrt{N} : \sqrt{n}$$

eine Beziehung, welche namentlich bei Beurtheilung des Raumes von

Wichtigkeit ist, welchen neben einander liegende Garnfäden einnehmen (z. B. in der Weberei.)

59) Die Festigkeit ist bei verschiedenen Kettengarnen, deren Draht genau im umgekehrten Verhältniß mit der Feinheitsnummer stand, von J. Köchlin durch eine sehr große Anzahl von Versuchen bestimmt worden, bei denen zugleich die Elastizität durch Abmessung der Größe der Ausdehnung des Fadens bis zum Reißen bestimmt wurde. Die zur Festigkeitsbestimmung verwendeten Garnfäden hatten 3—4 Zoll Länge, die für Elastizitätsbestimmung benutzten 18 Zoll. Das Ergebniß war folgendes:

englische Nummer des Garns.	Zerreißungsgewicht in Kilogr.	Größe der Ausdehnung in %.	Art der Baumwolle.
36— 42	0,2076	5,53	Jumel
48— 52	0,1651	—	„
59— 64	0,1432	4,37	„
70— 75	0,1112	3,54	„
83— 88	0,1024	3,60	Lange Georgia
95— 99	0,0819	3,91	„
111—116	0,0655	3,00	„

Das untersuchte Garn war bereits gedämpft. Die ermittelte Festigkeit steht ziemlich genau im Verhältniß der Garnquerschnitte.

Zur Ermittelung der Festigkeit dient das Regnier'sche Dynamometer oder auch die von Perreaux in Paris und von L. Röck angegebene Einrichtung (vergl. den amtlichen Bericht über die Londoner Ausstellung Bd. 1. S. 605) und noch vorzüglicher der von Alcan angegebene unter Nr. 57 bereits erwähnte Expérimentateur phrosodynamique.

60) Was die Bestimmung der Gespinnste betrifft, so werden die Watergarne (water-twist) vorzüglich zu Kettengarnen (warp, twist; chaîne) verwendet (daher auch häufig Watergarn und Kettengarn synonym gebraucht werden) und gewöhnlich von Nr. 6 bis Nr. 50 in den Handel gebracht. Die Mulegarne (mule-twist) werden für den Handel bis etwa Nr. 350 gesponnen und dienen, wenn sie stärker gedreht sind, als Medio (medio twist) zur Kette theils im Wechsel mit dem Watergarn, theils in den höheren Nummern für alle Artikel, welche ein feineres Garn als Kette verlangen; es führt dieses Garn auch den Namen Halbkettengarn, kleine

Kette. Das schwächer gedrehte Mulegarn wird als Schußgarn (weft, woof, filling; trame) verwendet (daher auch häufig Mulegarn und Schußgarn als synonym gebraucht werden). Strumpfgarne, welche sich durch Reinheit, Gleichheit und Festigkeit bei geringerem Drahte und durch Weichheit auszeichnen sollen, werden gewöhnlich von Nr. 6—36 auf der Mule gesponnen; für feinere Artikel spinnt man auch Strumpfgarne Nr. 80—90. Die zu Zwirn und Strick= garnen bestimmten Gespinnste erhalten erst durch ein= oder mehr= mehrmaliges Dubliren oder Zwirnen ihre Vollendung. Die niedrig= sten Garnnummern sind für starke Gewebe, Barchent u. s. w., sowie zu Docht und Lichtgarn bestimmt.

Das Maximum der Feinheit, welches man erreicht hat, betrug auf der französischen Ausstellung im Jahre 1849 Nr. 500 (nach metrischer Bestimmung) und auf der Londoner Ausstellung im Jahre 1851 Nr. 2150 von Houldsworth hergestellt; ein Pfund des letzteren Garnes enthält eine Fadenlänge von 243 Meilen und ein Faden von 22 Pfd. würde die ganze Erde umspannen, während ein Faden der Feinheit Nr. 1, welcher die ganze Erde umspannen kann, 45 Ztr. wiegen würde.

61) Zum guten Gelingen des Spinnprozesses trägt die Tem= peratur und der Feuchtigkeitszustand der Luft im Spinnsaale wesentlich bei. Die Temperatur darf nicht wohl unter 17—18 R. sein, es wird daher auch in den Spinnereien eine künstliche Heizung für die kältere Jahreszeit erforderlich. Bezüglich des Feuchtigkeits= zustandes der Luft liegen zwar bestimmte Angaben nicht vor, es ist aber eine wohlbekannte Erfahrung, daß der Spinnprozeß bei der größeren Luftfeuchtigkeit im Herbst und Frühjahr besser von Statten geht, als im Sommer und Winter, und daß bei zu trockener Luft ein rauherer Faden erzeugt wird, weshalb man denn wohl auch zu dem Sprengen mit Wasser seine Zuflucht nimmt.

62) Die Auslohnung der Spinner erfolgt entweder nach der Länge des gesponnenen Fadens, oder nach dem Gewichte desselben. Bezüglich der Länge gibt theils die Anzahl der beim Weifen wirklich erhaltenen Zahlen das Anhalten, oder wenn das Garn nicht geweift wird, der an dem Vorderzylinder zu diesem Zwecke angebrachte Zähler, oder eine Vorrichtung, welche die Wagenauszüge zählt. Das Gewicht wird direkt dadurch bestimmt, daß man die Abzüge, welche ein Spinner

auf einer Maschine erzeugt, in einen Kasten legt, und von Zeit zu Zeit wägt. Für die letztere Modalität bietet ein Zylinderumgangszähler eine zweckmäßige Kontrole der regelmäßig Statt findenden Feinheit.

Um die größere Geschicklichkeit des Spinners zu belohnen, wird das Spinnlohn in vielen Spinnereien nach einer festgesetzten Minimal=produktion pro Woche bestimmt, und das über diese Grenze hinaus=gehende Mehrerzeugniß mit einem höheren Lohnsatze vergütet (Prämien). In dem Lohn für den Spinner ist oft das Lohn der demselben zugeordneten Andreher mit eingeschlossen.

63) Da von der gehörigen Geschwindigkeit, mit welcher die ge=sammten Maschinen einer Spinnerei umgetrieben werden, nicht nur die Möglichkeit ein bestimmtes Produktionsquantum in bestimmter Zeit zu erlangen abhängt, sondern namentlich auch durch die Gleichförmig=keit der Umbrehung wesentlich die Qualität des Produktes erhöht wird; so wird der Gang der gesammten Maschinen in beiderlei Beziehung kontrolirt, und zwar durch Tachometer und durch die Fabrikuhr.

Als Tachometer dient ein im Komptor der Spinnerei auf=gestelltes kleines Zentrifugalpendel, welches theils unmittelbar durch den Winkel, unter welchem die Arme desselben stehen, die Größe der gerade Statt findenden Geschwindigkeit vor Augen führt, theils dann, wenn die Geschwindigkeit ein Maximum oder ein Minimum überschreitet, an einer Glocke ein Zeichen gibt.

Das Tachometer von Donkin besteht aus einem Quecksilber ent=haltenden Gefäße, welches sich auf dem Teller einer von der Trans=mission aus gedrehten Spindel aufgestellt befindet. Nach bekannten hydraulischen Sätzen senkt sich der Quecksilberspiegel dieses gedrehten Gefässes in der Mitte desto mehr, je größer die Umbrehungsgeschwin=digkeit ist, indem er an den Seitenwänden in die Höhe steigt und die ganze Oberfläche die Gestalt eines Paraboloides annimmt. Taucht daher in die Mitte des Gefäßes eine unten weitere, oben enge Glas=röhre, in welche eine leichtere Flüssigkeit gefüllt ist, so wird sich die Oberfläche derselben in der mit einer Skala versehenen Glasröhre desto tiefer senken, je schneller die Vorrichtung umläuft, man kann daher auch die gerade Statt findenden Umbrehungsgeschwindigkeit an der Skale abnehmen.

Eine Summirung aller in den einzelnen Zeitmomenten stattge=habten Geschwindigkeiten oder die verhältnißmäßige Gesammtzahl der

Umbrehungen beſtimmt die Fabrikuhr (factory clock). Es iſt dies ein von dem Motor der Fabrik aus bewegter Zähler, welcher mit einem Zifferblatte und den beiden Zeigern einer Uhr eben ſo ausgerüſtet iſt, wie eine gewöhnliche Uhr, meiſt auch neben einer gewöhnlichen Uhr aufgeſtellt wird, und in dem Falle einen mit der gewöhnlichen Uhr vollkommen identiſchen Gang behält, wenn der Motor regelmäßig die Normalzahl der Umbrehungen macht. Erfolgen die Umbrehungen des Motors langſamer oder ſchneller als ſie nor= malmäßig Statt finden ſollen, ſo bleibt die Fabrikuhr hinter der gewöhnlichen zurück, oder geht vor derſelben voraus, und aus der Differenz beider (mill time und Clock time) kann man auf das Zurückbleiben oder Voreilen des Motors ſchließen. Wird z. B. eine Spinnerei von einer Dampfmaſchine betrieben, welche regelmäßig 33 Spiele in der Minute machen ſoll, und ſteht die Fabrikuhr um 10 Uhr Vormittags nach vierſtündiger Arbeit 20 Minuten gegen die bürger= liche Uhr zurück, ſo hat der Motor in dieſen 4 Stunden 33.20 = 660 Umbrehungen zu wenig gemacht. Ueber die Angaben der Fabrikuhr werden regelmäßige Regiſter gehalten; die Jahresſummirung aus dieſen Angaben iſt dem Produktionsquantum proportional.

VI. Die übrigen Vollendungsoperationen.

A. Das Haſpeln oder Weiſen.

1) Garne, welche nicht in der Form der von den Feinſpinn= maſchinen abgenommenen Kötzer zu ihrer weiteren Verwendung gebracht werden können, und die theils wegen der Verſendung, theils wegen der mit denſelben weiter vorzunehmenden Operationen, Färben u. ſ. w., theils wegen genauer Feinheitsbeſtimmung in eine andere Form gebracht werden müſſen, unterliegen dem Weiſen (reeling, dévidage).

Die engliſche Weiſe, welche außer Frankreich faſt überall in der Baumwollſpinnerei benutzt wird, hat einen Umfang von 54 Zoll; 80 Fäden (threads, turns) geben 1 Gebind (lea, ley, rap, cut).

7 Gebind geben 1 Schneller, Zahl, Nummer, Strähn (hank, number, skein),

daher die Länge des Fadens, welcher eine Zahl ausmacht = 30240 Zoll, oder 2520 Fuß, oder 840 Yards. (Unter einer spindle oder spyndle wird zuweilen die Länge von 18 Zahlen, als 15120 Yards, in England verſtanden).

Bei der französischen Weise ist der Umfang $1\frac{3}{7}$ Meter;

70 Fäden geben ein Gebind (échevette),

10 Gebind geben eine Zahl (écheveau),

daher die Länge des Fadens in einer Zahl $= 1000$ Meter $= 3280,9$ engl. Fuß.

In einigen österreichischen Spinnereien (während größtentheils die englische Weise benutzt wird) weist man die Zahl zu 7 Gebind, zu 100 Fäden mit $2\frac{1}{8}$ Wiener Ellen Haspelumfang, wodurch die Länge des Fadens in der Zahl $= 1487,5$ Wiener Ellen $= 3802,8$ engl. Fuß.

Die Fadenlängen dieser drei Weisen für eine Zahl stehen daher im Verhältniß der Zahlen $1 : 1,30194 : 1,50905$.

2) Die Einrichtung der Weife (reel; dévidoir) entspricht im Allgemeinen der Anordnung, welche in dem Artikel Haspel Bd. 7. S. 354 des Hauptwerkes beschrieben ist, doch sind in neuerer Zeit mehrere Veränderungen angebracht worden.

a) Sowohl bei der Handweise als bei der mechanischen Weise, welche 20, 30 oder 50 Gänge hat, d. h. aus einer gleich großen Anzahl von vorgelegten Kötzern gleichzeitig eben so viel verschiedene Zahlen weist, ist eine Einrichtung angebracht, durch welche die Fadenführerschiene so lange still steht, als der Haspel die durch die Fadenzahl im Gebinde angegebenen Umdrehungen macht (80 oder 70 oder 100) und dann ein wenig zur Seite rückt, und die den Haspel dann zum Stillstande bringt, wenn auf jedem Gange eine volle Zahl aufgewunden ist. Diese Einrichtung besteht in einem Sperrzeug mit Zahnstange, auf welches ein Zähler an der Haspelwelle einwirkt und in einem auf die Fadenführerschiene einwirkenden Gewichte, endlich in einer von der Zahnstange ausgehenden Hemmung. Ist das Aufweisen der Zahlen in sämmtlichen Gängen erfolgt, und die Weise zum Stillstande gekommen, so hat die beaufsichtigende Arbeiterin die Kötzerfäden abzureißen und sämmtliche Gebinde einer Zahl mit einem Faden, Fitzfaden, zu unterbinden, zu fitzen, um dann die gesammten Zahlen abzustreifen.

b) Man hat auch Einrichtungen angebracht, welche die Weise sogleich zum Stillstand bringen, sobald einer der Kötzerfäden reißt, um zu verhindern, daß keine der aufzuweisenden Zahlen eine geringere Fädenzahl erhält, als vorgeschrieben ist. Bei den gewöhnlichen

Weisen muß die bedingende Arbeiterin aufmerken und die Weise sogleich zum Stillstande bringen, wenn ein Faden gerissen ist, um denselben anzuknüpfen.

c) Die selbstthätige Fitzweise, welche Prasser und Schurig in Großröhrsdorf im Jahre 1850 in Sachsen patentirt erhielten, verrichtet das Umschlingen der einzelnen Gebinde mit dem Fitzfaden, durch einen besonders angebrachten Mechanismus ohne Beihülfe der Arbeiterin.

d) Um das Abnehmen des Garnes von dem Haspel zu erleichtern, ist der eine der 6 Arme gewöhnlich an jedem Armsterne zum Umschlagen eingerichtet; bei dem Garnhaspel von P. Fairbairn dagegen erhält der Haspel zu diesem Zwecke die Form einer abgestumpften Pyramide. Der an dem einen Ende befindliche Armstern bleibt bei dem Abnehmen nämlich unverändert; die Arme des an dem andern Ende befindlichen Armsternes sind aber nicht an der Haspelwelle, sondern an einer auf derselben verschiebbaren Büchse befestigt. Wird nun diese Büchse, welche für gewöhnlich durch eine Sperrung in ihrer Lage erhalten wird, etwas zurückgeschoben, so stellen sich die Arme in eine schiefe Lage, die Haspelschienen nähern sich und gestatten so das Abstreifen der Garnzahlen.

e) Die Doppel- oder Duplirweise von Heymann in Chemnitz, welche im Jahre 1835 in Sachsen patentirt wurde, bewirkt neben dem Weisen zugleich ein Dupliren des Garnes und zwar, wie dies bei Strumpfgarnen verlangt wird, mit einer sehr geringen Anzahl von Windungen auf eine bestimmte Länge. Es sind zu dem Ende je 2 oder 3 Spindeln auf einer Scheibe angebracht, und es laufen von ihnen die Fäden gemeinschaftlich nach einem Fadenführer; die Scheibe selbst aber erhält durch eine Schnur eine Kreisbewegung proportional zu den Umdrehungen der Haspelwelle. Für jeden Gang der Weise ist eine solche Scheibe vorhanden.

B. Das Numeriren und Sortiren.

3) Der Ermittelung der Feinheitsnummer (titrage, numérotage, tarisage) liegt die Bestimmung zu Grunde, daß

die englische Nummer die Anzahl von Zahlen (hanks) englischer Weise ausdrückt, welche zusammen ein englisches Pfund wiegen,

die französische Nummer (numéro métrique, titre métrique) die Anzahl von Kilometer Fadenlänge, oder von französischen Zahlen (écheveaux), welche zusammen ein halbes Kilogramm wiegen und

die österreichische Nummer die Anzahl von Zahlen oder
Schnellern nach der österreichischen Weise, welche zusammen ein Wiener Pfund wiegen.

Da sich nun die angeführten Gewichte, wie die Zahlen:

$$1 : 0,9071952 : 0,8099781$$

verhalten, so sind folgende Nummern nach den 3 mit E. F. und O.
bezeichneten Numerirungssystem identisch:

E.	F.	O.
1	1,1811	1,2223

und man erhält die Reduktion einer Nummer auf die andere am
einfachsten durch folgende Koeffizienten, wobei E. F. und O. die
Nummern nach den genannten Systemen ausdrücken:

$$E = 0847. \quad F = 0,818. \quad O.$$
$$F = 1,181. \quad E = 0,966. \quad O.$$
$$O = 1,222. \quad E = 1,035. \quad F.$$

4) Zur Bestimmung der Feinheitsnummer geweifter Garne dient
die Garnsortirwage (quadrant; balance à échantillonner les
fils, romaine), welche im Hauptwerke Bd. 1. S. 598 und Bd. 20
S. 125 ausführlich beschrieben ist; an letzterer Stelle befindet sich
auch die vollständige Theorie derselben entwickelt.

A. Schlumberger (Bulletin de Mulhouse Vol. 3. p. 46) machte
bereits 1829 auf die gewöhnlich bei Konstruktion dieser Wagen be-
gangenen Fehler aufmerksam und gab eine Anweisung zur richtigen
Konstruktion der Skale derselben, auf eine Tangententabelle begründet, in welcher die Größe der Tangenten der verschiedenen Ausschlag-
winkel angegeben ist, die zu den verschiedenen Feinheitsnummern
gehören. Diese Anweisung wird noch wesentlich einfacher, wenn man
den Tangenten die Kotangenten substituirt, welche den angehängten
Gewichten umgekehrt und daher den Feinheitsnummern direkt proportional sind.

Laborde (Bulletin d'Encouragement 1853, p. 6) bringt neben
dem nach den Feinheitsnummern getheilten Kreise noch einen zweiten
an, auf welchen die diesen Nummern zugehörenden Gewichte auf-
getragen sind, um hierdurch leicht in den Stand gesetzt zu werden, die Wage auf ihre Richtigkeit prüfen und sich versichern zu
können, daß dieselbe nicht etwa absichtlich durch die Arbeiter gefälscht
worden ist.

Die Sortirwage von Gouault de Monchaux (Bulletin d'Encourag. 1822 p. 214) ist auf das Prinzip der Schnellwage mit einem Laufgewichte basirt.

5) Die Angabe der Feinheitsnummern durch die Sortirwage erfolgt bis zu Nr. 20 gewöhnlich nach einzelnen fortschreitenden Nummern, bei Strumpfgarnen sogar bis zu halben Nummern, für höhere Nummern dagegen oft mit Weglassung der ungeraden Nummerzahlen, und in den höchsten Feinheitsnummern nur von 5 zu 5 und von 10 zu 10.

6) Es kommt theils bei Feingespinnsten, theils im Verlaufe der einzelnen Spinnoperationen vielfach das Problem vor, die Feinheits= nummer zu bestimmen, ohne daß der Faden oder das Band, oder die Auflage nach Strähnen abgeweift ist oder überhaupt abgeweift werden kann. Hierbei lassen sich folgende Fälle unterscheiden.

a) Es ist die Länge L gegeben, auf welche die Baumwolle das Gewicht P hat; es soll die Feinheitsnummer N ermittelt werden.

Es mag unter Anwendung des englischen Weif= und Numerir= systems angenommen werden, daß L in englischen Fußen und P in englischen Pfunden bestimmt ist. Da nun das Gewicht eines Strähnes oder einer Zahl $= p$ zu der Feinheitsnummer N nach den vorher angegebenen Bestimmungen stets in der Beziehung steht, daß $Np = 1$, oder $N = \dfrac{1}{p}$ ist, so wird im vorliegenden Falle zu berücksichtigen sein, daß $L : P = 2520 : p$, folglich

$$p = \frac{2520 \cdot P}{L} \text{ ist,}$$

wodurch sich dann einfach ergibt:

$$N = \frac{L}{2520 \cdot P}.$$

Der hier betrachtete Fall kommt z. B. bei Bestimmung der Nummer der Auflage auf der Schlagmaschine vor.

b) Es mag wie vorher die Länge L abgemessen und außerdem ermittelt sein, daß diese Länge auf die Garnsortirwage gehängt, diese Wage zu einem Ausschlage bringt, bei welchem sie die Feinheits= nummer v zeigt, dann ist das Gewicht der Theilung der Wage entsprechend:

$$P = \frac{1}{v}$$

in englischen Pfunden, folglich in diesem Falle

$$N = \frac{L \cdot v}{2520}.$$

Die Bedingungen des vorliegenden Falles können z. B. eintreten bei Ermittelung der Vorgespinnstnummern; man bedient sich dabei wohl auch einer kleineren Weise, auf welcher man L = 25,2 Fuß, oder in irgend einem bestimmten Verhältnisse zu 2520 abweift, und dann die Nummer *v* in dem 100fachen oder einem durch das ge= wählte Verhältniß bestimmten Betrage erhält. Auch konstruirt man wohl besonders getheilte und für ein bestimmt gewähltes L nur gültige Probewagen.

c) Das Gewicht P eines Fadens ist bekannt, die Länge desselben läßt sich angenähert durch Rechnung bestimmen. Dieser Fall kommt vor bei Scheibenspulen und konischen Spulen von Flyern, deren Fadenlänge nach den früher unter Abschnitt IV angegebenen Regeln bestimmt werden kann; ebenso bei Kötzern, welche nicht abgeweift werden. Im letzteren Falle sei P' das Gewicht eines ganzen Abzuges einer Mulespinnmaschine von m Spindeln; d der Durchmesser des Vorderzylinders dieser Maschine in engl. Fußen, u die Anzahl Um= drehungen, welche der Zylinderumgangszähler während des betreffen= den Abzuges angab, und 1 : w das Streckungsverhältniß, welches zwischen Vorderzylinder und Wagen bei dieser Mule Statt findet, so erhält man die ganze theoretische Fadenlänge

$$L = d \, \pi \, u \, m \, w$$

folglich die Feinheitsnummer:

$$N = \frac{d \, \pi \, u \, m \, w}{2520 \cdot P'}.$$

Hierbei ist offenbar L etwas zu groß gefunden worden, daher wird N die Feinheit des Garnes etwas größer angeben, als sie in der That ist. Die Größe des vorhandenen Fehlers läßt sich wenig= stens annäherungsweise schätzen, wenn man ungefähr weiß, wie groß der Fadenbruch ist. Hat man nämlich beobachtet, daß durchschnitt= lich von den m Fäden der Maschine bei jedem Auszuge m' Fäden brechen, so würde die Möglichkeit vorhanden sein, daß statt der m Fäden nur m — m' Fäden aufgewunden sind, es würde daher auch statt der Länge L nur die Länge $\frac{m - m'}{m}$ L in dem Abzuge vorhanden sein, folglich statt der vorher ermittelten Feinheitsnummer N die Feinheitsnummer $\dfrac{m - m'}{m}$ N Statt finden. Die Größe des Unterschiedes gibt die Genauigkeit an, auf welche man bei dem beschriebenen Verfahren rechnen kann. Daß statt der Anzahl der Zylinderumgänge auch die Zahl der Wagenauszüge unter Berücksichtigung der Länge eines Auszuges zu der vorliegenden Berechnung benutzt werden kann, bedarf keiner weiteren Ausführung.

d) Gibt ein Kötzer, wenn man ihn an die Garnwage hängt, einen Ausschlag bis zur Nummer v und hat derselbe beim Aufweifen eine Fadenlänge = x nach Strähnen und Bruchtheilen der Strähne gemessen, so ist die wirkliche Nummer desselben

$$N = v \, . \, x.$$

e) In vielen Fällen ist die Nummer n eines Bandes oder Vorgespinnstfadens bekannt, welcher der Streckung 1 : s unterliegt; dann wird die Feinheitsnummer nach der Streckung:

$$N = n \, s;$$

es ist dies aber nur in dem Falle die richtige Nummer, wenn ein Abgang nicht Statt gefunden hat; sobald indeß ein Abgang von a⁰/₀ Statt findet, wird der Faden im Verhältniß von 100 : 100 — a feiner und es ist dann seine richtige Nummer

$$N = \frac{n s \, . \, 100}{100 - a}.$$

f) Durch eine Duplirung ändert sich die Feinheit im entgegengesetzten Sinne als vorher. Vereinigt man μ Bänder oder Fäden, von denen jedes die Nummer n hat, mit einander, ohne eine Streckung vorzunehmen, so ergibt sich die Feinheitsnummer im Produkte

$$N = \frac{n}{\mu};$$

haben dagegen die mit einander zu vereinigenden Bänder oder Fäden verschiedene Feinheitsnummern, und zwar n_1, n_2 $n_3 \ldots n_\mu$, so ergibt sich die Feinheitsnummer des Produktes aus der Gleichung

$$\frac{1}{N} = \frac{1}{n_1} + \frac{1}{n_2} + \frac{1}{n_3} + \ldots + \frac{1}{n_\mu}$$

deren Richtigkeit sogleich in die Augen springt, wenn man bedenkt, daß $\dfrac{1}{n_1}$ $\dfrac{1}{n_2}$ 2c. die Gewichte von je einer Zahl des Garnes von der

Feinheitsnummer n_1 n_2 2c. sind und die Gewichte aller einzelnen Theile zusammengenommen dem Gewichte des Ganzen gleich sein müssen. Hiernach ist in diesem Falle:

$$N = \frac{1}{{}^1/n_1 + {}^1/n_2 + {}^1/n_3 + \ldots + {}^1/n\,\mu}$$

und es findet diese Formel Anwendung bei duplirten Garnen für Strumpfwirkerei, und unter solchen Umständen, wo mit der Duplirung eine merkliche Veränderung in der Länge der mit einander vereinten Garnfäden nicht Statt findet.

g) Kommt zu der zuletzt gemachten Voraussetzung noch eine Veränderung der Länge im Verhältniß von 1 : s, so wird die Feinheitsnummer

$$N = \frac{s}{{}^1/n_1 + {}^1/n_2 + {}^1/n_3 + \ldots + {}^1/n\,\mu}$$

eine Formel, welche theils bei gezwirnten Garnen Anwendung findet, bei denen durch μ die Duplirung angegeben, und wo s gewöhnlich deshalb ein echter Bruch sein wird, weil sich bei scharfer Zusammendrehung die ursprüngliche Länge verkürzt, theils bei Duplirung von Bändern verschiedener Feinheit.

h) Findet diese Duplirung aber wie gewöhnlich mit Bändern von gleicher Feinheitsnummer Statt, so nimmt die Formel folgende Gestaltung an

$$N = \frac{s\,n}{\mu},$$

wo s wieder das Streckungsverhältniß bezeichnet und in diesem Falle größer als 1 ist.

i) Wird endlich mit den unter g und h gemachten Voraussetzungen noch die neue Annahme, daß a% Abgang Statt finden soll, verbunden, so wird dann

$$N = \frac{100 \cdot s}{(100-a)\,({}^1/n_1 + {}^1/n_2 + {}^1/n_3 + \ldots + {}^1/n\,\mu)}, \text{ oder}$$

$$N = \frac{100 \cdot s\,n}{(100-a)\,\mu}$$

je nachdem Bänder oder Fäden von verschiedener oder gleicher Feinheitsnummer vorausgesetzt werden: Formeln, welche theils beim Strecken und Vorspinnen, theils beim Zwirnen Anwendung finden können.

7) Das Sortiren erfolgt gewöhnlich mit der Nummerbestimmung in der Art, daß man identische oder nahe gleich feine Strähne in Kästen zusammenordnet und gleichzeitig die Qualität des Gespinnstes theils nach der verwendeten Wolle, theils nach der größeren oder geringeren Reinheit, theils endlich nach der größeren oder geringeren Vollendung der Spinnereioperationen innerhalb der bereits unter Abschnitt V Nr. 60 angegebenen Gattungen des Garnes berücksichtigt. Bezüglich der Qualität unterscheidet man im Allgemeinen Prima und Secunda und setzt denselben zur Erzielung weiterer Abstufungen noch die Worte: extrabeste, beste, reell beste, gute, kleine, u. s. w. hinzu.

C. Verschiedene Appreturoperationen.

8) Das Dämpfen hat zum Zwecke, dem Garne eine größere Weichheit zu geben und ihm die Neigung sich aufzudrehen zu nehmen. Es wird zu dem Zwecke, oft bevor es auf die Weise kommt, einige Zeit der Einwirkung des Dampfes in besonders dazu vorgerichteten Dämpfkästen ausgesetzt.

9) Um die Knoten und etwaige Unreinigkeiten abzustreifen ist von W. Stevenson eine Reinigungsapparat (clearing apparatus) konstruirt worden, welcher im Wesentlichen darin besteht, daß der Garnfaden durch einen feinen Spalt zwischen zwei Metallplatten hindurchgezogen wird, dessen Weite genau nach dem Durchmesser des Garnes mittelst einer Schraube gestellt werden kann, und welcher alle festeren in dem Faden enthaltenen Theile abstreift, während er den reinen Faden von normalmäßigem Querschnitte ungehindert hindurchgehen läßt. Derartige Reinigungsapparate lassen sich an den Weisen, Spul= und Duplirmaschinen anbringen. (Pract. mech. Journal, Vol. VI. pag. 207.)

10) Feine Garne für Bobbinet= und Spitzenfabrikation, feine glatte Gewebe und feinere Strumpfwaaren werden namentlich in England gesengt (Singeing, gassing; grillage) um die feinen vorstehenden Faserenden, welche durch die Wirkung der Zentrifugalkraft verhindert worden sind sich in das Innere des Fadens mit einzulegen, (le duvet) und den Faden daher rauh machen, wegzubrennen. Der Faden verliert dabei natürlich an Gewicht, und nimmt an Feinheit zu, so daß z. B. Garn von Nr. 90 nach dem Sengen die Feinheitnummer 95 zeigt.

Fig. 288 stellt einen Gang einer Sengmaschine im Quer=
durchschnitt durch die Maschine im 8ten Theile der natürlichen Größe
dar, wie deren eine größere Anzahl parallel neben einander ange=
bracht sind. a und b sind die beiden Gestellwangen, welche an den
beiden Enden mit den Seitenwänden des Gestelles verbunden sind
und die Haupttheile der Maschine tragen; zwischen denselben liegt
ein mit Spalten versehenes Blech, durch welche die Gasröhren l
hindurchragen. Diese Gasröhren stehen durch das Hahnstück n mit
dem über die Länge der Maschine hingeführten Gasrohre o in
Verbindung und sind bei m drehbar, das Rohr o aber erhält das
Gas von einem mit ihm verbundenen Hauptgasrohre aus. A ist
ein Rahmen, in welchem Spindeln befestigt sind, auf welche die
Spulen B, die das zu sengende Garn enthalten, aufgesteckt werden,
und um welche sich die letzteren drehen können. Der Garnfaden geht
von der Spule B nach einem auf der Schiene p befestigten Glas=
stäbchen, durch einen Schlitz in dem Reinigungsstabe Z hindurch
(clearer) nach der Rolle q, ist um diese und um q¹ so geschlungen,
daß sich die beiden Fadenläufe in der aus l kommenden Flamme
kreuzen, und ist dann von q¹ über ein an h angebrachtes Glas=
stäbchen weg nach dem Fadenführer r geleitet, welcher ihn auf die
Spule G führt. Letztere ruht mit ihrem Umfange auf der Scheibe
F auf und erhält von dieser die drehende Bewegung, durch welche
der Faden auf dem hier beschriebenen Wege vorwärts gezogen wird,
und dabei die Flamme passirt. Um den Faden durch den entspre=
chendsten Theil der Flamme führen zu können, sind die Rollen q
und q¹ in den auf a und b angebrachten Trägern höher und tiefer
zu stellen. Um aber den Faden auf der Länge der Spule G gleich=
mäßig zu vertheilen, erhält der an dem Stabe h angebrachte Faden=
leiter eine hin= und hergehende Bewegung; zu dem Ende liegt h auf
Rollen k und stößt mit dem einen Ende gegen eine langsam gedrehte
herzförmige Scheibe, gegen welche h durch eine Feder oder ein Zug=
gewicht angedrückt wird und daher eine Seitenverschiebung erhält.

Die Spulen G sind an einem Zapfen drehbar, welcher am Ende
des um t drehbaren Hebels s aufgesteckt ist; sie können durch den
mit dem Handgriff v versehenen, ebenfalls um t drehbaren Hebel
u u¹ von F abgehoben werden, und bleiben nur so lange mit F in
Berührung als v gesenkt ist. Der Arm u¹ dieses Hebels ist mit

einem Schlitze versehen, in welchen der eine Arm eines um x dreh=
baren Winkelhebels eingreift, der andere Arm w ist am Ende mit
einer das Gasrohr l umfassenden Gabel y verbunden, woraus folgt,
daß wenn v aufgehoben wird, um G außer Verbindung mit F und
dadurch den Faden zum Stillstand zu bringen, gleichzeitig durch y
die Flamme von dem Fadenkreuze zur Seite gelenkt, und dadurch
ein Verbrennen desselben gehindert wird. Erst bei Wiederauflegung
von G auf F erfolgt das Einrücken der Flamme. Der Hebel z ist
um den Zapfen g drehbar und wird durch ein Gegengewicht c ver=
anlaßt sich mit seinem oberen Ende nach p zu zu stellen. In dieser
Lage legt sich der an u¹ angebrachte Stift f in die an dem andern
Hebelarm von z angebrachte Höhlung e ein, wenn v gesenkt ist
und sich daher der Faden im Gange befindet. Ist nun in dem
Faden ein Knoten oder eine andere Unregelmäßigkeit vorhanden,
welche durch den Reinigungsschlitz von z nicht hindurchpassiren kann,
so wird z durch den Faden oberhalb etwas nach links bewegt, e
hebt dabei die Unterstützung des Stiftes f auf, der Hebel u u¹ sinkt
wieder, bis das hintere Ende sich auf die Bank i auflegt, und G
wird von F abgehoben unter gleichzeitiger Ablenkung der Flamme
vom Fadenkreuze. d ist ein Blechzylinder, welcher der Gasflamme
Stetigkeit sichert und sie vor dem Flackern behütet.

Die Geschwindigkeit, mit welcher die Maschine bewegt wird,
beträgt 2500—3000 Umläufe der Spule G pro Minute.

Nach Gardner und Bazley wird Wassergas aus der Zersetzung
von Wasser durch glühende Kohlen oder Kokes erhalten, mit Vortheil
zum Sengen der Garne angewendet, da es die feinen Ausströmungs=
öffnungen weniger leicht verstopft.

11) Das Lüstriren hat zum Zweck, dem Garnfaden eine glatte
Oberfläche dadurch mitzutheilen, daß man die vorstehenden Fasern
mit der Masse des Garnes durch Aufbringung einer klebenden Flüssig=
keit, zugleich mit einem Hinstreichen einer glatten oder rauhen Fläche
längs des Fadens zu verbinden sucht, und in einzelnen Fällen theils
die Weichheit, theils den Glanz des Garnes verbessert.

Die hierbei verwendeten Flüssigkeiten bestehen in einem dünnen
Stärkewasser mit Seife oder ohne dieselbe, in Leimsamenabkochung,
Gummi=arabicum=Lösung oder ähnlichen Stoffen. Die Applikation
derselben erfolgt zum Theil bei dem Spinnprozesse selbst, wie z. B.

bei der Waterſpinnmaſchine von J. E. Miles und S. Pickſtone (ver=
gleiche Abſchnitt V A. Nr. 3), zum Theil bei dem Weifen, Spulen,
Dupliren, Wickeln als eine Nebenoperation, zum Theil auf beſon=
deren Maſchinen. Es iſt dieſelbe bei einigen Garnen vermöge der
Herſtellung derſelben nöthiger als bei anderen, z. B. bei den auf
der Danforth Watermaſchine hergeſtellten (vergl. ebendaſ. Nr. 23),
übrigens aber von der Verwendung des Garnes abhängig, da in
manchen Fällen z. B. bei Schußgarnen, welche gut füllen ſollen,
oder für Zeuge die gerauht werden, eben die rauhe Beſchaffenheit
des Fadens als ein Vorzug erſcheint.

Von beſonderen Vorrichtungen, welche zum Lüſtriren dienen, iſt
hier die im London Journal 1846, Bd. 29, S. 241 beſchriebene und
1846 in England eingeführte zu erwähnen, bei welcher das Garn
in Strähnen, nachdem es mit einer Flüſſigkeit der vorbeſchriebenen
Art getränkt worden iſt, über eine Walze und einen vierarmigen
Haſpel gelegt und dem Reiben längs der Oberfläche der Fäden da=
durch ausgeſetzt wird, daß in den Zwiſchenräumen der Haſpelarme
die Arme eines anderen vierſeitigen Haſpels regelmäßig eingreifen.
Während des Ganges bewegen ſich die Garnſträhne vorwärts und
werden dabei von den Außenſeiten der Haſpelarme auf der inneren
und äußeren Seite regelmäßig glatt geſtrichen, während der von den
Haſpelarmen ausgehende Luftſtrom die Garne trocknet.

Eine andere Einrichtung von G. Ermen iſt im polyt. Centralbl.
1852 S. 591 beſchrieben; bei derſelben wird eine Bürſtwalze und
ein heißer Luftſtrom angewendet, welche gegen die einzelnen Punkte
der um zwei Walzen gelegten und langſam vorwärtsbewegten Garn=
ſträhne einwirken.

12) Zuweilen werden Kettengarne in den Spinnereien geſchlichtet
und in großen Wickeln aufgewickelt, um in dieſer Form in den Handel
zu kommen. Es findet dies bei Garnen, welche für die Handweberei
beſtimmt ſind, Statt, und es dienen hiezu die in dem Artikel Weberei
Bd. 20 beſchriebenen Maſchinen.

13) Das Dupliren oder Zwirnen (doubling and twisting;
doublage et retordage). Zur Herſtellung von Nähzwirnen, Stick=
und Strickgarnen, für Spitzen= und Bobbinetgarne, Strumpfgarne
und für die Kette zu mehreren Webereiartikeln findet eine Vereinigung
mehrerer (2 bis etwa 8) einzelner Garnfäden durch mehr oder weniger

starkes Zusammendrehen Statt, um einen Faden zu erhalten, der bei einer bestimmten Stärke größere Festigkeit, Regelmäßigkeit und Rundung erhält als ein einfacher gleich starker Faden, und der entweder größere Glätte oder auch größere Weichheit zeigt als letzterer. Für diese Operationen ist der Garnfaden der Feinspinnmaschine der Rohstoff, sie sind nicht nothwendig an ein Spinnereietablissement gebunden, sondern werden auch häufig in besonderen Etablissements, Zwirnereien, vorgenommen; die zu demselben dienenden Maschinen sind theils vollkommen, theils angenähert den für die übrige Zwirnfabrikation benutzten Maschinen auch in dem Falle gleich, wenn das Dupliren in der Spinnerei selbst vorgenommen wird. Wir verweisen daher bezüglich dieser Operationen auf den letztgenannten Artikel.

D. **Die Herstellung melirter Garne.**

14) Melirte Garne sind solche, deren Fasern verschiedene Farben zeigen und zwar gewöhnlich zwei Farben, roth und weiß, blau und weiß u. s. w. Diese Fasern sind entweder vollkommen gleichförmig unter einander gemischt, oder sie legen sich in etwas größeren gleichfarbigen Parthien neben einander. Sie finden theils zu verschiedenen Artikeln in der Strumpfwaarenfabrikation und zu Strickgarnen, theils in der Weberei z. B. zu Hosenzeugen u. s. w. Anwendung (vergleiche Bd. 20, S. 498). Bei Herstellung derselben werden verschiedene Methoden befolgt, von denen folgende hier erwähnt werden mögen:

a) Die Baumwolle wird in rohem Zustande gefärbt, und entweder für sich allein durch mehrere der auf einander folgenden Spinnprozesse verarbeitet; oder sogleich auf der Schlagmaschine in Gemeinschaft mit gewöhnlicher oder anders gefärbter Baumwolle aufgegeben und von hier an gemeinschaftlich behandelt; oder es werden erst auf der Krempel zwei verschieden gefärbte bis dahin besonders bearbeitete Vließe aufgelegt; oder es findet die Vereinigung erst mit den bis dahin besonders bearbeiteten Streckbändern Statt. (Die Herstellung bunter Watten, die in neuerer Zeit Eingang gefunden haben, erfolgt ebenfalls so, daß man die Baumwolle roh färbt und dann wie bei der gewöhnlichen Wattenfabrikation bearbeitet.)

b) Nach dem Verfahren von J. Chetham (London Journal 1852 März, S. 184) wird die Schwierigkeit, welche bei dem vorher erwähnten Verfahren darin liegt, sowohl die rohe Baumwolle gut durchzufärben, als die gefärbte Baumwolle theils allein, besonders aber mit ungefärbter zusammen (da erstere andere Eigenschaften erlangt hat, und namentlich viel weniger fügsam ist) auf der Krempel und den Strecken gleichmäßig zu verarbeiten, dadurch vermieden, daß man zunächst aus weißer Baumwolle einen Vorgespinnstfaden erzeugt, dem man stärkeren Draht als gewöhnlich gibt, dieses Vorgespinnst dann weift und wie gewöhnliches Garn färbt, in einer Zentrifugalmaschine trocknet und dann von dem vorher erzeugten größeren Drahte dadurch befreit, daß man das gefärbte Vorgespinnst durch ein Paar Walzen führt und in einen rückwärts gedrehten Topf laufen läßt. Das so behandelte Vorgespinnst wird nun mit einem Faden anderer Farbe oder mit ungefärbter Baumwolle zusammen auf die Feinspinnmaschine gebracht, auch nach Befinden vorher noch gestreckt und duplirt.

c) Ein drittes ebenfalls häufig angewendetes Verfahren besteht darin, daß man den farbigen Faden erst fertig spinnt und ihn dann mit einem anders gefärbten oder mit einem aus ungefärbter Baum= wolle gebildeten auf einer Duplir= oder Zwirnmaschine zusammendreht.

E. Das Wickeln und Packen.

15) Namentlich Dochtgarne werden häufig zu 2, 3, 4 Fäden auf größere Wickel (pelote) gewunden; eine hierzu dienende Wickel= maschine (peloteuse) von Salabin (Bulletin de Mulhouse Vol. XX. pag. 210) ist in Fig. 289—292 im achten Theile der natürlichen Größe abgebildet. Fig. 289 ist eine vordere Ansicht; Fig. 290 eine Seitenansicht nebst Spulengestell; Fig. 291 ein Grundriß; Fig. 292 ein Durchschnitt in der Ebene A B von Fig. 291. Endlich stellt Fig. 293 die Spindel nebst Pfeife in halber natürlicher Größe dar, auf welche die Wickel gewunden werden sollen.

Auf der Fußplatte a a stehen die hohlen Säulen b b¹ und tragen das Gestell c c, auf welchem der ganze Mechanismus angebracht ist. c ist durch Schraubenbolzen d d¹ mit b und a verbunden, und b sowohl als d sind unterhalb mit einem Schlitze versehen, durch welchen die später zu erwähnende gekrümmte Zahnstange a¹ hindurchragt.

An der Hauptwelle e, welche in den Lagern g g¹ ruht, ist außer der Kurbel f das Zahnrad n und das Schraubenrad h angebracht; letzteres befindet sich mit dem kleineren Schraubenrade i im Eingriff, welches auf der hohlen Achse k befestigt ist. Die hohle Achse ist in die Lager l l eingelagert, läßt die aufzuwindenden Fäden durch sich hindurchgehen und ist an dem andern Ende mit dem kupfernen Flügel m m versehen, über dessen Augen die Fäden geführt werden, um von hier aus aufgewunden zu werden. Das Rad n überträgt durch den Transporteur o die Bewegung auf das an der Welle s befestigte Rad r. Der Zapfen um welchen sich der Transporteur o dreht, kann durch die beiden Schienen p und q nach Fig. 292 entsprechend ver= stellt werden. Die mit r verbundene Achse s ist in dem Rohre y[1] frei drehbar und wird mit demselben in den Lagern z z[1] gehalten. Sie trägt an dem andern Ende das Getriebe t und bewegt durch dasselbe das Zahnrad u an der Achse v. Auf letztere ist das Kupfer= rohr x aufgeschoben, um den Wickel w aufzunehmen, diese Achse selbst aber ruht in dem von dem Rohre y[1] ausgehenden Träger y, welcher am Ende durch den Zapfen b[1] mit der gebogenen Zahn= stange a[1] verbunden ist, und durch letztere, indem sie sich gegen b stemmt, unter einem beliebigen Winkel, von dem die Gestalt des Wickels abhängig ist, gestellt werden kann.

Auf dem Spulengestell c[1] sind die Spulen f[1], wenn der Faden von oben abgezogen werden soll, aufgesteckt, oder wenn bei Ab= wickelung des Kötzeransatzes die Spulen gedreht werden sollen, in die Bleche e e[1] eingelegt. Die von den Spulen ablaufenden Fäden gehen über den Fadenführer h[1] nach der hohlen Achse k.

Wird nun f in Umdrehung gesetzt, so dreht sich die Achse v in der durch Fig. 290 angedeuteten Lage, gleichzeitig dreht sich aber auch m und es laufen daher die an v befestigten Fäden von m ab und wickeln sich auf v in Form auf= und niedersteigender Schrauben= gänge auf, die sich so übereinander legen, daß pyramidale mit den Spitzen nach innen gekehrte hohle Räume verbleiben.

Um Wickel mit verschiedener Zeichnung zu erhalten, verändert man die Zähnezahlen in den Rädern n oder r. Nach der Zeichnung macht für eine Umdrehung der Hauptwelle

$$\text{der Flügel m}: \frac{90}{6} \; 15 \text{ Umdrehungen,}$$

$$\text{die Achse v}: \frac{50}{50} \cdot \frac{50}{100} = \tfrac{1}{2} \text{ Umdrehung}$$

16) Das Verpacken der Cops oder Kötzer, welche dazu bestimmt sind, direkt in die Weberschützen eingelegt zu werden, findet in großen Kisten oder starken parallelepipedischen Körben Statt, in

welche dieselben in horizontalen Schichten dicht neben einander so eingelegt werden, daß die Spitzen der einen Reihe zahnartig in die Zwischenräume zwischen den Spitzen der anderen Reihe eingreifen. Der Umstand, daß durch solchen Transport die Kötzer leicht leiden, und dann größerer Abgang an nutzbarem Garn erfolgt, gibt jenen Etablissements einen wesentlichen ökonomischen Vortheil, in welchen Spinnerei und Weberei unmittelbar mit einander verbunden sind.

17) Die Garne, welche in geweiftem Zustande verpackt werden sollen, unterliegen erst der Operation des Dockens; d. h. es werden die geweiften Strähne über einen an einer Tafel befestigten polirten eisernen Arm geschlungen ausgedehnt, gestreckt und glattgestrichen, so daß sich die einzelnen Fäden parallel und glatt neben einander legen, dann zusammengedreht, und das eine Ende durch die Oeffnung des andern Endes so hindurch geschoben, daß sie die in Fig. 294 angedeutete Form einer Docke annehmen. Diese Docken werden nun in die Packpresse eingelegt, und es wird durch diese Operation das Zusammenlaufen des Fadens an einzelnen Stellen verhindert, und eine größere Glätte und Regelmäßigkeit desselben gesichert.

18) Die Bündel= oder Packpresse (bundle press; presse à faire les paquets) hat bezüglich des Mechanismus, durch welchen der Druck hervorgebracht wird, verschiedene Einrichtungen erhalten.

a) Die einfachste Konstruktion, welche auf dem Prinzip der gewöhnlichen Winde beruht (presse à cric) ist im Hauptwerke Bd. I. S. 600 beschrieben.

b) Ein zweckmäßigeres Bewegungsprinzip enthält die sehr verbreitete Packpresse, bei welcher die Bodenplatte durch eine von einem Krummzapfen bewegte Schubstange aufwärts bewegt wird, da hier nach dem Prinzipe des Kniehebels eine Verstärkung des Druckes bei gleicher Bewegkraft mit fortschreitender Volumverminderung des Packe= tes eintritt. Diese Presse ist in Ure's Werk: the cotton manufacture etc. Vol. II. pag. 235 abgebildet und beschrieben und in dem Artikel Pressen in Bd. XI. des Hauptwerkes als Beispiel für die Kniehebelpressen berechnet.

c) Die Kniehebelpresse ist von Goetze und Komp. in Chem= nitz dahin verbessert worden, daß statt einer Schubstange deren zwei angewendet werden, welche um gleiche Winkel von der Vertikallinie nach beiden Seiten zu abweichen und von zwei durch Verzahnung mit einander verbundenen Krummzapfenwellen ausgehen; es wird durch diese Einrichtung der durch die schiefe Lage einer solchen Zug= stange ausgeübte Seitendruck durch die zweite aufgehoben.

d) Die in Frankreich ziemlich verbreitete hydraulische Pack= presse von J. Greffien (presse hydraulique à empaqueter) ist in Fig. 295—300 im zwölften Theile der natürlichen Größe (nach dem Bulletin de Mulhouse. Vol. XVI. p. 247) abgebildet.

Fig. 295 ist die vordere Ansicht, Fig. 296 ein Querdurchschnitt, Fig. 297 ein horizontaler Durchschnitt, Fig. 298 ein Grundriß der oberen Theile, Fig. 299 und 300 später zu erwähnende Details.

A sind vier gußeiserne Füße, welche durch die an den Säulen B befindlichen Schraubenbolzen mit dem Oelbehälter C verbunden sind, während die Säulen die Gestellplatte D tragen und mit dieser verschraubt sind. An D sind die vertikalen Schienen F und F' be= festigt, welche von zwei Seiten den für das Garnpaket bestimmten Raum begrenzen und daher oft eine größere Breite haben, als hier gezeichnet ist, so daß der zwischen denselben befindliche Zwischenraum nur eben genügt, um mit Bequemlichkeit die zum Schnüren des Paketes bestimmten Fäden einlegen und dann binden zu können. Am obern Ende von F befinden sich Scharniere, um welche sich die Riegel G drehen, welche, wenn sie in die in Fig. 295 gezeichnete Lage gebracht werden, die obere Begrenzung des für das Paket bestimm= ten Raumes bilden, und dann an der andern Seite durch Haken gehalten werden, welche an den obern Enden von F' angebracht sind, und über welche sich die Köpfe von G weglegen.

Die Gestellplatte D hat in der Mitte eine Oeffnung, in welche der Zylinder der Presse H eingesetzt und durch einen oberhalb ange= brachten Vorsprung gehalten wird; diesen Vorsprung umschließend ist in D eine Rinne angebracht, welche das etwa durch die Stopfbüchse bringende Oel aufzunehmen bestimmt ist. P ist der Kolben der Presse, derselbe trägt die Preßplatte Q, durch welche der für das Paket be= stimmte Raum unterhalb begrenzt wird. Durch die Büchse K wird der aufgestülpte Lederring, welcher die bei I angebrachte Liderung bildet und mit seinen beiden Seiten über einen Messingring gezogen ist, niedergedrückt und an seiner Stelle erhalten. Der hohle Raum des Preßzylinders H, in welchem sich der Kolben P befindet, steht unterhalb durch den Gang L mit dem Raume in Verbindung, in welchen der Druckkolben R eintritt. Letzterer ist von gehärtetem Stahle und seiner ganzen Länge nach durchbohrt. Bei E befindet sich eine ähnliche Liderung wie oben bei I, und es ist die Büchse S gegen dieselbe geschraubt; das Kugelventil a ruht auf dem am obern Ende von L angebrachten Ventilsitze; für das Kugelventil b bildet das obere Ende des Kolbens R den Ventilsitz. Unterhalb ist R mit dem Querstück T verbunden, durch welches die Bewegung auf ihn über= tragen wird, und welches durch das Sieb U gegen denselben ange= schraubt ist. Die obere Grenze der Bewegung für den Druckkolben R wird durch das Anstoßen von T an S, die untere Grenze durch das Anstoßen von U an C bestimmt. Mit T sind die beiden Zug= stangen M verbunden, welche mit dem Druckhebel N durch Bolzen vereinigt sind; der Druckhebel N selbst hat bei O in einem auf C aufgeschraubten Träger seinen Drehpunkt.

Um H ist der Ring Y gelegt und angeschraubt, in demselben befindet sich die Drehachse für den Hebel d des Sicherheitsventiles; letzteres ist ein halbkugelförmiges Ventil aus gehärtetem Stahl, wel= ches von d bei c gegen eine in H angebrachte Oeffnung dadurch an= gepreßt wird, daß sich an d das Gewicht V (Fig. 300) angehängt befindet. Bei einem zu starken Drucke dient nun c als Sicherheits= ventil, außerdem dient es auch zum Ablassen der Flüssigkeit, wenn die Presse zurückgehen soll, und zwar dadurch, daß man dann mit dem Handgriff e den Hebel d aufhebt, und unter denselben den Haken f (Fig. 299) schiebt, welcher bewirkt, daß das Ventil geöffnet bleibt.

Es ist nun leicht ersichtlich, daß man beim Niederdrücken des Hebels N den Kolben R hebt, und dadurch bewirkt, daß von dem unter a befindlichen Oel so viel über a gepreßt wird, als die durch das Aufgehen von R bewirkte Raumausfüllung beträgt, und daß daher P etwas in die Höhe geschoben wird; geht nun R wieder nie= der, so tritt durch die Oeffnung von R zwischen a und b so viel Oel als sonst leerer Raum entstehen müßte, und es ist das für das nächste Spiel erforderliche Oel wieder vorhanden. Ist so durch Q in Folge der allmäligen Erhebung der genügende Druck gegen das Baumwollenpaket ausgeübt, welcher sich durch die Schwere von V und die Länge des Hebelarmes an d reguliren läßt, so gibt sich dies durch Ausspritzen von Oel aus dem Sicherheitsventil c zu erkennen.

Beim Rückgange der Presse wird, wie vorher erwähnt, das Oel durch das Sicherheitsventil entfernt.

19) Beim Verpacken werden bei geöffneter Presse auf die Preß= platte zuerst die Schnürfäden gelegt, hierauf ein Stück Preßspan, dann so viel einzelne Docken als zusammen 5 oder 10 Pfund wiegen, und dann wieder ein Stück Preßspan; hierauf werden die Riegel umgeschlagen, die Presse geschlossen und die untere Platte bis zu genügender Zusammenpressung in die Höhe bewegt, dabei aber dafür Sorge getragen, daß die an den beiden Stirnseiten sichtbaren Köpfe der Docken sich ganz regelrecht neben einander legen und deßhalb auch mit Hülfe eines Hakens nach Befinden nachgeholfen. In dieser Stellung erfolgt das Zusammenschnüren des Paketes. Wird nun die Sperrung der Presse aufgehoben, so wird die Bodenplatte der Presse durch das sich wieder ausdehnende Paket ein Stück nieder= bewegt; die Riegel werden dann zurück geschlagen, das Paket heraus genommen, in einen Bogen Packpapier geschlagen und mit einem Schilde versehen, welches gewöhnlich die Marke der Fabrik und die Bezeichnung der Nummer und Qualität enthält.

Durch ein stärkeres Zusammenpressen gewinnt das Garn; der Faden erhält ein schöneres Ansehen.

An Verpackungsmaterial sind für ein 10=Pfund=Paket un= gefähr erforderlich: 10 Ellen Bindfaden von etwa $1^1/_5$ Loth Gewicht, zwei Stück Preßspan von etwa $1^1/_2$ Loth Gewicht und ein Bogen Packpapier.

Die Garnpakete, Bündel, werden zu weiterer Versendung in Ballen zu etwa 1000 Pfund gepackt; zu einem solchen Ballen sind 15 Ellen $^6/_4$ breite Packleinwand, etwa $^3/_4$ Loth Bindfaden zum Nähen und 4 eiserne Reifen von zusammen 14 Pfund erforderlich. (Vergl. Polyt. Centralbl. 1849. S. 633.)

VII. Allgemeine Bemerkungen.

1) Unter dem Spinnplan versteht man eine vollständige Zu= sammenstellung der ganzen Einrichtung aller hinter einander folgen= den Maschinen, so weit diese Einrichtung einen Einfluß auf die von denselben bearbeitete Baumwolle ausübt, unter gleichzeitiger Angabe der Mengen und Längenverhältnisse der durchgehenden Baumwolle. Eine tabellarisch geordnete Uebersicht eines solchen Spinnplans ist in

Oger's Werk für Maschinenkette Nr. 26—30 nach französischer Nummer aufgestellt worden.

Da wir früher bei den einzelnen Maschinen die allgemeinen Prinzipien angegeben haben, nach welchen sie unter verschiedenen gegebenen Bedingungen zu stellen sind, so wollen wir uns hier begnügen, im Nachfolgenden die Hauptverhältnisse aus den Spinnplänen, welche für Garne zu verschiedener Verwendung gewählt werden können, mitzutheilen und bemerken dabei ausdrücklich, daß nach Beschaffenheit der Wollen, größerer oder geringerer Vollendung der Maschinen und den Ansichten der Spinnereidirigenten entsprechend die mannichfachsten Verschiedenheiten in diesen Spinnplänen vorkommen, wie sich dies auch schon aus den Abweichungen in den angeführten Beispielen ergibt.

Wir lassen hierbei die Bearbeitung auf den Schlag- und Reinigungsmaschinen, welche zu sehr von der größeren oder geringeren Reinheit der Wollen abhängig ist, weg und beginnen mit der Bearbeitung durch die Reißkrempel. Bei jeder Hauptoperation, dem Krempeln, Strecken, Vorspinnen und Feinspinnen wird die Zahl der Passagen, d. h. der hinter einander folgenden Operationen, welche den betreffenden Prozeß vollständig zur Anwendung bringen, angegeben und die stattfindenden Duplirungen und Streckungen. Hierbei ist die Duplirung, welche bei der Feinkrempel für die Strecke vorgenommen wird, bei der Strecke berücksichtigt worden, um jedes Feinkrempelband in seinen Verhältnissen einzeln kennen zu lernen. Es ergibt sich hiernach folgende Uebersicht.

	Krempelei.	Streckung.	Vorspinnen.	Feinspinnen.	Ueberhaupt.
a) Für Garn Nr. 40 mit einfacher Krempelei nach Scott.					
Zahl der Passagen	1	3	2	1	7
Duplirung	1	512	2	1	1024
Streckung	130	242	51	9,6	15403000
Verfeinerung	130	0,473	25,5	9,6	15042
b) Für Maschinenschuß Nr. 44 nach Oger.					
Zahl der Passagen	2	3	2	1	8
Duplirung	26	156	2	1	8112
Streckung	1344	120	39	12	75479040
Verfeinerung	51,7	0,769	19,5	12	9304,6
(Zahl der Feinkrempelbänder im Kanalwickel)		(13)			
c) Für gewöhnlichen Schuß aus New-Orleans und Surate-Mischung Nr. 40.					
Zahl der Passagen	2	3	3	1	9
Duplirung	22	1200	4	1	105600
Streckung	881	665	110,2	9,5	613338000
Verfeinerung	40	0,554	27,5	9,5	5808,1
(Zahl der Feinkrempelbänder im Kanalwickel)		(15)			

	Krempelei.	Strecung.	Vor= spinnen.	Fein= spinnen.	Ueberhaupt.
d) Für Maschinenkette Nr. 36 aus Louisiana nach Oger.					
Zahl der Passagen	2	4	2	1	9
Duplirung	26	5616	2	1	292032
Strecung	2000	3920	34,8	10	2728320000
Verfeinerung	77	0,608	17,4	10	9342,5
(Zahl der Feinkrempelbänder im Kanalwickel)		(13)			
e) Für Strumpfgarn Nr. 20 aus Georgia und Louisiana.					
Zahl der Passagen	2	3	3	1	9
Duplirung	28	800	4	2	179200
Strecung	2660	680	68,8	13,3	1655124000
Verfeinerung	95	0,850	17,2	6,65	9236,2
(Zahl der Feinkrempelbänder im Kanalwickel)		(8)			
f) Für Strumpfgarn Nr. 20 aus Georgia, New=Orleans, Louisiana.					
Zahl der Passagen	2	4	3	1	10
Duplirung	42	6144	4	1	1032192
Strecung	4656	5155	74	7,4	13143300000
Verfeinerung	110,8	0,839	18,5	7,4	12736
(Zahl der Feinkrempelbänder im Kanalwickel)		(12)			
g) Für Kette Nr. 114 aus langer Georgia nach Oger.					
Zahl der Passagen	2	5	4	1	12
Duplirung	52	6912	8	2	5750784
Strecung	2117	7776	325,5	12,9	69122242000
Verfeinerung	40,7	1,123	40,7	6,45	12010
h) Für Garn Nr. 220—240 aus Mako und Sea Island (unvollständig).					
Zahl der Passagen	2	5	5	1	13
Duplirung	80	12288	32	2	62914560

Nach diesen Spinnplänen wird die Länge 1 der auf die Reißkrempel gebrachten Auflage durch die nach einander folgenden Hauptoperationen unter Berücksichtigung der gleichzeitigen Duplirungen bis auf die nachfolgend angegebenen Längen ausgedehnt:

bei a	130	61,5	1567	15042
b	51,7	40,8	775,4	9304,6
c	40	22,2	611,4	5808,1
d	77	53,7	934,2	9342,5
e	95	80,7	1389	9236,2
f	110,8	92,9	1720	12736
g	40,7	45,7	1862	12010

Wird das Gewicht einer beliebigen Länge der Krempelauflage mit 10000 ange= nommen, so wiegt dieselbe Länge des nach den hier aufgeführten Hauptoperationen er= haltenen Productes ohne Berücksichtigung des Abganges folgende verhältnißmäßige Größen:

bei a	76,9	162,7	6,38	0,665
b	193,4	251,5	12,9	1,075
c	249,6	449,7	16,4	1,72
d	130	186,2	10,7	1,07
e	105,2	123,8	7,2	1,083
f	90,2	107,5	5,8	0,785
g	245,6	218,3	5,36	0,832

Das absolute Gewicht der Reißkrempelauflage für einen eng= lischen Fuß Länge würde, ohne Berücksichtigung des Abganges, in englischen Lothen betragen bei

a   4,77 Loth.

b   2,68

c   1,84

d   3,23 Loth

e   5,88

f   8,09

g   1,33

wobei bezüglich der großen Unterschiede darauf aufmerksam zu machen ist, daß die geringeren Gewichte sich auf schmale Krempeln, die größeren auf breite beziehen.

Was endlich die Feinheitsnummern anbelangt, so gestalten sich dieselben ohne Berücksichtigung des Abganges folgendermaßen:

	Auflage der Reißkrempel.	Band der Feinkrempel.	Letztes Streckenband.	Vorgarn zum Feinspinnen.	Nummer des Gespinnstes.
bei a.	0,00266.	0,346.	0,163.	4,17.	40.
b.	0,00473.	0,245.	0,188.	3,65.	44.
c.	0,00689.	0,276.	0,153.	4,21.	40.
d.	0,00385.	0,296.	0,207.	3,6.	36.
e.	0,00216.	0,206.	0,175.	3,02.	20.
f.	0,00157.	0,174.	0,146.	2,70.	20.
g.	0,00949.	0,386.	0,434.	8,84.	114.

2) Der Abgang oder Abfall (waste; déchet) richtet sich theils nach der Masse, theils nach der Oberfläche der verarbeiteten Baumwolle. Der erstere ist wesentlich von der Qualität der Baumwolle und der größeren oder geringeren Vollkommenheit der Maschinen abhängig, er ist für ein und dieselbe Garnnummer bei gleicher Wollqualität konstant und wird namentlich bei den Auflockerungs- und Schlagmaschinen, so wie bei den Krempeln erlangt. Der letztere besteht theils in herausgenommenen schadhaften oder unregelmäßig verlaufenden Stücken und ist bezüglich dieses Theiles wesentlich von der Güte der Maschinen und von der Aufmerksamkeit der Bedienung seinem Betrage nach abhängig; theils besteht er in hängen bleibenden und weggetriebenen Fasern (fly, flyings, evaporation), welche als Staub und Kehricht entfernt werden. Dieser zweite Theil nimmt seinem Betrage nach wesentlich mit der größeren Feinheit des zu spinnenden Garnes zu, da jede Baumwollfaser für feinere Nummern einen viel längeren Weg in den gesammten Maschinen zu durchlaufen hat, als für weniger feine, und daher der Gefahr einer Unregelmäßigkeit in weit höherem Grade ausgesetzt ist.

Hiernach ist offenbar der Gesammtbetrag des Abganges nicht

eine feſtbeſtimmte Größe, ſondern für jede Spinnerei-Einrichtung und
Führung beſonders zu beſtimmen. Derſelbe wird angegeben
in Prozenten des Gewichtes

der rohen Wolle	des fertigen Geſpinnſtes	
14,2%	16,6%	von Baird für Nr. 24, wobei für den Abgang ein Verkaufswerth von etwa 1,1% des Verkaufs-preiſes des geſponnenen Garnes, bei welchem der-ſelbe abfiel, für amerikaniſche Verhältniſſe ange-nommen iſt.
18,5	22,6	von Oger bei Kette für mechaniſche Webſtühle Nr. 36.
19.	23.	von Demſelben bei Schuß für mechaniſche Web-ſtühle Nr. 44.
16,7	20.	von Jullien für Nr. 70.

Man unterſcheidet gewöhnlich guten Abgang (good waste;
bon déchet), ſchlechten Abfall (mauvais déchet). Zu dem er-
ſteren gehören aus der Krempelei das aus den Trommeln und Deckeln
(wenigſtens der Feinkrempeln) Geputzte und der Abfall unter der
Trommel; der Bänderabfall bei den Strecken und die Vorſpinnfäden
der Flyer und Vorſpinnmaſchinen, ſo wie die harten Fäden der Fein-
ſpinnmaſchinen; zu dem ſchlechten Abfall wird gerechnet der Abgang
der Reinigungs- und Schlagmaſchinen, der Ausputz aus den Reiß-
krempeldeckeln, das von den Deckeln der Streckwerke Abfallende und
das Zuſammengekehrte. In jeder dieſer beiden Klaſſen werden noch
beſondere Qualitäten unterſchieden; nach Jullien und Lorenz vertheilt
ſich der Abgang auf die verſchiedenen Maſchinen für 3000 Pfund
Feingeſpinnſt Nr. 70 etwa auf folgende Art:

guter Abgang.			ſchlechter Abgang.		
1. Sorte.	2. Sorte.	3. Sorte.	1. Sorte.	2. Sorte.	
—	—	—	65	125	Pfund von den Schlagmaſchinen.
—	—	25	—	—	Trommelausputz b. Reißkrempel.
—	25	—	—	—	„ „ Feinkrempel.
—	—	—	30	—	Deckelausputz der Reißkrempel.
—	—	25	—	—	„ „ Feinkrempel.
—	50	—	—	—	weiterer Abfall der Reißkrempel (Krempelſtaub, duvet)

1. Sorte.	2. Sorte.	3. Sorte.	1. Sorte.	2. Sorte.	
50	—	—	—	—	weiterer Abfall der Feinkrempel.
—	—	—	8	—	von den Streckwerksdeckeln.
25	—	—	—	—	von den Flyern.
20	15	15	25	50	von dem Feinspinnen.
—	—	—	20	25	Kehricht (sweepings; balayures).

95	90	65	150	200

250	350	oder
$5/12$	$7/12$	des ganzen Abfalls, dagegen
6,94 %	9,72 %	bezogen auf das Gewicht der rohen Wolle,
8,33 %	11,67 %	bezogen auf das Gewicht des Gespinnstes.

Nach Oger beträgt der Abfall auf 3000 Pfund Feingespinnst bezogen bei Herstellung von

mechanischer Kette Nr. 36.	mechanischem Schuß Nr. 44.	
60	70	Pfund erste Sorte von der Schlagmaschine.
40	54	„ zweite „ „ „
79	94	„ von den Krempeldeckeln.
90	104	„ von der Reißkrempeltrommel (der Abgang der Feinkrempeltrommel wird wieder aufgelegt).
140	150	„ Krempelabfall erste Sorte.
40	48	„ „ zweite „
40	20	„ von den Kanalmaschinen.
70	56	„ von den Strecken.
23	6	„ von den Zylinderdeckeln.
96	100	„ schlechter Abfall (Kehricht ꝛc.)
678	702	Pfund überhaupt.

Bei einem Abfall von $16^2/_3$ % bezogen auf das Gewicht der rohen Wolle oder von 20 % bezogen auf das Gewicht des Gespinnstes läßt sich der Antheil der Maschinen in folgender Art durchschnittlich annehmen:

nach Prozenten vom Gewichte der rohen Wolle, des Gespinnstes		
3,75	4,5	bei der ersten Schlagmaschine.
2,07	2,5	bei der zweiten Schlagmaschine oder Aufbreitmaschine.
3,12	3,75	bei der Reißkrempel.
2,91	3,5	bei der Feinkrempel.
0,46	0,5	bei den Strecken.
0,83	1,0	beim Vorspinnen.
3,33	4,0	beim Feinspinnen.
0,20	0,25	beim Weifen.
16,67	20,0	

Wie sich die unter Nr. 1 in diesem Abschnitte aufgeführten Feinheitsnummern bei Befolgung eines bestimmten Spinnplanes unter Berücksichtigung des Abfalles umändern, bedarf hier einer weiteren Berechnung nicht, da Nr. 6 im Abschnitte VI. hierzu die erforderliche Anleitung gibt.

3) Ueber die Verwendung des Abganges ist zu bemerken, daß ein Theil desselben, d. h. die reinsten und besten Abfälle, bei Herstellung des Garnes wieder benutzt wird, wo derselbe erhalten wurde; man geht hierbei mit der Benutzung der Abfälle desto weiter herab, mit einer je geringeren Qualität des Gespinnstes man sich begnügen will. Ein anderer Theil wird aufgesammelt und zur Herstellung gröberer und geringerer Garne, für die gröbsten Artikel bestimmt, verwendet. Es geschieht dies theils durch die Abgangsspinnerei in dem Etablissement selbst, theils in manchen Gegenden durch Beschäftigung älterer Personen noch in Form der Handspinnerei.

Harte Fäden (hard ends), Kehricht (sweepings) und der von den Ventilatoren der Reinigungsmaschinen ausgezogene Schmutz, welcher noch viele Baumwollfasern enthält, wird namentlich in England vielfach zur Papierfabrikation verwendet. Aus den ersteren wird mit oder ohne Lumpenzusatz in gewöhnlicher Art feines Schreib- und Postpapier hergestellt. Der unreine Abfall wird zuerst auf Sortirtischen von den gröbsten Verunreinigungen (Holzstücken, Draht, Leder ec.) durch Auslesen mit der Hand befreit, auf einem Wolf gereinigt, mit Lauge gekocht und dann im Holländer weiter verarbeitet.

Bei Aufbewahrung des Abfalles ist der Gefahr der Selbstentzündung, die namentlich dann eintritt, wenn derselbe mit Oel

imprägnirt ist, die erforderliche Aufmerksamkeit zu widmen und be=
sonders ein Zusammenhäufen in großer Menge zu vermeiden.

4) Der Bedarf an Arbeitsmaschinen in einer Spinnerei
hängt ab: von der Menge des in einer bestimmten Zeit zu liefernden
Garnes, mit welcher derselbe in direktem Verhältnisse steht, von der
Feinheitsnummer und Gattung des Produktes, von dem bei der Fa=
brikation zu befolgenden Spinnplane und von der Geschwindigkeit,
welche man den einzelnen Maschinen zu geben beabsichtigt. Er wird
so fest gestellt, daß, so weit dies ausführbar ist, die für einen Pro=
zeß vorhandenen Maschinenorgane das Produkt der für den vorher=
gehenden Prozeß vorhandenen ununterbrochen aufarbeiten und nicht
mehr liefern, als die für den nächstfolgenden Prozeß bestimmten auf=
zuarbeiten im Stande sind. Es ist die Festhaltung dieses Prinzips
allerdings bei kleinen Spinnereien den sehr produktionsfähigen Rei=
nigungsmaschinen gegenüber nicht ausführbar, und es liegt hierin ein
Grund des größeren Vortheils, welchen größere Spinnereien geben,
da in diesen jede Maschine sich vollständig beschäftigen und das An=
lagekapital für dieselbe daher stetig ausnutzen läßt.

Aus dem Angeführten ergibt sich, daß bei allgemeinen Auf=
stellungen über Maschinensortimente mehrere Bedingungen berücksichtigt
werden müssen, welche als ziemlich veränderlich erscheinen. Wir wollen
hier einige der wichtigeren Aufstellungen dieser Art mittheilen.

Redtenbacher (Resultate für den Maschinenbau II. Aufl. S. 300)
gibt für verschiedene Nummern eine tabellarische Zusammenstellung der zu
einer Produktion von 100 Kilogramm Mule=Ketten=Garn erforderlichen
Maschinen, und zwar in der aus folgendem Auszuge ersichtlichen Art:
Für die französische Nr.

10	40	120 sind erforderlich:	
1/7	1/7	—	Schlagmaschinen.
1/7	1/7	—	Aufbreit= und Wickelmaschinen
5	5	5	Reißkrempeln von 0,97 m Breite (38,2"
—	5	5	Feinkrempeln „ „ „ [engl.)
6	10	13	Streckköpfe.
5	32,2	27,8	Flyerspindeln Nr. 1.
26,6	148	179	Flyerspindeln Nr. 2.
—	—	405	Flyerspindeln Nr. 3.
353	3510	21740	Mulespindeln.

Es würden demgemäß zu rechnen sein für die ungefähr den obigen Nummern gleichen englischen Nummern:

12   48   140

auf einen Zoll Breite der Reißkrempel:

0,025	0,168	0,145	Flyerspindeln Nr. 1.
0,139	0,775	0,936	„ „ 2.
—	—	2,12	„ „ 3.
1,85	18,4	113,8	Mulespindeln.

ober für 1000 Feinspindeln sind zu rechnen:

541	54,4	8,74	Zoll Beschlägebreite der Reißkrempeln.
14,1	9,17	1,28	Flyerspindeln Nr. 1.
75,3	42,2	8,23	„ „ 2.
—	—	18,6	„ „ 3.

Nach Ogers Annahmen sind erforderlich, um täglich 150 Kilogr. zu spinnen:

mechanische Kette	mechanischen Schuß		
Nr. 36	Nr. 44		
—	1	Wolf	welche nicht vollstän=
1	1	Schlagmaschine	dig beschäftigt wer=
1	1	Aufbreit= u. Wickelmaschine	den.
14	14	Reißkrempeln zu 18″ Breite, von denen 13 in Arbeit sich befinden, eine geschliffen wird.	
14	14	Feinkrempeln wie vorher.	
24	18	Streckengänge.	
60	60	Grobflyerspindeln.	
180	216	Feinflyerspindeln.	
3300	3900	Mulespindeln.	

Es ist daher auf einen Zoll Beschlagbreite der Reißkrempel zu rechnen:

0,238	0,238	Grobflyerspindeln.
0,714	0,857	Feinflyerspindeln.
13,1	15,5	Mulespindeln.

Oder für 1000 Feinspindeln ist anzunehmen:

76,4	64,6	Zoll Beschlagbreite der Reißkrempeln.
18,2	15,4	Grobflyerspindeln.
54,6	55,4	Feinflyerspindeln.

Alcan (in seinem mehrfach angezogenen Werke S. 736) gibt die Regel, daß man, um die einzelnen Arbeitsmaschinen oder Organe derselben zu erhalten, das täglich beabsichtigte Fabrikationsquantum mit der Zahl dividiren solle, durch welche die tägliche Leistung einer solchen Maschine oder eines solchen Organes bestimmt wird, und gibt für Louisiana und die mittleren Feinheitsnummern (Nr. 30—40 (französische Numerirung) folgende täglichen Arbeitsquantitäten an:

700 Kilgr. für einen Batteur mit 2 Flügeln oder einen Etaleur, wenn die Baumwolle ein Mal durch denselben bearbeitet wird;

300—400 Kilgr., wenn die Baumwolle zwei Mal hindurch geht.

14 Kilgr. für eine einfache (schmale) Reiß= oder Feinkrempel;

24 " " " doppelte (breite) Reiß= oder Feinkrempel;

55 " " einen Streckkopf;

3 " " eine Grobflyerspindel für Nr. 1 und bei 525 bis 550 Umdrehungen in der Minute;

1,6 " " eine Feinflyerspindel, bei der Vorgespinnstnr. 2,5 bis 3 und bei 600 Umdrehungen in der Minute;

0,26 " " eine Mulespindel bei Nr. 30—40 Kette und 5000 Umdrehungen in der Minute.

Das Werk von C. E. Jullien und E. Lorentz enthält (S. 96 und folgende) sehr ausführliche Tabellen über die Leistung und übrigen Verhältnisse der einzelnen Spinnmaschinen unter den praktisch vorkommenden Verhältnissen für verschiedene Feinheitsnummern.

Montgomery (Theorie und Praxis der Baumwollspinnerei von Wieck und Trübsbach) gibt S. 169 eine Zusammenstellung der in England praktisch bewährt gefundenen Annahmen für frühere Zeit.

Karmarsch, Lehrbuch der mechanischen Technologie II. Aufl. S. 1117 gibt 12 Beispiele des Maschinensortimentes von Spinnereien für verschiedene Garnnummern.

Eine in neuerer Zeit errichtete Spinnerei von 30,000 Spindeln, welche zu jährlich (in 287 Arbeitstagen) 862,500 Zollpfund Garn Nr. 30—40 und 345,000 Zollpfund Garn Nr. 12—24 eingerichtet ist, enthält

für das erste Quantum,	für das zweite Quantum	
2	1	Wolf,
4	2	Schlagmaschinen,
56	19	Reißkrempeln,
56	—	Feinkrempeln,

für das erste Quantum,   für das zweite Quantum

8	4	Strecken,
384	162	Grobflyerspindeln,
900	—	Mittelflyerspindeln,
2,376	720	Feinflyerspindeln,
25,000	5,000	Selfaktorspindeln.

5) Der Minimalbedarf an Raum zur Aufstellung der Spinnerei=
maschinen wird von Redtenbacher in einer ähnlichen Tabelle ausführ=
lich angegeben, wie die in Nr. 4 bereits erwähnte. Für die vorher
auszugsweise mitgetheilten Nummern ist nach dieser Tabelle erforder=
lich, bei einer Produktion von täglich 100 Kilgr. Garn, in Quadrat=
metern für die französische Nummer

10	40	120	
2	2	—	□M. für den Eplucheur,
1,3	1,3	—	„ „ „ Etaleur,
45	45	45	„ „ die Reißkrempeln,
—	45	45	„ „ „ Feinkrempeln,
3,6	6	7,8	„ „ „ Strecken,
1,5	10	8,4	„ „ „ Flyer Nr. 1,
5,3	30	36	„ „ „ „ Nr. 2,
—	—	61	„ „ „ „ Nr. 3,
42	368	1761	„ „ „ Mulemaschinen,
100,7	507,3	1963,2	„ zusammen. Dieser Raum wurde vertheilt

auf

2	4	4	Säle, jeder zu
59	139	492	Quadratmeter Flächenraum gerechnet.

Hiernach würde pro Feinspindel in den Arbeitssälen ausschließlich der
übrigen Räume

3,4	1,7	1,0	Quadratfuß englisch kommen.

Jullien und Lorentz (S. 115 ihres Werkes) bestimmen den Raum
für eine Spinnerei von 10,000 Feinspindeln, welche Garn Nr. 60
(franz. Nr.) erzeugen sollen, in folgender Art, wobei zugleich der für
die Bedienung erforderliche Raum berücksichtigt ist:

30	Quadratmeter für einen Wolf,
30	„ „ „ Eplucheur,
30	„ „ „ Etaleur,

60 Quabratmeter für 10 Reißkrempeln,
60 „ „ 10 Feinkrempeln,
40 „ „ 4 Strecken,
18 „ „ 1 Grobflyer,
36 „ „ 2 Mittelflyer,
120 „ „ 6 Feinflyer,
900 „ „ 30 Mulemaschinen,
400 „ „ die Weiferei,
1724 Quabratmeter, oder
1,96 engl. Quabratfuß einschließlich der Weiferei
1,4 „ „ ausschließlich der Weiferei, für
jede Feinspindel, was mit der vorhergehenden Annahme unter Be=
rücksichtigung der Nummer ziemlich im Einklange steht.

Statt der 1724 Quabratmeter werden 1800 in runder Zahl
und ein Gebäude von 450 Quabratmeter Flächenraum (10ᵐ Tiefe,
45ᵐ Länge im Lichten) angenommen, bei welchem in

das Parterre die gesammte Vorbereitung und das Vorspinnen,
die erste und zweite Etage die Feinspinnmaschinen,
die dritte Etage (oft hohes Dach) die Weiferei
zu verlegen sein würde.

Außerdem ist noch erforderlich

1) der Vorrathsraum für die Baumwolle, parterre in einer
Größe von etwa 100 Quabratmeter im vorliegenden Falle zunächst
dem Raume anzubringen, wo sich die Schlagmaschinen aufgestellt
befinden, von diesem Raume aber wegen Feuersgefahr durch eine
eiserne Thür zu trennen;

2) das Garnlager in ungefähr gleicher Größe ebenfalls parterre
anzubringen;

3) der Vorrathsraum für die Abgänge (oft auf dem Boden an=
gebracht);

4) eine Schlosserwerkstatt für nothwendige kleinere Reparaturen;

5) ein Raum für die Herstellung der Oberzylinder;

6) ein Raum für die vorräthigen Ergänzungsstücke zu den Ma=
schinen, Krempelbeschläge, Riemen u. s. w., für Oel u. dergl.;

7) ein Numerir= und Sortirsaal, gewöhnlich in unmittelbarer
Verbindung mit

8) dem Komptor;

9) Abtritte, in jeder Etage und womöglich an jedem Ende des Gebäudes anzubringen;

10) ein Raum für den Hausaufseher und Wächter, unmittelbar am Haupteingange gelegen;

11) ein Raum für den Motor, die Bewegungsmaschine;

12) der für die Treppen erforderliche Raum, in welchem häufig ein durch alle Etagen gehender, von dem Motor in Gang gesetzter Aufzug eingebaut ist.

Außer der in früherer Zeit ausschließlich befolgten Einrichtung, die Spinnereimaschinen in 3- bis 6stöckigen Gebäuden aufzustellen, hat in neuerer Zeit auch die Herstellung von nur 1 Stock hohen, oberhalb mit Sattelbächern versehenen Gebäuden, bei welchen die Lichtzuführung von oben erfolgt und alle Maschinen in einem großen Raume neben einander stehen, mehrfach Eingang gefunden.

6) Was den **Kraftbedarf** für eine Spinnerei anbetrifft, so haben wir früher bei den einzelnen Maschinen die Größe der erforderlichen Bewegkraft angegeben, und verweisen hier noch außerdem auf das Werk von Alcan, in welchem S. 740 die Resultate der im Elsaß an verschiedenen einzelnen Maschinen angestellten Kraftversuche zusammengestellt sind.

Zu einer Summirung des Kraftbedarfs der nach einem bestimmten Spinnplan erforderlichen Maschinen ist, um die überhaupt erforderliche Bewegkraft zu erhalten, die zur Bewegung der Transmission erforderliche Kraft noch hinzuzurechnen. Dieselbe betrug (Polyt. Centralbl. 1849, S. 580) bei einer Spinnerei von 6612 Feinspindeln 2,82 Pferdekraft, wenn die 76 Riemen zum Betreiben der einzelnen Maschinen ganz abgelegt waren, dagegen 4,08 Pferdekraft, wenn diese Riemen auf den Losscheiben der zu treibenden Maschinen lagen (also einschließlich der durch die Riemenspannung hervorgebrachten Zapfenreibung); es kommen daher auf 1000 Feinspindeln 0,62 Pferdekraft für die Bewegung der Transmission.

Die in früherer Zeit befolgte Annahme, daß durch eine Pferdekraft 500 bis 600 Feinspindeln nebst den gesammten Vorbereitungsmaschinen umgetrieben werden können, ist den wesentlichen Veränderungen in den Spinnereimaschinen gegenüber jetzt nicht mehr anwendbar. Nach Angaben von Morin brauchte eine Spinnerei von

Feinspindeln.	für Nr.	Pferdekraft.	daher pro Pferdekraft Feinspindeln.
28,000	26— 30 (fr.)	47,25	593
11,000	28— 60 „	29,20	377
14,634	36— 80 „	28	520
15,000	40— 44 „	30,9	485
12,800	—	25	512
23,000	50—100 „	48	480

und es rechnet Morin pro Pferdekraft 400—450 Feinspindeln nebst allen übrigen Maschinen für Garn der französischen Feinheitsnummern 40—60.

Nach Redtenbacher (a. a. O. S. 301) sind um täglich 100 Kilogr. Mulegarn zu spinnen an Bewegkraft erforderlich:

für die französische Garnnummer

10	40	120				
0,428	0,428	—	Pferdekraft für den			Eplucheur,
0,286	0,286	—	„	„	„	Etaleur,
1,100	1,100	1,100	„	„	die	Reißkrempeln,
—	1,100	1,100	„	„	„	Feinkrempeln,
0,246	0,410	0,533	„	„	„	Strecken,
0,043	0,274	0,236	„	„	„	Flyer Nr. 1,
0,226	1,080	1,307	„	„	„	„ Nr. 2,
—	—	2,552	„	„.	„	„ Nr. 3,
0,800	8,000	49,570	„	„	„	Feinspindeln.
3,129	12,678	56,398				

Pferdekraft zusammen; es sind aber überhaupt zu rechnen an Feinspindeln pro Pferdekraft:

Für die Feinheitsnummer. franz.	engl. ungefähr.	Zahl der Feinspindeln.	Von der Bewegkraft kommen in Prozenten auf die Vorbereitung.	das Feinspinnen.	1000 Feinspindeln erfordern Pferdekraft.
10	12	112	75 %	25 %	8,9
20	24	210	52 „	48 „	4,8
30	36	233	47 „	53 „	4,3
40	48	280	37 „	63 „	3,6
60	70	280	22 „	78 „	3,6
80	94	336	19 „	81 „	3,0
100	118	374	14 „	86 „	2,7
120	140	385	12 „	88 „	2,6
140	166	400	11 „	89 „	2,5

Als Bewegkraft dient entweder eine Dampfmaschine, oder ein vertikales Wasserrad, oder eine Turbine. Der erste Motor hat den Vorzug einer leichteren Regulirbarkeit, welcher für die Gleichförmigkeit des Produktes von wesentlichem Vortheile ist; unter den Motoren für Wasserkraft empfehlen sich die Turbinen durch ihre unmittelbare größere Umdrehungszahl vor den vertikalen Wasserrädern, da hierdurch an Vorgelegen bis zu den Hauptwellen gespart wird.

Gewöhnlich wird von dem Motor aus eine durch die ganze Höhe des Gebäudes gehende vertikale Hauptwelle in Umtrieb gesetzt, welche in jeder Etage die längs derselben angebrachte liegende Welle in Umdrehung setzt; von der letzteren aus geht die Bewegung entweder unmittelbar oder durch angebrachte Zwischenwellen auf die Arbeitsmaschinen über. Bei großen Spinnereien ist es vortheilhaft, den Motor in die Mitte des Gebäudes zu verlegen, um von der stehenden Hauptwelle aus die liegenden Wellen nach beiden Seiten hin zu betreiben.

7) Die Anlagekosten einer Spinnerei bestehen außer den Ankaufskosten des Grundstücks aus den Kosten des Gebäudes, der Maschinerie und des Motors.

Von den Kosten des Gebäudes kommt ein größerer Betrag auf die Spindel bei kleineren Spinnereien als bei größeren, da ein Gebäude, welches einen größeren Raum umschließt, verhältnißmäßig (d. h. nach der Größe des umschlossenen nutzbaren Raumes berechnet) billiger ist, als ein kleineres Gebäude; ebenso ist ein höherer Betrag dieser Kosten pro Feinspindel bei gleicher Spindelzahl verschiedener Etablissements in dem Falle zu rechnen, wenn grobe Garne erzeugt werden sollen, als wenn die Spinnerei für feine Garne bestimmt ist, da der pro Spindel erforderliche Raum im ersten Falle größer ist, als in letzteren, wie dies die Uebersicht in Nr. 5 nachweiset.

Die Kosten der gesammten Arbeitsmaschinen betragen pro Spindel gerechnet mehr bei Erzeugung gröberer Garne als bei feineren, da im ersteren Falle eine weit größere Menge von Vorbereitungsmaschinen erforderlich sind, als im letzteren, wie die in Nr. 4 mitgetheilte Uebersicht nachweiset. Kleinere Etablissements sind auch in der Beziehung verhältnißmäßig (d. h. pro Spindel gerechnet) theurer als größere, weil bei ersteren nicht alle Maschinen ununterbrochen Beschäftigung finden. Man kann ungefähr annehmen, daß der Anschaffungspreis der Arbeitsmaschinen pro Spindel in dem Falle, wenn alle Maschinen vollständig Beschäftigung finden, für die französische Nummer

10	40	120

etwa beträgt: 12—14 Thlr. 4½—6 Thlr. 4—4½ Thlr.

Die Kosten des Motors sind je nach der Art desselben, und bei Wasserkraft je nach den lokalen Verhältnissen, außerordentlich verschieden. Nimmt man, wie dies bei Dampfmaschinen der Fall ist, an, daß die Kosten mit dem Betrage der zu erlangenden Pferdekraft wachsen, so wird der auf die Spindel fallende Betrag der Anschaffungskosten eines Motors nach dem unter Nr. 6 angegebenen Verhältnisse für gröbere Nummern wesentlich höher sein als für feinere.

Der Gesammtbetrag der Anschaffungskosten einer Baumwollspinnerei in Deutschland kann zu

12—15 Thlr. für mittlere Nummern und mittelgroße Etablissements,

10—12 „ „ „ und feinere Nummern und große Etablissements angenommen werden. Das erforderliche Betriebskapital beträgt 3—5 Thlr. pro Spindel.

8) Die laufenden Kosten beim Betriebe einer Spinnerei hängen außer von den Kosten der erforderlichen Haupt- und Nebenstoffe, der Unterhaltung des Gebäudes und gesammten Maschineninventars und außer den allgemeinen Kosten wesentlich von der Höhe des Arbeitslohnes ab; dies bestimmt sich aber nach der ortsüblichen Lohnhöhe und der überhaupt erforderlichen Arbeiterzahl. Die Letztere würde für ein tägliches Produkt von 100 Kilogr. Mulekettengarn mit den unter Nr. 4 nach Redtenbacher angegebenen Maschinensortimenten betragen für die französische Nummer:

10	40	120	
3	3	—	für die Schlag- und Aufbreitmaschinen,
2	4	4	für die Krempeln,
1—2	2—3	2—3	für die Strecken, je nachdem dieselben mit Kanälen oder Töpfen versehen sind,
1	2	5	für die Flyer,
1	5—10	35	Feinspinner,
1	10	70	Andreher,
3	8	30	für das Weifen,

1	2	2	für Packen und Sortiren,
1	1	1	für das Magazin,
1	1	2	für Reinhaltung,

15—16 38—44 151—152 zusammen außer den Spinn- und Krempelmeistern;

es würde hiernach die Zahl der auf 1000 Feinspindeln erforderlichen Arbeiter betragen im Durchschnitt:

45   12   7

ein Verhältniß, welches sich bei größeren Sortimenten besonders für niedere Nummern nicht unbedeutend verändern würde, da dann eine ökonomischere Benutzung der Arbeitskraft Statt finden kann.

Bei dem ebenfalls unter Nr. 4 angeführten Beispiele einer neueren mit 30,000 Selfaktorspindeln ausgerüsteten Spinnerei, welche mit $\frac{5}{6}$ der Spindeln Nr. 30—40 und mit $\frac{1}{6}$ Nr. 12—24 spinnen soll, kommen auf 1000 Spindeln durchschnittlich 14 Arbeiter, im Ganzen aber 312, welche sich in folgender Art auf die einzelnen Arbeitszweige vertheilen:

2 an den Turbinen,

4 beim Baumwollmagazin und zur Mischung,

5 beim Abfallmagazin,

13 bei den Schlagmaschinen,

44 bei den Krempeln, einschließlich 1 Ober- und 2 Unterkrempelmeister, 3 Krempelregulirer, 3 Deckelschleifer, 20 Deckelputzer, 5 Trommelputzer;

25 an den Strecken,

56 an den Flyern,

142 beim Feinspinnen, einschließlich 5 Spinnmeister, 66 Andreher,

9 Packer,

2 zum Oelen,

7 zum Reinhalten,

3 Schreiber.

Sehr ausführliche Tabellen über die Kosten der Arbeitskraft enthält: Jullien et Lorentz Manuel, p. 96 und folgende.

Bei Bearbeitung des vorstehenden Artikels sind außer den be=
kannten deutschen Journalen: Dingler's polytechnischem Journale,
dem polytechnischen Centralblatte und der deutschen Gewerbezeitung,
an fremden Journalen namentlich benutzt worden: The London
Journal of Arts; The practical mechanics Journal; The Artizan;
Bulletin de la Société industrielle de Mulhouse, und Armengaud:
le Génie industriel. Nächstdem wurden außer mehreren an den be=
treffenden Stellen besonders zitirten Werken benutzt: Andrew Ure,
the Cotton Manufacture of Great Britain, London 1836. — Des=
selben Dictionary of Arts, Manufactures and Mines; — Scott's
practical Cotton Spinner III. Edit. London 1851; — A. Kennedy's
practical Cotton Spinner. II. Edit. London 1852; — Ch. Tomlinson's Cyclopaedia of Useful Arts; — W. Johnson's Imperial
Cyclopaedia of Machinery; — R. H. Baird's: American Cotton
Spinner, Philadelphia 1851; — O. Byrne: practical Cotton Spinner etc. by Scott. Philadelphia 1851; — C. E. Jullien et E. Lorentz: Nouveau manuel complet du Filateur. Paris 1843; —
M. Alcan: Essai sur l'industrie des matières textiles. Paris 1847;
— James Montgomery's Theorie und Praxis der Baumwollspinnerei,
übersetzt von F. G. Wieck und C. Trübsbach. Chemnitz 1840; —
James Montgomery's Baumwollmanufaktur der Vereinigten Staaten
von Nordamerika, übersetzt von F. G. Wieck. Leipzig 1841; —
Oger's Lehrbuch der Baumwollspinnerei, übersetzt von F. G. Wieck.
Leipzig 1844; — J. D. Fischer, der praktische Baumwollspinner,
Leipzig 1855; — F. Redtenbacher, Resultate für den Maschinenbau.
2. Aufl. Mannheim 1852.

www.ingramcontent.com/pod-product-compliance
Lightning Source LLC
Chambersburg PA
CBHW021404210326
41599CB00011B/1001